火力发电工人实用技术问答丛书

化学设备运行技术问答

《火力发电工人实用技术问答丛书》编委会　编著

内 容 提 要

本书为《火力发电工人实用技术问答丛书》之一，全书简明扼要地介绍了电力生产基础知识、安全管理常识以及火力发电厂化学运行基本知识。主要内容有：炉外水处理，炉内水处理，煤质分析与监督管理，电力用油，电力生产环境保护等内容。

本书从火力发电厂化学运行的实际出发，理论突出重点、实践注重技能。全书以实际运用为主，可供火力发电厂从事化学运行工作的技术人员、运行人员学习参考以及为考试、现场考问等提供题目；也可供相关专业的大、中专学校的师生参考阅读。

图书在版编目（CIP）数据

化学设备运行技术问答/《火力发电工人实用技术问答丛书》编委会编著.—北京：中国电力出版社，2022.4

（火力发电工人实用技术问答丛书）

ISBN 978-7-5198-6407-1

Ⅰ.①化… Ⅱ.①火… Ⅲ.①火电厂—电厂化学—设备—运行—问题解答 Ⅳ.①TM621.8-44

中国版本图书馆CIP数据核字（2022）第004773号

出版发行：中国电力出版社
地　　址：北京市东城区北京站西街19号（邮政编码100005）
网　　址：http://www.cepp.sgcc.com.cn
责任编辑：孙　芳（010-63412381）
责任校对：黄　蓓　李　楠
装帧设计：赵珊珊
责任印制：吴　迪

印　　刷：三河市万龙印装有限公司
版　　次：2022年4月第一版
印　　次：2022年4月北京第一次印刷
开　　本：787毫米×1092毫米　16开本
印　　张：23
字　　数：571千字
印　　数：0001—1000册
定　　价：85.00元

前　言

为了提高电力生产运行、检修人员和技术管理人员的技术素质和管理水平，适应现场岗位培训的需要，特别是为适应火力发电技术快速发展、超临界和超超临界机组大规模应用的现状，使火力发电员工技术水平与生产形势相匹配编写了此套丛书。

丛书结合近年来火力发电发展的新技术及地方电厂现状，根据《中华人民共和国职业技能鉴定规范（电力行业）》及《职业技能鉴定指导书》，本着紧密联系生产实际的原则编写而成。丛书采用问答形式，内容以操作技能为主，基本训练为重点，着重强调了基本操作技能的通用性和规范化。

《化学设备运行技术问答》在编著中，尽量反映新技术、新设备、新工艺、新材料、新经验和新方法，以 660MW 超超临界机组及其辅机为主，兼顾 600MW 超临界、300MW 亚临界以及 1000MW 机组及其辅机的内容。全书内容丰富、覆盖面广，文字通俗易懂，是一套针对性较强的，有相当先进性和普遍适用性的工人技术培训参考书。

本书全部内容共六章。第一、二章由山西兴能发电有限责任公司梁小军编写；第三章由古交西山发电有限公司方媛媛编写；第四、五章由古交西山发电有限公司原冯保编写；第六章由古交西山发电有限公司耿卫众编写。全书由古交西山发电有限公司副总工程师王国清统稿、主审。在此书出版之际，谨向为本书提供咨询及所引用的技术资料的作者们致以衷心的感谢。

本书在编写过程中，由于时间仓促和编著者的水平与经历有限，书中难免有缺点和不妥之处，恳请读者批评指正。

编者

2021 年 10 月

目 录

第一章

基 础 知 识

第一节 名 词 解 释

1 分子

分子是能够独立存在并保持原物质化学性质的最小微粒。

2 原子

组成单质和化合物分子的最小粒子，也是元素的最小物质单位。

3 元素

又称化学元素，它是根据原子核电荷的多少对原子进行分类的一种方法。把核电荷数相同（质子数相同、中子数不一定相同）的一类原子称为元素。

4 元素周期律

元素及其化合物的性质随着原子序数的递增而呈周期性变化的规律。

5 单质

由同一种元素原子组成的物质。

6 化合物

由两种或两种以上元素的原子组成的物质。

7 化合价

一种元素的原子按一定数目与其他元素的原子相互化合的数目称为该元素的化合价。

8 溶液

一种物质以分子或离子状态均匀地分布于另一种物质中，得到的均匀、稳定的体系称为溶液。

9 物质的量

物质的量就是以阿伏伽德罗常数为记数单位，来表示物质的指定的基本单元是多少的一个物理量。

10 摩尔

是一系统的物质的量。该系统中所含的基本单元数与0.012kg碳—12的原子数目相等。其可以是原子、分子、离子、电子及其他粒子，或是这些粒子的特定组合。

11 物质的量浓度

用1L溶液中所含溶质的摩尔数所表示的溶液浓度，称为物质的量浓度或简称为浓度，用c(B)表示。

12 质量分数

用溶质的质量占全部溶液质量的百分比表示的浓度称为该溶液的质量分数。

13 质量浓度

用1L溶液中所含溶质克数表示的浓度，称为该溶液的质量浓度。

14 化学方程式

利用分子式表示化学反应的式子称为化学方程式。

15 阳离子

原子失去电子而带正电荷，称为阳离子。

16 阴离子

原子得到电子而带负电荷，称为阴离子。

17 化学反应速度

表示单位时间内反应物浓度减少的量或生成物浓度增加的量。

18 化合反应

凡是由两种或两种以上的物质生成一种新的物质的化学反应，称为化合反应。

19 分解反应

凡是由一种物质生成两种或两种以上的物质的化学反应，称为分解反应。

20 置换反应

一种单质和一种化合物作用，生成另一种单质和另一种化合物的化学反应，称为置换反应。

21 复分解反应

两种化合物分子中的原子互相交换而生成两种新化合物的反应，称为复分解反应。

22 氧化还原反应

凡有电子得失的化学反应，称为氧化还原反应。

23 还原剂

失去电子的物质被氧化，本身是还原剂。

24 氧化剂

得到电子的物质被还原，本身是氧化剂。

25 酸性氧化物

凡能跟碱起反应，生成盐和水的氧化物，称为酸性氧化物。

26 碱性氧化物

凡能跟酸起反应，生成盐和水的氧化物，称为碱性氧化物。

27 两性氧化物

有些金属氧化物同时具有酸性氧化物和碱性氧化物两种性质，它们既能和酸起反应，又能和碱起反应生成盐和水，这类氧化物称为两性氧化物。

28 酸根

在酸的分子里，除去能被金属置换的氢原子外，剩下的部分称为酸根。

29 分子式

用元素符号表示单质或化合物中所含元素及其原子数目的式子称为分子式。

30 电解质

化学上把在溶于水或熔融状态下能导电的物质称为电解质。

31 非电解质

化学上把在熔融状态下不能导电的物质称为非电解质。

32 酸

电离时生成的阳离子全部是氢离子（H^+）的化合物称为酸。

33 碱

在水溶液中电离出的阴离子全部都是氢氧根离子（OH^-）的化合物。

34 盐

化学上把电离时生成金属阳离子和酸根阴离子的化合物称为盐。

35 氧化物

由氧和另一种元素组成的化合物称为氧化物。

36 溶解度

在一定温度下，100g 溶剂所制成的某物质的饱和溶液中含有该物质的克数，称为该物质在这一溶剂里的溶解度。

37 电离

电解质溶于水或受热熔化而离解成为自由移动的正、负离子的过程称为电离。

38 活度

因电解质溶液中的正、负离子均存在静电作用力，溶液中离子浓度越大，离子间距越小，牵制力越大，从而使离子的反应能力减弱，所以需将溶液浓度加以校正，经校正后的浓度称为有效浓度，也称为活度。

39 活度系数

表示离子独立运动程度的数值称为活度系数。

40 缓冲溶液

在一定程度上能抵御外来酸碱或少量水稀释的影响，使溶液的 pH 值不发生改变的作用，称缓冲作用。具有缓冲作用的溶液称缓冲溶液。

41 电离平衡常数

当电解质在一定温度下建立电离平衡时，其离子浓度的乘积与未电离的分子浓度之比是一个常数，这个常数称为电离平衡常数。

42 水的离子积

在一定温度下，水中的 H^+ 和 OH^- 浓度的乘积是一个常数，这一常数称为水的离子积常数，简称为水的离子积。

43 电离度

电离达平衡时，已电离的分子数与原有分子总数之比称为电离度。

44 同离子效应

在弱电解质溶液中，加入一种强电解质，此强电解质的组成中有一种和弱电解质相同的离子，使得弱电解质的电离平衡发生移动，这种现象称作同离子效应。

45 溶度积

在难溶电解质的饱和溶液中，当温度一定时，其离子浓度的乘积为一个常数，此常数称为溶度积。

46 定性分析

在未知溶液中加入一定的试剂，使需要检出的元素或离子变为具有某些特殊性质的化合物。

47 定量分析

通过各种具体分析方法，确定样品中各组分的含量。

48 重量分析法

根据反应生成物的重量来确定欲测组分含量的定量分析法。

49 容量分析法

根据“等物质的量原则”，由化学反应中所消耗标准溶液的体积来求出被测组分含量的分析方法。

50 比色分析法

利用比较溶液颜色深浅的方法来确定溶液中有色物质的含量，这种方法称为比色分析法。

51 误差

指分析结果与真实值相接近的程度，分为绝对误差和相对误差。

52 酸碱指示剂

在酸碱滴定中，需加入一种物质，根据它的颜色的改变来指示反应的等量点，这种物质称为酸碱指示剂。

53 化学平衡

在可逆化学反应中，正向反应速度和逆向反应速度相等时的状态，称化学平衡。

54 化学平衡常数

化学反应达到平衡时，各生成物的摩尔浓度乘积与各反应物摩尔浓度乘积的比值在一定温度下是一个常数。

55 盐的水解

当盐溶于水时，电离生成的离子，有一部分还能进一步与水电离出的 H^+ 或 OH^- 作用生成弱碱或弱酸，引起水的电离平衡发生移动，改变了溶液中 H^+ 和 OH^- 的相对浓度，溶液变成非中性。这种盐的离子与水中 H^+ 或 OH^- 作用，生成弱酸或弱碱的反应称为盐的水解。

56 饱和溶液

溶解和结晶达到平衡的溶液称为饱和溶液。

57 不饱和溶液

溶解和结晶未达到平衡的溶液，溶解大于结晶，这样的溶液称为不饱和溶液。

58 滴定度

按单位体积溶液内所含溶质的质量表示，即每毫升标准溶液中所含溶质的克数，以 TM 表示。

59 溶度积规则

离子积小于溶度积，溶液未达平衡，无沉淀析出。离子积等于溶度积，溶液达饱和，但无沉淀析出。离子积大于溶度积，有沉淀析出，直至离子积等于溶度积。

60 原电池

将化学能转变成电能的装置称为原电池。

61 电解池

将电能转变为化学能的装置为电解池。

62 亨利定律

在一定体积的溶液中所溶解的气体量与汽水界面上该气体的分压力成正比。

63 质量作用定律

化学反应速度和各反应物的浓度乘积成正比，此结论称为质量作用定律。

64 酸度

指水中含有能与强碱起作用的物质含量。

65 碱度

指水中含有能与强酸起作用的物质含量。

66 硬度

指水中钙、镁的碳酸盐、氯化物、硫酸盐、硝酸盐等的总含量。

67 碳酸盐硬度

指水中钙镁的碳酸氢盐总和，也称暂时硬度。

68 非碳酸盐硬度

水中的总硬度和碳酸盐硬度之差就是非碳酸盐硬度，也称永久硬度。

69 酚酞碱度

用酚酞作指示剂，用酸滴定时，得出的碱度称为酚酞碱度。

70 甲基橙碱度

用甲基橙作指示剂，用酸滴定时，得出的碱度称为甲基橙碱度。

71 胶体

溶液中颗粒直径在0.1～10μm之间的微粒，是许多分子和离子的集合体。

72 电导率

电阻率的倒数称为电导率，它可表示物质导电能力的大小。

73 pH

氢离子浓度的负对数，即 $pH = -\lg[H^+]$。

74 胶体硅

溶解态的 SiO_2 随着水汽温度、压力的变化，当其浓度增大时，会聚合成二聚体、三聚体等，随着其聚合度的增大，SiO_2 从溶解态转变成不溶性的，称为胶体硅。

75 溶硅

指可溶于水的分子态硅酸。

76 耗氧量

用氧化剂处理水样，测定其反应过程中消耗的氧化剂量，将消耗的氧化剂量换算成 O_2 来表示。因此，耗氧量所表示的实际上是水中全部易氧化的物质，常用COD表示。

77 含盐量

表示水中所含盐类物质浓度的总和。

78 全固形物

表示水中的悬浮固形物和溶解固形物之和。

79 悬浮固形物

表示不能溶于水的固形物。

80 溶解固形物

表示能够溶解于水的固形物。

81 灼烧减量

蒸发残渣与灼烧残渣之差称为灼烧减量。

82 悬浮物

指颗粒直径约在0.1μm以上的微粒。

83 蒸发残渣

表示水中不挥发物质在105～110℃温度下的量。

84 灼烧残渣

将蒸发残渣在 800℃时灼烧，即得灼烧残渣。

85 结垢

如果进入锅炉或其他热交换器的水质不良，经过一段时间的运行后，在和水接触的受热面上，会生成一些固体附着物，这些固体附着物称为水垢，这种现象称为结垢。

86 积盐

如果锅炉用水水质不良，就不能产生高纯度的蒸汽，随蒸汽带出的杂质就会沉积在蒸汽通流部分，这种现象称为积盐。

87 机械携带

水在汽化过程中，由于各种原因，蒸汽中常带有锅炉水水滴，使锅炉水中的各种成分以水溶液状态带到蒸汽中，这种现象称为蒸汽的机械携带。

88 溶解携带

饱和蒸汽因溶解而携带水中某些物质的现象称为蒸汽的溶解携带。

89 锅炉排污

锅炉在运行中，必须经常放掉一部分含盐量高的锅炉水，再补入相同数量且含盐量低的给水，以避免锅炉腐蚀、结垢、汽轮机积盐，这就是锅炉的排污。

90 排污率

排污水量占锅炉蒸发量的百分数。

91 空白试验

在一般测定中，以空白水代替水样，用测定水样的方法和步骤进行测定，其测定值称空白值，然后对水样测定结果进行空白值的校正。

在微量成分比色分析中，为校正空白水中待测成分的含量，需要进行单倍、双倍试剂的空白试验。根据试验结果，可求出空白水中待测成分的含量，以便对水样测定结果进行空白值的校正。

92 浊度

反映水中悬浮物含量的一项水质指标。

93 电极

由一种金属及该金属的难溶盐浸入含有该难溶盐的阴离子的电解液中组成的。

94 甘汞电极

装有饱和氯化钾溶液的电极称为甘汞电极。其具有稳定的电极电位。

95 pH 玻璃电极

它是一个能反映氢离子活度变化的电极，将玻璃膜内溶液的 pH 值固定，并装上银—氯化银电极，就构成了玻璃电极。

96 溶解氧

水中溶解了大气中的氧称为溶解氧。

97 混凝处理

在水中加入一种称为混凝剂的物质，促使细小颗粒聚集成大颗粒的凝絮物，然后从水中分离出来的方法。

98 助凝剂

在进行混凝处理时，为了提高其效果而加入的另外一种帮助混凝的药剂。

99 接触介质

在进行混凝处理时，水中保持一定数量的泥渣层，可使沉淀过程更完全，沉降速度加快，这层泥渣层就称为接触介质。它起到吸附、催化、作为结晶核心的作用。

100 水头损失

水流通过滤层的压力降称为水头损失。

101 反洗强度

单位面积上、单位时间内流过的反洗水量。

102 混凝过滤

当原水中悬浮物含量不大，但胶体硅含量较高时，为满足高压锅炉内的水含硅量的要求，可以不设澄清装置，直接在过滤器内进行混凝和过滤处理，这就是混凝过滤。

103 吸附过滤

利用多孔性固体物质吸收分离水中污染物的水处理过程称为吸附过滤。

104 混凝剂

当将此剂加入水中后，会促使微小的颗粒变成大颗粒而下沉，在其发生凝絮的过程中，伴随有吸附、中和、表面接触和网捕作用，可使水中的杂质除掉，这种物质称为混凝剂。

105 离子交换树脂

合成的一种有机离子交换剂，因其外形很像松树分泌出来的树脂而称为离子交换树脂。

106 树脂的交换容量

表示其可交换离子量的多少。它有两种表示方法：重量表示法和体积表示法。

107 工作交换容量

在交换柱中，模拟水处理实际运行条件下所测得的交换容量。即把离子交换树脂放在动态交换柱中，通过需要处理的水，直到滤出液中有要交换的离子漏出为止，这样所测得的交换容量，称为工作交换容量。

108 全交换容量

此指标表示离子交换树脂中所有活性基团的总量。即将树脂中所有活性基团全部再生成某种可交换的离子，然后所测定出的全部交换下来的离子量。

109 湿真密度

指树脂在水中经过充分膨胀后，树脂颗粒的密度。

110 干真密度

指在干燥状态下树脂本身的密度。

111 含水率

指树脂在潮湿空气中所保持的水量。它可以反映交联度和网眼中的空隙率。

112 树脂的溶胀

当将干的离子交换树脂浸入水中时，其体积常常要变大，这种现象称为树脂的溶胀。

113 饱和度

除盐设备在运行过程中，水中阴、阳两种离子分别与阴、阳离子交换树脂上的 H^+ 或 OH^- 离子进行交换，当离子交换树脂上的基团被置换直至失去继续交换能力时，即称为失效时间饱和状态，其饱和的程度又称为饱和度。

114 再生度

离子交换树脂失效经过再生后，重新获得交换基团能力的程度，称为再生度。

115 水的软化

除去水中钙、镁离子的过程称为水的软化。

116 水的除盐

利用离子交换的原理，除去水中阴、阳离子的过程，称为水的除盐。

117 再生剂的比耗

投入的再生剂的量与所获得树脂的工作交换容量的比值。

118 凝絮

混凝剂加入水中，强烈吸附水中的杂质微粒而形成絮状物质，这种絮状物质称为凝絮。

119 单流式机械过滤器

即在进行过滤运行时，原水自上而下通过容器内滤层的简单压力式过滤器。

120 无阀滤池

因其没有阀门，只是在压力或重力作用下靠虹吸调节运行工况，故称无阀滤池。

121 单阀滤池

其与无阀滤池的工作原理相同，只是单阀滤池的虹吸管的高度比无阀滤池低得多，而且在虹吸管上装有一个闸阀来调节滤池的运行工况。

122 虹吸滤池

它是一种重力式快滤器。其特征是去除了普通快滤池上的阀门、仪表等配件，而是用抽真空沟通虹吸管的办法来连通水流，用进空气来破坏虹吸作用，以切断水流。

123 活性炭过滤器

采用活性炭为过滤填料，除去或吸附水中游离氯及有机物的过滤设备。

124 覆盖过滤器

适用于粉状过滤介质的过滤设备。它是将粉状滤料覆盖在一种特制的多孔管件上，使它形成一个薄层作为滤膜。水由管外通过滤膜和滤元的孔进入管内，水中所含的悬浮杂质会在滤膜表面的孔隙通道内截留形成沉淀物层，完成过滤作用。因在这种设备中，起过滤作用的是覆盖在滤元上的滤膜，故称为覆盖过滤器。

125 磁力过滤器

用磁力来除去水中铁的腐蚀产物的过滤设备。

126 纤维过滤器

用纤维充当滤料，利用过滤器内设置的气囊来调节纤维滤料的压实程度的一种新型高效过滤器。

127 逆流再生固定床

运行时水流流动方向与再生时再生液的流动方向相反的水处理工艺。通常，运行时水流自上而下流动，而再生时，再生液自下而上流动。

128 顺流再生固定床

运行时水流的方向与再生时再生液流动的方向是一致的，通常都是自上而下流动。

129 浮动床

运行时将整个树脂床层托起在设备顶部的方式运行的离子交换设备。其工作过程是当自下而上的水流速度大到一定程度时，可以使树脂层像活塞一样上移，此时床层仍然保持着密实状态。

130 移动床

指交换器中的交换剂层在运行中不断移动，定期地排出一部分已失效的树脂，补进等量再生好的新鲜树脂，这种设备称为移动床。

131 单层床

交换器中只加入一种离子交换剂的设备称为单层床。

132 双层床

交换器中加入两种离子交换剂且两种树脂互不混合的设备称为双层床。

133 混合床

也称混床，把阴、阳离子交换树脂按一定比例均匀混合装在同一个交换器内，混合好的阴、阳树脂的离子交换反应几乎是同时进行的，交换产物 H^+ 和 OH^- 立即中和生成水，使交换反应进行得十分彻底，出水水质非常好。制出纯度更高的水的处理设备，此种设备称为混合床。

134 复床

将 H 型和 OH 型交换剂分别装在两个交换器中串接起来使用的水处理工艺。

135 大反洗

交换器中的树脂失效后，在再生以前，用水自下而上进行短时间的强烈反洗，以除去树脂中的脏物，称为大反洗。

136 小反洗

对固定床中排管上部的压脂层树脂进行的反洗称为小反洗。

137 顶压

再生逆流再生固定床时，从交换器顶部通入压缩空气或水，并维持一定的压力，防止再生时树脂乱层，这种措施称为顶压。

138 水垫层

作为床层体积变化时的缓冲高度和使水流再生液分配均匀的水空间，称为水垫层。

139 化学腐蚀

金属与干燥的气体或非电解质发生作用而引起的腐蚀，称为化学腐蚀。

140 电化学腐蚀

形成微电池而引起的腐蚀，称为电化学腐蚀。

141 氧腐蚀

溶解氧起阴极去极化作用，引起钢铁腐蚀，称为氧去极化腐蚀，也称为氧腐蚀。

142 沉积物下腐蚀

当锅炉内金属表面附着有水垢或水渣时，在其下面会发生严重的腐蚀，称为沉积物下腐蚀。

143 碱性腐蚀

在沉积物下因炉水浓缩而形成很高浓度的OH^-离子的腐蚀，称为碱性腐蚀。

144 汽水腐蚀

当过热蒸汽温度高达450℃时，它就要和碳钢发生反应，引起管壁均匀变薄，腐蚀产物常常呈粉末状或鳞片状，多半是腐蚀产物四氧化三铁。

145 苛性脆化

水中的苛性钠使受腐蚀的金属发生脆化的现象称为苛性脆化。

146 缓蚀剂

能减轻酸液对金属腐蚀的一种化学药品。

147 保护膜

金属腐蚀产物有时覆盖在金属表面上，形成一层膜，这层膜对腐蚀过程的影响很大。因它能把金属与周围介质隔开，使金属腐蚀速度降低，有时甚至可以保护金属不遭受进一步腐蚀，所以称它为保护膜。

148 水垢

在热力设备内，受热面水侧金属表面上生成的固态附着物称为水垢。

149 一次水垢

水中溶解性盐类杂质在受热面上直接结晶而形成的水垢，称为一次水垢。

150 二次水垢

黏附性水渣、腐蚀产物以及较复杂的铁、铝、硅酸盐等在受热面上再次生成的水垢，称为二次水垢。

151 盐类沉积

蒸汽所携带的杂质沉积在蒸汽的通流部分，这种现象称为积盐。沉积的物质称为盐类沉积。

152 溶解氧

水中溶解了大气中的氧称为溶解氧。

153 给水中性水工况

在水质极纯且呈中性的条件下，向水中加入适量的气态氧或过氧化氢，从而使钢铁表面形成保护膜，以防止给水系统的腐蚀。这种水化学工况称为给水中性水工况。

154 给水碱性水工况

给水中，加入联氨和氨以调节水汽系统中工质的 pH 值，使之呈碱性，并且完全除掉给水中残余的溶解氧。这种水化学工况称为给水碱性水工况。

155 铜管脱锌

黄铜是铜锌合金，黄铜中的锌被单独溶解的现象称铜管脱锌。

156 酸性腐蚀

由于介质中存在酸性物质，如酸、二氧化碳等，造成设备和管道发生析氢腐蚀，这种现象称酸性腐蚀。

157 水渣

呈悬浮状态和沉渣状态的物质称水渣。

158 黏附性水渣

易黏附在受热面上的水渣称黏附性水渣。

159 非黏附性水渣

不易黏附在受热面上的水渣，易随炉水的排污从锅内排掉，此水渣称非黏附性水渣。

160 优级纯试剂

此种试剂的化学纯度极高，杂质很少，基本不影响分析结果。

161 化学耗氧量

指天然水中可被氧化剂氧化的有机物含量。

162 锅炉清洗剂

指根据锅炉内部的脏污程度、沉积物的性状、锅炉的结构特点、锅炉使用的钢材等，选择适当的清洗液进行清洗，这些清洗液就称为锅炉清洗剂。常用的锅炉清洗剂分为无机酸和有机酸。

163 缓蚀剂

能防止和显著降低酸液对金属的腐蚀，同时也不影响酸洗效果，不影响金属的机械性能和金相组织的化学药品。

164 掩蔽剂

防止酸洗过程中产生高价的铜、铁离子腐蚀金属机体而加入的化学药品。

165 表面活性剂

少量加入就能显著地改变水的表面张力，起到使某些物质湿润、某些物质在水中发生乳化和促进某些溶质在水中的分散作用。

166 水的离子交换除盐

就是用 H 型阳离子交换树脂将水中各种阳离子交换成 H^+，用 OH 型阴离子交换树脂将水中各种阴离子交换成 OH^-，进入水中的 H^+ 和 OH^- 组成水分子。或者是让水经过阳、阴混合离子交换树脂层，水中阳、阴离子几乎同时被 H^+ 和 OH^- 所取代，水经过离子交换处理后，就可除净水中的无机盐类。

167 一级复床除盐

水依次顺序通过 H 型和 OH 型离子交换树脂进行除盐，称为一级复床除盐。

168 运行周期

除盐系统或单台设备从再生好投入运行后，到失效为止所经过的时间。

169 周期制水量

除盐系统或单台设备在一个运行周期内所制出的合格水的数量。

170 破乳化剂

能提高油品的抗乳化性能，并能使油水乳化液迅速分离的物质。

171 自用水率

离子交换器每周期中反洗、再生、置换、清洗过程中耗用水量的总和与其周期制水量的比。

172 凝汽器泄漏

当凝汽器的管子因制造或安装有缺陷，或者因腐蚀而出现裂纹、穿孔或破损以及固接处的严密性遭到破坏时，进入凝结水中的冷却水量将比正常时高得多，这种情况称为凝汽器泄漏。

173 防锈剂

凡是能提高油品的防锈性能，对金属表面起保护作用，防止设备锈蚀、腐蚀的物质，统称为防锈剂。

174 阳层混床

在混合树脂层上面再加一层阳树脂层，用来除掉凝结水中悬浮杂质和氨，保护阴树脂免遭污染的设备。

175 循环水的浓缩倍率

指循环冷却水中的含盐量或某种离子的浓度与新鲜补充水中的含盐量或某种离子浓度的比值。

176 极限碳酸盐硬度

循环水在运行过程中，有一个不结垢的最大碳酸盐硬度值，称为极限碳酸盐硬度值。

177 水质稳定剂

在循环冷却水中加入少量某些化学药剂，就可以起到防止结垢的作用。它们能使水质趋于稳定，所以称为水质稳定剂。

178 阻垢剂的协同效应

将两种以上的阻垢剂复合使用时，在总药剂量保持不变的情况下，复合药剂的阻垢能力高于任何单一药剂的阻垢能力，这就是阻垢剂的协同效应。

179 应力腐蚀

凝汽器铜管常受机械和重力的拉伸以及蒸汽和水的振动而产生应力，在此应力作用下的腐蚀称为应力腐蚀。

180 抗氧化剂

凡能减缓油品在运行中的老化速度，延长油品的使用寿命，在油中能起抗氧化作用的物质，统称为抗氧化剂。

181 硫酸亚铁造膜法

将硫酸亚铁的水溶液通过凝汽器铜管，使其在铜管内表面生成一层含有铁化合物的保护膜，达到防止腐蚀的目的。

182 半透膜

在溶液中凡是一种或几种组分不能透过，而其他组分能透过的膜都称为半透膜。

183 水的渗透

指淡水室中的水在渗透压的作用下向浓水室渗透。

184 水的电渗透

由于水中离子的水合作用，离子在电迁移过程中会携带一部分水分子迁移，这种现象称为水的电渗透。

185 水的压差渗透

当膜的两侧存在压力差时，水由压力大的一侧向压力小的一侧渗透，这种现象称为水的压差渗透。

186 离子交换膜

将离子交换树脂制成膜状，就形成离子交换膜。

187 阳膜

阳离子交换树脂膜，只允许阳离子透过。

188 阴膜

阴离子交换树脂膜，只允许阴离子透过。

189 电渗析器

在电解槽中，利用阳膜和阴膜做成隔膜，在膜的两侧加两个电极，通以直流电，则离子会发生有规则的迁移，这就是电渗析。

190 异相膜

指用离子交换树脂粉和黏合剂调和制成，有时为了增加机械强度，还覆盖有尼龙网布。

191 均相膜

指直接把离子交换树脂做成薄膜，具有膜电阻小和透水性小的优点。

192 电渗析器的极化

指在离子交换膜的表面上，不再是电解质的离子通过膜进行迁移，而是发生水的电离，从而产生 H^+ 和 OH^- 来负载电流。

193 电流密度

指在单位膜面积上所承担的平均电流强度。

194 极限电流密度

如果未对溶液进行激烈地搅拌，溶液中的电解质离子就不能迅速地补充到膜的表面，会出现离子的迁移与电流密度不相适应的问题，迫使膜表面的水进行电离。这种达到极限值的电流密度，称为极限电流密度。

195 脱盐率

指经过电渗析处理后所除去的含盐量与进水含盐量的比值。

196 膜对

由一张阳膜、一张隔板甲、一张阴膜和一张隔板乙组成一个最小的脱盐单元，称为一个膜对。

197 反渗透

当在盐水一侧施加一个大于渗透压的压力时，水的流向就会逆转，盐水中的水分子向淡水一侧渗透，这种现象就称为反渗透。

198 浓差极化

在反渗透脱盐过程中，由于水不断透过膜，从而使膜表面上的盐水和进口盐水之间产生一个浓度差，这种现象称为浓差极化。

199 透水率

指单位时间内通过单位膜面积的液体量。

200 回收率

指进水通过反渗透膜组件时，渗透出水量和进水量的比。

201 石油

由各种烃类和氧化合物、氮化合物、硫化合物等组成的混合物。

202 烃

碳和氢的化合物简称烃。石油中常见的有烷烃、环烷烃、不饱和烃、芳香族烃。

203 分馏

由于原油中各种烃类化合物的沸点不同，所以加热原油时，低分子烃首先汽化，随着温度的提高，较高分子的烃类再汽化，经过加热、冷凝就可以分离出不同沸点范围的蒸馏产物，这种方法称为原油的分馏。

204 密度

单位体积内所含物质的质量。

205 黏度

由于液体在受外力作用下，液体层间产生内摩擦力，液体内部这种相互作用的性质称为液体的黏度。

206 运动黏度

在某一恒定的温度下，测定一定体积的液体在重力下流过一个标定好的玻璃毛细管黏度计的时间。黏度计的毛细管常数与流动时间的乘积，即为该温度下测定液体的运动黏度。

207 动力黏度

由测得的运动黏度乘以液体的密度而得到动力黏度。

208 恩氏黏度

试油样品在规定的条件下，从恩氏黏度计流出 200mL 所需的时间，与蒸馏水在 20℃流出 200mL 所需的时间之比，称为恩氏黏度。

209 酸值

中和 1g 试样油品中的酸性组分所需要的氢氧化钾的毫克数。

210 闪点

在规定条件下，将油品加热，随油温的升高，油蒸气在空气中（油液面上）的浓度也随之增加。当升到某一温度时，油蒸气的浓度达到了可燃浓度，如将火焰靠近这种混合物，它就会闪火，把产生这种现象的油品的最低温度称为闪点。

211 燃点

在一定条件下加热油品，当油品的温度达到闪点后，继续加热，使油品接触火焰点燃，并至少燃烧 5s 时的最低温度即为该油品的燃点。

212 击穿电压

将绝缘油装入安有一对电极的油杯中，将施加于绝缘油的电压逐渐升高，当电压达到一定数值时，两极间电流瞬间突增并产生火花或电弧，此时油被击穿。这时的电压称为击穿电压。

213 绝缘强度

油品在击穿电压时的电场强度称为该绝缘油的绝缘强度。

214 耐压试验

测量绝缘油的击穿电压的试验称之为耐压试验。

215 机械杂质

指存在于油品中所有不溶于溶剂的沉淀状态或悬浮态的物质。

216 凝固点

指在规定的试验条件下，将盛于试管内的石油冷却并倾斜 45°，经过 1min 后，油面不再移动的最高温度。

217 油质劣化

指油品在运行中由于受到运行条件的影响，除了与空气中的氧接触而引起自身氧化外，还在温度、电场等的作用下，以及受到外界杂质的污染、催化等，发生分解、缩合、碳化等变化，引起油质变坏的现象。

218 抗氧化安定性

在一定的外界条件下，矿物油抵抗氧化作用的能力称为抗氧化安定性，并以油中生成沉淀物之多少和酸值大小来表示。

219 界面张力

反抗其本身的表面积增大的力称表面张力，严格地讲，应称界面张力。

220 抗乳化度

即在规定的试验条件下，将 100mL 试验油和 20mL 蒸馏水置于 250mL 专用量桶中，通入水蒸汽 20min，使之形成乳化液，然后把量桶浸入 (55±1)℃的水中。从停止供给蒸汽到油层和水层完全分离时所需的时间，以分钟表示，即称油的抗乳化度。

221 水溶性酸碱

指能溶于水的无机酸、无机碱、低分子有机酸和碱性氮化物等物质。

222 油品的羰基含量

在有机化合物醛和酮的结构中，有共同的官能团（$C=O$），把碳和氧以双键连接的官能团称为羰基，即 $C=O$。

223 破乳化时间

也称破乳化度。在特定的仪器中，一定量的试样油与水混合，在规定的温度下，搅拌和通入一定量的蒸汽，在规定的时间内，油水形成乳状液。从停止搅拌或供汽起，到油层和水层完全分离时止，所需的时间即称为油的破乳化时间。

224 气相色谱

利用两相分配原理而使混合物中各组分获得分离的技术，称为色谱法。当用气体为流动相时，称为气相色谱。

225 分子筛

是一种合成的硅酸铝的钾、钠、钙盐，它具有均匀的孔结构和大的表面积。能对不同分子直径的物质起过筛作用，并有不同类型的吸附中心，以及优良的选择性吸附能力。

226 固定相

色谱分析中，使混合物中各组分在两相间进行分配，其中一相是不动的，称为固定相。

227 流动相

推动混合物流过此固定相的流体，称为流动相。

228 充油电气设备

电气设备（主要是指变压器）利用油充当绝缘介质，称为充油电气设备。

229 热性故障

由于有效热应力造成绝缘油加速劣化，使分接开关接触不良而引起的故障。

230 电性故障

在高电应力作用下所造成的绝缘油劣化而造成的故障。

231 潜伏性故障

早期故障被称为潜伏性故障。

232 特征气体

对电气设备内油中的溶解气体并不需要进行全部的分析测定，其中氢、甲烷、乙烷、乙烯、乙炔、一氧化碳、二氧化碳七种气体对判断设备故障具有实际意义，所以习惯上称这七种气体为特征气体。

233 产气速率

有两种表示方法。绝对产气速率，即每个运行小时产生某种气体的平均值。相对产气速率，即每个月某种气体含量增加原有值的百分数的平均值。

234 三比值法

用五种特征气体（氢、甲烷、乙烷、乙烯、乙炔）的三对比值来判断变压器的故障性质的方法，称为三比值法。

235 废油再生

就是利用化学与物理方法，清除油品内的溶解和不溶解的杂质，以重新恢复或接近油品原有的性能指标。

236 吸附剂法

利用吸附剂对废油中的酸性组分、树脂、沥青质、不饱和烃和水分等有较强的吸附能力的特性，使吸附剂与废油充分接触，达到除去上述有害物质的目的。

237 生化需氧量（BOD）

是表示水中有机物等需氧污染物质含量的一个综合指标。通常情况下是指水样充满完全密闭的溶解氧瓶中，在 20℃的暗处培养 5d，分别测定培养前后水样中溶解氧的质量浓度，由培养前后溶解氧的质量浓度之差，计算每升样品消耗的溶解氧量，以 BOD5 形式表示。其单位 ppm 或毫克/升表示。其值越高说明水中有机污染物质越多，污染也就越严重。

第二节 水处理知识

1 什么称为摩尔质量？

答：质量 m 除以物质的量 n，称为摩尔质量 M，计算式为

$$M = m/n \tag{1-1}$$

摩尔质量的国际标准单位（SI）为 kg/mol，M 的单位常用 g/mol。

2 水的物理性质有哪些？

答：水是无色、无味、无臭的透明液体。很厚的水层呈浅蓝色，纯水几乎不导电。它的主要物理性质如下：

（1）密度随温度的降低而增大，在 3.98℃时，水的密度最大。

（2）在所有的固态和液态物质中，水的比热最大。

（3）在标准状态下，水的沸点为 100℃。

（4）水的临界温度为 374℃，临界压力为 21.8MPa。

(5) 在标准状态下，水的冰点是0℃。

3 化学反应的类型有哪些?

答：化学反应的类型：

(1) 按反应形式可分为：化合反应、分解反应、置换反应和复分解反应。

(2) 按反应机理可分为：酸碱反应、络合反应、沉淀反应以及氧化还原反应。

4 什么是碱度？什么是硬度？

答：碱度是指水中能和氢离子发生中和反应的碱性物质的总量。这些碱性物质主要是碱金属和碱土金属的重碳酸盐、碳酸盐和氢氧化物。分别称为重碳酸盐碱度，碳酸盐碱度和氢氧根碱度。

硬度即水的硬度，它主要由钙与镁的各种盐类组成，水的硬度分碳酸盐硬度和非碳酸盐硬度两种。

5 酸的通性是指什么?

答：酸的通性主要包括以下三点；

(1) 具有酸性。在水溶液中能电离出氢离子，能使指示剂如石蕊变色。

(2) 能与碱起中和反应生成盐和水。

(3) 能与某些金属作用生成氢气和盐。

6 摩尔的定义是怎样的?

答：根据第14届国际计量大会的决议，摩尔的定义有两条：

(1) 摩尔是一系统的物质的量，该系统中所含的基本单元数与0.012kg碳－12的原子数目相等。

(2) 在使用摩尔时，基本单元应予指明，可以是原子、分子、离子、电子及其他粒子。或是这些粒子的特定组合。

7 什么称为导热？什么称为对流？什么称为热辐射？举例说明。

答：温度不同的物体相互接触，直接接触物体各部分间热量传递现象称为导热。

冷热流体之间的热量依靠流体的运动来传递的现象称为对流。

依靠电磁波来传递热量的现象称为热辐射。

例如：金属棒一端加热，另一端温度随之升高是导热的结果。水的局部加热会使周围水温度升高是对流传热的结果。太阳的热量传递到地球是热辐射的结果。

8 什么是导热系数？其大小说明什么?

答：导热系数是表明材料导热能力大小的一个物理量，在数值上等于壁的两表面温差为1℃，壁厚度等于1m时，在单位壁面上每秒钟所传递的热量。

导热系数越大材料的导热能力也就越强。

9 什么称为单质？什么称为化合物？什么称为混合物？举例说明。

答：单质是由同种元素组成的物质，如氧气、铁、铜、汞都是单质。

由不同元素组成的物质称为化合物，如水是由氢和氧两种元素组成的，硫酸是由氢、氧和硫三种元素组成的。所以水、硫酸都是化合物。

由两种以上不同单质或化合物混合在一起组成的物质称为混合物，如空气等。

10 什么称为原子量？什么称为分子量？

答：用碳单位来表示一个原子的相对质量称为原子量。

用碳单位表示的某物质一个分子的质量，称为该物质的分子量。

11 什么称为化学方程式？

答：利用化学式来表示化学反应的式子称为化学方程式或化学反应式。

12 什么是化学的物质不灭定律？

答：在一切化学反应中，参加反应的物质的总质量等于反应后生成的各种物质的总质量。人们把这个规律称为物质不灭定律。

13 什么称为分子式？分子式的意义是什么？

答：用元素符号表示物质分子的组成的式子称为分子式。

分子式的意义为：

（1）表示物质的一个分子。

（2）表示物质的组成元素。

（3）表示一个分子物质中各种元素的原子个数。

（4）表示物质的分子量。

（5）表示物质中各组成元素的质量比。

14 什么称为热化学方程式？怎样书写？

答：表示吸收热量或放出热量的化学方程式称为热化学方程式。

书写热化学方程式时：

（1）放出或吸收的热量用“J”或“kJ”作单位，写在方程式等号的右边，放热反应用“+”，吸热反应用“－”表示。

（2）因在反应中放出或吸收热量的多少与反应物和生成物的形态有关，所以在写热化学方程式时，应注明物质的形态。

（3）热化学方程式中的系数只表示摩尔数，不表示分子个数，故可写为分数。

15 无机化合物可分为哪几大类？分别说明其组成。

答：无机化合物可分为酸、碱、盐、氧化物四大类。

在水溶液中能电离出氢离子和酸根离子的物质为酸。

在水溶液中能电离出金属阳离子和氢氧根阴离子的物质为碱。

在水溶液中能电离出金属阳离子和酸根离子的化合物为盐。

由氧元素和另一种元素（金属或非金属）组成的化合物为氧化物。

16 简述 NaOH、$Ca(OH)_2$、氨水的主要性质及在电厂化学水处理方面的用途。

答：NaOH 的主要性质为：白色固体，易溶解，其溶液有强烈的腐蚀性。在电厂化学水处理中，NaOH 常用作阴离子交换数脂的再生剂。

$Ca(OH)_2$ 的主要性质为：难溶于水，具有腐蚀性。在电厂化学水处理中常用作石灰处理的 $Ca(OH)_2$，其作用是减少水中的钙离子、镁离子和碳酸氢根离子的含量。

在电厂化学水处理中，为了提高给水的 pH 值，常往给水中加氨水，以防止热力设备的酸性腐蚀。

17 简述盐酸、硫酸、硝酸的主要性质及在电厂化学水处理方面的用途。

答：盐酸是氯化氢气体的水溶液，纯净的盐酸是无色透明的液体，工业上用的盐酸常因含有杂质而显黄色。盐酸是一种易挥发性酸，有强烈刺激性气味，挥发出的 HCl 气体遇到空气中的水蒸气成为盐酸小液滴而形成白雾。盐酸在电厂化学水处理工艺中，常用作氢型阳离子交换剂的再生剂以及锅炉的清洗剂。

纯净的浓硫酸是无色黏稠的油状液体，工业上用的硫酸常含有杂质而显淡褐色。浓硫酸具有强烈的吸水性、氧化性、脱水性。在电厂水处理工艺中，常用其作循环水的处理药剂及阳离子交换树脂的再生剂。

纯净的硝酸是带有刺激性气味的无色液体，它能以任何比例溶解在水中，配成各种浓度的稀溶液，它还具有强烈的腐蚀性、不稳定性及氧化性。在电厂化学试验室中常配成各种浓度的化学分析试剂使用。

18 什么称为正盐？什么称为酸式盐？什么称为碱式盐？什么称为复盐？

答：酸中氢离子全部被金属置换所生成的盐称为正盐。

当酸中的氢离子只有一部分被金属置换时所生成的盐称为酸式盐。

当碱中的氢氧根只有一部分被酸根置换时所生成的盐称为碱式盐。

由两种金属离子和酸根离子形成的盐称为复盐。

19 什么是含氧酸？什么是无氧酸？它们是如何命名的？

答：分子里含有氧原子的酸称为含氧酸。它的命名是：除氢元素外由另一种元素来命名，如 H_2SO_4。如果某元素能生成几种含氧酸，那么就以其中比较稳定且常见的酸称为某酸，其他酸中该元素的化合价比它低时称为亚某酸，比它更低时称为次某酸，比它的化合价高时称为高某酸。

分子里不含氧原子的酸称为无氧酸。其命名为：无氧酸一般由两种元素，即氢和一种非金属元素组成，它的命名是在氢字后面加上另一种元素的名称，称为氢某酸，如 HF 称为氢氟酸。

20 为什么稀释硫酸时，只能把浓硫酸慢慢地加入水中，而不能将水加入浓硫酸中？

答：因为浓硫酸具有强烈的吸水性，很容易和水分子结合生成硫酸的水合物并放出大量的热，会使水立即沸腾并带着酸液飞溅，极易造成烧伤事故，所以要把浓硫酸慢慢地沿容器壁加入水中，并不断地搅拌，使产生的热量快速释放。

21 在盛放或运输稀硫酸时，不能用铁制容器，而浓硫酸可以用铁制容器，为什么？

答：因为稀硫酸能和铁制容器发生置换反应，从而使容器遭受腐蚀。而浓硫酸在常温下和铁反应生成一层致密的保护膜，保护内部的金属不再受酸的腐蚀，这种现象称为“钝化”，所以可将冷的浓硫酸放在铁制容器中或用铁制容器运输。

22 在存放浓硝酸或浓盐酸时，为什么都不能敞口存放？

答：因为浓硝酸、浓盐酸这两种物体都具有强烈的挥发性，能释放出强烈的刺激性气味，同时污染环境，所以存放时不能敞口。

23 硝酸为什么宜存放在棕色瓶中，并且要求放在温度较低的阴暗地方？

答：因为硝酸很不稳定，在常温下见光就分解，受热分解更快，所以为防止硝酸分解，应将其合理存放在棕色瓶中，并要放在温度较低的阴暗地方。

24 四个试管分别盛有水、石灰水、稀硫酸、食盐水，这些都是无色液体，请用最简单的方法将它们区别开。

答：最简单的区别方法是：

（1）分别向四个试管中吹气，变浑浊的是石灰水，反应式为

$$Ca(OH)_2 + CO_2 = CaCO_3 \downarrow + H_2O \tag{1-2}$$

（2）分别往另外三个试管中滴几滴甲基橙指示剂，变红的是稀硫酸溶液。因为甲基橙指示剂遇酸显红色。

（3）向剩余的两个试管中分别滴几滴硝酸银溶液，产生白色沉淀的是食盐溶液，无变化的是水溶液，反应式为

$$NaCl + AgNO_3 = AgCl \downarrow + NaNO_3 \tag{1-3}$$

25 试用动态平衡的观点说明饱和溶液和溶解度的概念。

答：某物质溶解在一定的溶剂中时，随着溶质分子的不断运动，当溶液中已溶的溶质量增加到一定程度时，结晶的速度和溶解的速度相等，建立了溶解和结晶的动态平衡，此溶液称为饱和溶液。

某物质能溶解于一定量溶剂中的最大量，称为该物质的溶解度。

26 温度变化对溶解度有什么影响？

答：大部分物质的溶解度随着温度的升高而增大，少数物质的溶解度随温度改变的变化不大，也有少数物质随温度的升高，其溶解度反而降低。

27 电离度的大小如何反应电解质的性质？

答：电离度的大小表示电解质的相对强弱，电离度越大，说明电解质越强；电离度越小，说明电解质越弱。

28 什么是缓冲溶液？举例说明其缓冲原理。

答：缓冲溶液是弱酸及其盐的混合溶液，此溶液具有稳定 pH 的作用，在其中加入少量的酸和碱，或者适当稀释时，溶液的 pH 值改变很小，具有这样特点的溶液称为缓冲溶液。

缓冲溶液的缓冲原理是：

以 $CH_3COOH—CH_3COONa$ 为例说明，CH_3COOH 是一种弱酸，有电离的倾向，但是由于同离子效应，它的电离受 CH_3COO^- 的抑制。同样，CH_3COO^- 有水解的倾向，因 CH_3COOH 的存在而受到抑制。其反应用式为

$$CH_3COOH = H^+ + CH_3COO^- \quad (1\text{-}4)$$

$$CH_3COO^- + H_2O = CH_3COOH + OH^- \quad (1\text{-}5)$$

因此在这样的溶液中，CH_3COOH 的浓度等于原来的浓度。

29 电离常数的意义是什么？

答：在一定温度下，各种弱电解质有不确定的电离常数，电离常数越大，它的电离能力越强；反之，电离常数越小，它的电离能力越弱。因此根据电离常数的大小可以判定弱电解质的相对强弱。

30 什么称为同离子效应？在氨水中分别加入 HCl、NH_4Cl、NaOH 时，溶液 pH 值如何变化。

答：在弱电解质中加入强电解质，此强电解质的组成中有一种和弱电解质相同的离子，则弱电解质的电离平衡会发生移动，电离度也会发生变化，我们把这种现象称为同离子效应。

(1) 氨水中加入 HCl 时，氨水的电离度增大，pH 降低。

(2) 氨水中加入 NH_4Cl 时，氨水的电离度减小，pH 降低。

(3) 氨水中加入 NaOH 时，氨水的电离度减小，pH 提高。

31 什么称为溶度积？什么称为离子积？用离子积和溶度积之间的关系解释溶度积规则。

答：在一定温度下，难溶电解质达到电离平衡时，各种离子浓度的乘积称为溶度积，此值为一常数。

溶液中各离子浓度的乘积称为离子积，此值也为一常数。

当离子积小于溶度积，溶液未达平衡，无沉淀析出；当离子积等于溶度积，溶液达到饱和，但无沉淀析出；当离子积大于溶度积，有沉淀析出。直到离子积等于溶度积，溶液与沉淀才处于平衡状态。

32 什么是盐类的水解？哪些盐类发生水解？哪些盐类不发生水解？

答：盐类溶液不呈中性的原因是盐类的离子和水中的氢离子或氢氧根离子作用生成弱电解质，影响了水的电离平衡，使溶液中的氢离子和氢氧根离子的相对浓度有了改变而造成。这种盐的离子和水中氢离子或氢氧根离子作用生成弱酸或弱碱的反应，称为盐类的水解。

强碱弱酸盐、强酸弱碱盐、弱酸弱碱盐易发生水解。

强酸强碱盐不发生水解。

33 电解质的电导率所表示的意义是什么?

答：电解质溶于水后，离解出带正、负电荷的离子，在外电场的作用下这些离子分别向阴、阳极迁移，从而形成电流导电，其导电能力的大小用电导率表示。

34 常见的容量分析法有哪几种?

答：常见的容量分析法有四种：酸碱滴定法、沉淀滴定法、氧化还原滴定法、络合滴定法。

35 什么称为水的离子积？在常温下等于多少?

答：在一定温度下，水溶液中 H^+ 和 OH^- 浓度的乘积是一个常数，这一常数 K 称为水的离子积。

在常温下（25℃，一个标准大气压）水的离子积为 1×10^{-14}。

36 电导与电导率有何不同?

答：电导是指水溶液的导电性能，它的测定基于两块电极，面积为 $1cm^2$，极板之间相隔 1cm 的水溶液的电阻值（R）的倒数，称为电导。电阻与面积成反比，与长度成正比，因此选用的电极面积不同，测得同一浓度的电导值不同，故测定不同溶液的电导时，必须用同一指标来指示。

电阻率的倒数称为电导率。如果测定电导用“单位电极常数”，即电极数为 1 时，电导就是电导率的数值。

37 什么是胶体溶液？胶体体系有哪些特性?

答：在分散质与分散剂组成的分散体系中，分散质颗粒直径在 0.1～10μm 之间时，这样的分散体系称为胶体溶液。

胶体体系的特性有：布朗运动、丁达尔效应、电泳和电渗以及吸附现象。

38 胶体微粒带电的原因有哪些?

答：胶体微粒带电是由两方面原因引起的。

（1）吸附。胶体体系中，胶体微粒表面积很大，这些微粒有很强的吸附能力，可从介质中选择性地吸附某种电解质离子而使其表面带电。

（2）表面分子的电离。胶体粒子表面上一部分分子离解成离子，留在该层里而使微粒带电。

39 什么是络离子？什么是络合物？络盐和复盐有何区别?

答：凡含有配位键，并且有一定的稳定性，在水溶液中不易离解的复杂离子就是络离子。

含有络离子或络分子的化合物都是络合物。

络盐和复盐的区别：复盐在溶液中完全电离为各组分离子，而络盐则不能电离成各组分离子。

40 什么是中心离子？什么是配位体？什么是配位数？什么是外配位层？

答：在络离子中的金属阳离子占据中心位置，称为中心离子。

在直接靠近中心离子的周围，配置着一定数目的中性分子或阴离子，称为配位体。

这些配位粒子构成络合物的内配位层；配位体的个数即中性分子或阴离子的数目称为配位数。

由于络离子带电荷，则必有相应数量的带相反电荷的离子在络合物的外界，构成络合物的外配位层。

41 什么是内络合物？

答：内络合物又称螯合物，是中心离子和配位体形成具有环状结构的络合物。

42 “1摩尔物质的量，称为该物质的摩尔质量。单位是：克/摩尔。”这样叙述对吗？

答：不对。因为将摩尔质量定义为“1摩尔物质的量”，包含了特定的单位，这是不符合有关量的定义的规定的。“摩尔质量”这个名称中的摩尔是作为形容词“摩尔的”使用的，其特定名义是“除以物质的量”。且用中文名称为单位时必须用简称，即克/摩，通常应该用国际符号或法定符号，分别是mol和g/mol。

43 “1摩尔任何元素的原子的质量，应等于该物质的原子量（以克为单位），这份质量称为该原子的摩尔质量。1摩尔任何分子的质量，应等于该物质的分子量（以克为单位），这份质量称为该分子的摩尔质量。”这样叙述对吗？

答：不对。原因为：

（1）“摩尔质量”是量的名称。按照规定，量的定义不应该包含或暗含特定的单位，但在题上叙述中都指明以克为单位。

（2）按照摩尔的定义，在使用摩尔这一名称时，必须指明基本单元。原子、分子等都属于基本单元，因此“摩尔质量”就只能有一个定义，不应该再分为“原子的摩尔质量”“分子的摩尔质量”了。

（3）按照国家标准的规定，摩尔质量M的SI单位为kg/mol，分析化学中常用的单位是g/mol，而不是g。

44 机械密封装置有何优缺点？

答：机械密封的优点为：

（1）一般可完全防止泄漏，可提高效率。

（2）节省功率。

（3）轴不受磨损。

（4）操作简便，运行中不需经常调压兰。

（5）可以缩短轴长。

缺点是：其接触面必须精加工，一旦开始漏泄，须拆泵、麻烦。

45 水泵启动前的检查项目有哪些？

答：水泵启动前的检查项目有：

（1）电动机及泵现场清洁，周围不允许有妨碍运行的物件。

（2）靠背轮的连接螺栓和保护罩牢固完整，盘动靠背轮应灵活，无碰摩。

（3）泵内油质、油位（1/2～2/3）正常。

（4）压力表良好，表门开启。

（5）空气考克门应完好灵活，放尽泵内空气，入口应保持水量充足，并开启水泵入口门，出口门关闭。

（6）电动机绝缘合格，外壳接地良好，长时间停运水泵在启动前，应由电气值班员测量电动机绝缘。

46 简述离心泵的工作原理。

答：离心式水泵在启动前应先充满水，当电动机带动水泵叶轮高速旋转时，叶轮中的水也跟着旋转起来，由于离心力的作用，水便沿着叶轮圆周旋转的切线方向冲进出口管，水排出后在泵壳内的旋转轴附近就形成了真空，进水管中的水在外压力的作用下，被压进泵内填补真空，所以只要叶轮不停地转动，水就源源不断地由进水管进入泵内，由出水管排出。

47 化学水处理和化学监督的任务是什么？

答：化学水处理和化学监督的任务是：

（1）供给质量合格、数量充足和成本低的锅炉给水，并根据规定对给水、炉水、凝结水、冷却水、热网补给水和废水等进行必要的处理。

（2）对水和汽的质量、油质、煤质等进行化学监督，防止热力设备和发电设备的腐蚀、结垢和积集沉积物；防止油质劣化以及提供锅炉燃烧的有关数据。

（3）参加热力设备、发电设备和用油设备检修时有关检查和验收工作。

（4）在保证安全和质量的前提下，努力降低水处理和油处理等消耗指标。

48 给水加氨的目的及原理是什么？

答：给水加氨的目的是中和水中的 CO_2，提高给水的 pH 值，防止发生游离 CO_2 的腐蚀。

原理是：氨溶于水，呈碱性。其反应式为

$$NH_3 + H_2O = NH_3OH \tag{1-6}$$

$$NH_3 \cdot H_2O + CO_2 = NH_4HCO_3 \tag{1-7}$$

$$NH_3 \cdot H_2O + NH_4HCO_3 = (NH_4)_2CO_3 + H_2O \tag{1-8}$$

49 联氨除氧的原理是什么？使用联氨时的注意事项有哪些？

答：联氨是一种还原剂，它可将水中的溶解氧还原，反应式为

$$N_2H_4 + O_2 = N_2 + 2H_2O \tag{1-9}$$

使用联氨时的注意事项为：

（1）联氨浓溶液要密封保存，贮存处严禁明火。

（2）操作和分析联氨时，应戴眼镜和皮手套，严禁用嘴吸移液管移取联氨。

（3）药品溅入眼中，应立即用大量水冲洗；若溅到皮肤上，可用乙醇洗受伤处，然后用水冲洗。

（4）在操作联氨的地方，应通风良好，水源充足。

50 试用方程式表示联氨除氧以及除铜垢、铁垢的过程。

答：（1）联氨除氧方程式为

$$N_2H_4 + O_2 \longrightarrow N_2\uparrow + 2H_2O \tag{1-10}$$

（2）联氨除铁垢方程式为

$$N_2H_4 + 6Fe_2O_3 \longrightarrow 4Fe_3O_4 + N_2\uparrow + 2H_2O \tag{1-11}$$

$$2Fe_3O_4 + N_2H_4 \longrightarrow 6FeO + N_2\uparrow + 2H_2O \tag{1-12}$$

$$2FeO + N_2H_4 \longrightarrow 2Fe + N_2\uparrow + 2H_2O \tag{1-13}$$

（3）联氨除铜垢方程式为

$$4CuO + N_2H_4 \longrightarrow 2Cu_2O + N_2\uparrow + 2H_2O \tag{1-14}$$

$$2Cu_2O + N_2H_4 \longrightarrow 4Cu + N_2\uparrow + 2H_2O \tag{1-15}$$

51 给水系统中铁受水中溶解氧腐蚀的原理是什么？

答：铁受水中溶解氧的腐蚀是一种电化学腐蚀，铁和氧形成两个电极，组成腐蚀电池。铁的电极电位总是比氧的低，所以在铁氧腐蚀电池中，铁是阳极，遭到腐蚀。反应式为

$$Fe \longrightarrow Fe^{2+} + 2e^- \tag{1-16}$$

氧为阴极，进行还原的反应式为

$$O_2 + 2H_2O + 4e^- \longrightarrow 4OH^- \tag{1-17}$$

即溶解氧起阴极去极化作用，引起铁的腐蚀。

52 水中碱度和硬度由哪些物质组成？它们之间有何关系？

答：（1）碱度。碱度是指水中能和氢离子发生中和反应的碱性物质的总量。这些碱性物质，主要是碱金属和碱土金属的重碳酸盐，碳酸盐和氢氧化物。分别称为重碳酸盐碱度，碳酸盐碱和氢氧根碱度。碳酸盐碱度与氢氧化物碱度，或碳酸盐碱度与重碳酸盐碱度，它们都能共存于水中，但氢氧化物碱度却不能与重碳酸盐碱度共存于水中。因为它们相遇时，要发生化学反应。其反应式为

$$Ca(HCO_3)_2 + Ca(OH)_2 = 2H_2O + 2CaCO_3\downarrow \tag{1-18}$$

（2）硬度。水的硬度主要由钙与镁的各种盐类组成，当水中含有铁、铝、锰、锌等金属离子时，亦会形成硬度。水的硬度分碳酸盐硬度和非碳酸盐硬度两种。碳酸盐硬度，它主要指钙与镁的重碳酸盐，当水煮沸时，这些钙、镁的重碳酸盐便分解成碳酸钙和氢氧化镁沉淀而被除去，因此，碳酸盐硬度，又称为暂时硬度。非碳酸盐硬度，主要指水中钙与镁的硫酸盐，氯化物和硝酸盐所形成的硬度。它不能用煮沸的方法去除，故又称永久硬度。负硬度，它是指水中含碱金属的碳酸盐，重碳酸盐和氢氧化物。因为它们能抵消一部分硬度，所以称负硬度，但不是说水的硬度为负值。当水的碱度大于硬度时，说明水中有负硬，其差值就是负硬的数值。负硬度和永久硬度不能共存于水中，因为它们之间会发生化学反应。其反应式为

$$CaSO_4 + 2NaHCO_3 = Ca(HCO_3)_2 + Na_2SO_4 \quad (1\text{-}19)$$

$$CaCl_2 + Na_2CO_3 = CaCO_3\downarrow + 2NaCl \quad (1\text{-}20)$$

$$MgSO_4 + 2NaOH = Mg(OH)_2\downarrow + Na_2SO_4 \quad (1\text{-}21)$$

53 什么金属不能用盐酸清洗？为什么？

答：用奥氏体钢制造的设备，如超高压锅炉的过热器管，不能用盐酸清洗。

因为氯离子会促使奥氏体钢发生应力腐蚀，所以奥氏体钢不能用盐酸清洗。

54 汽轮机的高压级、中压级、低压级分别以哪些沉积物为主？

答：高压级中的沉积物主要是易溶于水的 Na_2SO_4，Na_3PO_4 和 Na_2SiO_3 等。

中压级中的沉积物主要是易溶于水的 Na_2CO_3、NaCl 和 NaOH 等。此外，还有难溶于水的钠化合物，如 $NaO \cdot Fe_2O_3 \cdot 4SiO_2$（钠锥石）和 $NaFeO_2$（铁酸钠）。

低压级中的沉积物主要是不溶于水的 SiO_2。

55 三价铁离子在化学清洗中有什么不良影响？如何消除？

答：Fe^{3+} 是腐蚀过程中的阴极去极化剂，它会造成对金属基体的附加腐蚀，这个过程是个电化学腐蚀。其反应式为

$$2Fe^{3+} + 2e^- \longrightarrow 2Fe^{2+} \quad (1\text{-}22)$$

$$Fe - 2e^- \longrightarrow Fe^{2+} \quad (1\text{-}23)$$

$$2Fe^{3+} + Fe \longrightarrow 3Fe^{2+} \quad (1\text{-}24)$$

控制 Fe^{3+} 腐蚀的方法是在酸洗液中添加辅助清洗剂，使 Fe^{3+} 被还原或络合，从而避免了金属腐蚀。

56 加氧处理的前提条件是什么？

答：加氧处理的前提条件：

（1）凝结水 100%的处理，并运行正常。

（2）机组正常运行中给水的氢电导率不大于 0.15μs/cm。

（3）化学仪表达到联合处理工艺所要求的分析能力。

（4）加氧装置已安装，并且完成调试。

（5）其他必要的准备工作已就绪。

第三节　化验基础知识

1 比色分析法的原理是什么？

答：比色分析法的原理就是根据朗伯—比耳定律：溶液浓度越大，液层越厚，通过的光愈少，入射光强度的减弱愈显著。比色分析法就是利用这种正比例关系测定物质含量的。

2 影响显色反应的因素有什么？

答：影响显色反应的因素有：显色剂的用量、溶液的酸度、温度和时间、有机溶剂、共

存离子的干扰等。

3 什么是指示剂的封闭现象?

答：电厂实际工作中，要求指示剂在理论终点附近有敏锐的颜色变化，但有时这种变化受到干扰，过量的EDTA（乙二胺四乙酸二钠盐）不能夺取金属离子与指示剂形成的有色络合物中的金属离子，致使终点附近无色变，这种现象称为指示剂的封闭现象。

4 金属指示剂的作用原理是什么?

答：金属指示剂本身是一种络合物，它与被滴定的金属离子生成有色络合物，而与指示剂本身的颜色不同，此络合物的稳定性比金属离子与EDTA生成的络合物的稳定性稍差。当滴定初始时，出现的颜色是指示剂与金属离子络合物的颜色。待到反应终点时，EDTA夺取了其中的金属离子，游离出指示剂，引起溶液颜色的变化。

5 在络合滴定中，为什么常使用缓冲溶液?

答：在络合滴定中，为了产生明显的突跃，要求溶液的酸度必须在一定的范围（酸效应）内，而在滴定过程中，溶液的pH值又会降低。当溶液酸度值太高时，会产生水解或沉淀，所以只有使用缓冲溶液才能满足上述要求。

6 影响化学反应速度的因素有哪些?

答：影响化学反应速度的因素有：

（1）浓度。浓度越大，反应速度越快。

（2）压力。压力增大，反应向体积减小的方向移动。

（3）温度。对于吸热反应，温度升高，反应速度加快；而对于放热反应，温度升高，反应速度减慢。

（4）催化剂。加入催化剂可以改变反应速度。

（5）反应物颗粒的大小、溶剂的种类、扩散速度、放射线和电磁波等也能影响化学反应速度。

7 什么是滴定突跃？滴定突跃的大小在分析中有什么意义?

答：滴定突跃是在滴定过程中，当滴定达到理论终点附近时，加入少量滴定剂，而引起滴定曲线发生明显的突跃变化。

滴定突跃大说明指示剂变色敏锐、明显，适用的指示剂种类多，便于观察，便于选用。滴定突跃越小说明难于准确滴定或不滴定。

8 什么是朗伯—比尔定律?

答：当用一适当波长的单色光照射吸收物质的溶液时，其吸光度系数A与溶液浓度c和透光液层厚度L的乘积成正比，数学表达式为

$$A = KcL \tag{1-25}$$

9 滴定分析法对化学反应有何要求?

答：滴定分析法对化学反应的要求是：

（1）反应必须定量地完成，即反应按一定的反应方程式进行，没有副反应进行，完全可进行定量计算。

（2）反应能够迅速地完成，对于速度较慢的反应，有时可以通过加热或加入催化剂的方法来加快反应速度。

（3）能够有比较简便、可靠的方法来确定计量点。

10 悬浊液、胶体、溶液是根据什么划分的？

答：悬浊液、胶体、溶液是根据分子或离子状态的颗粒直径划分的。

当分子颗粒直径小于或等于 1nm 时称为溶液。

当颗粒直径小于或等于 1～100nm 时称为胶体。

当分子颗粒直径大于或等于 100nm 时称为悬浊液。

11 为什么干燥食盐和蔗糖都不导电？而食盐溶液能导电，蔗糖溶液却不能导电？

答：溶液导电的原因是溶液中存在着可自由移动的正、负离子。干燥的食盐和蔗糖无法电离出自由移动的正、负离子，因此不导电。

食盐溶于水形成溶液后，可电离出自由移动的离子，因此能导电。蔗糖溶液却不能电离出离子，所以不能导电。

12 “电解质通过电流后发生电离。”这句话对吗？为什么？

答：此种说法不正确。

电解质分子在水中，由于水的极性分子的作用，使电解质发生电离，并非通过电流而发生电离，通电只能使离子做定向移动。

13 用溶度积原理解释：$Al(OH)_3$ 沉淀可溶于稀 H_2SO_4 而 $BaSO_4$ 不溶于 HCl。

答：（1）由于 $Al(OH)_3$ 是一种两性氢氧化物，能与 H_2SO_4 发生化学反应，反应式为

$$2Al(OH)_3 + 3H_2SO_4 = Al_2(SO_4)_3 + 6H_2O \tag{1-26}$$

此时，$Al(OH)_3$ 一部分溶解生成 $Al_2(SO_4)_3$ 溶液，这样随着反应的进行，$Al(OH)_3$ 的离子积就会小于其溶度积，反应不断进行，离子积数值不断减小，使得 $Al(OH)_3$ 不断溶解。

（2）由于 $BaSO_4$ 与 HCl 不发生化学反应，使得 $BaSO_4$ 和 HCl 的混合溶液中$[Ba^{2+}]$与$[SO_4^{2-}]$不发生改变，即离子积不变，因此 $BaSO_4$ 不溶于 HCl。

14 下列几种盐中，哪些能发生水解？哪些不能发生水解？为什么？并说明该溶液的酸碱性。①K_2CO_3；②$CaCl_2$；③KCl；④ $(NH_4)_2SO_4$；⑤Na_2S。

答：（1）K_2CO_3 强碱弱酸盐，能发生水解，溶液显碱性。

（2）$CaCl_2$ 强酸强碱盐，不发生水解。

（3）KCl 强酸强碱盐，不发生水解。

（4）$(NH_4)_2SO_4$ 强酸弱碱盐，发生水解，溶液显酸性。

（5）Na_2S 强碱弱酸盐，发生水解，溶液显碱性。

15 什么是酸碱指示剂？它有哪几类？

答：酸碱指示剂一般是弱的有机酸、有机碱，或既呈弱酸性又呈弱碱性的两性物质，在溶液 pH 值改变时，由于结构上的变化而引起颜色的改变。

酸碱指示剂有两类：酚酞类偶氮化合物和磺代酚酞类。

16 为什么测定氯根时，在滴定前水样必须调节到中性或弱碱性（pH=7～9）？

答：测定氯根时，在滴定前水样必须调节到中性或弱碱性的原因是：

（1）酸性太强时，终点时生成的 Ag_2CrO_4 易溶解而导致终点不明显，或根本就无终点指示。

（2）若碱性太强，Ag^+ 在碱性环境下将生成 Ag_2O 的褐色沉淀，影响终点判断。

17 什么称为分光光度法？它包括的内容有哪些？

答：利用单色器（棱镜或光栅）获得单色光来测定物质对光吸收能力的方法称为分光光度法。

分光光度法包括：比色法、可见及紫外分光光度法以及红外光谱法等。

18 在干燥、灰化、灼烧沉淀时应注意什么？

答：在将沉淀包入滤纸时，注意勿使沉淀丢失。灰化时要防止滤纸着火，防止温度上升过快。灼烧时应在指定温度下于高温炉中灼烧，坩埚与坩埚盖须留一孔隙，坩埚在干燥器内不允许与干燥剂接触。

19 什么是络合滴定法？常用的金属指示剂有哪些？

答：络合滴定是以络合反应为基础，以络合剂或 EDTA 为滴定剂的滴定分析方法。

常用的金属指示剂有铬黑 T，二甲酚橙，PAN、酸性铬兰 K、钙指示剂等。

20 什么称为缓冲溶液？

答：弱酸及弱酸盐或弱碱及弱碱盐的混合物能调节溶液中 H^+ 离子的浓度，即能减少影响溶液 pH 值的各种因素的作用，因此含有这种混合物的溶液称为缓冲溶液。

21 重量分析对沉淀的要求有哪些？

答：重量分析对沉淀的要求有：

（1）沉淀的溶解度要小，这样才能保证被测组分沉淀完全。

（2）沉淀易于过滤和洗涤。为此，尽量希望获得粗大的晶形沉淀。如果是无定形沉淀应注意掌握沉淀条件，改善沉淀的性质。

（3）沉淀力求纯净，尽量避免其他杂质玷污。

（4）沉淀应易转化为称量形式。

22 重量分析的基本原理是什么？

答：重量分析的基本原理是：往被测物中加沉淀剂，使被测组分沉淀析出，最终依据沉淀重量计算被测组分的含量。

23 邻菲罗啉分光光度法测铁的原理是什么？本方法的测定范围多大？

答：测定原理是：先将水样中的高铁用盐酸羟胺还原成亚铁。在pH值4～5的条件下，亚铁与邻菲罗啉反应生成浅红色的络合物。根据此络合物颜色的深浅，用分光光度计测定其浓度。

本方法的测定范围为5～200μg/L，测得的结果为水样中的全铁。

24 电导仪测定的原理是什么？

答：由于电导和电阻是倒数关系，所以电导的测定实际上就是导体电阻的测定，然后，根据电极常数通过换算求得电导率。常用电导仪的测定为分式测量法。

25 比色分析中理想的工作曲线应该是重现性好，而且是通过原点的直线。在实际工作中引起工作曲线不能通过原点的主要因素有哪些？

答：引起曲线不通过原点的主要因素有三点：

（1）参比溶液的选择和配制不当。

（2）显色反应和反应条件的选择、控制不当。

（3）用于显色溶液和参比溶液的比色皿厚度或光性能不一致。

26 什么称为酸度？什么称为酸的浓度？举例说明。

答：酸度是溶液中H^+离子的浓度。

酸的浓度是指每升溶液中所含某种酸的摩尔数，如0.1M HCl溶液的pH值为2.87，2.87表示溶液的酸度，0.1M表示酸的浓度。

27 指示剂的选择原则是什么？为什么某些外表上同属一种类型的滴定，而选择的指示剂不相同？

答：指示剂选择的原则是：能在突跃范围内引起颜色变化。

因为某些外表上同属一种类型的滴定，其突跃范围不一定相同，所以所选择的指示剂不相同。

28 氧化—还原指示剂的变色原理是什么？

答：氧化—还原指示剂其本身能发生氧化—还原反应，而它的氧化型和还原型具有不同的颜色。

29 什么称为指示剂？它通常分哪几类？

答：所谓指示剂就是指进行容量分析时用来指示反应终点的试剂。

指示剂按容量反应的类型可以分为以下几类：酸碱反应用指示剂；沉淀反应用指示剂；氧化还原反应指示剂和络合反应指示剂等。

30 化学试验室中常用的玻璃仪器分为哪些类型？使用滴定管时如何正确读数？

答：化学试验室常用的玻璃仪器通常分为烧杯类、量器类、瓶类、管类和其他玻璃仪器类。

为正确读取滴定管读数，应按以下要求去做：

(1) 读数时，滴定管应垂直夹在滴定管夹上，并且下端管口处不得悬挂液滴。

(2) 读数时，视线应与液面水平，对于透明液体，应读取弯月面下缘最低点相切的刻度，如果弯月面不清晰，可在滴定管后面放一张白纸或涂有黑色带的白纸，以便观察判断；对深色溶液，可读取弯月面上缘两侧最高点。如使用蓝线滴定管，则按蓝线的最尖部分与刻度线上缘相重合的一点进行读数。

31 何谓分析结果的准确度？何谓分析结果的精确度？

答：分析结果的准确度是指分析测定值与真实值的接近程度。测定值越接近真实值，准确度越高即分析结果越准确。

分析结果的精确度，是指在相同条件下，多次测定结果相互接近的程度。即分析结果重复性的好坏，重复性越好，则精确度越高。

32 什么称为标准溶液？什么称为基准试剂？基准物质应具备哪些条件？

答：在容量分析和比色分析中，把已知准确浓度的溶液称为标准溶液。

把能够直接配制标准溶液的纯物质或已经知道准确含量的物质称为基准试剂（或称为基准物质）。

基准物质应具备以下条件：

(1) 应具有高纯度，其杂质含量一般不得超过0.01%～0.02%，如含有结晶水，其结晶水应与分子式相吻合。

(2) 应具有较好的化学稳定性，在称量过程中不吸收空气中的水或二氧化碳；在放置过程中或烘干时，不发生变化，不分解。

(3) 其分子量值应比较大，以减少称量误差。

(4) 应易溶于水或易溶于常用的单一酸中。

(5) 在滴定前后，该物质最好无色。

33 作为容量分析基础的化学反应必须满足哪些要求？

答：作为容量分析基础的化学反应必须满足以下要求：

(1) 反应有确切的定量关系，即反应按一定的反应方程式进行，并且反应进行得完全。

(2) 反应能迅速完成，对于速度较慢的反应有加快反应的措施。

(3) 主反应不要共存物质的干扰或有消除干扰的措施。

(4) 有确定反应理论终点的方法。

34 什么称为氧化还原反应？

答：在反应物质之间发生电子转移或电子对转移的反应称为氧化还原反应。

35 什么称为醇？它的通式是什么？

答：醇可以看作是烷分子中的一个氢原子被一个羟基取代或水分子中的一个氢原子被一个烷基取代后所生成的化合物。

饱和醇的通式是 $C_nH_{2n}+1OH$。

36 常见的石油烃类化合物有哪几种？其各有何特性？

答：常见的石油烃类化合物有四种：烷烃、环烷烃、不饱和烃以及芳香族烃。

（1）烷烃。也称为石蜡族烃，此种烃类的化学性质很稳定，但含量多时会增加产品的凝固点。

（2）环烷烃。它使石油产品富有良好的热稳定性和化学稳定性。另外，还有良好的黏度性质，它是润滑油的宝贵成分。

（3）不饱和烃。这种烃容易和许多化合物化合，也容易被氧化物氧化，石油中这种烃的含量极少。

（4）芳香族烃。它的化学性质比环烷属烃活泼，存在于所有的石油中，但含量极少。

37 简述油品分馏的主要过程。

答：经预处理后的原油压入加热炉，加热到 360℃左右，使原油成为液体和气体混合物，进入分馏塔。在分馏塔中，按照各种烃类沸点的高低，在不同层的塔盘上分离出重油、柴油和煤油等产品，沸点最低的烃类以蒸气状态从分馏塔顶部出来后，再经冷却塔分离出汽油和石油气。从分离塔底部流出的重油可以再进行分馏，即进入减压分馏塔，利用沸点随压力变化的原理，将分馏塔的压力降至低于大气压，这样在较低的温度下，就能将重油中的烃类分馏出来。在减压分馏塔里，仍按照沸点范围的不同，在不同层大塔盘上分离出不同黏性规范的润滑油。沸点较低的重柴油，则从塔顶分离出来，剩下的渣油从塔底流出。

38 汽轮机油和绝缘油大体上是如何制取的？

答：汽轮机油一般是用石油的减压馏分即轻质润滑油馏分制取的，要经脱蜡、糠醛精制及白土接触处理等具体的步骤。

绝缘油是用石油的常压馏分即重油馏分制取的，要经酸、碱法精制和白土接触处理等步骤。

39 电力用油共有哪几类？各包括哪些品种？

答：电力用油共分五类：

（1）汽轮机油。按 40℃时的运动黏度，分四个牌号：32 号、46 号、68 号、100 号。

（2）绝缘油。按其用途分为变压器油、断路器油、电缆油。其中变压器油按低温性能分为 10 号、25 号、45 号。断路器油按我国石油行业标准仅一种牌号。高压充油电缆油仅有企业标准一种牌号。

（3）机械油。按 50℃时的运动黏度，国产机械油分七个牌号：10 号、20 号、30 号、40 号、50 号、70 号、90 号。

（4）重油。按 80℃时运动黏度分为三个牌号：20 号、60 号、100 号。

（5）抗燃油。

40 汽轮机油的作用是什么？

答：汽轮机油的作用为：

（1）润滑作用。在轴径和轴瓦间以液体摩擦代替其间的固体摩擦，防止因固体摩擦使设备发热或磨损的危险发生，同时也提高了汽轮机的效率和安全可靠性。

（2）冷却散热作用。高速运转的汽轮机组在液体摩擦下仍会产生大量的热量。不断循环流动的汽轮机油将会把这些热量带进冷油器进行冷却。冷却后的油又可进入轴承将热量带出，如此反复循环，对机组的轴承起到了冷却散热作用。

（3）用作调速系统的工作介质，使压力传导于油动机和蒸汽管上的油门装置，以控制蒸汽门的开度，使汽轮机在负荷变动时，仍能保持额定的转速，以保证发电质量和安全运行。

（4）密封作用。把发电机两侧的轴承密封好，不让氢气外漏，以保持正常氢压。

41 绝缘油的作用是什么?

答：绝缘油的作用是：

（1）绝缘作用。纯净的绝缘油具有十分优良的绝缘性能，因为两极间距离为 1mm 时，绝缘油可以耐 120kV 的电压，因此绝缘油在电气设备中起着很重要的作用，它能使各种高压电气设备具有可靠的绝缘性能。

（2）冷却及散热作用。在变压器中，由于电流通过线圈时，不可避免地要损失一部分能量，即产生热效应，使线圈和铁芯都要发热。长期下去就会造成绝缘材料脆化击穿，因此在变压器四周布置了散热管，可以通过自然循环或强迫循环由热传导和对流的方式吸收热量，并加以散发，这样就可以把热量不断地排散掉，保证了变压器的正常运行，从而保障了设备的安全。

（3）灭弧作用。由于电弧的温度很高，油便受热分解，产生出许多气体，其中有大量氢气，这是一种具有很高绝缘性能的气体。这些气体能在高温作用下产生很高的压力，结果将电弧吹向一方。因而使电弧通过的途径冷却下来，同时消灭了附近的电离空间，促使电弧不能继续发生，及时熄灭电弧，保证设备和系统的安全运行。

42 运行中汽轮机油的控制标准是什么?

答：汽轮机油的控制标准：

（1）未加防锈剂的油品酸值小于或等于 0.2mgKOH/g，加防锈剂的油品酸值小于或等于 0.3mgKOH/g。

（2）黏度与新油原始测值偏离小于 1±10%。

（3）闪点与新油原始测值相比不低于 15℃。

43 运行中油质超标准会造成哪些危害?

答：运行中油质超标准的危害：

（1）有水的情况下，会引起生成油泥的倾向。更严重的是低分子酸的存在会使油系统发生腐蚀。

（2）黏度超标。说明轻质透平油可能变成中质透平油，不适合设备对黏度的要求，黏度增加表明油质劣化程度加深，而且由此引起的摩擦增加及轴承内温度的升高，更促使油质进一步劣化。

（3）油的闪点降低。说明油内低分子烃类逐渐蒸发，这将促使油的黏度及密度的增加。

44 运行中应如何做好汽轮机油的日常维护?

答：做好油系统的清理工作，防止水分和机械杂质浸入油系统；及时排除油箱中的水分和污物，保持冷油器的正常工况，防止超温运行，防止空气进入油内产生泡沫；应补加抗氧化剂，添加防锈剂。

45 影响油品颜色和透明度的因素各是什么?

答：油品的颜色和透明度主要是根据肉眼观察来判定的，颜色决定于其中沥青质、树脂物质及其他染色化合物的含量。而透明度则受两个方面的影响：一是油品受环境的污染而混入的水分、机械杂质、游离碳等外部因素的影响；二是由于油品内部有石蜡和渣滓等，特别是在较低温度条件下，它们会成为雾状分离出来，影响油的透明度，这是内部因素。

46 观察油品颜色和透明度的意义是什么?

答：油品在运行中受温度、空气、压力、电晕、电弧、电场等影响，逐渐被氧化，使油的颜色逐渐加深。这是由于油氧化后，除生成酸类物质外，还产生一定数量的胶质、沥青质等会使油颜色加深的物质。绝缘油颜色的剧烈变化，一般是油内发生电弧时所产生的碳质造成的，所以油在运行中颜色的迅速变化是油质变坏或设备内部存在故障的表现。

47 测定油品密度在生产上有何实际意义?

答：测定油品密度的实际意义是：

(1) 测出密度后，再根据油品体积能计算出油品的质量。

(2) 对绝缘油，只要不影响油的其他性质，要求密度小一些为好，因这样油中水分及生成的沉淀物能迅速沉降到容器的底部。

(3) 密度与油品的化学组成有关，故在一定程度上根据密度可大致判断油品的成分和原油的类型。

48 测定高黏度油品密度时，为何必须用煤油稀释而不用汽油?

答：由于油品过于黏稠，易造成密度计不能自由沉浮。同时，在密度计读数标尺上粘有深色产品，影响读数，造成分析结果不准，所以要用煤油进行稀释。

因汽油馏分太轻，在常温下或在加入热重油时受热，其轻馏分就会蒸发，不但减少了稀释的体积，而且由于轻质组分蒸发，稀释溶剂本身的密度就会增大，使测定结果不准确。

49 影响黏度的因素是什么?

答：影响黏度的因素是：

(1) 黏度与油的组成部分的性质及其在油中的比例有直接关系。

(2) 黏度和温度有很大关系。温度升高，黏度降低；反之亦然。

(3) 黏度与作用于油品的压力及运行速度有关。

50 测定油品黏度在生产上有何实际意义?

答：黏度是润滑油的最重要的指标之一，正确选择一定黏度的润滑油可保证发电机和汽轮机组处于稳定可靠的运行状态。随着汽轮机油黏度的增大，会降低发电机的功率，增大燃料消耗。黏度过大，还会造成启动困难，机组振动；黏度过小，会降低油膜的支撑能力，形不成良好的油膜，因此增加了机器的磨损。所以在压力大、转速慢的设备中，使用黏度较大的油品；在压力小、转速快的设备上使用黏度较小的油品。

黏度也是绝缘油的重要指标之一。因黏度越低，变压器循环冷却效果越好。

此外，黏度对油的输送也有重要意义，黏度增加，输送压力就要增加。

51 测定油品酸值有何重要意义？

答：测定油品酸值的重要意义：

（1）新油中酸性物质的数量，与原油的预处理和分馏精制的程度有关。

（2）运行中油的酸值愈高，表明油的老化程度愈深。它是监督油老化程度最重要的指标。

（3）绝缘油中含有酸性物质会提高油品的导电性，降低油品的绝缘性能。

52 测定油品闪点和燃点有何实际意义？

答：测定油品闪点和燃点的实际意义：

（1）从油品闪点可判断其馏分组成的轻重，因馏分组成愈轻，闪点愈低。

（2）从闪点可鉴定油品发生火灾的危险程度。闪点愈低，油品愈易燃烧。

（3）对于绝缘油，在不影响油的其他指标的情况下，闪点高一些为好。

53 影响油品闪点的因素有哪些？

答：影响油品闪点的因素：

（1）与测定所用仪器的形式有关。

（2）与加入试油量的多少有关。

（3）与点火用的火焰大小、离液面高低及停留时间有关。

（4）与加热速度有关。

（5）与压力有关。

（6）与试样含水量有关。

54 油品中机械杂质对机组运行有何危害？

答：机械杂质对机组运行的危害：

（1）可引起调速系统卡涩和机组的转动部分磨损等潜在的故障。

（2）引起绝缘油的绝缘强度、介质损耗因数及体积电阻率等电气性能下降。

（3）影响汽轮机油的乳化性能和分离空气的性能。

（4）堵塞滤油器和滤网，影响油箱油位的显示，磨损油泵齿轮。

（5）影响变压器散热，引起局部过热故障。

55 油品中的游离碳是如何产生的？它有何危害？

答：油在高温电弧的作用下，会分解而析出固体的游离态碳质物和少量的氢气、气体烃、油酸及微量的金属元素。也是由于油的不完全燃烧和金属在高温电弧作用下，被蒸发而又冷却所造成的。另外汽轮机油管受到高热作用时，也会析出游离碳。

游离碳的危害：它会使油的绝缘强度降低，其沉积在绝缘体和断路器的触头上，逐渐形成了一层连续的导电层，易发生高压放电或短路等故障。

56 什么是抗燃油？其特性如何？

答：抗燃油是一种合成性的磷酸酯液压油，它的某些特性与矿物油截然不同。

抗燃油必须具备难燃性，但也要有良好的润滑性和氧化安定性，低挥发性和好的添加剂感受性。其突出特点是比石油基液压油的蒸气压低，没有易燃和维持燃烧的分解产物，而且不沿油流传递火焰，甚至由分解产物构成的蒸气燃烧后也不会引起整个液体着火。

57 抗燃油的种类有哪些？它们用途如何？

答：抗燃油的种类：芳基磷酸酯、烷基磷酸酯、芳基—烷基磷酸酯。

它们的用途：

芳基磷酸酯：抗燃液压油；高温抗燃液压油；抗燃液压油压缩机油；抗燃液压油、轴承油、汽轮机油；绝缘油。

烷基磷酸酯：航空抗燃液压油。

芳基—烷基磷酸酯：航空抗燃液压油。

58 抗燃油有何独特的性能？

答：抗燃油的独特性能：

（1）抗燃油一般密度大，因而有可能使管道中的污染物悬浮在液面上而在系统中循环，造成某些部件堵塞与磨损。如果系统进水，水会浮在抗燃油的液面上，使排除较为困难。

（2）新抗燃油的酸值与含不完全酯化产物的量有关，它具有酸的作用，部分溶解于水，它能引起油系统金属表面的腐蚀。酸值高还能加速磷酸酯的水解，从而缩短油的寿命，故酸值越小越好。

（3）优良的抗燃性能。因抗燃油有较高的自燃点，所以其抗燃作用在于其火焰切断火源后，会自动熄灭，不再继续燃烧。

（4）具有较好的润滑性和抗磨性，具有很高的热氧化安定性，其本身对金属设备的腐蚀性也较小，其本身还有一种溶剂效应，即能除去新的或残存于系统中的污垢。

（5）水解安定性较差，对热辐射的安定性也较差。

59 抗燃油如何进行监督？

答：（1）监督抗燃油的外观和颜色变化。

（2）记录油温、油箱的油位高度及补油量。

（3）记录旁路再生装置压差变化，及时更换吸附剂、滤芯。

（4）在机组正常运行情况下，试验室每年至少对油质进行一次全分析。

（5）如果发现油质有异常现象，如酸值迅速增高，颜色加深，水分含量增大，黏度变化增大时，应缩短试验周期，进行单项分析。并认真分析查找原因，采取有效措施进行处理。

60 抗燃油劣化的原因是什么？如何处理？

答：抗燃油劣化的原因较复杂，主要有以下原因：

（1）油系统的设计。如：油箱容量设计过小，则会使液体循环次数增加，油在油箱中停留时间过短，油箱起不到分离空气、去掉污染物的作用，以至加速油质的劣化；此外，回油速度过大、冲力大，容易生成泡沫，导致油中气体含量过高，加速老化速度。系统应安装精密的过滤装置，油箱顶部安装空气滤清器，油系统安装再生过滤装置。

（2）机组启动前应对调节系统各部件进行解体检查，去掉焊渣、污染物、油漆及一切不洁物；保持油系统清洁无锈蚀，并按要求清洗油系统，否则会造成油的酸值急剧上升。

（3）系统的运行温度。温度对抗燃油老化影响较大，特别是在系统中有过热点出现时，或油管路距蒸汽管道太近时，油受到热辐射，使抗燃油劣化加剧。

（4）系统的污染。如水分会使抗燃油水解产生酸性物质，并且酸性产物又有自催化作用，酸值升高会导致设备腐蚀。此外，油中固体颗粒可对系统造成磨蚀，同时在一些关键部位沉积，使其动作失灵。若抗燃油中混入矿物油，会影响其抗燃性能，同时抗燃油与矿物油中的添加剂作用可能产生沉淀，并导致系统中阀门卡涩。

（5）系统的检修质量对抗燃油的理化性能也有很大影响。

61 使用压力式滤油机应注意什么问题？

答：（1）滤纸在使用前应进行干燥，保证滤纸有良好的吸湿性能。

（2）若油中含有很多水分和机械杂质时，应将油先通过沉降法或离心式滤油机处理后，再用压力式滤油机过滤。

（3）防止滤纸的纤维带入油中，破坏油膜的形成。

（4）为降低油的黏度，提高过滤速度和效率，应将油温提高到40～45℃。

62 真空滤油机的过滤原理是什么？

答：真空净化法是利用液体的沸点随液面上压力的增减而升降，和气体在液体中的溶解度与气体的分压力成正比的规律来处理油品的。当用真空泵将密闭容器的油面上抽成真空时，油品内溶解的水分和气体被迅速地气化，解析并溢出油面而被去除。

63 离心式滤油机的过滤原理是什么？

答：原理是利用油和水及杂质三者的密度不同，在离心分离机内转动时产生的离心力不同进行分离净化的。其中油最轻，聚集在旋转鼓的中心；水的密度稍大，被甩在油质的外层；而油中固体杂质最重，被甩在最外层，这样就达到了分离净化的目的。

64 使用离心式滤油机应该注意哪些事项？

答：要注意及时清洗，一般使用5～6h要清洗一次，每年应进行一次全面检查。特别需要注意的是在过滤不同质量、不同种类、不同牌号的油时，应彻底清洗设备内部，否则会污染被过滤的油品。

65 油品中的水分是怎么形成的？

答：油品中的水分主要有以下几个来源：

（1）装油容器和输油管路等不干净或因管理不善而使油中渗入水分。

（2）油品具有一定程度的吸水性，当油与大气和设备接触时，吸收了空气中和与油接触的材料中的潮气而使油中含水。

（3）油品氧化和设备中有机材料老化生成的微量水分。

（4）运行中由于设备缺陷（如汽轮机组轴封不严密），而使水分侵入油中。

66 油中的机械杂质对油品的使用会产生哪些不良影响？

答：油品中的机械杂质在机组油系统中会破坏油膜、磨损设备机件、堵塞滤油器，并有可能导致调速器的部件卡涩、失灵。在电气设备中，特别是当有水分存在时，机械杂质能急剧地降低油和设备的电气性能，可直接威胁设备的安全运行。

67 什么是弹筒发热量？

答：单位质量燃料在充有 2.5～2.8MPa 的氧弹内燃烧，其终态产物为 25℃下的二氧化碳、氧、氮气、硫酸、硝酸和液态水以及固态灰分时所释放出的热量，称作燃料的弹筒发热量。

68 现行国标《煤的发热量测定方法》中对硝酸校正系数是如何规定？

答：现行国标中，计算高位发热量时，硝酸校正系数是根据弹筒发热量高低确定的。

69 水分对油品有哪些影响？

答：油中含有水分的危害性是非常大的。汽轮机油系统漏入水、汽后，会使油质浑浊不清和发生乳化，将破坏油膜，影响油的润滑性能，严重时将引起机组的磨损。如漏入机组的水分长期与金属部件接触，金属表面将会产生不同程度的锈蚀，锈蚀产物可引起调速系统卡涩，甚至导致停机事故。另外，锈蚀产物如果是金属皂化物，将会加速油的老化，缩短油的使用寿命。

电气用油设备中的油品含有水分则危害性更大，最明显的是它直接影响油质的性能变坏，如使击穿电压，绝缘电阻下降，介损增加，并能间接降低电气设备的绝缘水平，促使固体绝缘材料老化，腐蚀金属部件等。在电气设备事故中，特别是互感器因受潮而引起的事故，往往占有相当大的比例。

70 反映电力用油的物理性能和化学性能的项目分别有哪些？

答：通常反映电力用油的物理性能的项目有：外观颜色、透明度、密度、黏度、凝点、闪点、界面张力等。

反映其化学性能的项目有：水溶性酸碱、酸值、水分、活性硫、苛性钠试验、氧化安定性等。

71 观测油品颜色有何意义？

答：油品的颜色与其精制程度有关，新绝缘油和汽轮机油一般为淡黄色，油品精制的不好，则其中存在某些树脂质、沥青等不稳定化合物，它们会使油品颜色加深，因此通过对油品颜色的观测可以判断油的精制程度。

运行中的油受温度、空气、电晕、电弧、电场等运行条件的影响，会逐渐氧化，产生一定量的胶质、沥青质等，使油品颜色逐渐变深，当绝缘油中发生电弧时，其颜色会因游离碳的产生而剧烈变化。因此观测油品的颜色变化，有助于了解油品的劣化情况和对设备内部故障的判断。

72 油品的密度主要与哪些因素有关？

答：与油品密度有关的主要因素有：

（1）切割馏分时的温度。切割馏分时的温度高，则油品的组成中平均分子量就大，其密度也大；反之亦然。

（2）与油品的化学组成有关。油品中芳香烃含量或非烃化合物含量越大，则油品的密度也越大。油在运行中老化严重时，所生成的树脂质、沥青质也会使得油的密度增大。

（3）与环境温度有关。温度升高时，油的体积增大，密度减小；温度降低，油的体积缩小，密度增大。

73 油质发生劣化时有哪些现象？

答：油质劣化时的现象为：

（1）颜色变深，通常由淡黄色变为棕红色，而且往往混浊不清，有酸味。

（2）黏度、比重和灰分等略有增加，表面张力减小，闪点有时降低。

（3）汽轮机油的破乳化性能变差。

（4）绝缘油的绝缘强度降低，介质损失角增大。

（5）酸值上升，或呈现酸性反应。

（6）皂化值、苛性钠抽出液酸化等级和羰基含量增高。

（7）析出油泥，分解出游离碳。

（8）吸湿性增强，含水量增加。

上述劣化现象，有时单独出现，而通常是同时出现数种。

74 运行中变压器油通常采取的防劣化措施有哪几种？

答：通常采取的防劣化措施有以下几种：

（1）添加抗氧化剂。

（2）装设热虹吸过滤器。

（3）充氮保护。

（4）薄膜保护。

（5）及时更换空气过滤器中的药剂等。

75 维护运行中的汽轮机油应从哪些方面着手？

答：主要应从以下方面着手：

（1）做好油系统的清理工作。当机组大修或中间因故换油时，应做好油系统的清理工作，以防油质被污染而劣化。

（2）防止水分和机械杂质侵入油系统。必须及时消除汽动油泵和汽封等向油系统泄漏水汽的缺陷，注意检查冷油器的严密性，并保持油压大于水压。

（3）及时排除油箱中的水分和污物，同时还应经常使油箱上的抽烟马达处于运行状态，及时将水汽和油烟排除。

（4）保持冷油器的正常工作，防止超温运行。
（5）防止空气进入油内产生气泡。
（6）及时补加抗氧化剂。
（7）添加防锈剂。

76　用恒温式热量计测定发热量时，为什么要规定内筒水温比外筒水温要低些？

答：对于恒温式热量计内筒水温的调节，要结合热量计的热容量大小和试样的发热量高低确定。其目的是使终点时内筒比外筒高1℃左右，以便到终点时内筒温度出现明显下降，易于判断终点温度。因此，对低发热量的燃料，测定发热量时，可调节内筒温度稍低于外筒，甚至允许略高于外筒温度以利于终点时的判断。

77　电力系统油务工作的主要任务是什么？

答：电力系统油务工作的主要任务有：新油的验收和保管；运行油的质量监督；运行油的维护和防劣化；废油的更换、收集和再生处理；系统检修时的检查和验收；采用气相色谱法检测充油电气设备内的潜伏性故障；SF_6绝缘气体的验收、监督和维护。从事油务工作的专业技术人员还应结合本职工作积极开展试验研究以提高油质监测技术，建立和改进油质维护措施。

78　黏度的定义是什么？什么称为绝对黏度？什么称为相对黏度？

答：当液体流动时，液体内部会产生阻力，该阻力是由于组成液体的各分子之间的摩擦所造成，这种阻力称为内摩擦力或黏度。

按黏度意义直接测得的黏度为“绝对黏度”。

若在一定条件下与已知黏度的液体比较所测得的黏度为“相对黏度”。

79　黏度对润滑油的润滑性能有何影响？

答：黏度是划分润滑油牌号和选用润滑油的依据。黏度过小，会降低油膜的支撑能力，形不成良好的油膜，使摩擦面之间不能保持连续的润滑层，增加机器的磨损，甚至导致机器损坏。而黏度过大，会增加摩擦力，降低发动机功率，增大燃料消耗，甚至造成启动困难，机组振动。所以只有正确选择一定黏度的润滑油，才能保证发电机和汽轮机组稳定可靠的运行状态。

80　何为运动黏度？何为恩氏黏度？

答：运动黏度是指油品的动力黏度与同温度下密度之比值。

恩氏黏度是指在某温度下，200mL试油从恩氏黏度计中流出的时间与在20℃时流出同体积蒸馏水所需时间之比值。

81　色谱柱的分离原理是怎样的？

答：色谱柱中，固定相对样品各组分具有不同的吸附或溶解能力，也就是说样品中各组分在固定相和流动相中具有不同的分配系数。当样品被载气带入柱中并且不断向前移动时，分配系数小的部分（即被固定相吸附或溶解能力小的组分），移动速度愈来愈快。反之，分配系数大的组分的移动速度则愈来愈慢。这样，即使组分之间分配系数相差很小，只要存在差别，在柱中反复多次的分配差距就会拉大，最后分配系数小的组分先馏出色谱柱，分配系数大的组分后馏出色谱柱，从而各组分得到分离。

82 气相色谱分析的定性和定量依据是什么？

答：利用保留时间进行定性分析。在一定的固定相和相同的条件下，根据被测未知组分的保留时间，对照已知组分的保留时间，即可确定未知组分的组成。因为各组分的保留时间主要取决于各组分在固定相、气相的分配系数，当固定相、气相不变时，保留时间即为各组分的理化性质所决定。

利用色谱峰峰高与峰面积进行定量分析。因为各组分的峰高（或峰面积的大小）决定于各组分的含量和所使用检测器的灵敏度，当检测器不变时，峰高（或峰面积）即可决定各组分含量的大小；含量越大，峰高（峰面积）也越大。

83 热虹吸器的防劣化机理是什么？

答：防劣化机理是：在热虹吸器内装有能够吸附油质劣化产物的吸附剂。热虹吸器由上、下联管与变压器油箱上、下部相连，构成循环回路，变压器运行过程中产生的热量传给油，上、下部油温有差异，热油密度小，从上部进入热虹吸器，通过吸附剂，劣化产物被吸附，同时油被冷却后，油温下降，又从热虹吸器下部进入变压器内。利用油的温度差，自动产生吸虹作用，形成油的对流循环，达到了在运行中稳定和改善油质的目的。

84 什么是天平的灵敏度？

答：天平的灵敏度是指在天平的任一盘上增减 1mg 载重砝码时，指针在标牌上所偏移的格数。单位：分度/mg，常用符号 E 表示。

85 分析天平的使用规则有哪些内容？

答：分析天平的使用规则为：

（1）称量前，必须用毛刷清扫天平，然后检查天平的水平情况，检查和调整天平的零点。

（2）使用过程中要特别注意保护刀口，起落升降要缓慢，不能使天平剧烈振动。取放物体、加减砝码和移动游码时，都必须把天平梁托起，以免损坏刀口。

（3）天平的前门不得随意打开，取放物体、加减砝码要放在天平盘的中央。化学试剂不得直接放在天平盘上，必须盛在干净的容器中称量。对具有腐蚀性气体或吸湿性的物质，必须放在称量瓶或其他适当的容器中称量。

（4）取放砝码必须用镊子夹取，严禁用手拿取，以免被沾污。砝码由大到小逐一取放在天平盘上，砝码用完后要放回砝码盒内。光电天平自动加码时，也应由大到小一档一档慢慢地加，防止砝码跳落，互撞。

（5）称量的数据及时写在记录本上，不能记在纸片上或其他地方。

（6）称量完毕后，托起天平，取出物体和砝码。光电天平应将指数盘还原，切断电源，关好天平门，最后罩上防尘罩。

（7）称量的物体必须与天平箱内温度一致，不得把热的或冷的物体放进天平称重。天平箱内应放有干燥剂。

（8）天平载重绝不允许超过天平的最大负载。在同一试验中应使用同一天平和同一套砝码。

86 什么称为燃煤基准？常用的燃煤基准有哪几种？

答：根据生产和科学研究的需要，把煤中各组成组合为某种特定整体，以此计算各组成的含量百分比，这种特定的整体称为燃煤基准。换句话说，燃煤基准是表示化验结果以什么状态的煤为基准而计算的。

常用的燃煤基准有四种：收到基、空气干燥基、干燥基和干燥无灰基。

87 什么称为采样？

答：采样是指为确定一批燃料特性而按规定方法采取少部分煤作为总样，它在物理和化学性质上都具有代表该批煤的平均煤质特性，采取具有代表性煤样的过程称为采样。采样是煤质分析的基础，是采样、制样、化验的重要环节。

88 采样有哪些基本要求？

答：基本要求如下：

（1）要有足够的子样数目，这些子样数目要依被采煤的特点合理地分布在整批煤中。

（2）采样工具或采样器要符合粒度规定要求，并经确认采取的煤样不会产生系统偏差。

（3）子样的最小质量，在煤流中采样应不少于5kg；在其他场合下，采样要符合粒度与子样最小质量关系的规定。

89 何谓随机采样法？

答：随机采样法是指在采取子样时，对采样的部位或时间均不施加任何人为的意志，并能使任何部位的煤都有被采出的机会的采样方法。

90 什么称为燃料？燃料可分为哪几种？

答：燃料是指燃烧过程中能放出热量的物质。在工业上，常把加热到一定温度能与氧发生强烈反应并放出大量热量的碳化物和碳氢化合物总称为燃料。

按照燃料的状态可分为固体燃料、液体燃料和气体燃料三种；按其获得方法可分为天然燃料和人工燃料。

91 什么称为制样？制样的基本原则是什么？

答：制样是指对采集到的具有代表性的煤样，按规定方法进行减少粒度和数量的过程，使制备出的化验煤样应符合试验要求，而且还要保持原煤样的代表性。

要制备出具有代表性的煤样，应按下列基本原则制样：

（1）对超过25mm以上的最大粒度的煤样须破碎到25mm以下才通过缩分。

（2）在缩分煤样时，须严格按照粒度与煤样最小质量的关系要求进行保留样品。

（3）在缩分中须采用二分器或其他类型的机械缩分器，缩分要预先检查有无系统偏差。

92 制备煤样时，掺和的操作目的是什么？哪种情况下不需要掺和？

答：掺和是将煤样各部分互相掺和的操作过程，目的在于用人为的方法促使不均匀物质分散，使煤样尽可能地均匀化，以减少下一步缩分的误差。

掺和工序只是在堆锥四分法、棋盘式缩分和九点法缩分全水分煤样时才需要，二分器缩分则不需要掺和。

93 应怎样制备测定全水分的煤样?

答：测定全水分煤样的制备有以下几种方式：

(1) 对水分少的煤样，将煤样破碎到规定粒度 13mm（或 6mm）以下，稍加掺和，摊平用九点法缩分出 2kg（或 0.3kg）煤样，立刻装入严密的容器中。

(2) 对水分不大的煤样，可用破碎机一次破碎到小于 6mm 缩分出 300g，立刻装入严密的容器中。

(3) 对水分大而不易通过破碎机的煤样，应破碎到 13mm，用九点法分出 2kg，立刻放入严密的容器中。

不管什么煤样，制备煤样要及时缩分，操作要迅速。对缩分出的全水分煤样要贴好标签，称出质量后迅速送化验室化验。

94 怎样正确使用二分器缩分煤样?

答：(1) 使用二分器前要仔细检查格槽宽度是否与煤样粒度相称。如格槽太宽，则同样长度下的格槽数减少，缩分出的煤样中所含子样数目也相应减少，从而难以达到较高的精密度；而格槽太窄，又容易出现煤样颗粒“搭桥”现象，使格槽阻塞。煤样外在水分越高，阻塞越严重。试验表明，二分器格槽宽度为煤样上限粒度的 2.5～3 倍比较合适，此时既能有效避免格槽阻塞，又能保证缩分精密度。

(2) 检查二分器的各格槽宽度是否一致，若不一致须要先行调整。

(3) 向二分器加料时，摆动幅度要在二分器长度范围内，入料要均匀，速度不能过快，以免格槽上面积样，并且煤样要经过格槽的中心位置，不要越前或靠后，以使煤样进入两边样斗的质量近于相等。

(4) 煤样水分较高时，要不断地振二分器，以免阻塞。

(5) 缩分完煤样，要仔细检查二分器各格槽，并将其打扫干净。

95 水分对燃烧有何影响?

答：水分是煤中的杂质，它的存在使煤中可燃物相对减少，因此水分对燃烧是不利的，它不仅因蒸发、汽化消耗大量的热量，降低炉膛温度使煤粉着火困难，增加排烟损失，而且这些水蒸气与烟气中的 SO_3 形成硫酸蒸汽，造成空气预热器腐蚀。水分太高还会造成输煤管路堵塞，此外还增加运输费用。

96 造成灰分测定误差的主要因素有哪几个?

答：造成灰分测定误差的主要因素有三个：

(1) 黄铁矿氧化程度。

(2) 碳酸盐（主要是方解石）分解程度。

(3) 灰中固定的硫的多少。

97 计算挥发分测定结果时，应注意哪些事项?

答：应注意以下三点：

(1) 计算结果时，要注意减去水分 (M_{ad}) 含量后才是挥发分产率 (V_{ad}) 的百分含量。

(2) 当煤中碳酸盐二氧化碳含量超过 2%时，还应采用与二氧化碳含量相应的校正公式进行计算。

(3) 当煤中碳酸盐二氧化碳含量大于 12%时，要进行焦砟中碳酸盐二氧化碳含量的测定，并将它换算成占煤中的百分含量后再进行校正。

98 煤中硫是以何种形态存在的?

答：煤中硫的存在形态分为两大类，一类是与有机物结合而存在的硫称为有机硫；另一类是以与无机物结合而存在的硫称为无机硫。此外，有些煤中还含有少量以单质状态存在的硫称为单质硫。

99 采用艾氏法测定硫时，为了得到大颗粒的 $BaSO_4$ 沉淀，必须遵守哪些操作条件?

答：必须遵守以下操作条件：

(1) 沉淀作用应在热溶液中进行。

(2) 在不断搅拌下缓慢加入沉淀剂。

(3) 沉淀要进行陈化。

100 什么是燃料的发热量? 其单位是什么?

答：燃料在一定温度下完全燃烧时的热效应所释放出的最大反应热称为该燃料的发热量。表示发热量的单位：对固体燃料和液体燃料是 kJ/kg；对气体燃料是 kJ/Nm^3。

101 量热标准苯甲酸使用前应怎样处理?

答：标定热量计热容量用的量热标准苯甲酸在使用前应先磨细后，再进行干燥。干燥的方法常用以下几种：

(1) 在盛装有浓硫酸的干燥器中放置 48h 以上。

(2) 在 40～55℃的干燥箱中烘干 3～4h。

(3) 在电炉或酒精灯上加热使之熔融成块状。

上述这些方法以第三种方法干燥最彻底，但操作麻烦，一般不常用。

102 劣质煤一般是指哪些品种的煤?

答：劣质煤尚无确切的定义，但从火电厂锅炉安全经济运行考虑，一般认为属于下列情况之一者，划分为劣质煤：

(1) 多灰分 ($A_{ar}>40\%$)、低热值 $Q_{net.ar}<16.73MJ/kg$ 的烟煤。

(2) 多灰分的洗中煤。

(3) 低挥发分 ($V_{daf}<10\%$) 的无烟煤。

(4) 水分多，热值低的褐煤。

(5) 多灰分的油质岩。

(6) 多硫 ($S_{t.d}>2.0\%$) 的煤。

103 燃料由哪些物质组成？

答：燃料由可燃物质和不可燃物质两部分组成。气体燃料可燃物质主要为含碳、氢、硫的各种有机化合物；不可燃物质大多为二氧化碳、氮、氧和水蒸气等。液体燃料可燃物质为含碳氢的各种高、低分子烃类化合物；不可燃物质则为芳香环连接脂肪基的高分子化合物。而不燃物质为无机矿物质和水。固体燃料可燃物质主要为含有碳、氢、氧及少量的氮、硫的化合物，这些复杂的化合物成分分析十分困难；不可燃物质大多为灰分。

104 为什么表示燃料组成时必须标明基准？

答：表示燃煤分析结果（如工业分析、元素分析和发热量），须标明基准才有实际意义。这是因为不同基准表示同一燃煤同一组成含量相差很大，导致各品种煤的组成含量缺少可比性。同时，也不能反映实际煤的质量，给人们选用造成混乱，因此表示燃煤的分析结果须标明基准。

105 火电厂燃煤采样的目的是什么？

答：火电厂燃煤采样的目的是：

(1) 核验入厂煤的质量。火电厂根据锅炉设计要求与矿方签订供煤煤质的技术合同，为核验入厂煤煤质是否符合技术合同要求，同时也是提供入厂煤按质计价的技术依据。

(2) 监督和指导锅炉机组的安全经济运行。现代化大型锅炉在运行中，严格要求按照规定的技术参数操作，维持最佳的运行工况，从而达到安全经济运行，为此，必须快速准确地为锅炉运行提供煤质分析数据，从而改进燃烧，降低煤耗。

(3) 研究煤质特性，为锅炉的可靠运行和工况的改善提供科学依据；为火电厂节约能源和技术经济指标的分析提供资料。

106 煤样制备包括哪些工序？

答：煤样制备是按照规定把较大量的煤样加工成少量的并具有代表性试样的过程，它包括破碎、筛分、掺和、缩分和干燥等工序。

107 测定挥发分有何意义？

答：煤的挥发分产率与煤的变质程度有比较密切的关系，即随着变质程度的加深，挥发分逐渐降低，因此根据煤的挥发分产率可以估计煤的类别。

对动力用煤来说，煤中挥发分的高低对煤的着火和燃烧有很大影响，挥发分高的煤易着火，火焰大，燃烧稳定，但有的火焰温度较低；相反，挥发分低的煤，不易点燃，且燃烧不稳定，增加化学和机械不完全燃烧热损失，严重时甚至还能引起熄火。锅炉形状及大小，燃烧器形式及一、二次风的选择，燃烧带的敷设，点火，助燃油系统，制粉系统的选型和防爆措施的设计等都与挥发分有关，所以测定煤的挥发分具有相当大的意义。

108 测定煤的全水分应注意什么？

答：煤样全水分测定的关键问题是要保证原始煤样的水分尽可能减少损失，即从制样到测定前的全过程中煤样中水分达到最小变化，为此必须注意下列事项：

（1）采取的全水分煤样要保存在密封良好的容器内，并放在阴凉地方。

（2）制样操作要迅速，最好用密封式破碎机。

（3）全水分样品送到实验室后立即测定。

（4）全水分测定的煤样不宜过细，如用较细的试样测定，则应用密封式破碎机或用两步法进行测定，即先破碎到较大粒度测其外水，再破碎到较小粒度测其内在水分。

109　测定水分为什么要进行检查干燥性试验？

答：在干燥法测定水分时，尽管对各类别煤规定了干燥温度和时间，但由于煤炭性质十分复杂，即使是同一类别的煤也是千差万别，所以煤样在规定的温度和时间内干燥后，还需要进行检查干燥试验，以确认煤样中水分是否完全逸出，直至达到恒重为止，它是试验终结的标志，最后一次称量与前一次称量比较，其减量介于在规定的数值之内，或质量有所增加为止，在后一种情况下，采用增重前的一次质量作为水分计算依据。

110　煤中矿物质的来源有哪些？

答：煤中矿物质的来源有三：一是原生矿物质，是指成煤植物中所含的无机元素；二是次生矿物质，是煤形成过程中混入或与煤伴生的矿物质；三是外来矿物质，是煤炭开采和加工处理中混入的矿物质。

111　在测定灰分过程中，煤中矿物质发生哪些变化？

答：在测定灰分过程中，煤加热燃烧，其中主要矿物质发生下列变化：

（1）失去结晶水。当温度高于 200℃时，含有结晶水的硫酸盐和硅酸盐发生脱水反应，即

$$CaSO_4 \cdot 2H_2O = CaSO_4 + 2H_2O \uparrow \tag{1-27}$$

$$Al_2O_3 \cdot 2SiO_2 \cdot 2H_2O = Al_2O_3 \cdot 2SiO_2 + 2H_2O \uparrow \tag{1-28}$$

（2）受热分解。碳酸盐在 600℃以上开始分解成二氧化碳和氧化物，反应式为

$$CaCO_3 = CaO + CO_2 \uparrow \tag{1-29}$$

$$FeCO_3 = FaO + CO_2 \uparrow \tag{1-30}$$

（3）氧化反应。温度为 400～600℃时，发生氧化反应，即

$$4FeS_2 + 11O_2 = 2Fe_2O_3 + 8SO_2 \uparrow \tag{1-31}$$

$$2CaO + 2SO_2 + O_2 = 2CaSO_4 \tag{1-32}$$

$$4FeO + O_2 = 2Fe_2O_3 \tag{1-33}$$

（4）受热挥发。碱金属的氯化物在 700℃以上开始部分挥发。

以上各种反应在 800℃下基本反应完成，所以测定灰分的温度规定为（815±10)℃。

112　如何获得可靠的灰分测定结果？

答：为了测得可靠的灰分产率，就必须使黄铁矿氧化完全，方解石分解完全以及三氧化硫和氧化钙之间的反应降低到最低程度，为此可采取以下措施：

（1）采用慢速灰化法，使煤中硫化物在碳酸盐分解前就完全氧化排出，避免硫酸钙的生成。

（2）灰化过程中始终保持良好的通风状态，使硫化物一经生成就及时抛出，因此要求高温炉装有烟囱，在炉门上有通风孔，或将炉门开启一小缝使炉内空气可自然流通。

（3）煤样在灰皿中要铺平，以免局部过厚燃烧不完全。另外，也可防止底部煤样中硫化物生成二氧化硫被上部碳酸盐分解的氧化钙固定。

（4）在足够高（815±10)℃的温度下燃烧足够长时间，以保证碳酸盐完全分解及二氧化硫完全驱出炉外。

113 为什么说煤的挥发分测定是一项规范性很强的试验项目？

答：煤的挥发分测定是一项规范性很强的试验，其测定结果完全取决于人为选定的条件，主要试验条件为：加热温度和加热时间，其他如试样量，坩埚的材质，大小，厚薄以及坩埚架的大小等，在一定程度上也都影响挥发分产率。因此，任何一个测定挥发分的标准方法，都应对这些条件及其细节作出严格的规定，以保证测定方法的规范性。

114 测定挥发分时，怎样做才能得到准确的结果？

答：测定挥发分时，除严格遵守加热温度和加热时间两个主要影响因素外，还应注意下列事项：

（1）称量前坩埚要在（900±10)℃温度下灼烧到恒重。

（2）称试样量要在（1±0.01）g范围内，并轻敲坩埚，使试样摊平。

（3）根据炉子恒温区域确定一次要放坩埚数量，通常以4～6个为宜。

（4）坩埚的几何形状和质量都要符合规定要求，坩埚盖一定要严密适宜。

（5）测定过程中要注意观察炉温恢复到（900±10)℃所需的时间，必须在3min以内。

（6）坩埚架及坩埚必须放在恒温区域内。

（7）所使用的热电偶及高温计必须经计量部门定期检定。

115 艾氏法测定煤中全硫的原理是什么？

答：煤样与艾氏试剂（一份碳酸钠和二份氧化镁的混合物）混合，在充分流通的空气下加热到850℃，煤中的各种形态硫转化为溶于水的硫酸盐，然后加入氯化钡沉淀剂使之生成硫酸钡沉淀，根据硫酸钡的质量计算出煤中的全硫含量。测定过程中的主要化学反应如下：

（1）煤的氧化作用，即

$$\text{加热煤} \longrightarrow CO_2 + H_2O(\text{蒸汽}) + N_2 + SO_2 + SO_3$$

（2）氧化硫的固定作用，即

$$2Na_2CO_3 + 2SO_2 + O2(\text{空气}) = 2Na_2SO_4 + 2CO_2\uparrow \quad (1\text{-}34)$$

$$Na_2CO_3 + SO_3 = Na_2SO_4 + CO_2\uparrow \quad (1\text{-}35)$$

$$MgO + SO_3 = MgSO_4 \quad (1\text{-}36)$$

$$MgO + 2SO_2 + O_2 = 2MgSO_4 \quad (1\text{-}37)$$

（3）硫酸盐的转化作用，反应式为

$$CaSO_4 + Na_2CO_3 = CaCO_3 + Na_2SO_4 \quad (1\text{-}38)$$

（4）硫酸盐的沉淀作用，化学反应式为

$$MgSO_4 + Na_2SO_4 + 2BaCl_2 = 2BaSO_4 \downarrow + 2NaCl + MgCl_2 \quad (1\text{-}39)$$

116 测定发热量的基本原理是什么?

答：测定发热量的基本原理是，将一定量的燃料试样置于充有2.5～2.8MPa氧气的氧弹中燃烧，氧弹要预先浸没在盛有称准水量的内筒中，燃烧后释出热量使内筒水温升高，依据燃烧前后水的温差计算出燃料的发热量。实际上燃料燃烧释放出的热量，其中绝大部分被水吸收，但还有一少部分被量热体系内的其他部件吸收，如氧弹、内筒、感温探头等。因此，测热前需用二等量热标准物质标定热量计的热容量。对于恒温式热量计由于其量热体系不是绝热的，在测热过程中与周围环境产生热交换，故在计算时还须对温升进行冷却校正，对绝热式热量计固外筒温度跟踪内筒温度变化，量热体系与周围环境之间不发生热交换，因而不需冷却校正。

117 热量计的量热体系由什么组成? 它与周围环境间的热交换是怎样产生的?

答：热量计的量热体系由氧弹、内筒及其内盛的水、燃烧皿、浸没在水中的那部分感温探头和搅拌器等组成。

绝热式热量计的量热体系类似一个封闭的热反应绝热系统，在测热中，内、外筒温度基本保持一致，与周围环境不产生热交换，故不需冷却校正。恒温式热量计的量热体系则不然，因内、外筒存在温差，因而就有热的传导、辐射、对流等作用产生，同时水的蒸发也带来了热的损失，这些都在不同程度上影响了温升，故在计算温升时须进行冷却校正，量热体系热交换量的大小取决于内、外筒温差和室温。要使热交换量尽可能小，就必须根据外筒水温、被测燃料发热量的高低（粗略估计），调节内筒水温。同时，也要求外筒水温与室温相接近，这样才可得到确的测定结果。

118 什么是有机燃料? 它分为哪几种?

答：含有碳、氢和氧等主要元素组成的有机物质的天然燃料及其加工的人造燃料，都可称为有机燃料。

它可分为：固体燃料、液体燃料、气体燃料三种。

119 什么是动力用煤? 它包括哪些?

答：从广义来说，凡是作为发电、机车、非电站锅炉、烧制水泥等用的煤炭，均属于动力用煤的范畴。

动力煤包括：长焰煤、褐煤、不黏结煤、弱黏结煤、贫煤和黏结性较差的气煤以及少部分无烟煤、洗混煤、洗中煤、煤泥、末煤、粉煤等。此外，有些高灰、高硫而可选性又很差的气、肥、焦、瘦等炼焦煤种也属于动力用煤。

120 什么是煤的自燃?

答：煤是一种常温下会发生缓慢氧化的一种物料，在与空气接触受氧化的同时产生热量，并聚集在煤堆内，随着时间的延长，煤堆内蓄热越多，温度也越来越高，温度又促进煤的氧化作用，当煤堆温度到60℃后，煤堆温度会急剧上升，若不及时处理便会着火。这种由煤自身受氧化作用蓄热，无需外部火源而引起的着火称为自燃。

121 试解释子样、分样、样本的定义。

答：子样是指用符合采样要求的工具在一个采样部位，以一次采样动作采到一定数量的煤，或者在皮带煤层上和皮带端部落煤流中以一次或分两次到三次所采到的综合性的煤样。

分样是指在一批煤量中，用符合要求的采样工具，按一定间隔采出的许多子样组成的部分煤样。

样本：样本也称为总样，原始试样，它是按规定的准确度要求，从一批量煤中采到的煤样。

样本是由分样组成，而分样是由子样组成。因此，就煤量而言，样本是最多的，子样是最少的，而分样的煤量则处于此两者之间。

122 测定煤中全硫有哪几种常用方法?

答：测定煤中全硫常用的方法为艾氏卡法、库仑滴定法和高温燃烧中和法。

第二章

炉 外 水 处 理

第一节 锅炉补给水的预处理

1 什么是水的预处理？

答：水的预处理是指水进入离子交换装置或膜法脱盐装置前的处理过程，包括凝聚、澄清、过滤、杀菌等处理技术。只有做好水的预处理才能确保后处理装置的正常运行。

2 水的预处理的任务和内容是什么？

答：水的预处理的任务和内容包括：

（1）除去水中的悬浮物、胶体物和有机物。

（2）降低生物物质，如浮游生物、藻类和细菌。

（3）去除重金属，如 Fe、Mn 等。

（4）降低水中钙、镁硬度和重碳酸根。

3 水的预处理的常用方法有哪些？

答：预处理的方法很多，主要有预沉、混凝、澄清、过滤、软化、消毒等。用这些方法预处理之后，可以使水的悬浮物（浑浊度）、色度、胶体物、有机物、铁、锰、暂时硬度、微生物、挥发性物质、溶解的气体等杂质除去或降低到一定的程度。

其中常用的方法有：

（1）沉淀。利用自然沉淀（如沉砂池）或药剂软化（如加入化学药剂），使水中的泥沙，大颗粒悬浮物或暂时硬度生成沉淀物而沉降，以达到去除上述杂质的目的。

（2）混凝澄清。利用混凝剂的作用，使水中固体颗粒因互相接触吸附，改变其大小形状和密度，以达到从水中分离出去。

（3）过滤。将被处理的水通过粒状滤料，使水中杂质被滤料截留得到去除，而获得清水。如各种滤池、过滤器等。

（4）阻垢剂去除。使用阻垢剂或者除垢剂将水质净化，快速达到工业用水的标准。

4 简述过滤的基本原理。

答：用过滤法除去水中悬浮物的原理，是滤料的表面吸附和机械阻留等的综合结果。首先，当带有悬浮物的水自上部进入过滤层时，在滤层表面由于吸附和机械阻留作用，悬浮物被阻留下来，于是它们便发生彼此重叠和架桥作用，其结果在滤层表面形成了一层起主要过滤作用的滤膜。其次，过滤中带有悬浮物的水进入过滤层深处时，由于滤层中的介质比澄清池中悬浮泥渣的颗粒排得更紧密，经过滤层中弯曲的孔道与滤料有更多的碰撞机会，于是水中的凝紧，悬浮物在滤料表面黏附，使水中的悬浮物得到有效地去除。

5 简述泥渣悬浮式澄清池的基本构造。

答：泥渣悬浮式澄清池的主体结构是由钢板焊成的带锥底的圆形筒体。锥体底部装有进水喷嘴，喷嘴的上方为加药管。筒体中部装有整流隔栅和泥渣浓缩器（内筒），筒体上部装有水平孔板和环形集水槽，筒体外部还有高位布置的空气分离器和低位装设的排污系统。整个筒体按纵向可分为混合区、反应区、过渡区、清水区和出水区五个区段。

6 泥渣悬浮式澄清池的工作流程是什么?

答：水泵将原水打到空气分离器，分离空气后的水力用静压通过澄清器底部的喷嘴以切线方向进入混合区。水在混合区中与加入的混凝剂混合后进入反应区，并通过整流栅板将旋转流向整为垂直流向，经充分反应后的水通过该区段的悬浮泥渣层得到基本澄清，其主流继续向上依次通过过渡区、清水区和出水区进入澄清池顶部的环形集水槽，然后流到明槽与泥渣浓缩器分离出来的水混合，最后通过出水管进入后续设备。另外，在反应区悬浮泥渣层的上缘处，有一小股泥渣水通过排泥筒上的窗口进入泥渣浓缩器，分离泥渣后的清水经出口管进入分离水槽，最后流到出水明槽与主流水混合。

7 澄清池前常安装有空气分离器，其主要作用是什么?

答：水流经空气分离器后，由于流速的变慢和流动方向的改变，造成水的扰动，从而除去水中的空气和其他气体。否则，这些空气进入澄清器后，会搅乱渣层，使出水混浊。

8 机械加速澄清池的工作原理是什么?

答：原水进入进水管后，在进水管中加入混凝剂，混凝剂在进水管内与原水混合后进入截面为三角形的环形进水槽，通过槽下面的出水孔或缝隙，均匀流入澄清池的第一反应室（又称混合室）。在这里，由于搅拌器上叶片的搅动，将水、混凝剂和大量回流泥渣充分混合均匀。第一反应室中夹带有泥渣的水流被搅拌器上的涡轮提升到第二反应室，在水进入第二反应室时，水中的混凝剂完成了电离、水解、成核，并形成细小的凝絮。到第二反应室及导流室后，因流通截面增大，以及导流板防水流扰动的作用，使凝絮在稳定的低流速水中逐渐长大。水进入分离室，此时水的流通截面更大，使水流速更缓慢，水中的凝絮由于重力作用渐渐下沉，从而达到与水分离的目的。分离出的水流入集水槽，集水槽安置在澄清池上部的出水处，以便均匀地集取清水。泥渣回流循环或进入浓缩室定期排放。

9 水力循环澄清池的工作原理是什么?

答：原水加压后，进入进水管。同时，混凝剂稀释后经计量泵打入进水管中与原水混合。加了混凝剂的原水由喷嘴喷出，通过混合室进入喉管。当原水被喷出喷嘴，进入喉管时，由于流速高，在混合室中造成了负压并将池底大量的回流活性泥渣吸入混合室。水的快速流动使水、混凝剂和泥渣得到充分的混合。当水流到第一反应室时，混凝剂已完成了电离、水解、成核，并已开始凝聚形成细小的凝絮。在水流到第二反应室的过程中，由于流通截面逐渐变大，流速逐渐减小，凝絮长大，形成泥渣。当水流到分离室后，由于流速下降，泥渣在重力作用下和水分离，分离出的清水进入集水槽中，泥渣沉降，活性的泥渣参加循环，无活性的泥渣则通过底部排污排出。

10 泥渣悬浮澄清池中整流栅板和水平孔板的作用各是什么？

答：整流栅板的作用：当水和药剂通过栅板孔眼时，由于流通截面积的缩小，得到进一步混合；水平整流栅板可阻止混合区中直接上升的水流，并有利于栅板下的水流呈旋转状态；垂直栅板起到消除水的旋转，使水平整流栅板以上的水流由旋转状态逐步变成垂直上升状态，以便泥渣的沉降和分离。

清水区和出水区之间的水平孔板的作用是：给上升水流一定的阻力，防止偏流。

11 澄清池出水环形集水槽的检修要求有哪些？

答：环形集水槽的边缘应平整，并保持水平；槽壁和底板上不应有孔洞，否则应进行补焊。槽壁上的孔眼应干净，孔眼的边缘应光滑没有毛刺，孔眼的中心线应在同一水平线上且大小一致、分布均匀，其误差不得超过±2mm。

12 机械加速澄清池中机械搅拌装置的作用是什么？

答：机械搅拌装置是一个整体，下部是桨叶，上部是叶轮，通过主轴与减速装置相连，由无级变速电动机驱动。叶轮是用来将夹带有泥渣的水提升到第二反应室，其提升水量除与转速有关外，还可以用改变叶轮高低位置的办法来调节，桨叶的作用是搅拌，搅拌的速度可以根据需要调节。

13 水温对澄清池的运行有何影响？

答：水温对澄清池运行的影响较大。水温低，凝絮缓慢，混凝效果差。水温变动大，容易使高温和低温水产生对流，也影响出水水质。

14 过滤器过滤的原理是什么？

答：过滤器内有不同颗粒的大小滤料，从上到下，由小到大依次排列（指单层滤料）。当水从上流经滤层时，水中部分悬浮物由于吸附和机械阻留的作用，被滤层表面截留下来，经过一段时间以后，由于悬浮物的重叠和架桥（或称胶联）等作用，滤层表面好像形成了一层附加的滤膜，此膜起过滤作用，这种过滤机理称为薄膜过滤。同时，当水在通过滤层中间的孔道时，悬浮物也被截留，这种过滤称为渗透过滤。

另外，经过沉淀处理层的细小杂质所带的电荷斥力已大大降低，在通过滤层时和砂粒有更多的碰撞机会，水中杂质便黏附在砂粒表面，此称为接触过滤。

综上所述，过滤器过滤就是通过薄膜过滤、渗透过滤和接触过滤，使水进一步得到净化。

15 无阀滤池过滤效果差、出水浊度高的原因是什么？

答：无阀滤池过滤效果差、出水浊度高的原因是：

（1）过滤水室锥体顶盖开焊裂缝，或法兰结合面泄漏，使进水走了短路。

（2）反洗水室中的滤池入口管泄漏，将入口水漏到反洗水室。

16 无阀滤池不能自动反洗的原因有哪些？

答：无阀滤池不能自动反洗的原因有：

（1）设计不合理，配水箱水位标高低于辅助虹吸管管口的标高，形不成辅助虹吸。

（2）过滤水室的垫层和滤料混杂，部分或大部分的滤料掉入集水室，不起过滤作用，致使水头损失不增加或增加缓慢。

（3）入口水中带有大量空气，形不成虹吸。

（4）强制反洗系统、虹吸系统和连锁系统严重漏气，形不成虹吸。

（5）水封井中无水或水位过低，未能将虹吸下降管口封住。

17 过滤处理在炉外补给水制备系统中的主要作用是什么？

答：天然水经过混凝、沉淀的澄清处理后，虽然已经将其中大部分悬浮物除去，但仍残留有少量细小的悬浮颗粒。这对于对悬浮物很敏感的离子交换设备或其他诸如反渗透、电渗析等装置的正常运行是不利的，因此必须将残余的悬浮物进一步除去。过滤处理正是发挥这个作用的常用办法。

18 机械搅拌器的主要结构形式是什么？常用的搅拌器有哪几种？

答：机械搅拌器主要是由一对或数对固定于轴上的桨叶组成。轴的转动是利用齿轮或摩擦轮等传动装置或直接由电动机来带动的。

根据桨叶构造的特性，常用的搅拌器有下列几种：

（1）平桨式搅拌器或桨式搅拌器。

（2）锚式搅拌器。

（3）旋桨式搅拌器或推进式搅拌器。

（4）涡轮式搅拌器。

19 影响过滤器运行的主要因素是什么？

答：影响过滤器运行的主要因素是反洗的时间和强度、滤速、水流的均匀性、滤料的粒径大小和均匀程度。

20 过滤器常用滤料有哪几种？滤料有何要求？

答：过滤器常用的滤料有石英砂、无烟煤、活性炭、大理石、磁铁矿等。

不论采用哪种滤料，均应满足下列要求：

（1）要有足够的机械强度。

（2）要有足够的化学稳定性，不溶于水，不能向水中释放出其他有害物质。

（3）要有一定的级配和适当的孔隙率。

（4）要价格便宜，货源充足。

21　双层或多层滤料过滤器在选择滤料上有什么要求？不同的滤料层之间是否有明显的分界面？为什么？

答：在选择滤料上的要求为：比重小的滤料选用颗粒径大的在上层；比重大的滤料选用颗粒径小的在下层。

不同的滤料层间没有明显的分界面。

因为滤料不是均匀的。反洗时，比重小粒径大的滤料与比重大粒径小的滤料重量差不多，两者有可能相混，所以没有明显的分界面。

22　过滤器内滤水帽有何要求？如何清洗滤水帽？

答：滤水帽的缝隙不得过大或过小，以0.25～0.35mm为宜，偏差值不得超过0.1mm。滤水帽应结实可靠，不得有裂缝、断齿和过渡冲刷等缺陷。滤水帽的丝扣要完整，与底座的配合要紧密。安装后滤水帽应一样高，其偏差不应超过5mm。

拆下的旧滤水帽可先用3%～5%的稀盐酸在耐酸容器中清洗干净，并用水洗至中性。然后用0.25mm厚的薄钢片或小刀清除缝隙中残留的滤料和其他污物。

23　过滤器排水装置的作用有哪些？

答：过滤器排水装置的作用：

（1）引出过滤后的清水，而不使滤料带出。

（2）使过滤后的水和反洗水的进水，沿过滤器的截面均匀分布。

（3）在大阻力排水系统中，有调整过滤器水流阻力的作用。

24　简述重力式无阀滤池的过滤过程。

答：从澄清设备或水泵的来水经分配堰进入配水箱，流经U形管及进水挡板后进入滤水室，自上而下通过滤层和集配水装置汇集到集水室，然后经连通管上升到反洗水箱，再经漏斗形出水管引至清水池。

25　简述活性炭过滤器的工作机理。

答：原水由活性炭过滤器顶部的进水装置进入过滤器内，通过活性炭过滤层过滤，最后由底部集配水装置流出。活性炭的作用是吸附和过滤。活性炭是一种具有很大的比表面积和丰满的孔隙的多孔性物质，对于有机物具有较强的吸附力。水通过活性炭滤层后，水中的有机物被吸附。同时，还可除去水中的活性氯、油脂、胶体硅、铁和悬浮物。

26　活性炭滤料分哪几种？

答：活性炭滤料可分木质活性炭、煤质活性炭及果壳活性炭三种。

27　采用孔板水帽为出水集水装置的活性炭过滤器，为何还要加装一定量的石英砂？

答：用孔板水帽方式作为集水装置，需在孔板水帽与活性炭之间加装粒径为2～4mm的石英砂，高度约400mm，其作用不是过滤，而是为使配水更加均匀，并减缓反洗水流的冲击力，防止反洗时由于配水不均匀和水流冲击力过大，而导致活性炭颗粒破碎，或冲出过滤器外流失。

28 使用活性炭过滤器应注意的事项是什么？

答：应注意的事项是：

(1) 如水中悬浮物、胶体含量较大时，应先过滤除去悬浮物、胶体等杂质，否则易造成活性炭网孔及颗粒层间的堵塞。

(2) 当水中溶解性的有机物浓度过高时，不宜直接用活性炭吸附处理，因为这样做不经济，而且在技术上也难以取得良好的效果。

(3) 当水通过活性炭时，接触时间最好为 20～40min、流速以 5～10m/h 为宜。

(4) 活性炭吸附一般设置在混凝、机械过滤处理之后，离子交换除盐之前。

(5) 活性炭过滤器在长期运行后，在活性炭床内，会繁殖滋生微生物，使活性炭结块，水流阻力增加。因此对床内的活性炭要定期进行充分反洗，或通空气擦洗以保持床内的清洁。

(6) 影响活性炭吸附效果的还有水温和进水的 pH 值。

(7) 在活性炭滤料的选择上应选择吸附值高，机械强度高，水中析出物少的滤料。

29 简述高效纤维过滤器的工作过程。

答：先将一定体积的水充至设备内，使纤维形成压实层，过滤水自下而上通过纤维滤层，直到过滤终点。当其进入失效状态需进行清洗时，先将加压室内的水排掉，此时过滤室中的纤维恢复到松散状态；然后在清洗的同时通入压缩空气，在水的冲洗和空气的擦洗过程中，纤维不断摆动造成相互摩擦，从而将吸附着悬浮物的纤维表面洗涤干净。

30 压力式过滤器效果差及出水浊度高的原因是什么？

答：压力式过滤器效果差及出水浊度高的原因是：

(1) 滤料粒度过大，以至细小的悬浮物穿透滤层。

(2) 出、入口压差超过规定，致使滤层受压破裂，大量水流从裂缝中通过，起不到过滤作用。

(3) 滤层太低，使悬浮物穿透。

31 机械过滤器运行周期短以及反洗频繁的原因有哪些？

答：机械过滤器运行周期短以及反洗频繁的原因有：

(1) 反洗不彻底、不及时或长期小流量运行，致使滤层结块。

(2) 滤料粒径过小，投运后出入口压差迅速超过规定。

(3) 滤料装得过高，出入口压差在开始投运时就高，致使反洗作业频繁地进行。

(4) 双流式过滤器底部进水门打开后不过水，形成了单流过滤。

32 机械过滤器运行流量太小的原因是什么？

答：机械过滤器运行流量太小的原因是：

(1) 集水装置污堵，过滤后的水流排不出。

（2）滤料结块，水的通流截面积减小。

（3）滤料粒径太小或滤层装置太高，阻力增大。

（4）进口或出口阀门开不大。

33 机械过滤器反洗流量太小的原因是什么？

答：反洗流量太小的原因是：

（1）集配水装置污堵，反洗水不能大量流出。

（2）滤料结块，使通流截面积减小，反洗水不能大量通过。

（3）反洗入口门或排污门开不大。

34 试述过滤处理的滤层膨胀率和其反洗强度的关系。

答：滤料粒度、水温、滤料密度一定的情况下，反洗强度越大，滤层膨胀率就越高。但反洗强度和滤层膨胀率过大，虽可使水流的剪切力增大，但颗粒之间相互碰撞概率减小，将影响反洗效果。反洗时，所采用的反洗强度应能使滤层的膨胀率达到25%～50%为宜。

35 机械搅拌澄清池有何优缺点？其适用条件是什么？

答：机械搅拌澄清池的优点：

（1）处理效率高、出力大。

（2）适应性较强，处理效果较稳定。

（3）如采用机械刮泥装置，则对高浊度水（3000mg/L）的处理也有一定的适应性。

缺点：

（1）需要有一套机械搅拌设备。

（2）投资成本高。

（3）维护较麻烦。

机械搅拌澄清池的适用条件：

（1）进水悬浮物含量一般小于3000mg/L的水质。

（2）可用于大、中型出力的制水设备。

36 水力循环澄清池有何优缺点？其适用条件是什么？

答：水力循环澄清池的优点：

（1）无机械搅拌设备，无转动部件。

（2）构造较简单。

缺点：

（1）混凝剂用量较大，水头损失较大。

（2）对水质、水温变化的适应性较差。

（3）由于靠水流的动力循环，出力受到限制。

水力循环澄清池适用条件是：

（1）进水悬浮物含量一般小于2000mg/L。

（2）适用于中、小型出力的制水设备。

37 机械搅拌澄清池运行中为什么要维持一定量的泥渣循环量？如何维持？

答：澄清池运行中，水和凝聚剂进入混合区后，将形成絮凝物。循环的泥渣和絮凝物不断地接触，以促进絮凝物长大，从而沉降，达到分离的目的。

一般通过澄清池的调整试验，确定澄清池的运行参数，回流比一般为 1∶3，定时进行底部排污。当澄清池运行工况发生变化时，还应根据出水的情况，决定排污。

38 简述凝结水处理覆盖过滤器的工作原理。

答：覆盖过滤器的工作原理是预先将粉状滤料覆盖在特制滤元上，使滤料在其上面形成一层均匀的微孔滤膜。在铺膜时，滤料随同水流从过滤器底部进入，当水和滤料一起流至由塑料或不锈钢制成的内部空心的多孔管件（称滤元）时，水从管上小孔进入管内又流出管子，而滤料被截留在滤元外表面上形成一层均匀的薄层，称滤膜。这是由于粉状滤料在滤元上彼此重叠、架桥、吸附，形成了一层孔隙不同的过滤层。一般滤膜对水中杂质具有良好的吸附、过滤作用。若采用树脂粉末时，兼有脱盐作用。

当凝结水流过时，水中胶状、粒状杂质部分可被滤膜吸附过滤，水通过滤元上的孔进入管内，汇集后送出，从而起到过滤作用。随着滤膜上杂质的积累，过滤器进出口水的压差也在不断上升，当压差达规定值时，可认为覆盖过滤器已失效，对失效的过滤器采用通入清水或压缩空气的方法除去旧的滤膜，并冲洗干净后再铺上新的滤膜投入运行。

39 覆盖过滤器对滤料有什么要求？

答：由于凝结水中的杂质大多是细微的悬浮物、胶体和颗粒，因此滤料必须是很细的粉状物质才能将这些杂质除去。为了保证凝结水水质，作为覆盖过滤器的滤料必须是化学稳定性好、质地均匀、亲水性强、杂质含量少、吸附能力强及其本身具有微小的孔隙或孔洞等特性。常用的滤料有用干纸板经粉碎后的棉质纤维纸粉、树脂粉及活性炭粉等。

40 粉末覆盖过滤器爆膜不干净是何原因？如何进行处理？

答：粉末覆盖过滤器爆膜不干净的原因：

（1）没有按操作规程规定的步骤进行爆膜操作。

（2）在顶压时已有部分滤膜脱落下来，导致爆膜时泄压。

（3）若原来滤膜不完整，也会影响爆膜。

（4）滤元内被堵塞。

（5）运行压力偏高，将滤膜压实，不易爆干净。

（6）滤元及钢丝表面粗糙或粉末质量不佳。

（7）在爆膜操作中，顶压时水压、气压不足。

（8）空气门与正排门开启时不同步。

处理方法是：

（1）覆盖过滤器失效后，防止部分滤膜从滤元上脱落下来。

（2）每次铺膜前应尽量将滤元冲洗干净后再铺膜，铺膜时应使滤膜均匀完整。

（3）顶压时水压、气压不能低于规定值。

（4）开启空气门、正排门时，应尽量同步。

（5）一次爆不干净可重复爆几次，再进气进行搅拌冲洗。

（6）如滤元上仍有较多粉末或挂丝，使下一步无法铺上完整的滤膜时，应冲洗清理滤芯。

41 覆盖过滤器和管式过滤器的作用是什么？

答：覆盖过滤器和管式过滤器的作用是把凝结水中的悬浮物和氧化铁微粒截留下来，防止高速混床树脂污染，提高出水量和水质指标。

42 如何检修覆盖过滤器？

答：（1）覆盖过滤器大法兰的拆装。

（2）滤元装置的拆装检修。

（3）容器上窥视孔的检查和清理。

（4）取样管阀的检修。

（5）容器内壁防腐层的质量检查。

43 检修覆盖过滤器的技术标准是什么？

答：检修覆盖过滤器的技术标准是：

（1）过滤器筒体及其滤元应垂直，偏差不得超过其高度的0.25%。筒体内壁的防腐层应完好，无鼓泡、脱壳和龟裂现象。修补环氧玻璃钢时必须满足固化条件，充分固化后方能使用。

（2）大法兰的结合面完好，无腐蚀凹坑及纵向沟槽。大法兰垫片燕尾接口平整，组装时垫片要垫好，螺栓紧力要均匀，水压试验无渗漏。

（3）窥视孔有机玻璃板无变形和裂纹现象，表面干净，透光清晰。

（4）进水装置固定螺栓要紧固，防止运行中松动。

（5）进水装置冲洗检查，滤元管外不挂纸粉。外圈滤元管断裂，如换备用滤元管件有困难，则应在滤元管出水端加盖堵死。

（6）新装配的滤元装置在装配前要逐根检查滤元管的绕丝，要求绕丝平整、间隙均匀，保持在0.3mm，装配时螺栓要拧紧，孔板吊环螺母应锁住，新装滤元装置除油处理后必须冲洗合格。

（7）取样管阀畅通，取样阀开关灵活，密封良好无渗漏。

（8）压力表、流量表指示准确。

（9）所有阀门开关灵活，密封良好。

（10）标志齐全，漆色完整。

44 什么是过滤周期？一个完整的过滤过程应包括几个环节？各环节的主要作用是什么？

答：过滤周期是指两次反洗之间的实际运行时间。

一个完整的过滤过程主要包括以下几个环节：过滤、反洗和正洗。

各环节的主要作用是：

（1）过滤。它是用来截留水中所含的悬浮颗粒，以获得低浊度的水。

（2）反洗。是为了清除在过滤过程中积累于过滤介质中的污物，以恢复过滤介质的截污能力。

（3）正洗。是保证过滤运行出水合格的一个必要环节，用水正洗直至出水合格，方可开始正式过滤运行。

45 在一般情况下，使用超滤的操作运行压力是多少？其除去的物质粒径大约在什么范围？

答：在一般情况下，超滤的操作运行压力为0.1～0.5MPa。

超滤除去的物质粒径为0.005～10μm。

46 什么是过滤过程的水头损失？为什么通常以它作为监督过滤过程的一项指标？

答：在实际运行中，水流通过过滤介质层时的压力降即为水头损失。

在过滤过程中，随着被滤出的悬浮物在滤料颗粒间的小孔中和滤料表面渐渐地堆积，水流经过滤介质层的阻力逐渐增大，反映为过滤时的水头损失随之加大。由于该指标可以间接地指示过滤介质的污染情况，有利于把握反洗时机。因此，实际运行中常以此作为一项监督指标。

47 什么是最大允许水头损失？为什么在实际的过滤运行中，当水头损失达到此值时，运行必须停止？

答：最大运行水头损失是保证过滤设备安全、有效运行的一个人为规定的重要参数。其确定原则有两个：一是要保证设备的出水量基本恒定；二是不能因压差过大而造成滤层破裂。

当过滤运行达到最大允许水头损失值时，必须停运，并进行清洗。原因是：水头损失过大时，过滤操作就要增大压力，易造成过滤介质层内的个别部位发生破裂。此时，大量水流从裂纹处穿过，破坏了过滤作用，从而影响出水水质。即使滤层不发生破裂，也意味着滤层的污染相当严重，虽然一时还不会影响出水水质，但会使反洗时不易清洗，造成滤料结块等不良后果。另外，设备各部分是按一定压力设计的，也不能承受过高的压力。

48 什么是滤层的膨胀率？什么是反洗强度？它们之间的关系如何？

答：反洗时，水自下而上流经过滤介质层，使滤料颗粒间发生松动，即滤层膨胀。过滤介质层膨胀后所增加的高度和膨胀前高度的比称为滤层膨胀率。

反洗强度是指在每秒钟内每平方米过滤断面所需要反洗水量的升数。

当滤料粒度、水温一定，滤料密度也一定的情况下，反洗强度越大，滤层膨胀率就越高。如要达到同样的膨胀率，滤料颗粒越大，水温越高，滤料密度越大，则所用反洗强度应越大。反洗时，所采用的反洗强度应能使滤层的膨胀率达到25%～50%为宜。

49 对于经过混凝处理的水，采用粒状滤料进行过滤处理的基本原理是什么？

答：对于经过混凝处理的水，采用粒状滤料进行过滤处理的基本原理是：基于悬浮颗粒和滤料颗粒之间存在的黏附作用。其机理类似于澄清过程中的接触混凝，滤料也具有表面活性作用，悬浮杂质在水力作用下靠近滤料表面时就发生接触混凝。由于滤料的排列比澄清设备中活性泥渣的排列更紧密，水在滤层孔隙中曲折流动时，悬浮杂质与滤料具有更多地接触机会，因此除浊效果更好。

50 什么是过滤介质？什么是过滤材料？

答：过滤设备中，用于截留水中悬浮固体的部件称为过滤介质。构成过滤介质的材料称为过滤材料。

根据水中固体颗粒的大小，水处理中采用不同的过滤材料，组成结构不同的过滤介质，因此把过滤分为粗滤、微滤、超滤和粒状材料过滤等四个主要类型。后者是电厂水处理系统中最常用的过滤形式。用于过滤的粒状材料一般称滤料，石英砂是最常用的粒状材料。

51 水中胶体为什么不易沉降？

答：胶体不易沉降的原因：一是由于同类胶体带有同性电荷，彼此之间存在着电性斥力，相遇时相互排斥，因而不易碰撞和黏合，一直保持微粒状态，而在水中悬浮；二是其表面有一层水分子紧紧包裹着，称为水化层，它阻碍了胶体颗粒间的接触，使得胶体在热运动时不易黏合，从而使其保持颗粒状态而悬浮不沉。

52 常用的混凝药剂有哪些？

答：常用的混凝剂分为无机混凝剂和有机高分子混凝剂。

无机混凝剂主要包括：铝系［硫酸铝、明矾、聚合氯化铝（PAC）、聚合硫酸铝（PSC）等］；铁系［三氯化铁、硫酸亚铁、聚合氯化铁（PFC）、聚合硫酸铁（PFS）等］。

有机高分子混凝剂包括：阳离子型、阴离子性、两性型、非离子型。

53 影响混凝澄清处理的主要因素有哪些？

答：混凝澄清处理的目的是除去水中的悬浮物，同时使水中胶体、硅化合物及有机物的含量有所降低，所以通常以出水的浊度来评价混凝处理的效果。混凝澄清处理包括了药剂与水的混合，混凝剂的水解、羟基桥联、吸附、电性中和、架桥、凝聚及絮凝物的沉降分离等一系列过程，因此混凝处理的效果受到许多因素的影响，其中影响较大的有水温、pH 值、碱度、混凝剂剂量、接触介质和水的浊度等。

（1）水温。水温对混凝处理效果有明显影响。因高价金属盐类的混凝剂，其水解反应是吸热反应，水温低时，混凝剂水解比较困难，不利于胶体的脱稳，所形成的絮凝物结构疏松，含水量多，颗粒细小。另外，水温低时，水的黏度大，水流剪切力大，絮凝物不易长大，沉降速度慢。

在电厂水处理中，为了提高混凝处理效果，常常采用生水加热器对来水进行加热，也可增加投药量来改善混凝处理效果。采用铝盐混凝剂时，水温 20～30℃比较适宜。相比之下，铁盐混凝剂受温度的影响较小，针对低温水处理效果较好。

（2）水的 pH 值和碱度。混凝剂的水解过程是一个不断放出 H^+ 的过程，会改变水的 pH 值和碱度。反过来，原水的 pH 值和碱度直接影响到混凝剂不同形态的水解中间产物，从而影响絮凝反应的效果。各种混凝剂都有一定的 pH 适应范围。

尽管水的 pH 值和碱度对混凝效果影响较大，但在天然水体的混凝处理中，却很少有投加碱性或酸性药剂调节 pH 值。这主要是因为大多数天然水体都接近于中性，投加酸、碱性物质会给后续处理增加负担。

(3) 接触介质。在进行混凝处理或混凝＋石灰沉淀处理时，如果在水中保持一定数量的泥渣层，可明显提高混凝处理的效果。

在这里泥渣起接触介质的作用，即在其表面上起着吸附、催化以及泥渣颗粒作为结晶核心等作用。

进行混凝处理或混凝＋石灰沉淀处理时，如果在水中保持一定数量的泥渣层，可明显提高混凝处理的效果。泥渣层就是混凝澄清处理过程中生成的絮凝物，它可提供巨大的表面积，通过吸附、催化及结晶核心等作用，提高混凝处理的效果。

(4) 水的浊度。原水浊度小于50FTU时，浊度越低越难处理。当原水浊度小于20FTU时，为了保证混凝效果，通常采用加入黏土增浊、泥渣循环、加入絮凝剂助凝等方法；当原水浊度过高（如大于3000FTU)，则因为需要频繁排渣而影响澄清池的出力和稳定性。我国所用地表水大多属于中低浊度水，少数高浊度原水经预沉淀后亦属于中等浊度水。

(5) 混凝剂剂量。混凝剂剂量是影响混凝效果的重要因素。当加药量不足，尚未起到使胶体脱稳、凝聚的作用，出水浊度较高；当加药量过大，会生成大量难溶的氢氧化物絮状沉淀，通过吸附、网捕等作用，会使出水浊度大大降低，但经济性不好。对于不同的原水水质，需通过烧杯试验确定最佳混凝剂剂量。

54 常用的过滤设备有哪些?

答：常用的过滤设备主要有以下几种类型：

(1) 过滤器。

1) 石英砂过滤器、锰砂过滤器、机械过滤器、碳钢过滤器等高效过滤器，一般用高效过滤大流量水中的固体杂质。

2) 活性炭过滤器，一般用吸附有机物、色素等。

3) 精密过滤器，袋式过滤器等高精度过滤器，一般用过滤小粒径固体悬浮物、胶体等杂质。

4) 软化水过滤器，一般用降低水的硬度。

(2) 离子交换树脂设备。用来储存离子交换树脂，起到去除水中的重金属、除盐、软化水等作用。

(3) 超滤设备。脱盐等作用，保障反渗透等后续设备进水水质。

(4) 反渗透设备。过滤水中的离子、有机物、细菌、病毒等，脱盐脱硼等作用。

(5) EDI电除盐设备。连续电除盐，常用于电子半导体行业，生产超纯水等。

55 机械过滤与纤维过滤的区别有哪些?

答：根据过滤介质不同，机械过滤设备分为颗粒介质过滤和纤维过滤两类。

颗粒介质过滤主要以砂石等颗粒滤料作为过滤介质，通过颗粒滤料吸附作用和砂粒之间孔隙对水体中固体悬浮物截留作用实现过滤的，优点是易反冲。缺点是滤速慢，一般不超过7m/h；截污量少，其核心过滤层只有滤层表面；过滤精度低，只有20～40μm，并不适合含高浊度污水快速过滤。

高效不对称纤维过滤系统采用不对称纤维束材料作为滤料，其滤料为不对称纤维，在纤维束滤料基础上，增加了一个核，使其兼有纤维滤料和颗粒滤料的优点，由于滤料特殊的结构，使滤床孔隙率很快形成上大下小的梯度密度，使过滤器滤速快、截污量大、易反冲洗，通过特殊的设计，使加药、混合、絮凝、过滤等过程在一个反应器内进行，使设备能有效除去养殖水体中悬浮有机物，降低水体COD、氨氮、亚硝酸盐等，特别适合于暂养池循环水固体悬浮物过滤。

56 纤维过滤的特点有哪些？

答：纤维过滤的特点有：

（1）过滤精度高。对水中悬浮物的去除率可达95%以上，对大分子有机物、病毒、细菌、胶体、铁等杂质有一定的去除作用，经过良好的混凝处理的被处理水，进水为10NTU时，出水在1NTU以下。

（2）过滤速度快。一般为40m/h，最高可达60m/h，是普通砂滤器的3倍以上。

（3）纳污量大。一般为15～35kg/m^3，是普通砂滤器的4倍以上。

（4）反洗耗水率低。反冲洗耗水量小于周期滤水量的1%～2%。

（5）加药量少，运行费用低。由于滤床结构及滤料自身的特点，絮凝剂投加量是常规技术的1/2～1/3。周期产水量的提高，吨水运行费用也随之减少。

（6）占地面积小。制取相同的水量，占地面积为普通砂滤器的1/3以下。

（7）可调性强。过滤精度、截污容量、过滤阻力等参数可根据需要调节。

（8）滤料经久耐用，寿命20年以上。

57 活性炭过滤器属于哪种过滤方式？叙述其过滤机理。

答：活性炭过滤器属于表面吸附式过滤方式。

其过滤机理：活性炭是非极性吸附剂，所以对某些有机物有较强的吸附力，其以物理吸附为主，一般是可逆的。研究证明，用活性炭过滤除去水中游离氯能进行得很彻底。这个过程不完全是由于活性炭表面对Cl_2的物理吸附作用，而是由于在活性炭表面起了催化作用，促使游离氯的水解和产生新生态氧的过程加速。所产生的新生态氧可以和活性炭中的炭或其他易氧化的组分反应。由于天然水中有机物种类繁多，所以在不同条件下，活性炭去除有机物的效果并不相同，不能将有机物全部除尽，其吸附力为20%～80%。

58 什么是澄清池？其作用原理是什么？

答：在水的沉淀处理时，使水中保持若干先前生成的泥渣参与运行。这种带有泥渣运行的沉淀设备称为澄清池。

其作用原理是：利用悬浮泥渣层与水中杂质颗粒相碰撞、吸附、黏合，以提高沉淀处理效果。当水和药剂在澄清池内混合后，由新混凝剂的电离和水解，形成带有正电荷的胶体，在反离子的作用下，渐渐絮凝成粗大的矾花，在重力作用下沉降。在凝絮形成和在下沉过程中，还会吸附水中原有的胶体杂质。此外，水中胶体大都带负电，故和混凝剂形成的胶体发生中和作用。另外，当水中悬浮物含量较多时，悬浮物也可作为凝絮的核心，当凝絮在下降过程中时，好像一个过滤网在下沉，又可把悬浮物带走。

59 试叙泥渣悬浮式澄清池的特征。泥渣澄清池是如何分类的？

答：泥渣悬浮式澄清池的特征为：在运行中有一层由于水的流动而悬浮着的泥渣层，水通过此泥渣层时就进行了澄清过程。

泥渣澄清池可分为两种：泥渣悬浮式和泥渣循环式。

60 影响澄清池正常运行的因素有哪些？

答：影响澄清池正常运行的因素：

（1）排泥量。要控制适当，不能过多或过少。

（2）泥渣循环量。

（3）间歇运行。尽量避免长时间停运，以免泥渣被压实甚至腐败。

（4）水温变动。变动范围过大，则容易因高温水与低温水之间密度差而产生对流现象，影响出水水质。

（5）空气混入。如有空气混入，会形成气泡上浮搅动泥渣层，使泥渣随水带出。故需在进水前将空气分离掉。

（6）澄清池流量变动不宜过猛，应逐步增加，否则泥渣被冲起而使悬浮量增加，影响出水水质。

61 为什么加混凝剂能除去水中的悬浮物和胶体？

答：因为混凝剂本身所发生的凝聚过程中伴随有许多其他的物理化学作用。

（1）吸附作用。当混凝剂形成胶体时，会吸附水中原有的胶体杂质，这是混凝处理除去水中胶体杂质的主要原因。

（2）中和作用。在吸附过程中，如两种胶体带的电荷相反，则由于异性电荷相吸和中和的作用，更促进它们黏结并析出。

（3）表面接触作用。当水中悬浮物量较多时，凝絮的核心可以是某些悬浮物，即凝絮在悬浮物的表面上形成。

（4）网捕作用。凝絮在水中下沉的过程中，好像一个过滤网在下沉，又可把悬浮物带走。凝絮过滤网主要是由于氢氧化物的胶体在沉聚过程中相互结成长链，起了架桥作用，组成了许多网眼，包裹着悬浮物和一些水分而形成的。

62 简述水在过滤过程中的作用原理。

答：水在过滤过程中有两种作用。一种是机械筛分作用；另一种是接触凝聚作用。

机械筛分作用主要发生在滤料层的表面，因为过滤器在反洗除去滤层中污物时，由于水力筛分作用，使小颗粒滤料在上，大颗粒滤料在下，所以上层滤料形成的孔眼最小，易于将悬浮物截留下来。不仅如此，由于截留下来的或吸附着的悬浮物之间发生彼此重叠和架桥作用，以致在表面形成了一层附加的滤膜，也可起到机械筛分的作用。

接触凝聚是当水不断地通过滤料时，由于在滤层中砂粒的排列很紧密，所以水中的微小悬浮物在流经滤料层中弯弯曲曲的孔道时，有更多的机会与砂粒碰撞。因此，这些砂粒表面可以起到更有效的接触作用。于是水中那些双电层已被压缩的胶体易于凝聚在砂粒表面，故称为接触凝聚。

63 如何鉴别过滤器运行效果的好坏？

答：运行效果的好坏可以用测定出水的浊度来监督。但是，这个指标不能指示过滤的进展情况。因为在滤池运行中，出水浊度的变动规律性不强，而且如果等运行到出水浊度显著增大时才进行清洗，则实际上滤层已经受到严重的污染，以致不易冲洗干净 。所以在运行中实际监督的指标是水流通过滤层的压力降。在滤池运行过程中，水头损失的变动较明显，而且压力的测量也比较简单。

64 为什么过滤器的水头损失不能控制过大？

答：因为水头损失太大时，过滤器操作必须增大压力，这样就易于造成滤层破裂的情况。此时大量水流从裂纹处穿过，破坏了过滤作用，从而影响出水水质。此外，水头损失太大，滤料污染严重时，容易造成反洗时不易洗净、滤料结块等不良后果。不仅如此，水头损失太大，还有可能在滤层中形成“负水头”现象，使过滤有效面积减少，运行工况变坏。所以水头损失不能控制太大。

65 一般水处理过滤装置使用的滤料应具备哪些性质？

答：过滤装置使用的滤料应具备的性质为：化学性质稳定、机械强度良好、粒度均匀、价廉物美且便于就地取材。

66 影响过滤的因素有哪些？

答：影响过滤的因素：

（1）滤速。不能过大或过小。

（2）反洗。反洗流速和反洗时间及反洗强度都要根据具体情况进行试验。

（3）水流的均匀性。要求分布均匀。

67 过滤器反洗强度与膨胀率有什么关系？反洗过程中易发生哪些故障？

答：反洗强度的大小和许多因素有关，如要达到同样的膨胀率，滤料越粗、水温越高、滤料的比重越大，则需要用的反洗强度就越大。否则就达不到清洗要求。

在反洗过程中易发生的故障有：出水装置被破坏和反洗强度太大造成滤料跑出。

第二节 离 子 交 换

1 按树脂的结构可分为哪几类？各有哪些特点？

答：按树脂结构可分为五类：

（1）大孔树脂。

（2）第二代大孔树脂。

（3）超凝胶型树脂。

（4）均孔型强碱性阴树脂。

（5）普通凝胶型树脂。

特点：

（1）大孔树脂。反应速度快，抗有机物污染能力强，交换容量低；再生时酸、碱用量大，价格较贵。

（2）第二代大孔树脂。具有与凝胶树脂相近的交换容量，有较快的反应速度，有比第一代大孔树脂更好的物理性能、抗污染性能和抗渗透冲击性能。

（3）超凝胶型树脂。机械强度好，可以与大孔树脂相比，价格与凝胶树脂相近或相同。

（4）均孔型强碱性阴树脂。网孔较均匀，能防止有机物中毒，不会被有机物污染。

（5）普通凝胶树脂。交换容量较大，抗氧化性能和机械强度较差，易受有机物污染。

2 离子交换的原理是什么？当离子交换剂遇到电解质水溶液时，电解质对其双电层有哪两种作用？为什么？

答：离子交换的原理：离子交换树脂可看作是具有胶体型结构的物质，即在离子交换树脂的高分子表面上有许多和胶体表面相似的双电层，我们把它和内层离子符号相同的离子称作同离子，符号相反的称反离子。

当离子交换剂遇到含有电解质的水溶液时，电解质对其双电层有两方面的作用：

（1）交换作用。扩散层中反离子在溶液中的活动较自由，离子交换作用主要在此种反离子和溶液中其他反离子之间，因动平衡的关系，溶液中的反离子会先交换至扩散层，然后再与固定层中的反离子互换位置。

（2）压缩作用。当溶液中盐类浓度增大时，可使扩散层压缩，从而使扩散层中部分反离子变成固定层中的反离子，使得扩散层的活动范围变小。这就说明了为什么当再生溶液的浓度太大时，不仅不能提高再生效果，有时反使效果降低。

3 离子交换树脂有哪些物理及化学性能？

答：离子交换树脂的物理性能：

（1）颜色。

（2）形状，球形。

（3）粒度，不能过大也不能过小。

（4）密度。

（5）含水率，可以反映交联度和网眼中的空隙率。

（6）溶胀性。

（7）耐磨性。

（8）溶解性。

（9）耐热性。

（10）导电性。

离子交换树脂的化学性能有：

（1）离子交换反应的可逆性。

（2）酸碱性。

（3）中和与水解，与通常的电解质溶液相同，具有弱酸或弱碱性基团的离子交换树脂的盐型容易水解。

（4）离子交换树脂的选择性，强、弱型树脂对溶液中离子吸收具有选择性。

（5）交换容量。

4 简述离子交换树脂的选择性系数。

答：选择性系数是表示离子交换树脂对溶液中离子吸附能力大小的一项指标。此系数只表示离子交换平衡时，各种离子间一种量的关系，没有更多的物理和化学意义，此系数不是常数，它会随溶液的浓度、组成及离子交换树脂的结构等因素而变，所以只能得出在一定条件下的值或近似值。

5 影响离子交换树脂交换速度的因素有哪些?

答：影响交换速度的因素有：树脂交换基团、树脂的交联度、树脂的颗粒度、溶液的浓度、温度、流速、再生程度及离子的本性等。

6 以H型强酸性阳离子交换树脂对水中Na离子进行交换为例，说明离子交换的动力学过程。

答：离子交换的动力学过程一般可分为五步：

(1) 水中 Na^+ 离子首先在水中扩散，到达树脂颗粒表面的边界水膜，逐渐扩散通过此膜。

(2) Na^+ 离子进入树脂颗粒内部的交联网孔，并进行扩散。

(3) Na^+ 离子与树脂内交换基团接触，并与交换基团上可交换的 H^+ 进行交换。

(4) 被交换下来的 H^+ 在树脂颗粒内部交联网孔中向树脂表面扩散。

(5) 被交换下来的 H^+ 扩散通过树脂颗粒表面的边界水膜，进入水溶液中。

7 分别叙述阴、阳树脂在强、弱酸碱中的选择顺序。

答：(1) 阳离子交换树脂在稀酸溶液中的选择顺序是：

强酸性阳树脂 $Fe^{3+}>Al^{3+}>Ca^{2+}>Mg^{2+}>K^+>NH^{4+}>Na^+>H^+$。

弱酸性阳树脂 $H^+>Fe^{3+}>Al^{3+}>Ca^{2+}>Mg^{2+}>K^+>Na^+$。

(2) 在浓溶液中，阳树脂选择顺序有些不同，有些低价离子会居于高价离子之前，如 $H^+>Na^+>Mg^{2+}>Ca^{2+}$。

(3) 阴离子交换树脂在稀碱溶液中的选择性顺序是：

强碱性阴树脂 $SO_4^{2-}>HSO_4{}^->NO_3^->Cl^->OH^->HCO_3^->HSiO_3^-$。

Ⅰ型强碱性阴树脂 $HCO_3^->OH^->HSiO_3^-$。

Ⅱ型强碱性阴树脂 $Cl^->OH^->HCO_3^->HSiO_3^-$。

(4) 当进水是浓碱溶液时，阴树脂的选择性顺序遵循以下三条：

1) 在强碱弱酸的混合液中，OH^- 离子交换树脂易吸取强酸的阴离子。

2) 浓溶液与稀溶液相比，前者利于低价离子被吸取，后者利于高价离子。

3) 在浓度和价数等条件相同的情况下，选择性大的易被吸取。

8 新离子交换树脂使用前为什么要进行预处理?

答：对新树脂在使用前要进行预处理，是因为离子交换树脂的工业产品中常含有少量未参与缩聚或加聚反应的低分子物质和高分子组成的分解产物。当树脂与水、酸、碱溶液或其他溶液接触时，上述这些有机杂质会渗入溶液而使树脂失效。此外，工业用树脂中还含有

Fe、Al、Cu和其他多价金属等无机物质。因此，对新树脂在使用前必须进行预处理，以除去树脂表面的可溶性杂质，使所有树脂都变成所需的H型或OH型树脂。

9 新离子交换树脂的预处理方法有哪些？

答：新离子交换树脂的预处理方法有：

（1）食盐水处理。用两倍于树脂体积的10%NaCl溶液浸泡树脂18～20h以上。浸泡完后，放掉食盐溶液，用水冲洗树脂，直至排出的水不呈黄色为止，然后进行反洗。

（2）稀盐酸溶液处理。用约两倍于树脂体积的5%HCl溶液浸泡树脂2～4h，放掉酸液后，冲洗树脂到排水接近中性为止。

（3）稀NaOH溶液处理。用约两倍于树脂体积的2%NaOH溶液浸泡树脂2～4h，放掉碱液后，冲洗树脂到排水接近中性为止。

10 如何保存需长期储存的离子交换树脂？

答：当要长期储存树脂时，最好把树脂转变成盐型，浸泡在水中。如储存过程中树脂脱了水，也应先用饱和食盐水浸泡，再逐渐稀释，以免树脂急剧膨胀而破碎。储存温度一般在0～40℃为宜，以免冻裂。

11 树脂使用时，应注意哪些问题？

答：保持水分，防止风干，密闭存放，运输和储存应在0℃以上，防止冻裂。使用中，阳树脂应防止铁锈污染和活性氯等破坏树脂；阴树脂应防止油类和有机物等污染。

12 如何选择合适的离子交换树脂？

答：首先要根据水源水质所含各种离子的量及在水中的分布规律来选择。在水中强酸根阴离子的含量较大时，应考虑先采用弱碱性阴树脂来除去水中大部分强酸根阴离子，而使强碱性阴树脂充分发挥其除硅性能。此外，还应根据水处理交换器的床型的不同而选用不同品种的树脂。同时还要根据树脂的物理及化学性能等综合考虑来选出最适宜的离子交换树脂。

13 不同类型的树脂混在一起如何分离？

答：在使用中，有时会碰到不同类型的树脂混在一起，需要设法分离。分离树脂主要是利用它们密度的不同，用自下而上的水流将它们分开。或者将它们浸泡在一种具有一定相对密度的溶液中，利用它们浮、沉性能的不同而分开。如用饱和食盐水浸泡，用浓度比较大的碱液浸泡，则强碱性阴树脂会浮在上面，而强酸性阳树脂则沉于底部。如果混合的两种树脂相对密度差较小，分离则较困难。

14 如何降低树脂粉碎率？

答：降低压差，降低流速，在保证出水水质的前提下，适当降低树脂层高度，缩短运行周期，延长大反洗周期等。

15 阴树脂为何易变质？如何防止其变质？

答：因为阴树脂的化学稳定性比阳树脂差一些，所以它对氧化剂和高温的抵抗力较差，容易变质。

为防止阴树脂变质，需将进水中的氧化剂提前除去。

16 离子交换树脂交换容量为什么会下降？

答：树脂交换能力的下降取决于物理性能的崩解、化学交换基团的分解、高分子有机物和金属氧化物的污染，如水中的微生物、铁杂质的污染，以及细菌的生长等等。这与树脂品种、处理液种类、交换基团、循环基数、有无前置处理、温度高低及酸性物质的存在等多种因素有关。

17 在使用弱碱性阴树脂处理水时，为什么对水的 pH 值要有一定的限制？使用弱碱树脂有什么好处？

答：当采用弱碱树脂处理水时，一般只能在水的 $pH<9$ 的情况下进行交换。当水的 pH 值过大时，由于水中 OH^- 浓度大，它抑制了树脂的电离，使树脂不再具有可交换的性能。也就是说，水中其他离子无法取代 OH^-。

使用弱碱树脂的好处是：它极易再生，再生剂量不需过大。对于降低碱耗具有很大的意义。另外弱碱树脂吸附有机物能力较强，而且可在再生时被洗出来。同时弱碱树脂还具有交换容量大，交换速度快，膨胀性小，机械强度高的优点。

18 一般软化和除碱离子交换处理方式的系统设计有哪些？

答：(1) 采用强碱性 H 离子交换剂的 H—Na 离子交换，此系统又可以分并列 H—Na 离子交换和串联 H—Na 离子交换。

(2) 采用弱碱性 H 离子交换剂的 H—Na 离子交换。

(3) H 型交换剂采用贫再生方式的 H—Na 离子交换。

采用上述方式主要是能除去水中的硬度，又可降低水的碱度，且不增加水中的含盐量。

19 为什么逆流再生床比顺流再生床出水水质好且经济？

答：(1) 由于逆流再生床失效后，不是每次都进行大反洗，所以床内树脂层态没有被打乱，这一层态分布满足了逐层排代的有利再生条件，即再生剂首先再生亲和力小的离子，再由这些亲和力小的离子置换亲和力大的离子，有钩出效应功能，所以再生效率高。

(2) 逆流再生工艺失效后的层态分布有利于再生平衡，再生液首先接触失效度最低的保护层，而且再生液最新鲜，所以能充分再生这一层，保证了保护层的再生度最高，从而保证了出水水质。当再生液进入失效度最深的上部时，虽然再生液浓度最小，但其中含有下部再生下来的钠离子，可置换钙、镁离子，竞争离子的影响比顺流的要小，且此时失效度最深，仍然有利于平衡向再生方向移动。

(3) 逆流再生床在再生过程中，其残余交换力总是接触新鲜的再生液，所以其对再生效果影响不大。

20 在离子交换器中影响保护层厚度的因素有哪些？

答：影响保护层厚度的因素：

(1) 运行速度。水通过离子交换剂的速度越大，保护层越厚。

(2) 树脂的比表面积。即树脂颗粒度越大，保护层越厚。

(3) 膜扩散和微孔扩散传质推动力。即交换剂的孔隙和温度，孔隙率愈小，保护层愈厚。

(4) 进、出口离子交换的浓度。即进水中要除去的离子浓度和在交换后水中残留浓度的比值愈大，保护层愈厚。

21 离子交换器保护层高度与工作交换容量有哪些关系?

答：被处理的水流经离子交换树脂层时，其离子交换树脂按水流顺序可分为失效层、工作层、保护层，其保护层高度的大小直接影响树脂的工作交换容量。对同工艺而言，保护层越高，树脂层的残余交换力越大，则工作交换容量越低。反之，工作交换容量越高。

22 逆流再生床再生时为什么要顶压? 顶压有哪几种方式?

答：顶压的目的是防止再生时树脂层乱层，影响层态分布。这一步骤是逆流再生时关键的一步。

顶压的方式有压缩空气顶压法、水顶压法、低流速法以及无顶压法。

23 为什么逆流再生对再生剂纯度要求较高?

答：从离子交换平衡理论可知，再生剂的纯度将会影响到树脂的再生度，从而影响到树脂的交换容量，逆流再生的特点是再生液首先接触出水区树脂，所以再生剂纯度对逆流再生影响较大，若出水区树脂再生度降低，将会直接影响出水水质。

24 逆流再生固定床的中排装置有哪些类型? 底部出水装置有哪些类型?

答：逆流再生固定床中排装置的类型有母管支管式（有母管与支管在同一平面和母管与支管不在同一平面两种）、管插式、鱼刺式和环管式等。

底部出水装置的类型：

(1) 穹形多孔板加石英砂垫层。

(2) 多孔板上加水帽或夹布形式。

(3) 鱼刺形式（支管上开孔或装水帽）。

25 逆流再生离子交换器运行一段时间后为什么要进行大反洗?

答：逆流再生离子交换器平时再生时只进行小反洗，即对中排装置上的压脂层进行反洗，而对于中排装置以下的绝大部分树脂不进行反洗。由于运行周期太长时，压脂层就要截留一部分杂质及污物，夹杂在树脂间隔，影响树脂的交换和再生效果。同时由于较长时间树脂未反洗，极易出现结块等不良现象，增加了阻力，影响出水流量，所以应定期进行大反洗。

26 影响再生剂利用率的因素是什么?

答：影响再生剂利用率的因素：

(1) 再生剂量。在理论计算用量的基础上，应通过调整试验确定用量。

(2) 再生剂温度。温度不宜太低，但也不能太高，应控制在20～40℃为宜。

（3）床层高度。若水源水质较差，床层应设计得较高一些，否则极易穿透。

（4）再生剂流量及流速。一般控制在4～8m/h，不能过高。

（5）再生剂浓度。不宜过大，应根据调整试验确定。

（6）再生剂类别及纯度。根据水质确定再生剂类别；再生剂纯度应符合要求。

（7）失效树脂的层态分布。不能破坏层态分布，否则影响再生效果，再生剂利用率也会降低。

（8）随时掌握水源水质的变化情况，根据实际情况调整再生剂用量。

27 离子交换器周期出水量低的原因是什么？

答：周期出水量低的原因：

（1）原水水质变差。

（2）进水装置损坏，发生偏流。

（3）酸、碱量不足，浓度低。

（4）运行时间长，树脂被压实，压脂层减少，顶压完成的效果不好。

（5）树脂被污染。

（6）中排装置损坏，造成偏流，使再生液排不干净。

28 当阴床先失效或阳床先失效时，阴床出口水质的变化情况如何？

答：若阴床出水含钠量与电导率均较大幅度地上升，pH值和含硅量有所增大，说明阳床失效，因为阳床失效，开始漏钠离子，使阴床出水中含有NaOH，这样Na^+含量、电导率、pH值均会上升。同时通过阴床的水碱性增强，交换剂不能吸着水中的硅导致出水含硅量上升。

若阴床出水含硅量上升，pH值下降，电导率瞬间下降又立即上升，则为阴床失效。因为阴床接近失效时，阴树脂交换下来的OH^-减少，pH值就随之下降；阴树脂失效，除硅能力大大减弱，使出水含硅量增大，由于H^+和OH^-比其他离子易导电，失效瞬间，OH^-量减少，电导率下降，随即大量的阴离子和H^+通过，使电导率上升。

29 湿视密度的含义是什么？在什么情况下使用？

答：湿视密度的含义有以下几点：

（1）湿视密度是指单位湿体积状态离子交换树脂的质量。

（2）湿态离子交换树脂是指吸收了平衡水分，并经离心法除去外部水分的树脂。

（3）视体积是指离子交换树脂以紧密的无规律排列方式在量器中占有的体积，包括树脂颗粒固有体积及颗粒间的空隙体积。

湿视密度在现场使用，主要是利用其计算交换器内装入树脂的量。

30 离子交换树脂强度不合格对水处理设备有何影响？

答：（1）树脂易破碎，造成设备压差增大，阻力增强，出力达不到。

（2）出水中易夹带碎树脂，造成热力设备的有机酸腐蚀。

（3）反洗时易跑树脂，造成树脂的浪费。

31 树脂遭有机物污染后对设备有何危害？

答：由于有机物有很大的分子量，并较一般无机阴离子大得多，因此能阻塞及干扰树脂的离子交换性质，造成出水质量降低，树脂交换容量降低，冲洗时间延长。

32 什么是水的化学除盐处理？

答：用 H 型阳离子交换剂与水中的各种阳离子进行交换而放出 H^+；而用 OH 型阴离子交换剂与水中的各种阴离子进行交换而放出 OH^-。这样，当水经过这些阴、阳离子交换剂的交换处理后，就会把水中的各种盐类基本除尽。这种方法，就称为水的化学除盐处理。

33 叙述除碳器的工作原理。

答：除碳器的工作原理：

（1）原水中大量的 HCO_3^- 经 H^+ 交换变成碳酸，当水中的 $pH<4.3$ 时，全部变成 CO_2，$H^+ + HCO_3^- = H_2CO_3 = CO_2 + H_2O$。$pH=8.3 \sim 8.4$ 时，全变成 HCO_3^-，CO_2 不存在。

（2）当 H_2CO_3 水由塔顶向下流过填料时，在填料表面形成一种薄膜流动，造成了与空气密切接触的条件。

（3）根据亨利定律，溶液中所含某种溶质的量与它在气相中的分压成正比。当水中 CO_2 含量大于气相中的 CO_2 含量时，则发生大量 CO_2 向空气中解析的现象，这样除掉了 CO_2，达到出水中 CO_2 含量小于 5μg/L。

34 简述除碳塔的作用。

答：除碳塔的作用是：

（1）为强碱性阴离子创造了经济的运行条件，因为除去了 CO_2，相应地减少了再生剂量。

（2）能较彻底地除去硅酸，因为若 CO_2 与 SiO_3^{2-} 竞争，则会影响除硅效果。

35 除碳器效率低的原因是什么？

答：效率低的原因是：

（1）风机倒转。

（2）风压与风量不足。

（3）风机入口被杂物堵塞。

（4）超出力运行。

（5）多孔板堵塞或多孔板流通面积小。

（6）水封管断裂。

（7）填料过多或不足。

（8）进水装置损坏或进水分配不均。

36 体内再生混床如何再生？

答：体内再生混床采用一步法再生，使酸、碱再生液分别单独通过阴、阳树脂层，由中排装置排出再生废液，进完酸、碱液后同时进行清洗。

具体过程为：当混床失效停运后，先放水至高于树脂表面200～250mm处，然后通入压缩空气进行反擦洗，随后关闭空气，开大反洗水，控制流量以反洗排水门不跑树脂为原则，逐步调节流量由大至小，观察底部窥视孔内树脂翻动的情况，直至阴、阳树脂分层清晰时，停止反洗。静置5min后放水至树脂层表面200～250mm处，开始同时进酸、碱再生液，控制流量、流速、浓度在要求范围内，由中排装置将废液同时排走，再生液进完经置换后，通入压缩空气，将树脂进行搅拌混合，待树脂混合均匀后，为使混合好的树脂不重新分层，所以要采用顶部进水，开大排水门迅速排水，以便使罐内树脂迅速降落。树脂混合好后要进行正洗，待出水水质合格后，方可投入运行。

37 为什么混床的出水水质很高？

答：因为在混床中阴、阳离子交换树脂是相互均匀的，所以其阴、阳交换反应几乎是同时进行的。或者说，水的阴、阳离子交换是多次交错进行的。所以经H型交换所产生的H^+和OH型交换所产生的OH^-都不能积累起来，基本上消除了反离子的影响，故交换反应进行得十分彻底，所以混床的出水水质很高。

38 混床树脂再生好后，当树脂混合时，怎样才能混合均匀？应注意哪些问题？

答：在电厂水处理中常用的方法是从底部通过空气搅拌混合。压缩空气的压力控制$(9.8\sim14.7)\times10^4$Pa。为了获得更好的效果，混合前应把交换器中的水下降到树脂层表面上100～150mm处。树脂下降时，采用顶部进水，对其沉降也有一定的效果。此外，还需有足够大的排水速度，迫使树脂迅速降落，避免树脂重新分离。树脂混合时间主要视树脂是否已混合均匀为准，一般5min即可，时间过长易磨损树脂。

应注意的问题是：混合树脂时，压缩空气应经过净化处理，以防止压缩空气中有油类等杂质污染树脂。

39 混床再生中应注意哪些问题？

答：不论是再生还是运行，离子交换都是按照质量作用公式的规律进行的。同样，混床在冲洗过程中，其溶液中的离子平衡也适用于质量作用公式，如不加注意，也会造成混床出水不合格。如混床串洗这一步骤，进水经过阴树脂冲洗后，再经过阳树脂冲洗。如果阴树脂进碱后，冲洗时间较短，因其存有大量的NaOH，就把冲洗水带入阳树脂，势必造成阳树脂中的H型树脂再生不完全，导致出水不合格。因此，极易发生混床冲洗数小时后导电率仍达不到标准，所以适当延长对流冲洗时间可避免此现象的发生。一般对流冲洗至电导率小于300μS/cm、SiO_2含量在8～12μg/L、Na^+含量在5～8μg/L。

40 混床树脂反洗分层不明显的原因是什么？

答：混床树脂反洗分层不明显的原因：

(1) 反洗分层操作不当。

(2) 阴、阳树脂比重不合规定。

(3) 树脂未完全失效。

(4) 树脂污染。

41 混床与复床相比有哪些优、缺点？

答：优点为：

（1）出水水质好，用强酸性H型树脂和强碱性OH型树脂组成的混床，制得的除盐水电导率很小，残留硅酸根含量很低。

（2）出水水质稳定。

（3）间断运行对出水水质影响较小，且恢复时间较短。

（4）交换终点明显，混床在交换末期出水导电率上升很快，这不仅有利于监督，而且有利于实现自动控制。

（5）混床设备比复床少，装置集中。

缺点是：

（1）树脂交换容量的利用率低。

（2）树脂损耗率大。

（3）再生操作复杂。

42 在什么情况下采用双层床？其强、弱型树脂的配比如何确定？

答：当水中强酸根阴离子含量较大时，应考虑采用阴双层床，以提高化学除盐的经济性。

其配比为：当进水中强酸根阴离子含量越高，则强碱性阴树脂所占比例就应越大。此外，当水中有机物含量较高时，也应增大弱碱树脂的高度，一般认为，弱碱树脂层高度至少应为两层树脂总高度的30％，也应根据实际水质情况确定。

43 采用双层床有哪些优点？使用时应注意哪些问题？

答：双层床的优点：

（1）酸、碱耗量低。

（2）节省离子交换设备。

（3）有利于防止有机物的污染。

（4）废酸、碱液的浓度较小，而且易中和。

使用时应注意：

（1）强酸性与弱酸性树脂组成的双层床最好用盐酸再生，如用硫酸再生，在交换剂层中，容易析出硫酸钙沉淀。

（2）强碱性与弱碱性树脂组成的双层床要注意防止胶体硅的沉积。

（3）采用双层床时，所用水源的水质必须稳定，否则会使经济性及出水水质降低。

44 一般酸碱系统酸碱的输送方式有哪些？

答：酸碱的输送方式：

（1）泵输送系统。将酸碱罐中的酸碱液送至布置于高位的酸碱罐中，然后依靠重力自动流入计量箱，之后用喷射器将酸碱液送至离子交换器中。

（2）压缩空气输送系统。将压缩空气通入空间的酸碱罐，利用压缩空气的压力将酸碱输送至布置于高位的酸碱罐中。然后，依靠重力自动流入计量箱，再用喷射器送至离子交换器中。

（3）扬酸器输送系统。将槽车内的酸用抽真空的办法吸入储酸罐，具体方法是：将压缩空气通入空气喷射器，喷射器与酸罐相通。此时，由于喷射器的作用，将酸罐抽成真空，槽车内的酸依靠静压，将酸压入酸罐，继续将压缩空气通入酸罐，然后将酸罐中的酸压入计量箱，再用喷射器送入离子交换器中。

45 除盐系统降低酸、碱耗的措施主要有哪些？

答：选用质量高的离子交换树脂和酸、碱再生剂；对设备进行必要的调整试验，求得最佳再生工艺条件；再生时对碱液进行加热；选用逆流离子交换设备；在原水条件适宜的情况下采用弱酸弱碱性离子交换器；当原水含盐量大时，可采用电渗析及反渗透等水处理工艺对原水进行预脱盐处理。

46 凝结水污染的原因是什么？为什么凝结水要进行过滤处理？

答：凝结水污染的原因：凝汽器泄漏；金属腐蚀产物带入给水系统；热电厂返回水夹带杂质。

凝结水过滤是为了除去胶态及悬浮态的金属腐蚀产物及油类杂质，特别是初启动的锅炉，否则这些杂质会污染离子交换树脂，堵塞树脂网孔，降低其工作交换容量，使树脂运行周期缩短，水质变差，故凝结水要先进行过滤。

47 凝结水过滤设备有哪些？过滤原理是什么？

答：凝结水过滤设备有以下几种：

（1）覆盖过滤器。粉状滤料随同水流进入过滤器，然后覆盖在滤元上形成滤膜，待过滤的水通过滤膜进行过滤。

（2）磁力过滤器。利用磁力清除凝结水中铁的腐蚀产物。

（3）微孔过滤器。利用过滤介质把水中悬浮物截留下来的水处理工艺。

48 对凝结水除盐用树脂如何进行选择？为什么？

答：凝结水除盐用树脂的选择为：

（1）必须选用颗粒度较大且均匀的树脂。因为凝结水的处理要求高流速运行。

（2）必须采用强酸强碱型树脂。因为弱酸性树脂有一定的水解度，不能保证出水的质量很高，而且弱碱性阴树脂又不能除去水中的硅酸，羧酸型弱酸树脂因交换速度慢，以致水的流速对出水水质影响较大，所以高速混床采用强酸强碱型树脂。

（3）必须选用机械强度高的树脂。因为在高参数、大容量电厂中，汽轮机凝结水通常都有量大和含盐量低的特点，所以宜采用高速运行的混床，其流速一般在50～70m/h，更大的有100～120m/h。另外兼做过滤设备的混床要进行空气擦洗，因此要求树脂必须有很好的机械强度，否则就会被磨损得很严重。

49 强碱性阴树脂被污染的原因是什么？

答：强碱性阴树脂在运行中，常会受到油质、有机物和铁的氧化物等杂质的污染，在火电厂的除盐设备中的强碱性阴树脂，最易受到原水中动植物腐烂后分解生成的腐殖酸和富维酸为主的有机物的污染，被污染后的阴树脂，颜色变深，交换容量下降，正洗时间延长和出水小质变坏（如pH值降低）。

50 防止强碱性阴树脂被污染的方法有哪些？

答：防止强碱性阴树脂污染的方法主要有：

（1）混凝处理。水在进入除盐设备前，用铝盐等做混凝剂进行预处理，可除去原水中绝大部分有机物。

（2）活性炭处理。用料状的活性炭做滤料，可吸附有机物、氯、胶体硅、铁化物和悬浮物。

51 在离子交换柱的工作过程中，促使颗粒破碎的原因有哪些？

答：（1）树脂颗粒受到水产生的压力。

（2）下部树脂层中的颗粒受到上部树脂重力的挤压。

（3）冲洗树脂床层中的颗粒与颗粒之间发生摩擦。

（4）树脂中离子的种类改变时颗粒的体积发生变化。

52 阳床的中排为什么要使用不锈钢材料？

答：（1）中排在再生和大反洗时要承受很大的瞬间交换剂层的托力，因此它要有足够的强度。

（2）再生过程中排浸泡在稀的酸液中，所以它必须有很好的耐腐蚀性。

由以上两条原因可以看出，阳床中排使用不锈钢材料可以满足这两个条件，既有强度又耐腐蚀。

第三节　全 膜 法 处 理

1 什么是多介质过滤器？

答：多介质过滤器，又称机械过滤器，主要作用是去除水中的悬浮物质、固体颗粒。悬浮固体是水中不溶解的非胶态的固体物质，它们在条件适宜时可以沉淀。用过滤器截留悬浮固体，以过滤介质截留悬浮固体前后的质量差作为衡量过滤器发挥作用的依据。过滤介质一般使用 $D=0.5\sim1.0$mm 的滤料介质．根据水中的杂质成分可以采用单层过滤、双层过滤和多层过滤。多介质过滤器广泛用于水处理的工艺中，可以单独使用，但多数是作为水质深度处理（交换树脂、电渗析、反渗透）的预过滤。

2 多介质过滤器的主要构成有哪些？

答：多介质过滤器主要由以下部分构成：过滤器体、配套管线和阀门。其中过滤器体又包括：筒体、反洗气管、布水组件、支撑组件、滤料以及排气阀（外置）等。

3 简述多介质过滤器的工作原理。

答：多介质过滤器是以成层状的无烟煤、砂、细碎的石榴石或其他材料为床层，床的顶层由最轻和最粗品级的材料组成，而最重和最细品级的材料放在床的底部。其原理为按深度过滤-水中较大的颗粒在顶层被去除，较小的颗粒在过滤器介质的较深处被去除。从而使水质达到粗过滤后的标准。

4 多介质过滤器的性能特点是什么？

答：多介质过滤器可去除水中大颗粒悬浮物，从而降低水的污泥密度指数（SDI）值，满足深层净化的水质要求。该设备具有造价低廉，运行费用低，操作简单；滤料经过反洗，可多次使用，滤料使用寿命长等特点。

5 什么是保安过滤器？

答：保安过滤器（又称作精密过滤器），筒体外壳一般采用不锈钢材质制造，内部采用PP熔喷、线烧、折叠、钛滤芯、活性炭滤芯等管状滤芯作为过滤元件，根据不同的过滤介质及设计工艺选择不同的过滤元件，以达到出水水质的要求。

6 保安过滤器有什么性能？

答：保安过滤器的性能：

（1）过滤精度高，滤芯孔径均匀。

（2）过滤阻力小，通量大、截污能力强，使用寿命长。

（3）滤芯材料洁净度高，对过滤介质无污染。

（4）耐酸、碱等化学溶剂。

（5）强度大，耐高温，滤芯不易变形。

（6）价格低廉，运行费用低，易于清洗，滤芯可更换。

7 保安过滤器的特点是什么？

答：保安过滤器的特点：

（1）高效能去除水、油雾、固体颗粒，100%去除0.01μm及以上颗粒；油雾浓度控制在0.01ppm/wt。

（2）结构合理，体积小、重量轻。

（3）带有防护罩塑胶外壳和铝合金外壳可选择。

（4）三级分段净化处理，使用寿命长。

8 不锈钢保安过滤器可分为哪几类？其各有什么特点？

答：不锈钢保安过滤器分为：吊环螺母式、卡箍式和法兰式。

它们的特点分别为：

（1）吊环螺母式。密封性好，相对于法兰式更换滤芯更方便。

（2）卡箍式。安装方便，价格便宜，耐压低于0.6MPa。

（3）法兰式。密封性好。

9 保安过滤器选型的一般原则是什么？

答：保安过滤器选型的一般原则：

（1）进出口通径。原则上过滤器的进出口通径不应小于相配套的泵的进口通径，一般与进口管路口径一致。

（2）公称压力。按照过滤管路可能出现的最高压力确定过滤器的压力等级。

（3）孔目数的选择。主要考虑需拦截的杂质粒径，依据介质流程工艺要求而定。

（4）过滤器材质。过滤器的材质一般选择与所连接的工艺管道材质相同，对于不同的服役条件可考虑选择铸铁、碳钢、低合金钢或不锈钢材质的过滤器。

（5）过滤器阻力损失计算。水用过滤器，在一般计算额定流速下，压力损失为0.52～1.2kPa。

10 水处理用保安过滤器的用途有哪些？

答：主要用在多介质预处理过滤之后，反渗透、超滤等膜过滤设备之前。用来滤除经多介质过滤后的细小物质（例如微小的石英砂，活性炭颗粒等），以确保水质过滤精度及保护膜过滤元件不受大颗粒物质的损坏。精密过滤装置内装的过滤滤芯精度等级可分为0.5μs、1μs、5μs、10μs等，根据不同的使用场合选用不同的过滤精度，以保证其出水精度及后级膜元件的安全。采用PP棉、尼龙、熔喷等不同材质作滤芯，去除水中的微小悬浮物，细菌及其他杂质等，使原水水质达到反渗透膜的进水要求。

11 反渗透前置保安过滤器如何选择？

答：为了防止预处理中未能完全去除或新产生的悬浮颗粒进入反渗透系统，保护高压水泵和反渗透膜，通常在反渗透进水前设置滤芯式前置保安过滤器。一般采用孔径小于10μm，根据实际设计情况可设计为5μm或更低。

12 保安过滤器滤芯更换的条件是什么？

答：保安过滤器的进出水需设置压力表，当运行时进出水压差达到极限值时，应及时更换滤芯。由于滤芯的清洗恢复效率较低，所以最好使用一次性滤芯。

13 保安过滤器有哪些材料？

答：保安过滤器外壳采用不锈钢或PP。

滤芯材料采用：B、C系列环保特殊纤维、不织布；D系列、活性炭等。

14 简述保安过滤器的保养与维修。

答：保安过滤器的保养维修：

（1）保安过滤器的核心部件是过滤的滤芯，滤芯属于易损坏的部件，需要特别的保护。

（2）保安过滤器长时间工作，会截阻一定量的杂质，这时工作速率下降，所以要经常清洗，同时要清洗滤芯。

（3）在清洗过程中要特别注意滤芯的清洗，不要变形或损坏，否则会导致过滤精度降低，达不到生产要求。

（4）如发现滤芯变形或损坏，必须马上更换掉。

（5）某些精密滤芯，不能多次反复使用，如袋式滤芯、聚丙烯滤芯等。

15 保安过滤器的注意事项有哪些？

答：保安过滤器的注意事项是：

（1）过滤器以“先粗后精”原则组合配置，顺序不能颠倒。

（2）实际通过过滤器的介质流量、压力及温度不能超过铭牌规定值。

（3）安装时须注意分清过滤器的进、出口位置。

（4）过滤器安装对应地垂直。留有一定的离地高度，便于调换滤芯。

（5）按照规定更换滤芯。

16 什么是全自动反冲洗精密过滤器？

答：全自动反冲洗精密过滤器属于在线式反冲洗过滤器领域，是一种在线式过滤器，当滤芯堵塞后，在不影响正常工作的条件下，能利用系统自身的压力自动进行滤芯反冲洗，并恢复过滤器功能的自动反冲洗精密过滤器。

17 全自动反冲洗精密过滤器的主要特点是什么？

答：主要特点是：

（1）在线反冲。在系统不停止运行的前提下，能利用系统自身的压力进行各个过滤单元逐个反冲洗，反冲洗时处理流量基本不变。

（2）精确过滤。根据用户的工况和过滤精度选配滤芯。

（3）彻底高效反冲。通过系统自身压力及结构特点，在反洗时能将过滤孔隙冲开，达到了其他过滤器无法达到的清洗效果。

（4）滤芯承压能力大。过滤时水流由滤芯中心向外流动，故滤芯能承载较高压力负荷。

（5）空载阻力小、反冲洗耗水量少。水的流向畅通，阻力小，当待过滤水的目标悬浮物浓度不大于 20mg/L 时，反洗耗水量占最大滤水量的百分比不大于 1%。

（6）运行可靠，维护简单。由于主轴的密封能自动补偿，长时间运行不会泄漏，一般不需日常维护，不需专用工具，零部件少。

（7）标准化程度高。可根据不同工况，过滤精度、处理流量、自动化要求程度挑选某一规格产品；通过适当变更筒体有关参数能适应用户对流量和过滤精度的不同要求。

（8）安装简便、占地省。与管路进行法兰连接，无其他附属设备，处理量大，体积小，占地少。

（9）滤芯使用寿命长。采用特殊结构的滤芯，强度大、耐腐蚀，无机械清洗对滤芯的机械磨损，滤芯可再生，使用寿命长。

（10）过滤面积大。过滤器内配有多组滤芯，充分利用了过滤空间，显著缩小了过滤器体积。

18 全自动反冲洗精密过滤器的工作原理是什么？

答：待过滤的含有目标悬浮颗粒的水（介质）由进水口进入反冲洗过滤器，经进水腔分配至各个滤芯内，大于过滤精度要求的目标悬浮颗粒被截留在滤芯的内表面，符合要求的合格水经过滤芯滤层，汇集在上下隔板间的出水腔，由筒体的出水口流出。

随着过滤时间的延长，被截留在滤芯的内表面的目标悬浮颗粒也逐渐增加，滤芯逐渐被堵塞，导致滤芯内外两侧的压差逐渐上升。当达到设定的过滤时间或设定的压差值时，控制器发出反冲洗指令，控制排污阀的开启和关闭，利用系统的自身压力实现过滤器内滤芯的逐个反冲洗，将滤芯的截留物排出过滤器外，从而恢复滤芯的过滤功能到初始完好状态。

过滤器中滤芯在筒体内是圆周均布的。过滤器的分度机构能有效地保证封盘和吸盘同时逐个封住滤芯的两头，滤芯逐个被反冲洗干净，并完成一圈所有滤芯的反冲洗。

19 什么是微滤？微滤膜有何主要技术优点？

答：微滤是一种精密过滤技术，是以静压差为推动力，利用筛网状过滤介质膜的“筛分”作用进行分离的膜过程。实施微孔过滤的膜称为微滤膜。微滤膜是均匀的多孔薄膜，厚度为 90～150μm，过滤粒径为 0.025～10μm，操作压为 0.01～0.2MPa。

微滤膜的主要技术优点是：膜孔径均匀、过滤精度高、滤速快、吸附量少、无介质脱落等。微滤膜主要用于截留悬浮固体、细菌，超滤膜主要用于截留大分子有机物、蛋白、多肽等。

20 什么是全膜法水处理？

答：全膜法水处理工艺是将超滤、微滤、反渗透、电除盐系统（EDI）等不同的膜工艺有机地组合在一起，达到高效去除污染物以及深度脱盐的目的一种水处理工艺。全膜法处理后的出水可直接满足锅炉补给水、工艺用水、电子超纯水、回用水、循环用水等要求，该工艺已成功应用于电力、冶金、石化等多个领域。该工艺的关键技术 EDI 系电渗析（ED）和离子交换技术（DI）有机结合，达到连续除盐、运行维护简单、无酸碱排放污染。而超滤、微滤、反渗透已广泛应用于海水（苦咸水）淡化及废水回用。

21 微滤、超滤、纳滤、反渗透的区别与联系各是什么？

答：它们的区别是：

微滤膜。能截留大于 0.1～1μm 之间的颗粒。微滤膜允许大分子和溶解性固体（无机盐）等通过，但会截留住悬浮物、细菌及大分子量胶体等物质。微滤膜的运行压力一般为 0.7～7.0bar。

超滤膜。能截留大于 0.01μm 的物质。超滤膜允许小分子物质和溶解性固体（无机盐）等通过，同时将截留下胶体、蛋白质、微生物和大分子有机物，用于表示超滤膜孔径大小的切割分子量范围一般在 1000～500 000 之间。超滤膜的运行压力一般 1.0～7.0bar。

纳滤膜。能截留纳米级（0.001μm）的物质。纳滤膜的操作区间介于超滤和反渗透之间，其截留有机物的分子量为 200～800，截留溶解盐类的能力为 20%～98%之间，对可溶性单价离子的去除率低于高价离子，纳滤一般用于去除地表水中的有机物和色素、地下水中的硬度及镭，且部分去除溶解盐，在食品和医药生产中有用物质的提取、浓缩。纳滤膜的运行压力一般 3.5～30bar。

反渗透膜。能截留大于 0.0001μm 的物质，是最精细的一种膜分离产品，其能有效截留所有溶解盐分及分子量大于 100 的有机物，同时允许水分子通过。反渗透膜广泛应用于海水及苦咸水淡化、锅炉补给水、工业纯水及电子级高纯水制备、饮用纯净水生产、废水处理和特种分离等过程。反渗透膜的运行压力一般介于苦咸水的 12bar 到海水的 70bar。

它们的联系为：

超滤及微滤都是依托于材料科学发展起来的先进的膜分离技术。

超滤和微滤均是利用多孔材料的拦截能力，以物理截留的方式去除水中一定大小的杂质颗粒。在压力驱动下，溶液中水、有机低分子、无机离子等尺寸小的物质可通过纤维壁上的微孔到达膜的另一侧，溶液中菌体、胶体、颗粒物、有机大分子等大尺寸物质则不能透过纤维壁而被截留，从而达到筛分溶液中不同组分的目的。该过程为常温操作，无相态变化，不产生二次污染。

超滤是利用超滤膜的微孔筛分机理，在压力驱动下，将直径为0.002～0.1μm之间的颗粒和杂质截留，去除胶体、蛋白质、微生物和大分子有机物。应用于锅炉给水处理、工业废污水处理、饮用水的生产及高纯水制备等。在给水处理中常作为反渗透、离子交换的预处理。

微滤也是利用微滤膜的筛分机理，在压力驱动下，截留直径在0.1～1μm之间的颗粒，如悬浮物、细菌、部分病毒及大尺寸胶体，多用于给水预处理系统。

22 超滤装置的工作原理是什么？

答：膜分离技术是一种以具有选择透过性的膜为分离介质，使用半透膜的分离方法，在常温下当膜两侧存在某种推动力（如压力差、浓度差、电位差等）时对溶质和溶剂进行分离、浓缩、纯化。主要是采用天然或人工合成高分子薄膜，物料依据滤膜孔径的大小而通过或被截留，以外界能量或化学位差为推动力，对双组分或多组分流质和溶剂进行分离、分级、提纯和富集操作。现已应用的有反渗透、纳滤、超过滤、微孔过滤、透析电渗析、气体分离、渗透蒸发、控制释放、液膜、膜蒸馏膜反应器等技术。

超滤的过滤原理有三种：筛分、滤饼层过滤、深层过滤。

超滤膜的分离机制十分复杂，影响因素较多。超滤膜的分离机制为筛孔分离过程，膜的物理结构对分离起决定性作用。

23 膜分离有什么特点？

答：膜分离的特点：

（1）膜分离过程不发生相变化，因此膜分离技术是一种节能技术。

（2）膜分离过程是在压力驱动且常温下进行的分离。

（3）膜分离技术适用分离的范围极广，从微粒级到微生物菌体，甚至离子级都可以。

（4）膜分离技术以压力差作为驱动力，因此采用装置简单，操作方便。

24 超滤技术的特点是什么？

答：与传统分离技术比较，超滤技术具有以下的特点：

（1）超滤过程是在常温下进行的，条件温和无成分破坏，特别适合对热敏感的物质，如药物、酶、果汁等进行分离、浓缩和富集。

（2）超滤过程不发生相变化，无须加热，能耗低，无须添加化学试剂，无污染，是一种节能环保的分离技术。

（3）超滤技术分离效率高，对稀溶液中微量成分的回收，低浓度溶液的浓缩都非常有效。

（4）超滤过程仅采用压力作为分离的动力，因此分离装置简单、流程短、操作简便、易于控制和维护。

(5) 超滤技术也有局限性，不能直接得到干粉制剂。对于蛋白质溶液，一般只能得到10%～50%的浓度。

25 超滤装置进水有什么要求?

答：超滤装置进水的要求：

(1) 浑浊度小于5。

(2) 颗粒度小于5μm。

(3) 悬浮物小于3～5mg/L。

(4) pH值：2～13。

(5) 温度小于45℃。

(6) 反清洗水：超滤水。

26 超滤气反洗有哪些注意事项?

答：超滤气反洗的注意事项为：

(1) 在进气前一定先打开冲排阀泄压，否则易损坏超滤组件内纤维束。

(2) 进气压力一定控制在不大于0.1MPa。

(3) 超滤每运行一天进行气反洗一次。

27 超滤设备需控制的指标是什么?

答：超滤设备需控制的指标是：

(1) 产水流量。

(2) 浓水排放流量。

(3) 反洗流量及压力。

(4) 正洗流量。

(5) 进气量。

(6) 反洗间隔时间。

(7) 进出水压力差。

(8) 进水压力。

(9) 夹气反洗进气压力。

(10) 进水水温。

28 超滤设备有哪几种运行方式?

答：超滤设备一般有两种运行方式：全流过滤和错流过滤。

一般进水条件下，采用的是全流过滤运行方式，此时浓水排放量为零。

当进水浊度大于15NTU，为了减轻膜表面负荷，采用了错流过滤运行方式，即部分浓水排放。

29 超滤膜的污染形式一般有哪两种? 其各有什么特点?

答：超滤膜污染主要有：膜表面覆盖污染和膜孔内阻塞污染两种形式。

膜表面污染层大致呈双层结构，上层为较大颗粒的松散层，紧贴于膜面上的是小粒径的细腻层，一般情况下，松散层尚不足以表现出对膜的性能产生什么大的影响，在水流剪切力的作用下可以冲洗掉，膜表面上的细腻层则对膜性能正常发挥产生较大的影响。因为该污染层的存在，有大量的膜孔被覆盖，而且该层内的微粒及其他杂质之间长时间地相互作用，极易凝胶成滤饼，增加了透水阻力。

膜孔堵塞是指微细粒子塞入膜孔内，或者膜孔内壁因吸附蛋白质等杂质形成沉淀而使膜孔变小或者完全堵塞，这种现象的产生，一般是不可逆过程。

30 微滤膜的主要污染物质有哪些?

答：主要污染物质因处理料液的不同而各异，无法一一列出，但大致可分下述几种类型。

胶体污染。胶体主要是存在于地表水中，特别是随着季节的变化，水中含有大量的悬浮物如黏土、淤泥等胶体，均布于水体中，它对滤膜的危害性极大。因为在过滤过程中，大量胶体微粒随透过膜的水流涌至膜表面，长期的连续运行，被膜截留下来的微粒容易形成凝胶层；更有甚者，一些与膜孔径大小相当及小于膜孔径的粒子会渗入膜孔内部，堵塞流水通道而产生不可逆的变化现象。

有机物污染。水中的有机物，有的是在水处理过程中人工加入的，如表面活性剂、清洁剂和高分子聚合物絮凝剂等，有的则是天然水中就存在的，如腐殖酸、丹宁酸等。这些物质也可以吸附于膜表面而损害膜的性能。

微生物污染。微生物污染对滤膜的长期安全运行也是一个危险因素。一些营养物质被膜截留而积聚于膜表面，细菌在这种环境中迅速繁殖，活的细菌连同其排泄物质，形成微生物黏液而紧紧黏附于膜表面，这些黏液与其他沉淀物相结合，构成了一个复杂的覆盖层，其结果不但影响到膜的透水量，也包括使膜产生不可逆的损伤。

31 超滤装置如何贮存?

答：超滤装置的贮存：

(1) 超滤装置应该放于室内，不应该暴晒于日光下。

(2) 超滤装置不允许结冰并且温度也不允许高于40℃。

(3) 超滤装置的膜组件不允许脱水。如果贮存少于三天，设备必须保持满水状态。

(4) 如需更长时间贮存，应将设备内滞留的水排干，然后用清洗装置向膜组件灌入10%的丙二醇和1%的亚硫酸氢钠混合溶液，并关闭所有进、出水阀门。

32 超滤装置膜两侧压差高的原因是什么？如何处理?

答：超滤装置膜两侧压差高的原因：

(1) 膜组件被污染。

(2) 产水流量过高。

(3) 进水水温过低。

处理方法：

(1) 查出污染原因，采取相应的清洗方法以及调整冲洗参数。

(2) 根据操作指导中的要求调整流量。

(3) 调整提高进水温度。

33 超滤装置产水流量小的原因及处理方法是什么?

答:超滤装置产水流量小的原因:

(1) 膜组件被污染。

(2) 阀门开度设置不正确。

(3) 流量仪出问题。

(4) 供水压力太低。

(5) 进水水温过低。

处理方法:

(1) 查出污染原因,采取相应的清洗方法以及调整冲洗参数。

(2) 检查并且保证所有应该打开的阀处于开启状态,并调整阀门开度。

(3) 检查流量仪,保证正确运行。

(4) 检查进水压力低的原因,恢复正常进水压力。

(5) 调整提高进水温度,投运加热器。

34 超滤装置产水水质较差的原因及处理方法?

答:产水水质较差的原因:

(1) 进水水质超出了允许范围。

(2) 膜组件发生破损。

处理方法:

(1) 检查进水水质,主要是浊度、COD、总铁等。

(2) 查找破损原因,更换膜组件。

35 什么是氧化还原电位?其测定方法是什么?

答:氧化还原电位,就是用来反映水溶液中所有物质表现出来的宏观氧化还原性。氧化还原电位越高,氧化性越强;氧化还原电位越低,还原性越强。电位为正表示溶液显示出一定的氧化性,为负则表示溶液显示出一定的还原性。

其测定方法是:以铂电极作指示电极,饱和甘汞电极作参比电极,与水样组成原电池。用电子毫伏计或通用 pH 计测定铂电极相对于饱和甘汞电极的氧化还原电位,然后再换算组成相对于标准氢电极的氧化还原电位作为报告结果。

36 氧化还原电位测定的注意事项是什么?

答:电位测定的注意事项:

(1) 水体的氧化还原电位必须在现场测定。

(2) 氧化还原电位受溶液温度、pH 值及化学反应可逆性等因素影响。

(3) 氧化还原电位与氧分压有关,也受 pH 值的影响。pH 低时,氧化还原电位高;pH 高时,氧化还原电位低。

37 什么是反渗透阻垢剂？

答：反渗透阻垢剂是专门用于反渗透（RO）系统及纳滤（NF）和超滤（UF）系统的阻垢剂，可防止膜面结垢，能提高产水量和产水质量，降低运行费用。

38 反渗透阻垢剂的特点是什么？

答：反渗透阻垢剂的特点：

(1) 在很大的浓度范围内有效地控制无机物结垢。

(2) 不与铁铝氧化物及硅化合物凝聚形成不溶物。

(3) 能有效地抑制硅的聚合与沉积，浓水侧 SiO_2 浓度可达 290。

(4) 可用于反渗透 CA 及 TFC 膜、纳滤膜和超滤膜。

(5) 极佳的溶解性及稳定性。

(6) 给水 pH 值在 5～10 范围内均有效。

39 反渗透阻垢剂有什么特性？

答：反渗透阻垢剂的特性：

(1) 可适用于各种膜管的材质。

(2) 可适用于各种不同的水质中，仍有高功效的阻垢能力，减少膜管的清洗频率。

(3) 可取代加酸的需求，防止加酸所造成可能的腐蚀问题。

(4) 添加量极低，同时具有极佳的门限作用，可获得最佳经济效益的阻垢控制。

(5) 对铁、锰等金属离子均有良好的螯合稳定的功效，防止其产生污垢于膜管上。

(6) 产品功效与安定性均远优于六偏磷酸钠或纯聚合物型的阻垢剂。

(7) 可允许反渗透膜系统操作，有较高的产水率。

40 反渗透阻垢剂的作用是什么？

答：反渗透阻垢剂的作用：

(1) 络和增溶作用。反渗透阻垢剂溶于水后发生电离，生成带负电性的分子链，它与 Ca^{2+} 形成可溶于水的络合物或螯合物，从而使无机盐溶解度增加，起到阻垢作用。

(2) 晶格畸变作用。由反渗透阻垢剂分子中的部分官能团在无机盐晶核或微晶上，占据了一定位置，阻碍和破坏了无机盐晶体的正常生长，减慢了晶体的增长速率，从而减少了盐垢的形成。

(3) 静电斥力作用。反渗透阻垢剂溶于水后吸附在无机盐的微晶上，使微粒间斥力增加，阻碍它们的聚结，使它们处于良好的分散状态，从而防止或减少垢物的形成。

41 反渗透阻垢剂的一般用量为多少？

答：反渗透阻垢剂的投加量由于不同厂家配方和浓度不同，而不尽相同，使用时需咨询厂家，进口反渗透阻垢剂用量一般为 3～5mL。

42 如何防止电渗析器的极化？

答：防止电渗析器极化的方法：

（1）加强原水预处理，除去原水中可能引起沉淀结垢的悬浮固体、胶体杂质和有机物。

（2）控制电渗析器的工作电流在极限电流以下运行。

（3）定时和频繁倒换电极，减少结垢。

（4）定期酸洗。

（5）采用调节浓水 pH 值的方法，或采用其他预处理方法，或向水中加入掩蔽剂，防止沉淀的生成。

43 电渗析器极化有哪些危害性？

答：电渗析器极化的危害性：

（1）因电阻增大而增加电耗。

（2）淡水室内的水发生电离作用。

（3）引起膜上结垢，减小渗透面积，增加水流阻力和电阻，使电耗增加。

44 电渗析器运行中常见的故障有哪些？

答：运行中常见的故障

（1）悬浮物堵塞水流通道和空隙或悬浮物黏附在膜面上，造成水流阻力增大，流量降低，水质恶化。

（2）阳膜遭受重金属或有机物的污染，造成膜电阻增大，选择性下降。

（3）设备由于组装缺陷或发生变形，造成设备漏水，使得设备出力被迫降低。

45 电渗析器运行中应控制哪些参数？操作中应特别注意哪些方面？

答：应控制的运行参数

（1）进、出水水质。对原水进行预处理，控制其水质符合进水要求。

（2）压力和流量。压力过高流量过大易造成设备漏水和变形；流量过小可能引起极化结垢和悬浮物沉积。

（3）电流和电压。先确定工作电流在极限电流以下，然后控制电压在一定压力下运行。

（4）倒极和酸洗。

（5）水的回收率。为了降低水的排废率，提高回收率，浓、淡水应按规定的比值进行控制，或采用浓水循环，但要注意控制其浓缩倍率，以免产生沉淀，影响运行。

运行操作要点为：

（1）开机时先通水后通电，停机时先停电后停水，以免极化过度损坏设备。

（2）开机或停机时，要同时缓慢开启或关闭淡水和极水阀门，以使膜两侧压力相等或接近。

（3）浓、淡水压力要稍高于极水压力，一般要高 0.01～0.02MPa；淡水压力要稍高于浓水压力，一般要高 0.01MPa。

（4）开、关阀门要缓慢，防止突然升压或降压致使膜堆变形。

（5）进电渗析器浓、淡水的压力不大于 0.3MPa。

（6）电渗析器通电后膜上有电，应防止触电。在膜堆上禁放金属工具和杂物，防止短路损坏膜堆。

46 电渗析器脱盐率降低以及淡水水质下降的原因有哪些？如何处理？

答：电渗析器脱盐率降低及淡水水质下降的原因：

（1）设备漏水、变形。除设备本身质量问题和组装不良外，运行中由于各种进水压力不均匀或内部结垢，导致水通过压力过高，造成设备变形、漏水，因此在运行中要保持各室的水压力均衡。

（2）流量不稳、电流不稳。水泵或泵前管路漏空，也可能是本机气体未排出，应对进水系统检查或打开本机排气阀排气。

（3）压力升高、流量降低。隔板流水道被脏物堵塞或膜面结垢。可用3%盐酸溶液通入本体循环1h，如仍不见效，拆机清洗。

（4）电流不稳、脱盐率低。电路系统接触不良，应及时检查消除。

（5）脱盐率降低、淡水水质下降。膜面极化或结垢，膜被有机物或重金属污染，膜老化，膜电阻增加，电极腐蚀，设备内窜互漏，膜破裂，运行中浓水压力大于淡水压力等。膜被有机物污染，可用9%NaCl和1%NaOH清洗30～90min。膜被铁、锰等离子污染，可用1%草酸溶液加入氨水调节pH值，清洗30～90min。对设备问题，应查明故障点，拆机处理。

47 反渗透膜应具备什么样的性能？

答：反渗透膜应具备的性能是：透水速度快，脱盐率高，机械强度高，压缩性小，化学稳定性好，耐酸、耐碱、耐微生物侵蚀，使用寿命长，性能衰减小，价格便宜，货源易得。

48 反渗透脱盐工艺中常见的污染有哪几种？

答：常见的污染有结垢、金属氧化物沉积、生物污泥的形成三种：

（1）结垢。有些低溶解度盐类，在反渗透器浓缩时，可能超过其溶度积而析出，沉淀下来。造成沉积物在膜面上及进水通道上形成结垢。

（2）金属氧化物沉积。水源中的铁、铝腐蚀产物，预处理凝聚剂中的亚铁或铝离子，系统中铁的腐蚀产物沉积在膜面及进水通道。

（3）生物污泥的形成。微生物喜在浸于不含杀菌剂水中的物体表面上生长。当膜面上覆盖有微生物污泥时，膜所除去的盐类将陷于泥层中，不容易被进水冲走，使膜的性能变坏。如有垢在黏泥中形成，则膜可能完全不起作用。生物污泥还会使醋酸纤维素发生生物降解，使膜的醋酸化度减少，脱盐率大大下降。

49 如何防止反渗透膜元件的污染？

答：防止反渗透膜元件污染的措施为：

（1）对原水进行预处理，降低水中悬浮物及有机物含量。

（2）调节进水pH值，保持水的稳定性，防止膜面上形成垢。

（3）防止浓差极化。

（4）对膜进行定期清洗。

（5）停运时做好停运保护工作。

（6）定期对膜元件进行更换。

50 反渗透设备的运行操作注意事项是什么？

答：高压泵启动时，应缓慢打开泵出口门，防止发生水力冲击负荷，使膜元件或其连接件受损。运行中应防止膜元件压降过大而产生膜卷伸出破坏。防止元件之间连接件的O型圈和密封发生泄漏。在任何时候，产品水侧的压力不能高于进水及排水压力，即膜不允许承受反压。防止反渗透膜发生脱水现象。因此在停运前应降低压力，降低回收率，以减小浓度差。

51 反渗透设备运行中为什么要对淡水流量进行校正？

答：因淡水流量在新装置投运200h内，由于膜被压紧而呈下降趋势。其后，淡水流量降低大多是因膜被污染，而淡水流量增加则可能是由于膜降解。淡水流量的大小同进水温度、压力、含盐量和淡水压力有关。为在同一基础上对比历次淡水流量，应将它们加以校正。校正公式为

校正淡水流量=启动时净驱动压力/净驱动压力（运行中）×温度校正系数×读出的淡水流量

其中，启动时的净驱动压力为新膜第一次使用时的进水压力同淡水压力之差。运行中的净驱动压力为每天运行中进水压力与淡水压力之差。

52 简述反渗透装置脱盐率降低的原因和处理方法。

答：反渗透装置脱盐率降低的原因和处理方法：

（1）膜被污染。

原因：进水具有结垢倾向、杂质含量高；浓水流量过小，回收率太高。

处理：改善预处理工况，调节好pH值、温度和阻垢剂剂量、余氯量；增加浓水流量；进行化学清洗。

（2）膜降解。

原因：进水余氯长期过大；进水pH值偏离要求值；使用不合格的药剂。

处理：对运行条件进行控制，必要时更换膜元件。

（3）O型密封圈泄漏或膜密封环损坏。

原因：振动、冲击或安装不当。

处理：更换O型密封圈，更换膜元件。

（4）中心管断、内连接器断、元件变形。

原因：压差过大、温度过高。

处理：更换膜元件和内连接器。

53 反渗透产水量升高的原因是什么？

答：水量升高的原因：

（1）膜氧化。当脱盐率降低并同时伴有较高的产水量，其主要原因是因为氧化损坏。在膜接触的来水中含有余氯、溴、臭氧或其他氧化物时，通常前端的膜元件较其他位置更易受到影响，中性或碱性pH条件下氧化对膜的伤害更大。

如果不遵守pH和温度条件的限制，采用含氧化性的试剂进行杀菌消毒就会发生氧化破坏，在这种情况下，很可能出现所有元件较均匀的破坏。遭氧化伤害的膜元件采用真空试验

等机械的方法是检测不出来的，这类化学性的伤害，可通过对膜元件或其中的小片膜样品经过染料评测显示出来，膜元件的解剖和膜片的分析可以用来确定氧化性损坏，一旦膜元件受到氧化损坏，只能更换全部受损元件，别无其他补救措施。

（2）泄漏。膜元件或产水中心管严重的机械损坏将导致进水或浓水渗入产水中，特别是当运行压力越高时，问题就越严重。真空试验会显示强烈的反应。

（3）膜元件表面已被晶体颗粒物划伤，但是由于膜表面存在一定量的污染物，在清洗前脱盐率变化不大，但是压差、进水压力增幅较大。对系统进行清洗后，出现产水电导上升、脱盐率下降的情况。

54 反渗透制水应注意什么？

答：（1）为了避免堵塞反渗透，应对原水进行预处理。

（2）为防止膜的污染和结垢，应定期对膜进行化学清洗。

（3）掌握好操作压力，保证反渗透得以正常运行。

（4）控制好正常的运行温度，一般在20～30℃为宜。

（5）在运行中必须保持好盐水侧紊流状态，以减轻浓差极化的程度。

（6）除盐能力。

55 反渗透运行的注意事项有哪些？

答：反渗透运行的注意事项：

（1）进水SDI一定要合格。

（2）高压泵入口压力不小于0.05MPa。

（3）短期备用要定时冲洗，长期停运后如果投运，则应用柠檬酸清洗。

56 保安过滤器的作用是什么？

答：保安过滤器的作用是截留预处理系统漏过的颗粒性杂质，防止其进入反渗透装置或高压泵中造成膜元件被划破，或划伤高压泵叶轮。

57 简述反渗透装置的启动步骤。

答：启动步骤：

（1）开启浓水排放阀，产水排放阀。

（2）开启进水阀，低压冲洗5min（排气）。

（3）关浓排阀，关闭进水阀。

（4）启动高压泵，同时打开进水阀，关闭一级保安过滤器排地沟门。

（5）排水至产水电导合格。

（6）开产水阀，关闭产水排放阀。

58 简述反渗透装置的停运步骤。

答：停运步骤：

（1）打开产水排放阀，关闭进水阀。

（2）停高压泵，同时打开一级保安过滤器的排地沟门。

（3）打开浓排阀，开冲洗阀。
（4）启动冲洗水泵。
（5）冲洗5～10min。
（6）关闭冲洗水泵。
（7）关闭产水排放阀，浓水排放阀，冲洗阀。
（8）反渗透装置停运。

59 反渗透装置停运的注意事项是什么？

答：停运的注意事项是：
（1）反渗透停运一定要进行低压冲洗。
（2）反渗透用冲洗泵进行低压冲洗时，反渗透进水压力不大于0.3MPa。

60 反渗透装置启动的注意事项是什么？

答：启动的注意事项是：
（1）设备在投运时严禁出现憋压现象。
（2）若SDI或余氯超标，严禁投运RO。
（3）反渗透启动时加阻垢剂。
（4）反渗透进水压力不允许超1.20MPa。

61 反渗透装置通常所加的药剂有哪几种？其作用各是什么？

答：反渗透装置所加药剂有：氧化剂（NaClO）、还原剂（$NaHSO_3$）和阻垢剂。
氧化剂的作用是：杀死水中的细菌、病毒和活性微生物、有机物等。
还原剂的作用是：消除残余的氧化剂，避免氧化剂对膜元件（不耐氧化的高分子材料）造成损坏，同时还原剂还是细菌的抑制剂，可以抑制细菌在反渗透膜表面的生长。
阻垢剂的作用是：防止钙、镁、二氧化硅等物质在反渗透膜元件浓水侧产生结垢。

62 污染指数（*SDI*）值如何测量？

答：*SDI*测定是基于阻塞系数（*PI*,%）的测定。测定是向ϕ47的0.45μm的微孔滤膜上连续加入一定压力（30PSI，相当于2.1kg/cm^2）的被测定水，记录滤得500mL水所需的时间t_0（秒）和15min后再次滤得500mL水所需的时间t_t（秒），然后根据公式进行计算。

63 *SDI*值如何计算？

答：按照式（2-1）计算*SDI*值，即

$$PI=(1-t_0/t_t)\times 100 \tag{2-1}$$

$$SDI_{15}=PI/15 \tag{2-2}$$

式中 PI——阻塞系数；
15——15min。

64 什么是EDI装置？

答：EDI（Electrodeionization，连续电解除盐技术）是一种将离子交换技术、离子交换

膜技术和离子电迁移技术相结合的纯水制造技术。它巧妙地将电渗析和离子交换技术相结合，利用两端电极高压使水中带电离子移动，并配合离子交换树脂及选择性树脂膜以加速离子移动去除，从而达到水纯化的目的。

65 EDI装置的工作原理是什么？

答：EDI主要是在直流电场的作用下，通过隔板的水中电解质离子发生定向移动，利用交换膜对离子的选择透过作用来对水质进行提纯的一种科学的水处理技术。电渗析器的一对电极之间，通常由阴膜、阳膜和隔板（甲、乙）多组交替排列，构成浓室和淡室（即阳离子可透过阳膜，阴离子可透过阴膜）。淡室水中阳离子向负极迁移透过阳膜，被浓室中的阴膜截留；水中阴离子向正极方向迁移阴膜，被浓室中的阳膜截留，这样通过淡室的水中离子数逐渐减少，成为淡水。而浓室的水中，由于浓室的阴、阳离子不断涌进，电介质离子浓度不断升高，而成为浓水，从而达到淡化、提纯、浓缩或精制的目的。

66 EDI装置有哪些特点？

答：EDI设备是应用在反渗透系统之后，取代传统的混床离子交换技术（MB-DI），生产稳定的超纯水。EDI技术与混合离子交换技术相比有如下优点：

（1）水质稳定。

（2）容易实现全自动控制。

（3）不会因再生而停机。

（4）不需化学再生。

（5）运行费用低。

（6）厂房面积小。

（7）无污水排放。

67 影响EDI装置正常运行的因素有哪些？

答：影响EDI装置正常运行的因素：

（1）EDI进水电导率的影响。在相同的操作电流下，随着原水电导率的增加，EDI对弱电解质的去除率减小，出水的电导率也增加。

（2）工作电压、电流的影响。工作电流增大，产水水质不断变好。但如果在增至最高点后再增加电流，由于水电离产生的H^+和OH^-离子量过多，除用于再生树脂外，大量富余离子充当载流离子导电，同时由于大量载流离子移动过程中发生积累和堵塞，甚至发生反扩散，结果使产水水质下降。

（3）浊度、污染指数（SDI）的影响。EDI组件产水通道内填充有离子交换树脂，过高的浊度、污染指数会使通道堵塞，造成系统压差上升，产水量下降。

（4）硬度的影响。如果EDI中进水的残存硬度太高，会导致浓缩水通道的膜表面结垢，浓水流量下降，产水电阻率下降；影响产水水质，严重时会堵塞组件浓水和极水流道，导致组件因内部发热而毁坏。

（5）TOC（总有机碳）的影响。进水中如果有机物含量过高，会造成树脂和选择透过性膜的有机污染，导致系统运行电压上升，产水水质下降。同时也容易在浓缩水通道形成有机胶体，堵塞通道。

(6) 进水中CO_2的影响。进水中CO_2生成的HCO_3^-是弱电解质，容易穿透离子交换树脂层而造成产水水质下降。

(7) 总阴离子含量（TEA）的影响。高的TEA将会降低EDI产水电阻率，或需要提高EDI运行电流，而过高的运行电流会导致系统电流增大，极水余氯浓度增大，对极膜寿命不利。

另外，进水温度、pH值、SiO_2以及氧化物亦对EDI系统运行有影响。

68 EDI装置对进水水质有什么要求?

答：EDI装置对进水水质的要求：

(1) 进水的电导率。严格控制前处理过程中的电导率。

(2) 进水的CO_2。可在RO前加碱调节pH，最大限度地去除CO_2，也可用脱气塔和脱气膜去除CO_2。

(3) 进水硬度。

(4) TOC。

(5) 浊度、污染指数。

(6) Fe。运行中控制EDI进水的Fe低于0.01mg/L。

69 EDI装置的常见类型有哪几种?

答：EDI装置的常见类型有卷式EDI和板框式EDI两种。

70 EDI装置的贮存要求是什么?

答：EDI装置的贮存要求是：

(1) 应该放于室内，不应该暴晒于日光下。

(2) 不允许结冰并且温度也不允许高于40℃。

(3) EDI装置不允许脱水。如果贮存少于三天，设备必须保持满水状态。

(4) 如需更长时间贮存，应将设备内滞留的水排干，然后用清洗装置向膜组件灌入10%的NaCl溶液，并关闭所有进、出水阀门。

71 EDI装置的污堵原因有哪些?

答：装置的污堵原因：

(1) 颗粒/胶体污堵。

(2) 无机物污堵。

(3) 有机物污堵。

(4) 微生物污堵。

72 EDI装置如何再生?

答：EDI装置的再生方法是：

(1) 确认EDI膜块内没有任何的化学药剂残留存在。

(2) 使系统构建成一个闭路自循环管路。

(3) 按照正常运行的模式调节好所有的流量和压力。

(4) 给 EDI 送电，调节电流从 0 开始分步缓慢向 EDI 加载电流（不能超过 6A）。
(5) 直至产水电阻率达工艺要求到或者不小于 12MΩ·cm。
膜块的再生是一个比较长的时间，有时可能会长达 10～24h 甚至更长的时间。

73 EDI 装置产水流量小的原因有哪些?

答：产水流量小的原因：
(1) 膜组件被污染。
(2) 阀门开度设置不正确。
(3) 流量仪指示不准确。
(4) 进水压力太低。

74 EDI 装置产水水质差的原因是什么?

答：产水水质差的原因：
(1) 进水水质超出了允许范围。
(2) 电极接线不正确。
(3) 个别膜组件浓淡水接口错位。
(4) 一个或多个的膜组件没有通电。
(5) 总电流太低。
(6) 一个或多个的膜组件电流太低或太大。
(7) 浓水的压力较产水高。

75 EDI 装置浓水流量过低的原因有哪些?

答：浓水流量过低的原因：
(1) 浓水泵故障。
(2) 膜组件被污染。
(3) 阀门开关不正确。

76 EDI 装置在自动状态下系统不能运行的原因是什么?

答：在自动状态下系统不能运行的原因：
(1) 浓水泵不启动。
(2) 淡水流量太低。
(3) 浓水排放流量过低。
(4) 浓水循环流量过低。
(5) 整流器无输出。

77 EDI 装置在什么情况下需要清洗?

答：EDI 装置需要清洗的条件：
(1) 温度和流量不变，产水压降增加 40%。
(2) 温度和流量不变，浓水压降增加 40%。
(3) 温度和流量不变，模块的电阻增加 25%。
(4) 温度、流量、电流和进水电导率不变，产水质量降低 15%。

78 EDI模块的清洗方法有哪些?

答:(1) 5%的氯化钠/1%氢氧化钠,用于清除有机污染物及生物膜。

(2) 过碳酸钠。用于清除有机污染,降低压降及消毒。

(3) 过乙酸。用于定期的消毒,阻止细菌膜的生长。

(4) 强力组合清洗。建议将这种由盐酸、氢氧化钠和过碳酸钠组成的清洗方案,用于被生物严重污染的系统。

(5) 如果不清楚模块是否结垢还是被有机物污染,可以先用盐酸清洗,然后用氯化钠/氢氧化钠溶液清洗。

79 常用的有机磷阻垢剂有哪几种?其阻垢机理是什么?

答:常用的有机磷阻垢剂有ATMP(氨基三甲叉磷酸盐)、EDTMP(乙二胺四甲叉磷酸盐)、HEDP(羟基乙叉二磷酸)等。

其阻垢机理是:聚磷酸盐能与冷却水中的钙、镁离子等螯合,形成单环或双环螯合离子,分散于水中。其在水中生成的长链容易吸附在微小的碳酸钙晶粒上,并与晶粒上的 CO_3^{2-} 发生置换反应,妨碍碳酸钙晶粒进一步长大。同时它对碳酸钙晶体的生长有抑制和干扰作用,使晶体在生长过程中被扭曲,把水垢变成疏松、分散的软垢,分散在水中。有机磷阻垢剂不仅能与水中的钙、镁等金属离子形成络合物,而且还能和已形成的 $CaCO_3$ 晶体中的钙离子进行表面螯合。这不仅使已形成的碳酸钙失去作为晶核的作用,而且使碳酸钙的晶体结构发生畸变,产生一定的内应力,使碳酸钙的晶体不能继续生长。

第四节 工业废水处理

1 水体污染的危害有哪些?

答:水体污染包括病原体污染、需氧物质污染、植物营养物质污染、石油污染、热污染、放射性污染、有毒化学物质污染、盐污染。所有这些污染都会使人体健康受到威胁,同时影响生态系统,因此均要有效防止。

2 工业废水的特点是什么?

答:工业废水是指工业生产过程中产生的废水、污水和废液。其特点由于水质和水量因生产工艺和生产方式的不同而差异很大,通常分为两种,即污染物浓度高而流量小和污染物浓度低而流量大。工业废水是水体污染的主要原因,应引起我们的高度重视。

3 火力发电厂的废水一般分哪几类?各有何特点?

答:火力发电厂的废水一般分三大类:冲灰水、温排水以及其他工业性废水。

(1) 冲灰水。它是指用于冲洗炉渣和除尘器排灰的水,经灰场沉降后排出。其特点是:水量大,所含污染物的种类多,浓度变化范围大。

(2) 温排水。冷却水排水。其特点是:不含有害物质,但温度高,水量大,会引起水体热污染。

（3）其他工业性废水。包括化学再生废水、过滤器反洗排水、含油废水、锅炉清洗废水、输煤冲洗水、除尘废水、冷却塔排污水等。其特点是：间断性排放，一般有专用的处理设施，排放水量小。

4 废水采样点的布设原则是什么？

答：废水采样点的布设原则：

（1）在设置采样点时，首先应查清废水排放口的位置及污染物排放情况。

（2）采样点应具有代表性，能较真实、全面地反映排放水的水质及污染物的空间分布和变化规律。

（3）采样点的数量应根据检测的实际需要，考虑污染物时空分布和变化规律的控制，选择优化方案，力求以较少的测点体现最好的代表性。

（4）采样点应避开死水区，尽量选择水量稳定、上游没有废水汇入的顺直地段。

5 简述灰水再循环系统的流程。

答：锅炉的冲渣水及除尘器的冲灰水经灰渣泵由冲灰管排到灰场，在灰场澄清的灰水通过地下的集水管收集起来，然后汇集到回水池，由回水泵经回水管打回冲灰水池重复利用。

6 影响灰管内结垢的因素有哪些？

答：灰管内结垢的因素：

（1）物料成分的影响。粉煤灰的成分、锅炉的形式、除尘器的形式、水灰比、冲灰原水的特性等。

（2）运行工况的影响。管内灰水的流速、灰渣颗粒细度、管道系统。

7 灰管内结垢的一般处理方法有哪些？

答：灰管内结垢的处理方法有酸洗法、烟气溶垢法、通气氧化法、加稳定剂法和管前处理法。

8 简述冲灰水 pH 值超标的治理方法。

答：减少冲灰水 pH 值超标排放的办法是加酸中和或利用炉烟处理偏碱性的灰水等，常用的方法有：加酸处理、用循环水稀释中和、炉烟处理、灰水回收等。

9 什么是活性污泥法？

答：活性污泥法是以活性污泥为主体的生物处理方法，它是将需要处理的污水与回流活性污泥同时进入曝气池内，成为混合液，沿着曝气池注入压缩空气进行曝气，使污水与活性污泥充分混合接触，并供给混合物以足够的溶解氧。在好氧状态下，污水中的有机物被活性污泥中微生物群体分解而得到降解，从而达到净化污水的目的。

10 活性污泥法的基本原理是什么？

答：在活性污泥中充满着各种各样的微生物。它易于沉淀分离，并使水得到澄清。和矾花一样，除具有结构疏松、表面积大以外，还有对有机污染物有强烈的吸附和氧化分解的能力。活性污泥的吸附作用是废水得到净化的主要原因。只要条件适当，废水在与活性污泥开始接触时，就可使废水的生化需氧量去除率达到75%～90%。原因在于活性污泥具有巨大的表面积，且表面具有多糖类黏液层。同时，还能进行分解氧化前阶段所吸附与吸收的有机物。随着被吸附、吸收的有机物增多，氧化作用就增大，通过氧化作用，除去它吸附和吸收的大量有机物质，使活性污泥又重新呈现其活性，恢复其吸附和氧化的能力。

11 简述活性污泥法在运行中常见的问题、原因及其处理方法。

答：(1) 污泥上浮。产生这种现象的原因和解决方法：

1) 污泥膨胀。解决方法是加强曝气、加氯、调整pH值等。

2) 污泥脱氮。解决方法是减少曝气、增加污泥回流量或及时排泥、减少沉淀池的进水量等。

3) 污泥腐化。解决方法是加大曝气量，以提高出水溶解氧含量和流通堵塞、及时排泥等。

(2) 污泥量减少。产生这种现象的原因是污泥上浮流失和废水中有机物含量少。解决方法是提高沉淀效率、增加有机物含量、减少曝气量等。

(3) 泡沫问题。产生原因是废水中的洗涤剂或其他起泡物质造成的。解决方法有用压力水喷洒、加除泡沫剂和提高曝气池中活性污泥的浓度等。

12 污泥处理的主要方法有哪些?

答：污泥处理的主要方法

(1) 普通活性污泥法。

(2) 逐步曝气法。

(3) 吸附再生法。

(4) 完全混合法。

13 活性污泥法处理污水的特点是什么?

答：活性污泥法的特点：它适用于污水量大、浓度高的污水处理，同时处理效率也较高，且此方法比较稳妥可靠。但设备庞大，基本投资大，运行费用高，冲击负荷适应能力较低。

14 生物膜法处理污水的特点是什么?

答：生物膜法处理污水的特点：它适应于中小型污水处理，对冲击负荷有较强的适应能力。污泥生成量少，不产生污泥膨胀的危害，能够保证出水水质。无须回流污泥，易于维护管理。不产生滤池蝇，不散发臭气。但填料易于堵塞，布气、布水不易均匀等。

15 污泥的综合利用方法有哪些?

答：综合利用污泥的方式很多，需视污泥的成分和性质而定。由于有机污泥中含有丰富的植物营养物质，所以常把它用作肥料及土壤改良剂。

16 锅炉清洗废液的特点及主要污染物有哪些?

答：锅炉清洗废液的特点是排放时间短，污染物浓度高，污染物浓度的变化很大，产生量小。

其主要污染物：游离酸（盐酸、氢氟酸或柠檬酸等有机酸）、酸洗产物和所用的缓蚀剂。在钝化废液中，主要污染物是过剩的钝化剂，如联氨、磷酸三钠和亚硝酸钠等。

17 试述石灰处理氢氟酸酸洗废液的原理。

答：在氢氟酸酸洗废液中，存在氢氧化铁的絮状沉淀物，它可吸附 CaF_2 微粒，生成大颗粒的沉淀，起到很好的混凝效果。

18 试述 EDTA 清洗废液的处理方法。

答：EDTA 清洗废液回收方法主要有碱酸法和直接酸化法。

碱酸法。先将溶液加碱碱化，调节 pH 值大于 12 后，使 Fe^{3+} 以 $Fe(OH)_3$ 形式沉淀下来，Fe^{2+} 以 $Fe(OH)_2$ 形式形成沉淀后氧化成 $Fe(OH)_3$，再把沉淀过滤分离后，加酸酸化使 EDTA 以 H4Y 形式沉淀分离回收。

直接酸化法。用硫酸或盐酸直接控制 pH 值在 0 左右，将沉淀洗涤 5 次，烘干、称重、分析。

19 亚硝酸钠钝化液的处理方法有哪些？

答：亚硝酸钠钝化液的处理方法有氯化氨法、尿素法和次氯酸钙处理法。

20 温排水为什么会加速水体富营养化的进程？

答：由于温排水可以延长藻类的生长期，影响藻类的生长量、生长速率和多样性指标，促进底泥中营养物质的释放和影响内源物质的数量，从而对水体富营养化起到促进作用。当大量温排水排入营养物质较高的湖泊、水库时，由于水温升高，溶解氧减少，会加速这些水体的富营养化进程。此外，水温升高也能使水体中的某些有毒物质的毒性升高。

21 化学废水的处理包括哪些？

答：化学废水处理包括：

（1）酸碱废水处理。先将酸性废水（或碱性废水）排入中和池，然后再将碱性废水（或酸性废水）排入，搅拌中和，使 pH 值达到 6～9 后排放。

（2）无机废水处理。无机废水的主要污染物为酸或碱、悬浮物、溶解盐等。对于酸或碱可采用中和法（中和沉淀法）处理，酸或碱的浓度过高时，应考虑回收利用。对于悬浮物或胶体，可采用沉淀、混凝等方法去除；而溶解盐的去除，主要应靠吸附、离子交换、电渗析等方法。

（3）有机废水处理。有机废水是指锅炉有机酸洗的废水，采用蒸发池进行蒸发处理。

22 含油废水的处理方法有哪些？

答：含油废水的处理方法：

（1）沉淀法。此法采用薄层沉淀组件的聚结装置，它是一组缝隙为 20～100mm 的倾斜安装的薄板或是一组小直径（一般在以 50ram 以内）的斜管。这种装置克服了聚结过滤器每单位体积的分离表面大的缺点，它的主要优点是当薄板间隙或管径和倾斜角度选择合理时，漂浮的和沉降的微粒能自行排走而不需任何强制清理。这种装置的主要特点还有：体积小，制造简单，可以和任何沉淀设备一起布置，并安装在这些设备中。

（2）絮凝床处理法。此法是基于油污水经三级隔油池后，废水中乳化油仍然较高，不能达到排放标准，因而用此法。絮凝床处理油污水的过程为：油污水进入絮凝床内与其内特殊填料发生一系列物理和化学反应，油分子随之分解；分解后的油迅速与絮凝剂反应生成絮状物，经沉淀去除。上清液经过过滤器过滤后排入清水池，达到除油目的。通常的絮凝剂为碱式氯化铝、聚丙烯酰胺和氢氧化钠。

（3）隔油—混凝沉淀—重力分离—粗粒化分离技术。重力分离是根据油和水的密度差异，达到油水的初步分离。用此法分离出的浮油可以重复利用。为达到更高的除浮油效率，采用三级隔油池。混凝处理是利用污水中胶体颗粒具有的负电性，在污水中引入带相反电荷的电解质进行电性中和，使胶体微粒脱稳，从而达到油水的分离。

粗粒化聚集分离是使含油废水通过一种填有粗粒化材料的装置，使污水中的微细油珠聚结成大颗粒，然后进行油水分离。该法适用于处理分散油和乳化油。粗粒化材料一般具有良好的亲油疏水性能，分为无机和有机两大类。通常用热析无纺布滤材，此装置具有体积小，效率高，结构简单，不需加药，投资省等优点。缺点是填料易堵塞，因而降低了除油效率。此法处理含油废水具有自动化程度高，适应性广，占地少，投资省，运行费用低等优点。

（4）高效分离池—絮凝沉淀法。该法所采用的高效分离池是一个分离池内加入同一种絮凝剂，可同时去除悬浮物和油。此分离池为斜管分离装置，可加大过水断面的湿周，减少水的紊流，有效分离废水中的絮凝沉淀物及漂浮油，使絮凝沉淀物沉入池底，漂浮油浮出水面。此种高效分离池具有一池多用的功能，其特点为工艺简单，占地面积小，投资少，系统合理。

（5）超滤法。超滤法的分离机理是筛孔分离过程，主要用于分离液相物质中的溶质，所采用的膜是高聚物超滤膜。超滤法的最大优点在于能浓缩或回收物质而没有相的变化，具有无须加热、设备简单、占地少、能耗低、操作压力低的特点。因此，已得到科技界和工业界的高度重视。

（6）粉煤灰处理法。粉煤灰除油工艺的机理是一种固—液之间等温吸附的物理过程。由于粉煤灰中有一定粒径级配的球形玻璃体颗粒及其固体成分，固体表面存在的剩余价产生的力场使其具有一定的表面张力，该力一般强于液体的表面张力，故粉煤灰有吸附某些物质而降低其自身表面张力的倾向。因而粉煤灰对油的吸附比其他可溶性离子要强得多，速度也快得多。

（7）高效气浮法。此法采用 SPD 型高效气浮装置，利用其特殊的“零速度”原理：原水从气浮池中心旋转头进入，通过配水器布水，配水器移动速度和进水的流速相同，方向相反，产生了“零速度”，这样进水不会对原水产生扰动，使得颗粒的悬浮和沉降在一种静态下进行。

23 决定粉煤灰吸附能力的主要性能有哪些？

答：决定粉煤灰吸附能力的主要性能：

（1）大的分散度产生的大比表面。

（2）由煤的组分、燃烧、冷却等具体条件下形成的玻璃体具有较大的物理活性。

（3）油粒表面同样具有表面张力，对其他物质产生吸附倾向，从而增强了与粉煤灰的吸附作用。

（4）粉煤灰中的活性物质可与粉煤灰溶液中存在的氢氧化钙反应，生成水化硅酸钙和水化铝酸钙等胶凝产物，在油吸附中可以发挥不可忽视的作用。

24 沉降法处理废水的基本原理是什么？

答：沉淀是水处理中最基本的方法之一。它是利用水中悬浮颗粒的可沉淀性能，在重力的作用下产生下沉作用，以达到固液分离的一种过程。常用于废水的预处理工序、生物处理构筑物之前的初次沉淀、生物处理后的二次沉淀以及污泥处理阶段的污泥浓缩等工艺中。

25 沉淀在污水处理中有什么作用？

答：沉淀法是污水处理中一种最基本的物理处理方法，它利用重力使得污水中的悬浮物质缓慢下沉，从而达到分离去除污染物的目的。

26 沉淀池如何分类？

答：沉淀法所需要的设备即为沉淀池，按照设计水流方向的不同，沉淀池可分为平流式、竖流式、辐流式及斜管（板）沉淀池，它们分别具有各自的优点与缺点，在污水处理中可根据其自身的特点进行选择：

平流式沉淀池。废水从池一端流入，按水平方向在池内流动，水中悬浮物逐渐沉向池底，澄清水从另一端溢出。

辐流式沉淀池。池子多为圆形，直径较大，一般在20～30m以上，适用于大型水处理厂。原水经进水管进入中心筒后，通过筒壁上的孔口和外围的环形穿孔挡板，沿径向呈辐射状流向沉淀池周边。由于过水断面不断增大，流速逐渐变小，颗粒沉降下来，澄清水从其周围溢出汇入集水槽排出。

竖流式沉淀池。截面多为圆形，也有方形和多角形的。水由中心管的下口流入池中，通过反射板的阻拦向四周分布于整个水平断面上，缓缓向上流动。沉速超过上升流速的颗粒则沉到污泥斗，澄清后的水由四周的埋口溢出池外。

在污水处理与利用的方法中，沉淀（或上浮）法常常作为其他处理方法前的预处理。如用生物处理法处理污水时，一般需事先经过预沉池去除大部分悬浮物质，以减少生化处理时的负荷，而经生物处理后的出水仍要经过二次沉淀池的处理，进行泥水分离以保证出水水质。

27 沉淀池有哪些用途？

答：由于沉淀池是污水处理中最广泛采用的固—液分离设备，其可设置于污水处理流程中的不同位置，而达到不同的处理效果。如设置在污水处理的预处理环节，用于去除污水中较易沉淀的物质，这类沉淀池被称为沉沙池；设置于生物处理构筑物前，用于去除悬浮有机物，以减轻后续生物处理的有机负荷，这类沉淀池被称为初沉池；设置于生物处理单元后，用于分离生物处理工艺中产生的活性污泥和生物膜，以达到水质澄清，这类沉淀池被称为二沉池；设置于絮凝处理单元，用于絮凝处理后的固液分离，这类沉淀池被称为絮凝沉淀池。

28 沉淀法处理污水常用的药剂有哪些？

答：常用的无机混凝剂有硫酸铝、硫酸亚铁、三氯化铁及聚合铝。

常用的有机絮凝剂有聚丙烯酯胺等，还可采用助凝剂如水玻璃、石灰等。

29 污水处理中沉淀法如何分类?

答：沉淀法是利用污水中的悬浮物和水的相对密度不同的原理，借助重力沉降作用使悬浮物从水中分离出来。

根据水中悬浮颗粒的浓度及絮凝特性可分为四种：

(1) 分离沉降（或自由沉降）：在沉淀过程中，颗粒之间互不聚合，单独进行沉降。颗位只受到本身在水中的重力和水流阻力的作用，其形状、尺寸、质量均不改变，下降速度也不改变。

(2) 混凝沉淀（或称作絮凝沉降）：混凝沉降是指在混凝剂的作用下，使废水中的胶体和细微悬浮物凝聚为具有可分离性的絮凝体，然后采用重力沉降予以分离去除。混凝沉淀的特点是在沉淀过程中，颗粒接触碰撞而互相聚集形成较大絮体，因此颗粒的尺寸和质量均会随深度的增加而增大，其沉速也随深度而增加。

(3) 区域沉降（又称拥挤沉降、成层沉降）：当废水中悬浮物含量较高时，颗粒间的距离较小，其间的聚合力能使其集合成为一个整体，并一同下沉，而颗粒相互间的位置不发生变动，因此澄清水和浑水间有一明显的分界面，逐渐向下移动，此类沉降称为区域沉降。加高浊度水的沉淀池和二次沉淀池中的沉降（在沉降中后期）多属此类。

(4) 压缩沉淀：当悬浮液中的悬浮固体浓度很高时，颗粒互相接触、挤压，在上层颗粒的重力作用下，下层颗粒间隙中的水被挤出，颗粒群体被压缩。压缩沉淀发生在沉淀池底部的污泥斗或污泥浓缩池中，进行得很缓慢。依据水中悬浮性物质的性质不同，设有沉砂池和沉淀池两种设备。

沉砂池用于除去水中砂粒、煤渣等相对密度较大的无机颗粒物。沉砂池一般设在污水处理装置前，以防止处理污水的其他机械设备受到磨损。

沉淀池是利用重力的作用使悬浮性杂质与水分离。它可以分离直径为20～100μm以上的颗粒。根据沉淀池内的水流方向，可将其分为平流式、辐流式和竖流式三种。

30 油水分离中，什么是“油包水”? 什么是“水包油”?

答：油和水的结合是两者不相溶液体的混合液体。

水以极小的液滴分散于油中，称“油包水”型（符号是W/O)，水是分散相，油是连续相。

油以极小的液滴分散于水中，称“水包油”型（符号是O/W)，此时油是分散相，水是连续相。

31 油在水中的形式如何划分?

答：油在水中的形式可划分为五种物理形态：

游离态油（浮油）。油的粒度不小于100μm，以连续相的油膜漂浮在水面上，静置后能较快上浮，约占污水中油类的60%。

分散态油。油的粒度10～100μm的细微油滴，在水中稳定性不高，静置一段时间后相互结合形成浮油。

乳化态油。油的粒度小于10μm，大部分是1～2μm。这种水包油的乳化状态是很稳定的。

溶解态油。油的粒度比乳化态油滴还小，油在水中的溶解度是很低的，一般只有 5～10mg/L，是真正溶解于水的油。

固体上的附着油。它是以固体为核而形成的，也就是说水中包着固体颗粒上的油。

32 油水分离的步骤是什么?

答：油水分离的步骤：

第一步是除浮油。主要方法有：

(1) 重力分离。利用油水两相的密度差及油和水的不互溶性进行分离。油滴粒径越大，越容易从水中分离出来；油滴粒径越小，分离难度越大，分离越难。

(2) 离心法。用油和水的密度差，液体在离心力的作用下进行分离。当油含量很高时（3000～15 300ppm），用油水旋流器，旋流管的分离效率可达 99%以上（游离状态的油）。液流由直线转变为高速旋转运动，经分离锥后流道截面的逐渐缩小，液流速度逐渐增大形成螺旋流态，油受到的离心力小，聚在中心区，从油出口排出。水受到的离心力大，聚集在旋流器四壁区，从尾管排除，实现了油水的分离。

(3) 刮油法。用亲油的不锈钢带或不锈钢圆盘把水中浮油带出来刮走。

第二步要进行固液分离。把大于 5μm 的固体颗粒从液体中除掉。因为固体颗粒上的水包油是无法破开的。我们在用较高精度的过滤器进行固体颗粒分离时，发现也有破乳聚结的效果。

第三步要进行破乳聚结。用亲油疏水的 3～5μm 细纤维滤层，把乳化的水包油切开。破乳后的小油液滴很快接近纤维或接近已附着在纤维上的油滴，由于过滤是从内向外，从密到稀的扩散作用，小油滴和聚结材料碰撞，吸附在聚结材料表面逐渐增大。当吸附力小于水流牵引力时，这些聚结的大油滴从聚结材料上脱落。液体压力把液滴从纤维表面释放出来，到下一层间隙大的纤维上黏附增得更大。这样的深层扩散多次形成了较大的油滴。实现了初步的聚结，也就是说油滴还不很大。当油层较厚时，油位控制器发出信号，打开排油阀排油。含有微量油的水流向下游流出。

第四步是进一步的聚结（粗粒化）。我们采用多根亲油的细长管，含小油滴的水油混合液从细管的下端向上流动。液体在管内流动时小油滴的碰撞，形成大油滴和黏附在亲油的管壁上油滴流动较慢也形成大油滴，快速上升到上部小孔处流出时，由于比重差，水往下流，油往上聚集。这里可以明显地看到油层、水层和油水的混合层。

第五步是更精细的破乳聚结。亲油疏水的纤维层要厚，组成是内密外疏，达到精细的破乳聚结目的。这里的流速更要低，总效果含油量可以从 5000ppm 达到 1～2ppm。过滤比可以达到 β 不小于 2000。

33 影响油水分离的因素有哪些?

答：影响油水分离的因素有：

(1) 流速。流速是油水分离的重要参数，流速越快，处理效果越差。油水分离的共同特点就是在低流速下工作。用亲油疏水的 3～5μm 细纤维做的固液分离滤芯。流速（通过滤材表面的速度）只有在 0.03～0.05m/min 时效果最佳。在这种情况下，不但起到了固液分离的作用，还产生了破乳聚结作用，而且分离出的油也是清洁度非常高的。水中存在的悬浮物堵塞滤芯，流动通道变小。固液分离滤芯的堵塞，造成油滴与聚结材料碰撞几率降低影响液液分离的效果，所以在前面再加上一级固液分离的预过滤器，只为分离固体颗粒。这个固液分离的预过滤器，流速可以在 0.2～0.3m/min。

（2）温度。同样的过滤器对不同的液体分离效果也不一样。在温度高的地方过滤效果好，在温度低的地方效果不好。柴油与水在 2℃的条件下能分离出好效果。而食用油与水就必须大于 16℃才能分离。含油废水温度升到 70℃～75℃时，改变了油的黏度，就是说油水的密度差小了，破坏乳状液的稳定，达到破乳的效果。

（3）pH 值。当 pH≥9 时，油水分离就产生困难。pH 值呈酸性易于分离，加药使液体酸化到 pH≤2，待油水分离后再加药恢复成中性。

（4）材质。在破乳聚结的过程中，要用细的亲油的纤维。纤维过细没有支撑力，过粗对小液滴起不到破乳作用。亲油纤维材料可以把刚切开乳泡的油滴黏附聚结。在分离的步骤中用超亲水性纤维材料，超亲水性纤维形成了牢固的水膜，当细微油粒随水流来到时，由于牢固的水膜阻止了油滴的通过，起到了分离的效果。副作用是增加了系统的阻力。

第五节　腐蚀及结垢的预防

1　给水为什么要除氧？给水除氧有哪几种方法？

答：因为氧是一种阴极去极化剂，在给水处理采用碱性水工况时，水中氧气含量越高，钢铁的腐蚀越严重，为了防止热力设备金属材料发生腐蚀，就要除掉给水中的氧。

给水除氧有两种方法：热力除氧和化学除氧。

2　热力除氧的基本原理是什么？

答：依据气体溶解定律，任何气体在水中的溶解度与此气体在汽水界面上的分压力成正比。在敞口设备中，将水温升高时，各种气体在此水中的溶解度将下降，这是因为随着温度的升高，使气体在汽水分界面上的分压降低，而水蒸气在汽水分界面上的压力增加的缘故。当水温到沸点时，它就不再具有溶解气体的能力，因为此时水汽界面上的水蒸气压力和外界压力相等，其他气体的分压都是零，因此各种气体均不能溶于水中。所以，水温升至沸点会促使水中原有的各种溶解气体都分离出来，这就是热力除氧法的基本原理。

3　造成除氧器除氧效果不佳的原因是什么？

答：除氧器除氧效果不佳的原因：

（1）除氧器内的温度和压力达不到要求值。

（2）负荷超出波动范围。

（3）进水温度过低。

（4）排汽量调整得不合适。

（5）补给水率过大。

4　联氨除氧的原理是什么？其条件是什么？

答：因为联氨在碱性环境中是一种还原剂，可将水中的溶解氧还原，生成 N_2 和 H_2O，所以能除掉水中残余的氧。

联氨除氧的条件是：

(1) 必须使水有足够的温度，温度越高，反应越快。

(2) 必须使水维持一定的 pH 值。

(3) 必须使水中联氨有一定的过剩量，过剩量越多，反应速度越快，除氧越彻底。

5 为什么设备在有氧的情况下易发生腐蚀?

答：因为热力设备大多是铁材料，若给水采用碱性水工况，在有氧的情况下，因为氧的电极电位高，易形成阴极。铁的电极电位比氧低，铁是阳极，所以遭到氧的腐蚀破坏。氧的含量越高，表示反应物的浓度越高，反应速度越快，金属的腐蚀就越严重，所以设备在有氧的情况下易发生腐蚀。

6 影响金属腐蚀的因素有哪些?

答：(1) 溶解氧含量。氧含量越高，腐蚀速度越快。

(2) pH 值。pH 值越高，腐蚀速度越低。

(3) 温度。温度越高，腐蚀速度越快。

(4) 水中盐类的含量和成分。盐类含量越高，腐蚀速度越快。

(5) 流速。水的流速越高，腐蚀速度越快。

7 如何防止金属的电化学腐蚀?

答：防止金属电化学腐蚀的方法：

(1) 金属材料的选用。金属材料本身的耐蚀性，主要与金属的化学成分、金相组织、内部应力及表面状态有关，还与金属设备的合理设计与制造有关，应该选用耐蚀性强的材料，但金属材料的耐蚀性能是与它所接触的介质有密切关系的。选用金属材料时，除了考虑它的耐蚀性外，还要考虑它的机械强度，加工特性等方面的因素。

(2) 介质的处理。对金属材料的腐蚀性，在某种情况下是可以改变的，也就是说，通过改变介质的某些状况，可以减缓或消除介质对金属的腐蚀作用。

8 氧腐蚀的特征是什么？一般发生在什么部位?

答：氧腐蚀的特征是溃疡性腐蚀。金属遭受腐蚀后，在其表面生成许多大小不等的鼓包，鼓包表面为黄褐色和砖红色不等，主要成分为各种形态的氧化铁，次层为黑色粉末状态物四氧化三铁，清除腐蚀产物后，是腐蚀坑。

氧腐蚀通常发生在给水管道和省煤器，补给水的输送管道以及输水的储存设备和输送管道等都易发生氧腐蚀。

9 CO_2 腐蚀的原理是什么？腐蚀特征是什么？易发生在什么部位?

答：当水中有游离 CO_2 存在时，水呈微酸性，由于水中有 H 离子的存在，就会产生氢去极化腐蚀，使铁遭受酸性腐蚀。温度升高时，腐蚀速度更快。

CO_2 腐蚀的特征是：使金属均匀地变薄。

发生的部位是：凝结水系统、疏水系统、热网蒸汽凝结水系统等。

10 为什么水中有 O_2 和 CO_2 存在时，腐蚀更为严重？

答：因为 O_2 的电极电位高，易形成阴极，侵蚀性强；CO_2 使水呈酸性，破坏了金属的保护膜，使得金属裸露部分与氧发生腐蚀，因此腐蚀更为严重。

11 什么是沉积物下腐蚀？其原理是什么？

答：当锅炉内表面附着有水垢或水渣时，在其下面会发生严重的腐蚀，称为沉积物下腐蚀。

腐蚀原理：在正常的运行条件下，锅炉内金属表面常覆盖着一层 Fe_3O_4 保护膜，这是金属表面在高温的锅炉水中形成的，这样形成的保护膜是致密的，具有良好的保护性能，可使金属免遭腐蚀。但是如果此 Fe_3O_4 膜遭到破坏，金属表面就会暴露在高温的炉水中，非常容易遭受腐蚀。

12 防止锅炉发生腐蚀的基本原则是什么？

答：防止锅炉腐蚀的基本原则：

（1）不让空气进入停运锅炉的水汽系统内。

（2）保持停运锅炉水汽系统内表面的干燥。

（3）在金属表面形成具有防腐蚀作用的保护膜。

（4）使金属表面浸泡在含有除氧剂或其他保护剂的水溶液中。

13 什么是苛性脆化？如何防止其发生？

答：苛性脆化是锅炉金属的一种特殊的腐蚀形式，由于引起这种腐蚀的主要因素是水中的苛性钠，使受腐蚀的金属发生脆化，故称为苛性脆化。

为了防止这种腐蚀，应消除锅炉水的侵蚀性，如保持一定的相对碱度，实施炉水的协调磷酸盐处理，运行中的锅炉及时做好化学监督，防止水中 pH 值过低。

14 热力设备发生腐蚀有什么危害？

答：（1）能与炉管上的其他沉积物发生化学反应，变成难溶的水垢。

（2）因其传热不良，在某些情况下可能导致炉管超温，以致烧坏。

（3）能引起沉积物下的金属腐蚀。

15 水汽系统容易发生哪些腐蚀？如何预防？

答：水汽系统容易发生的腐蚀有氧腐蚀、沉积物下腐蚀、水蒸气腐蚀、应力腐蚀、亚硝酸盐腐蚀等。

预防方法：

（1）保证除氧器运行正常，溶解氧合格。

（2）在锅炉基建和停运期间加强保护。

（3）消除给水的腐蚀性，防止给水系统因腐蚀而造成系统铜、铁含量增大。

（4）尽量防止凝汽器泄漏。

（5）新投建锅炉做好启动前的化学清洗。

（6）在金属表面造钝化膜。
（7）使金属表面浸泡在含有除氧剂或其他保护剂的水溶液中。
（8）消除锅炉中倾斜及较小的管段，对过热器采用合适耐热的钢材。
（9）消除应力。

16 锅炉为什么要进行停炉保护?

答：因为锅炉及热力设备停运期间，如果不采取有效的防护措施，则锅炉、汽轮机及水汽系统各部分的金属内表面会发生严重腐蚀。锅炉在停运期间，外界空气必然大量进入水汽系统，此时锅炉要放水，但炉管金属的内表面往往会因受潮而附着一薄层水膜，空气中的氧便溶解在此水膜中，使水膜饱含溶解氧，所以很容易引起锅炉金属的腐蚀。

17 停运锅炉有哪几种保护方法?

答：停运锅炉的保护方法分为满水保护法和干燥保护法。满水保护法又分为联氨法、氨液法、保持给水压力法、保持蒸汽压力法、碱液法。干燥保护法又分为烘干法、充氮法、干燥剂法。

18 选用停炉保护方法的原则是什么?

答：选用停炉保护方法的原则：
（1）锅炉的结构是立式还是卧式。
（2）停运时间的长短。
（3）环境温度。
（4）现场的设备条件。
（5）水的来源和流量。

19 炉水 pH 值与腐蚀速度有何关系?

答：（1）当 pH 值很低时，也就是在含有氧的酸性水中，pH 值越低，腐蚀速度越大，这是因为 H 离子充当阴极去极化剂所引起的。

（2）当 pH 值在中性点附近时，腐蚀速度随 pH 值的变化很小，这是因为此时发生的主要是氧的去极化腐蚀，水中溶解氧扩散到金属表面的速度才是影响此腐蚀过程的主要因素。

（3）当 pH 值较高时，即 pH 值大于 8 以后，随着 pH 值的增大，腐蚀速度降低，这是因为 OH^- 浓度增高时，在铁的表面会形成保护膜。

20 温度是如何影响腐蚀速度的?

答：温度对溶解氧引起的钢铁腐蚀速度有较大的影响。因为在密闭系统中温度升高时，各种物质在水溶液中的扩散速度加快，导致电解质水溶液的电阻降低，这些都会加速腐蚀电池阴、阳两极过程。在相同 pH 值条件下，温度越高，腐蚀速度越快。

21 一般 pH 值升高，铁的腐蚀速度降低，但为何 pH 值又不能控制过高?

答：因为 pH 值升高，即 pH＞9 后，随着水的 pH 值增大，钢铁的腐蚀明显减小，但铜的腐蚀却明显增大，从铁、铜等不同材质金属的防腐性能全面考虑，一般把给水 pH 值调节到 9～9.5 范围，不能过高也不能过低。

22 给水进行中性水处理时，对水质有什么要求？

答：给水采用中性水处理时，对给水水质要求很严：

（1）电导率小于 0.15uc/cm，如水质不纯会破坏保护膜。

（2）pH 值。为了保证水质呈中性，其 pH 值应控制在 6.5～7.5 范围内。

（3）氧化还原电位。水溶液的氧化还原电位是其氧化还原的一种度量，它的值越大，表示其氧化性越强，其值应控制在 0.4～0.43V 为宜。

23 给水中性处理的原理是什么？与传统的挥发性处理有何区别？

答：给水中性处理是使水的 pH 值一般维持在 6.5～7.5 之间，在给水中加氧，使铁离子氧化成三氧化二铁，其反应式为

$$3Fe + 4H_2O = Fe_3O_4 + 8H^+ + 8e^- \quad (2\text{-}3)$$

$$2Fe_3O_4 + H_2O = 3Fe_3O_2 + 2H^+ + 2e^- \quad (2\text{-}4)$$

所生成的三氧化二铁沉积在四氧化三铁的空隙中，使钢材表面形成一层附着力很强的完整致密的氧化膜，抑制了钢材进一步腐蚀。

与挥发性处理的区别是：pH 值不是碱性而是中性，给水不进行除氧而是加氧。

24 给水采用联氨—氨处理后，效果如何？

答：给水采用联氨—氨处理后，对于防止铁和铜腐蚀的效果是显著的。正确进行给水碱性水处理，可使热力系统铁和铜的腐蚀减轻，更重要的是由于系统含铁和含铜量降低，有利于消除锅炉内部形成的水垢和水渣。因此加联氨—氨处理后，系统含铁量降低、含铜量降低、设备腐蚀损伤速度减缓。

25 联氨作用过程中的条件和现象各是什么？

答：联氨作用的条件为：

（1）必须使水有足够的温度，应大于 100℃，最好在 150℃以上。

（2）必须使水维持一定的 pH 值，最好在 9～11 之间。

（3）必须使水中联氨有一定的过剩量。

现象为：

（1）可将水中的溶解氧还原，反应式为

$$N_2H_4 + O_2 = N_2 + 2H_2O \quad (2\text{-}5)$$

（2）在温度大于 200℃时，可将三氧化二铁还原成四氧化三铁以至铁，反应式为

$$6Fe_2O_3 + N_2H_4 = 2Fe_2O + N_2 + 2H_2O \quad (2\text{-}6)$$

$$2Fe_3O_4 + N_2H_4 = 6FeO + N_2 + 2H_2O \quad (2\text{-}7)$$

$$2FeO + N_2H_4 = 2Fe + N_2 + 2H_2O \quad (2\text{-}8)$$

（3）它能将 CuO 还原成 Cu_2O 或 Cu，反应式为

$$4CuO + N_2H_4 = 2Cu_2O + N_2 + 2H_2O \quad (2\text{-}9)$$

$$4Cu_2O + N_2H_4 = 4Cu + N_2 + 2H_2O \quad (2\text{-}10)$$

（4）联氨遇热易分解，反应式为

$$3N_2H_4 = N_2 + 4NH_3 \tag{2-11}$$

26 联氨处理的效果如何？能否用过剩联氨来提高给水的 pH 值？

答：(1) 联氨处理给水在减缓氧化铁、铜垢腐蚀方面效果明显。

(2) 联氨处理后，省煤器入口的水中溶解氧已基本上为零，剩余的一点残余氧也会在省煤器中继续与联氨作用，省煤器腐蚀明显减小。

(3) 联氨处理降低了给水中的含铁量，即减小了系统含铁量，因而减缓了锅炉内氧化铁的结垢和腐蚀。

(4) 处理后，锅炉炉管内壁由棕红色转变为黑褐色，形成了四氧化三铁的保护膜。

(5) 给水、炉水中铁的形态也有变化，两价铁离子含量逐渐上升而趋于稳定，因此证明了联氨对氧化铁的还原作用。

在实际运行中，N_2H_4 过剩量应控制适当，不宜过多。因为过剩量太大不仅多消耗药品，而且有可能使反应不完全的 N_2H_4 带入水蒸气中，影响汽水品质。

27 使用联氨的注意事项是什么？

答：(1) 因联氨侵蚀性很强，并有毒，直接接触时，能侵蚀皮肤，有的人因过敏而引起荨麻疹。联氨蒸汽对人的眼睛和呼吸系统有刺激作用，所以进行操作时应通风，并戴防护用品，不要将联氨溅到眼睛里和皮肤上。工作后，吃饭前，一定要洗手。

(2) 因联氨有毒，如果锅炉生产的蒸汽供给用户或作为生活汽源时，应严格监督，蒸汽中不得含有联氨。

(3) 联氨不得用易被联氨侵蚀的容器盛放。联氨不能与有机物以及所有氧化剂接触，以免联氨与之作用而增加消耗量，储存时应密封。

(4) 稀联氨药箱可以不考虑特殊密封装置，但仍应加盖上锁，以防其他杂物落入，影响药液浓度及意外的其他中毒事故。

(5) 分析联氨浓度时，绝不允许以嘴吸移液管的办法移取联氨溶液，移取联氨溶液药液时，最好采用虹吸的方式进行，当不慎使联氨溅到皮肤上或眼睛里时，应立即用大量清水冲洗。

(6) 联氨在现场中不能大量储存，少量的联氨储存也应选择在安全位置，并远离明火、热源等。

28 常见的四种水垢其成分及特征各是什么？在什么部位生成？

答：(1) 钙、镁水垢。其成分为 Fe_2O_3、CaO、MgO、SiO_2、SO_3、CO_2，易生成在锅炉省煤器、加热器、给水管道以及凝结器冷却水通道和冷水塔中，在热负荷较高的受热面上。它们有的松软，有的坚硬。

(2) 硅酸盐水垢。其化学成分绝大部分是铁、铝的硅酸化合物。这类水垢有的多孔，有的很坚硬、致密，常生成在热负荷很高或水循环不良的炉管内壁上。

(3) 氧化铁垢。其主要成分是铁的氧化物，其含量可达 70%～90%。此外，往往还含有金属铜、铜的氧化物和少量钙、镁、硅和磷酸盐等物质。氧化铁垢表面为咖啡色，内层是黑色和灰色，垢的下部与金属接触处常有少量的白色盐类沉积物。主要生成在：热负荷很高的炉管管壁上；对敷设有燃烧带的锅炉，在燃烧带上下部的炉管内；燃烧带局部脱落或炉膛内结焦时的裸露炉管内。

(4) 铜垢。其成分为 Cu、Fe_2O_3、SiO_2、CaO、MgO，它的水垢层表面有较多金属铜的颗粒。铜垢的生成部位主要在局部热负荷很高的炉管内。其特征为：在垢的上层含铜量较高，在垢的下层含铜量降低，并有少量白色沉淀物。

29 热力设备结垢、结渣有哪些危害?

答：热力设备结垢结渣后，往往因传热不良，导致管壁温度升高，当其温度超过了金属所能承受的允许温度时，就会引起鼓包和爆管事故。锅炉水中水渣太多，还会影响锅炉的蒸汽品质，而且有可能堵塞炉管，威胁锅炉的安全运行。

30 水垢影响传热的原因是什么?

答：水垢的导热性一般都很差，水垢与钢材相比，热导率相差几十到几百倍，即结有1mm厚的水垢时，其传热效能相当于钢管管壁加厚了几十到几百毫米，所以金属管壁上形成水垢会严重地阻碍传热。

31 钙、镁垢的生成原因是什么?

答：水中钙、镁盐类的离子浓度乘积超过了其溶度积，这些盐类从溶液中结晶析出，并牢固地附着在受热面上。

32 氧化铁垢和铜垢的生成原因各是什么?

答：氧化铁垢的生成原因是：

(1) 锅炉水中铁的化合物沉积在管壁上，形成氧化铁垢。在锅炉水中，胶态氧化铁带正电，当炉管上局部地区的热负荷很高时，这部位的金属表面与其他各部分的金属表面之间会产生电位。热负荷很高的区域，金属表面因电子集中而带负电。这样，带正电的氧化铁微粒就向带负电的金属表面聚集，结果便形成氧化铁垢。

(2) 炉管上的金属腐蚀产物转化为氧化铁垢。在锅炉运行时，如果炉管内发生碱性腐蚀或汽水腐蚀，其腐蚀产物附着在管壁上就成为氧化铁垢。在锅炉制造、安装或停运时，若保护不当，由于大气腐蚀在炉管内会生成氧化铁等腐蚀产物，这些腐蚀产物附着在管壁上，锅炉运行后，也会转化成氧化铁垢。

铜垢的生成原因是：热力系统中，铜合金制件遇到腐蚀后，铜的腐蚀产物随给水进入锅内，在沸腾着的碱性锅炉水中，这些铜的腐蚀产物主要以络合物形式存在。在热负荷高的部位，一方面锅炉水中部分铜络合物会被破坏变成铜离子；另一方面由于热负荷的作用，炉管中高热负荷部位的金属氧化保护膜被破坏，并且使高热负荷部位的金属表面与其他部分的金属表面之间产生电位差，结果铜离子就在带负电量多的和局部热负荷高的地区，获得电子而析出金属铜。与此同时，在面积很大的邻近区域上进行着铁释放电子的过程，所以，铜垢总是形成在局部热负荷高的管壁上。

33 如何防止热力设备结垢?

答：为了防止热力设备结垢，应从以下几方面入手：

（1）尽量降低给水硬度。

（2）尽量降低给水中硅化合物、铝和其他金属氧化物的含量。

（3）减少锅炉水中的含铁量，增加除铁装置。

（4）减少给水的含铜量，往锅炉水中加络合剂。

（5）做好给水处理，防止设备腐蚀。

34 我国化学试剂分哪几个等级？其标志是什么？

答：GB—表示符合国家标准；HG—表示符合化工部部颁标准；HGB—表示符合化工部部颁暂时标准。

等级与标志是：

一级品，即优级纯，代号（GR），标签颜色绿色；纯度很高，用于精确的分析研究工作。

二级品，即分析纯，代号（AR），标签颜色红色；纯度很高，用于一般分析及科研。

三级品，即化学纯，代号（CP），标签颜色蓝色；纯度稍差，用于工业分析及化学实验。

35 简要说明联氨、丙酮在除氧与防腐性能方面的区别。

答：联氨。和水中的溶解氧发生化学反应，生成惰性气体，对运行系统没有任何影响。联氨还原能力强，有较好的气液分配系数，可以和金属氧化物发生反应，反应产物和自身热分解产物对热力设备不会构成危害，价格便宜，但是联氨是有毒物质，因此其使用受到限制。

丙酮。可以和溶解氧发生化学反应，是良好的除氧剂，同时又是金属钝化剂，其毒性远远低于联氨，热稳定性也较联氨高。

36 水的含盐量和水的溶解固形物是否一样？它们之间关系如何？

答：水的含盐量是指水中大的各种阳离子浓度和阴离子浓度的总和。而溶解固形物是指不经过过滤、蒸干，最后在105～110℃温度下干燥后的残留物质。两者之间是有一定差别的。

水的含盐量高时，溶解固形物的量也大。

37 测定硬度时为什么要加缓冲溶液？

答：因为一般被测水样的pH值都达不到10，在滴定过程中，如果碱性过高（pH＞11），易析出氢氧化镁沉淀；如果碱性过低（pH＜8），镁与指示剂络合不稳定，终点不明显，因此必须用缓冲溶液以保持一定的pH值。测定硬度时，加铵盐缓冲液是为了使被测水样的pH值调整到10.0±0.1的范围。

38 什么是指示剂的封闭现象？

答：当指示剂与金属离子生成极稳定的络合物，并且比金属离子与EDTA生成的络合物更稳定，以至到达理论终点时，微过量的EDTA不能夺取金属离子与指示剂所生成络合物中的金属离子，而使指示剂不能游离出来，故看不到溶液颜色发生变化，这种现象称为指示剂的封闭现象。某些有色络合物颜色变化的不可逆性，也可引起指示剂的封闭现象。

39 定量分析中产生误差的原因有哪些？

答：在定量分析中，产生误差的原因很多，误差一般分为两类：系统误差和偶然误差。

(1) 系统误差产生的主要原因：

1) 方法误差。这是由于分析方法本身的误差。

2) 仪器误差。这是使用的仪器不符合要求所造成的误差。

3) 试剂误差。这是由于试剂不纯所造成的误差。

4) 操作误差。这是指在正常操作条件下，由于个人掌握操作规程与控制操作条件稍有出入而造成的误差。

(2) 偶然误差产生的主要原因：由某些难以控制、无法避免的偶然因素所造成的误差。

40 对水质分析有哪些基本要求？

答：对水质分析的基本要求：

(1) 正确地取样，并使水样具有代表性。

(2) 确保水样不受污染，并在规定的可存放时间内做完分析项目。

(3) 确认分析仪器准确、可靠并正确使用。

(4) 掌握分析方法的基本原理和操作。

(5) 正确地进行分析结果的计算和校正。

41 在用硅表测量微量硅时，习惯上按浓度由小到大的顺序进行，有何道理？

答：因为要精确测定不同浓度二氧化硅显色液的准确含硅量时，需先用无硅水冲洗比色皿 2～3 次后再测定。如果按深度由小到大的顺序测定时，则可不冲洗比色皿而直接测定，这时引起的误差不会超过仪器的基本误差。但测定“倒加药”溶液时，则需增加冲洗次数，否则不易得到准确的数值。

42 质量分析法选择沉淀剂的原则是什么？

答：选择沉淀剂的原则是：

(1) 溶解度要小，才能使被测组分沉淀完全。

(2) 沉淀应是粗大的晶形沉淀。

(3) 沉淀干燥和灼烧后组分恒定。

(4) 沉淀的分子量要大。

(5) 沉淀是纯净的。

(6) 沉淀剂应为易挥发、易分解的物质。这样，在燃烧时从沉淀中可将其除去。

43 什么是锅炉的化学清洗？其工艺如何？

答：锅炉的化学清洗就是用某些化学药品的水溶液来清洗锅炉水汽系统中的各种沉积物，并使金属表面上形成良好的防腐蚀保护膜。

锅炉的化学清洗一般包括碱洗、酸洗、漂洗和钝化等工艺过程。

44 新建锅炉为什么要进行化学清洗？否则有何危害？

答：新建锅炉通过化学清洗，可除掉设备在制造过程中形成的氧化皮和在储运、安装过程中生成的腐蚀产物、焊渣以及设备出厂时涂的防护剂（如油脂类物质）等各种附着物，同时还可除去在锅炉制造和安装过程中进入或残留在设备内部的杂质，如沙子、尘土、水泥和保温材料的碎渣等，它们大都含有二氧化硅。

新建锅炉若不进行化学清洗，水汽系统内的各种杂质和附着物在锅炉投入运行后，会产生以下几种危害：

（1）直接妨碍炉管管壁的传热或者导致水垢的产生，使炉管金属过热和损坏。

（2）促使锅炉在运行中，发生沉积物下腐蚀，以致使炉管管壁变薄、穿孔而引起爆管。

（3）在锅内水中形成碎片或沉渣，从而引起炉管堵塞或者破坏正常的汽水流动工况。

（4）使锅炉水的含硅量等水质指标长期不合格，使蒸汽品质不良，危害汽轮机的正常运行。

新建锅炉启动前进行的化学清洗，不仅有利于锅炉的安全运行，而且因它能改善锅炉启动时的水、汽质量，使之较快达到正常的标准，从而大大缩短新机组从启动到正常运行的时间。

45 超高压以上的机组，为何用 HF 酸洗而不用 HCl 酸洗？

答：因 HCl 不能用来清洗奥氏体钢制造的设备，因为氯离子能促使奥氏体钢发生应力腐蚀。此外，对于以硅酸盐为主要成分的水垢，用 HCl 清洗效果也较差，在清洗液中往往需要补加氟化物等添加剂。

46 HF 酸洗后的废液，如何进行处理？

答：用 HF 酸洗后的废液经过处理，可成为无毒无侵蚀性的液体而排放。具体办法通常为：先将清洗废液汇集起来，用石灰乳处理，然后排放。石灰乳处理可使废液中的三价铁离子和氟离子以氢氧化铁和萤石的形式沉淀出来，其反应见式为

$$Fe^{3+} + 3OH^- = Fe(OH)_3\downarrow \tag{2-12}$$

$$2F^- + Ca^{2+} = CaF_2\downarrow \tag{2-13}$$

这样既可减少氟离子的含量，又可减少污染，达到排放标准。

47 什么是缓蚀剂？适宜于做缓蚀剂的药品应具备什么性能？

答：缓蚀剂是某些能减轻酸液对金属腐蚀的药品。

具有以下性能的药品适宜做缓蚀剂：

（1）加入极少量就能大大地降低酸对金属的腐蚀速度，缓蚀效率很高。

（2）不会降低清洗液去除沉积物的能力。

（3）不会随着清洗时间的推移而降低其抑制腐蚀的能力，在使用的清洗剂浓度和温度范围内，能保持其抑制腐蚀的能力。

（4）对金属的机械性能和金相组织没有任何影响。

（5）无毒性，使用时安全方便。

（6）清洗后排放的废液不会造成环境污染和公害。

48 缓蚀剂起缓蚀作用的原因是什么？

答：缓蚀剂起缓蚀作用的原因是：

（1）缓蚀剂的分子吸附在金属表面，形成一种很薄的保护膜，从而抑制了腐蚀过程。

（2）缓蚀剂与金属表面或溶液中的其他离子反应，其反应生成物覆盖在金属表面上，从而抑制腐蚀过程。

49 化学清洗方式主要有哪几种？通常采用哪种？为什么？

答：化学清洗有静置浸泡和流动清洗两种方式。

通常采用流动清洗方式这种。

因为它具有以下优点：

（1）易使各部分地区清洗液的温度、浓度和金属的温度都很均匀，不致因温差和浓度差而造成腐蚀。

（2）容易根据出口清洗液的分析结果，判断清洗的进度及终点。

（3）溶液的流动可以起搅动作用，有利于清洗。

50 化学清洗方案的制定以什么为标准？主要确定哪些工艺条件？

答：化学清洗方案要求清除沉积物等杂质的效果好，对设备的腐蚀性小，并且应力求缩短清洗时间和减少药品等的费用。方案的主要内容是：拟定化学清洗的工艺条件和确定清洗系统。

主要确定的工艺条件：

（1）清洗的方式。是流动式还是浸泡式。

（2）药品的浓度。

（3）清洗液的温度。

（4）清洗流速。

（5）清洗时间。

51 在拟定化学清洗系统时，一般考虑哪些问题？

答：（1）保证清洗液在清洗系统各部位有适当的流速，清洗后废液能排干净。应特别注意设备或管道的弯曲部分和不容易排干净的地方，要避免因这里流速太小而使洗下的不溶性杂质再次沉积起来。

（2）选择清洗用泵时，要考虑它的扬程和流量。保证清洗时有一定的清洗流速。

（3）清洗液的循环回路应包括有清洗箱，因为一般在清洗箱里装有用蒸汽加热的表面式和混合式加热器，可以随时加热，使清洗时能维持一定的清洗液温度；另外清洗箱还可以用来将清洗液中的沉渣分离。

（4）在清洗系统中，应安装附有沉积物的管样和主要材料的试片。

（5）在清洗系统中应装有足够的仪表及取样点，以便测定清洗液的流量、温度、压力及进行化学监督。

（6）除奥氏体及特殊钢材的清洗应慎重地选择合适的清洗介质和缓蚀剂外，凡是不能进行化学清洗或者不能和清洗液接触的部件和设备，应根据具体情况采取一定的措施，如考虑拆除、堵断及绕过的方法。

（7）清洗系统中应有引至室外的排氢管，以排除酸洗时产生的氢气，避免引起爆炸事故或者产生气塞而影响清洗。为了排氢畅通，排氢管应安装在最高点并尽量减少弯头。

52 为了观察清洗效果，在清洗时，通常应安装沉积物管样监视片，这些监视片常安装在什么部位?

答：管样监视片通常安装在监视管段内，省煤器联箱，水冷壁联箱。监视管段可安装在清洗用临时管道系统的旁路上，它可用来判断清洗始终点。

53 在锅炉化学清洗时，有一些设备和管道不引入清洗系统，应如何将其保护起来?

答：锅炉进行化学清洗时，凡是不能进行化学清洗的或者不能和清洗液接触的部件和零件（如用奥氏体钢、氮化钢、铜合金材料制成的零件和部件等），应根据具体情况采取一定的措施将其保护起来，如考虑饶过或拆除。通常可采取下列措施：

（1）在过热器和再热器中灌满已除氧的凝结水（或除盐水），或者充满 pH 值为 10 的氨—联氨保护溶液。

（2）用木塞或特制塑料塞将过热蒸汽引出管堵死。此外，为防止酸液进入各种表计管、加药管，也必须将它们都堵塞起来。

54 化学清洗可分哪几步？每步的目的是什么?

答：化学清洗可分以下五步：

（1）水冲洗。对于新建锅炉，是为了除去锅炉安装后脱落的焊渣、铁锈、尘埃和氧化皮等。对于运行后的锅炉，是为了除去运行中产生的某些可被冲掉的沉积物。水冲洗还可检查清洗系统是否有泄漏之处。

（2）碱洗。为了清除锅炉在制造、安装过程中，制造厂涂敷在内部的防锈剂及安装时沾染的油污等附着物。碱煮的目的是松动和清除部分沉积物。

（3）酸洗。清除水汽系统中的各种沉积附着物。

（4）漂洗。清除酸洗液和水冲洗后留在清洗系统中的铁、铜离子以及水冲洗时在金属表面产生的铁锈，同时有利于钝化。

（5）钝化。使金属表面产生黑色保护膜，防止金属腐蚀。

55 碱煮能除去部分 SiO_2，其原理是什么?

答：因为碱煮时，SiO_2 与 NaOH 作用生成易溶于水的 Na_2SiO_3，所以可以除去部分 SiO_2。

56 运行锅炉是否进行酸洗是根据什么决定的?

答：运行锅炉是否需要进行酸洗的依据：

（1）锅炉炉管内沉积物的附着量。

（2）锅炉运行的年限。

（3）锅炉的类型（汽包炉还是直流炉）。

（4）锅炉的工作压力。

（5）锅炉的燃烧方式。

（6）水冷壁向火侧的垢量。

57 锅炉化学清洗后的钝化经常采用哪几种方法？各有什么优缺点？

答：锅炉化学清洗后的钝化常采用以下三种方法：

（1）亚硝酸钠钝化法。能使酸洗后新鲜的金属表面上形成致密的呈铁灰色的保护膜，此保护膜相当致密，防腐性能好，但因亚硝酸钠有毒，所以不经常采用此法。

（2）联氨钝化法。在溶液温度高些，循环时间长些，钝化的效果则好一些，金属表面生成棕红色或棕褐色的保护膜。此保护膜性能较好，因其毒性小，所以一般多采用此法。

（3）碱液钝化法。金属表面产生黑色保护膜，这种保护膜防腐性能不如以上两种，所以目前高压以上的锅炉一般不采用此法。

58 如何评价化学清洗的效果？

答：评价化学清洗效果应仔细检查汽包、联箱等能打开的部分，并应清除沉积在其中的渣滓。必要时，可割取管样，以观察炉管是否洗净，管壁是否形成了良好的保护膜等情况。根据以上检查结果，同时参考清洗系统中所安装的腐蚀指示片的腐蚀速度，在启动期内水汽质量是否迅速合格，启动过程中和启动后有没有发生因沉积物而引起爆管事故以及化学清洗的费用等情况，进行全面评价。

59 凝汽器管板的选择标准是什么？

答：根据我国《火力发电厂凝汽器管选材导则》（SD116—1984）规定，对于溶解固形物小于2000mg/L的冷却水，可选择碳钢板，但应有防腐涂层。冷却管与管板的搭配中，需要注意两者的温度和避免引起电位腐蚀。

60 常用铜管材料的主要组成是什么？

答：常用铜管材料的主要组成：

（1）H-68黄铜管，含有68%的铜。

（2）HSn70-1A海军黄铜管，含铜70%，加入1%的锡。

（3）HAl77-2A铝黄铜管，含78%的铜、20%的铅和2%的锌。

（4）B30铜镍合金管，含铜70%，含镍30%。

61 凝汽器铜管结垢的原因是什么？

答：凝汽器铜管结垢的原因：

（1）循环水的浓缩，使盐类离子浓度乘积超过其溶度积，以致发生沉积。

（2）重碳酸钙的分解产生碳酸钙，这样就造成铜管结垢。

62 什么称为脱锌腐蚀？原因是什么？

答：黄铜是铜锌合金，其中锌被单独溶解下来的现象称为脱锌腐蚀。

脱锌腐蚀的原因：

（1）铜锌合金中的锌被选择性地溶解下来。

（2）腐蚀开始时，铜和锌一起被溶解下来，然后水中的铜离子与黄铜中的锌发生置换反应，而铜被重新镀上去。

63 循环水中微生物有何危害？如何消除？

答：微生物附着在凝汽器铜管内壁上变形成了污垢，它的危害和水垢一样，能导致凝汽器温差升高，真空下降，影响汽轮机出力和经济运行，同时也会引起铜管的腐蚀。

消除的方法为：加漂白粉以及加氯处理。

64 胶球清洗凝汽器的作用是什么？

答：胶球自动冲刷凝汽器铜管，对消除铜管结垢和防止有机附着物的产生、沉积都起到一定的作用，可防止微生物的生长，保证汽轮机正常运行。

65 循环水加硫酸处理的原理是什么？

答：循环水加硫酸处理的目的：中和水中的碳酸盐，这是一种改变水中碳酸化合物组成的防垢方法。反应用式为

$$Ca(HCO_3)_2 + H_2SO_4 = CaSO_4 + 2CO_2 + 2H_2O \tag{2-14}$$

加酸的作用就是把碳酸氢根的碱性中和掉，防止碳酸钙在铜管内壁结垢。

66 循环水为什么加氯处理？

答：因为循环水中有机附着物的形成和微生物的生长有密切的关系，微生物是有机物附着于冷却水通道中的媒介，当有机物附着在凝汽器铜管内壁上，便形成污垢，能导致凝汽器温差升高，真空下降，影响汽轮机出力和经济运行，同时会引起铜管的腐蚀，所以循环水中加氯来杀死微生物，使其丧失附着在管壁上的能力。

67 水垢和盐垢有什么区别？

答：水垢中往往夹杂着腐蚀产物，并与其一起沉积在受热面上，其中最多见的是金属氧化物，较松软，呈红棕色。盐垢中往往夹杂着难溶的硅化物，不溶于水，质地坚硬，很难去除，常与盐垢混杂在一起。

68 水垢可分哪几种？水渣分哪几种？两者有何区别？

答：水垢按化学成分可分四种：钙镁水垢、硅酸盐水垢、氧化铁垢和铜垢。

水渣按其性质可分为两类：不会黏附在受热面上的水渣和易黏附在受热面上转化成水垢的水渣。

锅内水质不良，经过一段时间的运行后，在受热面与水接触的管壁上就会生成一些固态附着物，这些附着物称为水垢。锅炉水中析出的固体物质，有的还会呈悬浮态存在于锅炉水中，也有的沉积在下联箱底部等水流缓慢处，形成沉渣，这些呈悬浮状态和沉渣状态的物质称为水渣。水垢能牢固地黏附在受热面的金属表面，而水渣是以松散的细微颗粒悬浮于锅炉水中，能用排污方法排除。

69 直流炉的水化学工况有哪几种？

答：直流炉的水化学工况主要有三种：

(1) 加挥发性物质(氨-联氨)处理的碱性水工况。

(2) 加氧中性处理的中性水工况。

(3) 加氧、加氨联合水处理的联合水工况。

70 直流炉采用碱性水工况有何缺点?

答:(1) 使给水含铁量高,会在炉内下辐射区局部产生较多的铁的沉积物,使得管壁超温,造成频繁的化学清洗。

(2) 使得凝结水除盐设备运行周期缩短,再生频率高,再生剂消耗量增加,废水排放量增大,树脂磨损率增大等,这些都增加了运行费用。

(3) 加氨量大会引起凝汽器铜管的腐蚀。

71 直流炉采用中性水加氧工况的原理是什么?

答:在不同的电位和 pH 条件下,铁的腐蚀状态不同,存在腐蚀区、钝化区和免蚀区。在中性高纯水中和有氧化剂存在的情况下,碳钢表面生成 Fe_3O_4 和 Fe_2O_3 双层钝化膜,因而使钢铁耐蚀性大大提高。但这样产生的 Fe_3O_4 晶体有间隙,水可从间隙中渗入到钢铁表面引起腐蚀,而当中性高纯水中加入了适量氧化剂时,水中 Fe^{2+} 氧化变成稳定的 Fe_2O_3,即在 Fe_3O_4 层上覆盖一层 Fe_2O_3。这层 Fe_2O_3 膜是致密的,使水不能再与钢材表面接触,形成了稳定的保护膜,而且此保护膜被破坏时,存在于水中的氧化剂能迅速地修复它。

72 采用中性水加氧工况时,对给水水质有何要求?为什么?

答:(1) 给水电导率小于 0.15μS/cm。因为只有水的纯度达到要求,氧才能充分地起到钝化作用。

(2) 给水 pH 值应在 6.5~7.5 的中性范围。低于这个范围,钢铁会遭受强烈的腐蚀损坏;高于这个范围,又会加速铝的腐蚀。

(3) 给水溶解氧浓度一般在 50~300μg/L 范围内,以保证源源不断地提供生成和修复钝化膜的足够用量。

73 锅炉启动前,化学人员应做哪些准备工作?

答:(1) 锅炉点火前应化验给水、炉水是否合格,均合格方可通知锅炉点火。

(2) 加药设备及其系统应处于良好的备用状态,药箱应有足够药量。

(3) 所有取样器应处于备用状态,所有阀门开关灵活。

(4) 排污门应灵活好用。

(5) 化验药品应齐全,仪器应完整。

第三章

炉内水处理

第一节 炉 水 处 理

1 汽包炉为何要进行锅炉排污?

答：锅炉排污的目的是降低锅炉水含盐量，防止蒸汽的污染。排污分定期排污和连续排污。定期排污的目的是定期排掉锅炉水中的沉积物，调整锅炉水水质，以弥补连续排污的不足。定期排污在汽包的最低点，主要是排除水渣。连续排污是连续不断地将含盐量较大的水排出，保持炉水的指标在合格的范围内。连续排污应根据给水含盐量和锅炉负荷的变化情况，随时调整连续排污量，保持锅炉水量的稳定。

2 锅内水处理的目的是什么?

答：锅内水处理的目的：

（1）除去进入炉水中的残余有害杂质，如钙、镁、硅化合物等。

（2）对炉水的杂质成分进行调整控制，从而控制沉积物腐蚀和改善蒸汽品质。

3 什么是锅炉的排污?

答：锅炉在运行中，必须经常放掉一部分含盐量高的锅炉水，再补入相同数量且含盐量较低的给水，以避免锅炉腐蚀、结垢和汽轮机的积盐，这就是锅炉的排污。

4 什么是锅炉排污率?

答：锅炉的排污率是指锅炉排污水量占锅炉蒸发量的百分数。

5 什么情况下应加强锅炉的排污?

答：（1）锅炉刚启动，未投入正常运行前。

（2）炉水浑浊或水质超标。

（3）蒸汽品质恶化。

（4）给水水质超标。

6 汽包锅炉的排污方式有哪几种? 各有什么作用?

答：汽包炉的排污方式有连续排污和定期排污。

连续排污是连续不断地从汽包中排出锅炉水中含盐量和含硅量过高以及一些细小或悬浮的杂物。

定期排污是排除水渣，以弥补连续排污的不足，故其排污点设在水循环系统的底部。

7 锅炉定期排污的注意事项有哪些?

答：定期排污的注意事项：

(1) 在锅炉水循环的最低点进行。

(2) 排出的是水渣含量较高的部分。

(3) 根据锅炉水质和锅炉蒸发量，应定期进行。

(4) 一般在低负荷时进行，排污量不超过锅炉蒸发量的0.1%～0.5%，每次排污时间一般不超过0.5～1.0min。

8 目前炉水磷酸盐处理的方法有哪几种?

答：随着机组参数的提高和除盐技术的完善，很多机组配有凝结水精处理装置，磷酸盐处理也由最初防止生成硬度垢逐渐转化为缓冲pH值和防止腐蚀。磷酸盐水工况也由最初的维持高浓度的磷酸根离子向低浓度和超低浓度方向发展。先后经历了高磷酸盐处理、协调磷酸盐处理、等成分磷酸盐处理、低磷酸盐处理和平衡磷酸盐处理等处理方法。

9 炉水在用磷酸盐处理时，在保证pH值的情况下，为什么要进行低磷酸盐处理?

答：由于磷酸盐在高温炉水中溶解度降低，对于高压及以上参数的汽包炉采用磷酸盐处理时，在负荷波动工况下容易沉淀析出，发生“暂时消失”现象，破坏炉管表面氧化膜，腐蚀炉管。降低炉水的磷酸盐浓度，可以避免这种消失现象发生，减缓由此带来的腐蚀。所以，在保证炉水pH值的情况下，要采用低磷酸盐处理。

10 什么是“磷酸盐暂失”现象?

答：所谓“磷酸盐暂失”现象是指当锅炉负荷增加时，炉水中磷酸钠盐的浓度明显下降；而当锅炉负荷降低或停运时，锅炉水中磷酸钠盐的浓度又重新升高。由于磷酸盐在水中的溶解度，随温度的升高急剧降低。因此，在超高压和亚临界压力汽包炉上采用磷酸盐时，就容易发生明显的“磷酸盐暂失”现象。

11 炉水氢氧化钠处理有何特点?

答：氢氧化钠处理炉水简单易行，减少了加药量，降低了排污率。尽可能少地增加炉水含盐量，既有效地防止了有机酸、无机酸和酸式磷酸盐的酸性腐蚀，还大幅度地减少水冷壁管上的沉积，在防腐、防垢上都有明显的优势。

与全挥发性处理相比：减少酸性腐蚀、允许炉水氯化物较高、炉水足够碱化。

与磷酸盐处理相比：降低炉水含盐量、减少加药量、减少排污率、避免磷酸盐“隐藏”现象、简化有关磷酸盐的监控指标、减少磷酸盐“隐藏”导致的腐蚀和沉积物下的介质浓缩腐蚀。

12 炉水氢氧化钠处理的条件是什么？

答：炉水氢氧化钠处理的条件：

(1) 给水氢电导率应小于0.2μs/cm。

(2) 凝汽器基本不泄漏，即使偶尔微渗漏也能及时有效地消除渗漏，或配置精处理设备。

(3) 锅炉水冷壁内表面清洁，无明显腐蚀坑和大量腐蚀产物。最好在炉水采用氢氧化钠处理前进行化学清洗。

(4) 锅炉热负荷分配均匀，水循环良好，避免干烧，防止形成膜态沸腾，导致氢氧化钠的过分浓缩，造成碱腐蚀。

13 采用氢氧化钠处理炉水的机组启动时，如何处理水质？

答：机组正常启动时，上水期间通常是靠加氨将给水pH值提高至8.8～9.3（加热器为钢管时pH值9.0～9.5），即采用全挥发处理，由于氨的携带系数很大，当锅炉点火加热、产生大量蒸汽时，随给水进入锅炉炉水中的碱性挥发物质被携带进入蒸汽，炉水中的pH值很快下降（此现象在采用协调磷酸盐处理的机组上更为突出，炉水改为氢氧化钠处理后，还会滞后一段时间），锅炉水失去酚酞碱度，造成酸性腐蚀。为从根本上提高水汽质量，在机组启动过程中，给水不仅加氨，同时也加适量的氢氧化钠（至锅炉能正常加药为止），使整个水汽系统都能得到有效的碱化，此时从给水中加的氢氧化钠不会影响过热蒸汽品质。

14 控制炉水 pH 值不低于 9 的原因是什么？

答：控制炉水pH值不低于9的原因是：

(1) pH值低时，炉水对锅炉钢材的腐蚀性增强。

(2) 炉水中磷酸根与钙离子的反应，只有当pH值达到一定的条件，才能生成容易排出的水渣。

(3) 为了抑制炉水硅酸盐水解，减少硅酸在蒸汽中的携带量。

但是，炉水的pH值也不能太高，即pH值一般不应大于11，若炉水pH值很高，容易引起碱性腐蚀。

15 炉水异常时应如何紧急处理？

答：如果炉水中检测出硬度或炉水的pH值大幅度下降或凝结水中的含钠量剧增，应采取紧急处理措施：

(1) 加大锅炉的排污量，在加大锅炉排污量的同时查找异常原因。

(2) 加大磷酸盐的加药量，如果炉水中出现硬度，应检查凝汽器、泵冷却水系统等是否发生泄漏。

(3) 加入适量的NaOH以维持炉水的pH值。如果炉水的pH值大幅度下降，对于有凝结水精处理的机组，应检查混床漏氯情况并对炉水的氯离子进行测定。对没有凝结水精处理的机组，重点检查凝汽器是否发生泄漏，同时加大磷酸盐剂量并加入适量的NaOH以维持炉水的pH值。

(4) 紧急停机。用海水冷却的机组，当凝结水中的含钠量大于400μg/L时，应紧急停机。

16 炉水碱度过高会有什么危害？

答：碱度过高的危害：

（1）容易引起水冷壁管的碱性腐蚀或应力破裂。

（2）可能使炉水产生泡沫，甚至产生汽水共腾现象。

（3）对于铆接及胀接锅炉，会引起苛性脆化。

17 炉水中 pH 值下降的原因有哪些？

答：pH 值下降的原因：

（1）加药量不足。

（2）磷酸盐隐藏。

（3）除盐水中有机物含量高，高温下分解产生有机酸。

（4）补给水呈酸性。

（5）精处理出水呈酸性。

（6）酸洗后刚启动的锅炉。

18 炉水 pH 值与腐蚀速度有何关系？

答：pH 值与腐蚀速度的关系：

（1）当 pH 值很低时，也就是在含有氧的酸性水中，pH 值越低，腐蚀速度越大，这是因为 H 离子充当阴极去极化剂所引起的。

（2）当 pH 值在中性点附近时，腐蚀速度随 pH 值的变化很小，这是因为此时发生的主要是氧的去极化腐蚀，水中溶解氧扩散到金属表面的速度才是影响此腐蚀过程的主要因素。

（3）当 pH 值较高时，即 pH 值大于 8 以后，随着 pH 值的增大，腐蚀速度降低，这是因为 OH^- 浓度增高时，在铁的表面会形成保护膜。

19 炉水磷酸根不合格的原因有哪些？如何处理？

答：原因：

（1）加药量不合适。

（2）加药设备缺陷。

（3）冬季加药管冻，堵塞管路。

（4）负荷变化剧烈。

（5）排污系统故障。

（6）给水品质劣化。

（7）药液浓度不合适。

（8）凝汽器泄漏等。

处理方法：

（1）调整加药泵计量。

（2）联系检修。

（3）通知检修处理，加装保温层。

（4）根据负荷变化调整加药量。
（5）联系检修消除系统故障。
（6）调整炉内加药、加强排污，查找原因并进行处理。
（7）调整药液浓度。
（8）通知集控人员或汽轮机值班员，查漏、堵漏。

20 炉水外状浑浊，含硅量、电导率不合格的原因及处理方法各是什么？

答：原因：
（1）新炉或检修后启动。
（2）锅炉长期没有排污或排污量不足或排污管堵塞。
（3）给水水质不良。
（4）负荷急剧变化。
（5）加药量过大或药品不纯。
（6）加药量不合适。
处理方法：
（1）做好启动前系统冲洗，增加锅炉排污量或锅炉换水至合格。
（2）严格执行排污制度，加强锅炉排污，消除排污系统缺陷。
（3）改善给水品质，加强炉内处理和排污。
（4）加强炉内处理和排污，必要时采取限负荷、降压措施。
（5）调整加药量，检查药品质量。
（6）调整加药量。

21 易溶盐盐类“隐藏”现象的实质是什么？

答：在锅炉负荷增高时，锅炉水中某些易溶钠盐有一部分从水中析出，沉积在炉管管壁上，结果使它们在炉水中浓度降低。而在锅炉负荷减少时或停炉时，沉积在炉管管壁上的钠盐又被溶解下来，使它们在炉水中的浓度重新增高。由此可知，出现盐类“隐藏”现象时，在某些炉管管壁上必然有易溶盐的附着物形成，这些附着物的危害，与水垢相似。

22 采样时发现炉水浑浊的原因是什么？

答：（1）给水浑浊或硬度超标。
（2）锅炉长期不排污。
（3）刚启动的锅炉。
（4）燃烧工况或水流动工况不正常，负荷波动较大。

23 什么称为“洗硅”？

答：所谓“洗硅”就是在某一压力下开始，蒸汽压力由低逐渐提高，将锅炉在不同的压力级维持一定的时间，使炉水硅含量符合相应压力下的允许值，此时，通过锅炉排污，使炉水中的含硅量控制在该压力级的允许范围以内，直至蒸汽中 SiO_2 含量合格之后，再向高一级递升，这样，就使水汽系统中残留的硅含量，逐步通过排污而加以清除，以致不使汽轮机中叶片上沉积硅垢。

24 锅炉汽包的哪些装置与提高蒸汽品质有关？为什么？

答：汽包内的连续排污装置、洗汽装置和分离装置与蒸汽品质有关。

（1）连续排污装置可以排除汽包内浓度较高的炉水，从而维持炉水浓度在规定范围内。因为蒸汽携带盐类与炉水浓度关系密切，与硅酸盐含量有直接关系，特别是高压以上锅炉。

（2）洗汽装置，使蒸汽通过含杂质量很小的清洁水层，减少溶解携带。

（3）分离装置，包括多孔板，旋风分离器，波形百叶窗等，利用离心力、黏附力和重力等进行汽水分离。

25 直流炉的工作原理是什么？

答：水一次流过直流炉的炉管后，就完全变为蒸汽，没有循环流动的锅炉水。因其无汽包，所以不进行锅内处理。给水依靠给水泵产生的压力顺序流经省煤器、水冷壁、过热器时，便逐步地完成水的加热、蒸发和过热等阶段，最后全部变成过热蒸汽送出锅炉。

26 直流炉与汽包炉相比有哪些不同？其对水质有何特殊要求？

答：直流炉无汽包，因而不能进行炉内处理，水一次性流过它的炉管后就完全变为蒸汽。因此给水中的盐类杂质一部分沉积在锅炉内，一部分带入汽轮机，沉积在蒸汽通流部分，还有一部分返回到凝结水中。

直流炉对给水的品质要求十分严格，需达到与蒸汽质量相近的程度。

27 简述直流锅炉水汽系统的工作特点。

答：直流锅炉给水依靠给水泵的压力，顺序流经省煤器、水冷壁、过热器等受热面，水流一次通过完成水的加热、蒸发和过热过程，全部变成过热蒸汽送出锅炉。直流炉没有汽包，水也无须反复循环多次才完成蒸发过程。不能像汽包炉那样通过锅炉排出炉水中杂质，也不能进行锅内炉水处理防垢并排出，给水若带杂质进入直流锅炉，这些杂质或者在炉管内生成沉积物，或者被蒸汽带往汽轮机中发生腐蚀或生成沉积物，直接影响到机组运行的安全性及经济性。因此，直流锅炉的给水纯度要求很高。

28 直流炉的水化学工况有哪几种？

答：直流炉的水化学工况主要有三种：

（1）加挥发性物质（氨一联氨）处理的碱性水工况。

（2）加氧中性处理的中性水工况。

（3）加氧、加氨联合水处理的联合水工况。

29 直流炉采用碱性水工况有何缺点？

答：（1）使给水含铁量高，会在炉内下辐射区局部产生较多的铁的沉积物，使得管壁超温，造成频繁的化学清洗。

（2）使得凝结水除盐设备运行周期缩短，再生频率高，再生剂消耗量增加，废水排放量增大，树脂磨损率增大等，这些都增加了运行费用。

（3）加氨量大会引起凝汽器铜管的腐蚀。

30 直流炉采用中性水加氧工况的原理是什么？

答：在不同的电位和 pH 条件下，铁的腐蚀状态不同，存在腐蚀区、钝化区和免蚀区。在中性高纯水中，在有氧化剂存在的情况下，碳钢表面生成 Fe_3O_4 和 Fe_2O_3 双层钝化膜，因而使钢铁耐蚀性大大提高。但这样产生的 Fe_3O_4 晶体有间隙，水可从间隙中渗入到钢铁表面引起腐蚀，而当中性高纯水中加入了适量氧化剂时，水中 Fe^{2+} 氧化变成稳定的 Fe_2O_3，即在 Fe_3O_4 层上覆盖一层 Fe_2O_3。这层 Fe_2O_3 膜是致密的，使水不能再与钢材表面接触，形成了稳定的保护膜，而且此保护膜被破坏时，存在于水中的氧化剂能迅速地修复它。

第二节 给水及凝结水处理

1 什么称为溶解氧？给水为什么要除氧？给水除氧有哪几种方法？

答：水中溶解了大气中的氧称为溶解氧。

因为氧是一种阴极去极化剂，在给水处理采用碱性水工况时，水中氧气含量越高，钢铁的腐蚀越严重，为了防止热力设备金属材料发生腐蚀，就要除掉给水中的氧。

给水除氧有两种方法：热力除氧和化学除氧。

2 热力除氧的基本原理是什么？

答：依据气体溶解定律，任何气体在水中的溶解度与此气体在汽水界面上的分压力成正比。在敞口设备中，将水温升高时，各种气体在此水中的溶解度将下降，这是因为随着温度的升高，使气体在汽水分界面上的分压降低，而水蒸气在汽水分界面上的压力增加的缘故。当水温到沸点时，它就不再具有溶解气体的能力，因为此时水汽界面上的水蒸气压力和外界压力相等，其他气体的分压都是零，因此各种气体均不能溶于水中。所以，水温升至沸点会促使水中原有的各种溶解气体都分离出来，这就是热力除氧的基本原理。

3 联氨除氧的原理是什么？其除氧条件是什么？

答：因为联氨在碱性环境中是一种还原剂，可将水中的溶解氧还原，生成 N_2 和 H_2O，因而能除掉水中残余的氧。

联氨除氧的条件：

(1) 必须使水有足够的温度，最好在 150℃以上。

(2) 必须使水维持一定的 pH 值，最好在 9～11 之间。

(3) 必须使水中联氨有一定的过剩量，过剩量越多，反应速度越快，除氧越彻底。

4 造成除氧器除氧效果不佳的原因是什么？

答：(1) 除氧器内的温度和压力达不到要求值。

(2) 负荷超出波动范围。

(3) 进水温度过低。

(4) 排汽量调整得不合适。

(5) 补给水率过大。

5 给水溶氧不合格的原因有哪些?

答:(1) 除氧器运行参数不正常。

(2) 除氧器入口水含氧量过大。

(3) 除氧器内部装置有缺陷。

(4) 补水量太大,负荷变动较大。

(5) 排汽门开度不合适。

6 在锅炉给水标准中采用氢电导率而不用电导率的原因是什么?

答:(1) 因为给水采用加氨处理,氨对电导率的影响远大于杂质的影响。

(2) 由于氨在水中存在以下的电离平衡:$NH_3 \cdot H_2O = NH_4^+ + OH^-$,经过 H 型离子交换后可除去 NH_4^+,并生成等量的 H^+,H^+ 与 OH^- 结合生成 H_2O。

(3) 由于水样中所有的阳离子都转化 H^+,而阴离子不变,即水样中除 OH^- 以外,各种阴离子是以对应的酸的形式存在,是衡量除 OH^- 以外的所有阴离子的综合指标,其值越小说明其阴离子含量越低。

7 锅炉给水加氨处理的目的及原理是什么?

答:给水加氨处理的目的是:提高锅炉给水 pH 值,防止造成因游离 CO_2 存在所造成的酸性腐蚀。

原理是:氨溶于水后呈碱性,加氨就相当于用 NH_4OH 的碱性中和 H_2CO_3,反应分两步进行:$NH_4OH + H_2CO_3 \longrightarrow NH_4HCO_3 + H_2O$ 及 $NH_4OH + NH_4HCO_3 \longrightarrow (NH_4)_2CO_3 + H_2O$。

8 给水加联氨处理的目的及原理是什么?反应条件是什么?

答:给水加联氨处理目的:消除给水中残留的溶解氧,减缓溶解氧对热力系统的腐蚀,并防止锅内结铜、铁垢。反应产物对热力系统的运行无害。在高温水中(>200℃)N_2H_4 可将 Fe_2O_3 还原成 Fe_3O_4 以至于 Fe。

加联氨处理的原理:联氨处理是一种还原剂,特别是碱性水溶液中,它是一种强烈的还原剂,它可将水中溶解氧还原:$N_2H_4 + O_2 \longrightarrow N_2 + H_2O$。

反应条件为:

(1) 必须使水有足够的温度,应大于 100℃,最好在 150℃以上。

(2) 必须使水维持一定的 pH 值,最好在 9~11 之间。

(3) 必须使水中联氨有一定的过剩量。

9 给水采用联氨—氨处理后的效果如何?

答:给水采用联氨—氨处理后,对于防止铁和铜腐蚀的效果是显著的。正确进行给水碱性水处理,可使热力系统铁和铜的腐蚀减轻,更重要的是由于系统含铁和含铜量降低,有利于消除锅炉内部形成的水垢和水渣。因此加联氨—氨处理后,系统含铁量降低、含铜量降低、设备腐蚀损伤速度减缓。

10 联氨处理的效果如何？能否用过剩联氨来提高给水的pH值？

答：(1) 联氨处理给水在减缓氧化铁、铜垢腐蚀方面效果明显。

(2) 联氨处理后，省煤器入口的水中溶解氧已基本上为零，剩余的一点残余氧也会在省煤器中继续与联氨作用，省煤器腐蚀明显减小。

(3) 联氨处理降低了给水中的含铁量，即减小了系统含铁量，因而减缓了锅炉内氧化铁的结垢和腐蚀。

(4) 处理后，锅炉炉管内壁由棕红色转变为黑褐色，形成了四氧化三铁的保护膜。

(5) 给水、炉水中铁的形态也有变化，两价铁离子含量逐渐上升而趋于稳定，因此证明了联氨对氧化铁的还原作用。

在实际运行中，N_2H_4 过剩量应控制适当，不宜过多，因为过剩量太大不仅多消耗药品，而且有可能使反应不完全的 N_2H_4 带入水蒸气中，影响汽水品质。

11 联氨使用的注意事项有哪些？

答：(1) 因联氨侵蚀性很强，并有毒，直接接触时，能侵蚀皮肤，有的人因过敏而引起荨麻疹。联氨蒸汽对人的眼睛和呼吸系统有刺激作用，所以进行操作时应通风，并戴防护用品，不要将联氨溅到眼睛里和皮肤上，工作后和吃饭前，一定要洗手。

(2) 因联氨有毒，如果锅炉生产的蒸汽供给用户或作为生活汽源时，应严格监督，蒸汽中不得含有联氨。

(3) 联氨不得用易被联氨侵蚀的容器盛放。联氨不能与有机物以及所有氧化剂接触，以免联氨与之作用而增加消耗量，储存时应密封。

(4) 稀联氨药箱可以不考虑特殊密封装置，但仍应加盖上锁，以防其他杂物落入，影响药液浓度及意外的其他中毒事故。

(5) 分析联氨浓度时，绝不允许以嘴吸移液管的办法移取联氨溶液，移取联氨溶液药液时，最好采用虹吸的方式进行，当不慎使联氨溅到皮肤上或眼睛里时，应立即用大量清水冲洗干净。

(6) 联氨在现场中不能大量储存，少量的联氨储存也应选择在安全位置，并远离明火、热源。

12 热力系统的主要水质监测点有哪些？

答：主要水质监测点：

(1) 蒸汽。

(2) 锅炉水。

(3) 给水。

(4) 补给水。

(5) 汽轮机凝结水。

(6) 疏水箱的疏水以及生产返回水。

13 锅炉给水系统监督的项目及意义是什么？

答：给水系统监督的项目及意义：

（1）硬度。目的是防止给水系统生成钙、镁水垢，并且减少炉内磷酸盐处理的加药量，避免在炉水中产生大量的水渣。

（2）油。给水中有油，进入炉内会附着在炉管管壁上并受热分解，危及锅炉安全。油在炉内吸附水渣而形成漂浮态，促进泡沫生成，引起蒸汽品质恶化。含油的细小的水滴被蒸汽携带到过热器，会导致过热器生成沉积物。

（3）溶解氧。目的是防止省煤器和给水系统发生溶解氧腐蚀，同时也是监督除氧器的除氧效果。

（4）联氨。监督给水中过剩的联氨量，保证除氧效果，并消除因发生给水泵关不严密等异常情况而偶然漏入给水中的溶解氧。

（5）pH 值。为了防止给水系统腐蚀，保证一定的碱性范围而不使含氨量过多，必须监督 pH 值。

（6）总 CO_2。防止系统中铁、铜腐蚀产物加大。

（7）全铁、全铜。防止炉内生成铁垢、铜垢。监督全铁、全铜，也是评价热力系统腐蚀情况的依据之一。

（8）含盐量（或含钠量）、含硅量以及碱度。保证蒸汽品质，避免锅炉排污率过高。

14 什么称为给水中性水化学工况？

答：在水质极纯且呈中性的条件下，向水中加入适量的气态氧或过氧化氢，从而使钢铁表面形成保护膜，以防止给水系统的腐蚀。这种工况称为给水中性水工况。

15 什么称为给水碱性水工况？

答：在给水中加入联氨和氨，以调节水汽系统中工质的 pH 值，使之呈碱性，并且完全除掉给水中残余的溶解氧。这种水化学工况称为给水碱性水工况。

16 采用中性水加氧工况时，对给水水质有何要求？为什么？

答：中性水加氧工况对给水水质的要求及原因：

（1）给水电导率小于 0.15μS/cm。因为只有水的纯度达到要求，氧才能充分地起到钝化作用。

（2）给水 pH 值应在 6.5～7.5 的中性范围。低于这个范围，钢铁会遭受强烈的腐蚀损坏；高于这个范围，又会加速铝的腐蚀。

（3）给水溶解氧浓度一般在 50～300μg/L 范围内，以保证源源不断地提供生成和修复钝化膜的足够用量。

17 超临界机组如何根据材质选择给水处理的方式？

答：（1）除凝汽器外，水汽系统不含铜合金材料时，首选不加除氧剂的全挥发处理方式，即 AVT(O)；如果有凝结水精处理设备并正常运行，最好通过试验后采用给水加氧（简称 OT）。

（2）除凝汽器外，水汽系统含有铜合金材料，则首选 AVT(R)；也可通过试验，确认给水的含铜量不超标后采用 AVT(O)。

18 为什么对直流炉给水质量的要求十分严格?

答：由于直流炉在正常运行时没有水循环，工质在受热面内受热后直接由水变成蒸汽并过热，且没有汽包，不能进行炉水的加药处理和排污处理，因此由给水带入的盐类和其他杂质，一部分沉积在锅炉的受热面内，另一部分带入汽轮机，沉积在蒸汽通流部位，还有一小部分返回到凝结水中。由此可见，如果给水质量不好，给水中的大部分盐类及杂质都将沉积在汽轮机和锅炉内，过不了多久，就会发生爆管，或汽轮机蒸汽通流面积减小，被迫减负荷，甚至造成停炉等事故，机组的安全经济运行就得不到保证。因此，对直流炉的给水质量要求十分严格，应时刻保证良好的水质，达到与蒸汽质量相近的纯度。

19 简述给水加氧（OT）处理的机理。

答：把氧以分子的形式加入流动的高纯水中，使系统的氧化还原电位提高几百毫伏，从而使金属表面发生极化或使金属的腐蚀电位超过其他钝化电位，达到钝化腐蚀的作用。

20 采用 AVT(O) 处理方式的原理是什么?

答：AVT(O) 即不加除氧剂的全挥发处理方式。其原理就是通过热力除氧（即保证除氧器运行正常，允许给水中氧的浓度不超过 10μg/L)，而不再添加其他任何除氧剂进行化学辅助除氧，以提高水的氧化还原电位（ORP）到 0～80mV 左右，使水由原来 AVT(R) 时的还原性环境改变为弱氧化性环境；同时使铁的电极电位处于 $\alpha-Fe_2O_3$ 和 Fe_3O_4 的混合区域，此时给水加氨处理的原理同 AVT(R)。AVT(O) 使原来 AVT(R) 条件下形成的 Fe_3O_4 保护膜变为 Fe_3O_4 和 Fe_2O_3 的混合保护膜，改变了钢铁表面氧化膜的特性，使膜更加致密，因而具有更好的保护性能。

21 一般情况下，pH 值升高，铁的腐蚀速度降低，但为何给水的 pH 值又不能控制过高?

答：因为 pH 值升高，即 pH>9 后，随着水的 pH 值增大，钢铁的腐蚀明显减小，但铜的腐蚀却明显增大，从铁、铜等不同材质金属的防腐性能综合考虑，一般要把给水的 pH 值调节到 9～9.5 范围，不能过高也不能过低。

22 进行给水中性水处理时，对水质有何要求?

答：给水采用中性水处理时对给水水质要求很严：

(1) 电导率小于 0.15uc/cm，如水质不纯会破坏保护膜。

(2) pH 值。为了保证水质呈中性，其 pH 值应控制在 6.5～7.5 范围内。

(3) 氧化还原电位。水溶液的氧化还原电位是其氧化还原的一种度量，它的值越大，表示其氧化性越强，其值应控制在 0.4～0.43V 为宜。

23 给水中性处理的原理是什么? 与传统的挥发性处理有何区别?

答：给水中性处理是使水的 pH 值一般维持在 6.5～7.5 之间，在给水中加氧，使铁离子氧化成三氧化二铁，其反应如下：$3Fe+4H_2O \longrightarrow Fe_3O_4+8H^++8e$ 和 $2Fe_3O_4+H_2O_3 \longrightarrow Fe_3O_2+2H^++2e$。

所生成的三氧化二铁沉积在四氧化三铁的空隙中，使钢材表面形成一层附着力很强的完整致密的氧化膜，抑制了钢材进一步腐蚀。

与挥发性处理的区别是：pH值不是碱性而是中性，给水不进行除氧而是加氧。

24 引起蒸汽污染的主要因素是什么?

答：蒸汽品质的好坏就是由饱和蒸汽中含杂质的多少决定的。这些杂质主要是气体和盐类：气体杂质为二氧化碳和氨；盐类杂质主要是钠盐和硅酸盐。

通常，蒸汽污染主要是指蒸汽中含有的硅酸盐和钠盐等。其污染的主要原因是由机械携带和溶解携带引起的。一般钠盐是由机械携带引起的，而硅酸盐主要是由于溶解携带引起的。饱和蒸汽品质不良，就会引起过热蒸汽品质的不良。

25 影响蒸汽带水的主要因素是什么?

答：蒸汽带水的主要因素是：

(1) 汽包中水滴的形成与带出。

(2) 锅炉压力对蒸汽带水的影响。

(3) 锅炉结构对蒸汽带水的影响。

(4) 锅炉运行工况对蒸汽带水的影响。

26 饱和蒸汽溶解携带的特点是什么?

答：(1) 溶解携带具有选择性。硅酸的盐类选择性最大，NaCl、NaOH次之，Na_2SO_4、Na_3PO_4、Na_2SiO_3最小。

(2) 溶解携带量随压力的提高而增大。

27 如何提高蒸汽品质?

答：提高蒸汽品质的方法为：

(1) 减少锅炉水中的杂质。减少热力系统的汽水损失，降低补给水量，保证优良的补给水品质，防止凝结器的腐蚀与泄漏，做好给水处理和凝结水处理工作，减少系统中的金属腐蚀产物，做好锅炉的停运保护和化学清洗工作。

(2) 做好锅炉的排污工作。降低锅炉水含盐量，保证饱和蒸汽的品质。

(3) 完善汽包内部装置。如加装汽水分离装置和蒸汽清洗装置，汽包采用分段蒸发的形式等。

28 保证给水水质的方法有哪些?

答：(1) 减少热力系统的水、汽损失，降低补给水量。

(2) 采用合理和先进的水处理工艺，制备品质优良的锅炉补给水。

(3) 对给水和凝结水系统采取有效的防腐措施，减少热力系统的腐蚀。

(4) 防止凝汽器泄漏，避免凝结水污染。

(5) 做好停、备用锅炉的保护工作。

29 直流锅炉给水加氧处理与全挥发处理的优缺点各是什么?

答：采用全挥发处理时，锅炉给水系统金属表面生成的Fe_3O_4膜具有较高的溶解度，给水的铁含量一般在4～10μg/L。从给水系统带入锅炉的铁离子在受热面沉积，加快了锅炉的结垢速率，提高了锅炉压差。在联胺的作用下，给水系统某些局部会发生流动加速腐蚀（FAC）。由于给水含有高浓度的氨，凝结水精处理混床运行周期较短，一般为7～10d。

在加氧处理的条件下，由于金属表面生成了致密的、溶解度非常低的表面膜，不但抑制了金属的进一步腐蚀和降低了腐蚀产物的溶出率，而且抑制了流动加速腐蚀，使得给水中铁含量降低到1～3μg/L，腐蚀产物的含量和传递均明显低于全挥发处理。

由于从给水系统带入锅炉的铁含量大大降低，锅炉的结垢速率明显减小，成倍减少了锅炉的化学清洗周期。同时在氧的作用下，使粗糙的炉管内表面变得平整、光滑，消除了炉管内垢层表面波纹状的沟槽，减小了管内的水流阻力，另外消除了锅炉系统中四氧化三铁粉末污堵给水节流阀的现象，降低了锅炉的压力损失。

在加氧处理条件下，由于汽水循环回路中pH值降低（一般为8～9），凝结水中含氨量少，减少了凝汽器铜合金管发生氨腐蚀的危险，同时使凝结水精处理再生频率减少，大大延长了凝结水精处理设备的运行周期，降低了再生废液排放量。

30 凝结水污染的原因有哪些？

答：凝结水污染基本上来自三个方面的原因：

（1）凝汽器泄漏。冷却水进入凝结水，把杂质带入凝结水中。在凝汽器泄漏时往往会造成给水水质劣化。用海水、苦咸水作为冷却水的发电机组会出现更严重的后果。

（2）金属腐蚀产物的污染。凝结水系统的管道和设备往往由于某些原因被腐蚀，其中主要是铁和铜的腐蚀产物。这些腐蚀产物会造成凝结水的污染。

（3）热电厂返回水的杂质污染。其中随热用户的不同，可能有油类，也可能带入大量的金属腐蚀产物。

31 什么称为凝汽器泄漏？

答：当凝汽器的管子因制造或安装有缺陷，或者因腐蚀而出现裂纹、穿孔或破损以及固接处的严密性遭到破坏时，进入凝结水中的冷却水量将比正常时高得多，这种情况称为凝汽器泄漏。

32 凝汽器泄漏会带来什么危害？

答：凝汽器泄漏必然会使凝结水中钙、镁离子及其他盐类离子含量增大，污染给水，在热力设备和管道中结垢、积盐。当凝汽器泄漏严重时，凝结水、给水质量将迅速严重恶化，并将大量盐类带入锅内，有可能造成锅内结垢，严重时引起爆管，威胁锅炉的安全经济运行。另外，由于凝汽器严重泄漏使汽轮机真空度急速下降，造成限制出力或停机。所以运行中应严格防止凝汽器泄漏。

33 高参数容量机组的凝结水，为什么必须进行处理？

答：随着机组容量的增大，电力行业的不断发展与壮大，对机组的参数，指标运行的稳定、经济等各方面的要求不断在提高，而对于机组的水汽指标的要求也相应提高了，凝结水是水汽指标中非常重要的一项，凝结水水质的好坏将直接影响机组运行情况，减少补给水对锅炉水质恶化，减少杂质的带入，因此，对于高参数大容量机组的凝结水，必须进行处理。

34 凝结水不合格怎样处理?

答：(1) 若冷却水漏入凝结水中，应增加化验监督次数，并及时查漏、堵漏。

(2) 若凝结水系统及疏水系统中，有的设备和管路的金属腐蚀产物污染凝结水。应加强测定次数，控制好 NH_3-N_2H_4 的处理，提高水汽品质。

(3) 若热用户热网加热器不严，有生水或其他溶液漏入加热蒸汽的凝结水中，应加强监督，通知热用户检查并消除热网加热器的泄漏处。

(4) 若补给水品质劣化，或补给水系统有其他污染水源，应加强补给水化验次数，提高补给水品质，隔绝污染水源。

(5) 若凝结水处理混床失效，将不合格的水送入除氧器。此时应立即停运失效混床，投运备用床。

(6) 若有关的监督仪表失灵，造成实际测量值超过指标，而仪表指示合格。应增加化验次数，校正仪表，分析原因并采取措施，迅速提高水汽品质。

(7) 若返回凝结水在收集、储存和返回电厂的途中，受到金属腐蚀产物的污染，应将不合格的水全部排入地沟。

35 为什么凝结水要进行过滤处理?

答：凝结水过滤是为了除去胶态及悬浮态的金属腐蚀产物及油类杂质，特别是初启动的锅炉，否则这些杂质会污染离子交换树脂，堵塞树脂网孔，降低其工作交换容量，使运行周期缩短，水质变差，故凝结水要先进行过滤。

36 凝结水过滤设备有哪些？过滤原理是什么?

答：凝结水过滤设备有以下几种：

(1) 覆盖过滤器。粉状滤料随同水流进入过滤器，然后覆盖在滤元上形成滤膜，待过滤的水通过滤膜进行过滤。

(2) 磁力过滤器。利用磁力清除凝结水中铁的腐蚀产物。

(3) 微孔过滤器。利用过滤介质把水中悬浮物截留下来的水处理工艺。

37 什么称为覆盖过滤器?

答：适用于粉状过滤介质的过滤设备。它是将粉状滤料覆盖在一种特制的多孔管件上，使它形成一个薄层作为滤膜。水由管外通过滤膜和孔进入孔内，完成过滤。因在这种设备中，起过滤作用的是覆盖在滤元上的滤膜，故称为覆盖过滤器。

38 什么称为磁力过滤器?

答：用磁力来除去水中铁的腐蚀产物的过滤设备称为磁力过滤器。

39 什么称为纤维过滤器?

答：用纤维充当滤料，利用过滤器内设置的气囊来调节纤维滤料的压实程度的一种新型高效过滤器称为纤维过滤器。

40 凝结水精处理的目的是什么？

答：凝结水由于某些原因会受到一定程度的污染，主要如下：

（1）凝汽器渗漏或泄漏。

（2）金属腐蚀产物的污染。

（3）锅炉补给水带入少量杂质。

由于以上几种原因，凝结水或多或少有一定的污染，而对于直流炉和亚临界以上的汽包炉而言，由于其对给水水质的要求很高，所以需要进行凝结水的更深程度的净化，即凝结水精处理。

41 粉末树脂过滤器出水水质不合格的原因有哪些？

答：出水水质不合格的原因：

（1）过滤器失效。

（2）滤元铺膜层有缺陷。

（3）凝结水水质恶化。

42 什么称为逆流再生固定床？

答：逆流再生固定床是指运行时水流流动方向与再生时再生液的流动方向相反的水处理工艺。通常，运行时水流自上而下流动，而再生时，再生液自下而上流动。

43 什么称为顺流再生固定床？

答：顺流再生固定床是指运行时水流的方向与再生时再生液流动的方向是一致的，通常都是自上而下流动。

44 什么称为浮动床？

答：浮动床是指运行时将整个树脂床层托起在设备顶部的方式运行的离子交换设备。其工作过程是当自下而上的水流速度大到一定程度时，可以使树脂层像活塞一样上移，此时，床层仍然保持着密实状态。

45 什么称为移动床？

答：交换器中的交换剂层在运行中不断移动，定期地排出一部分已失效的树脂，补进等量再生好的新鲜树脂，这种设备称为移动床。

46 什么称为单层床？

答：交换器中只加入一种离子交换剂的设备称为单层床。

47 什么称为双层床？

答：交换器中加入两种离子交换剂且两种树脂互不混合的设备称为双层床。

48 什么称为混床？

答：混床是指在一交换器中，装有阴、阳两种离子交换剂，并混合均匀，完成多级阴、阳离子交换过程，制出纯度更高的水的处理设备。

49 什么称为复床？

答：复床是指将 H 型和 OH 型交换剂分装在两个交换器中串接起来使用的水处理工艺。

50 什么称为大反洗？

答：交换器中的树脂失效后，在再生以前，用水自下而上进行短时间的强烈反洗，以除去树脂中的脏物，称为大反洗。

51 什么称为小反洗？

答：对固定床中排管上部的压脂层树脂进行的反洗称为小反洗。

52 什么称为顶压？

答：再生逆流再生固定床时，从交换器顶部通入压缩空气或水，并维持一定的压力，防止再生时树脂乱层，这种措施称为顶压。

53 什么称为水垫层？

答：作为床层体积变化时的缓冲高度和使水流再生液分配均匀的水空间，称为水垫层。

54 什么称为混合床？

答：混合床也称混床，把阴、阳离子交换树脂按一定比例均匀混合装在同一个交换器内，混合好的阴、阳树脂的离子交换反应几乎是同时进行的，交换产物 H^+ 和 OH^- 立即中和生成水，使交换反应进行得十分彻底，出水水质非常好。此种设备称为混合床。

55 什么称为运行周期？什么称为周期制水量？

答：运行周期是指除盐系统或单台设备从再生好投入运行后，到失效为止所经过的时间。

周期制水量是指除盐系统或单台设备在一个运行周期内所制出的合格水的数量。

56 什么称为自用水率？

答：自用水率是指离子交换器每周期中反洗、再生、置换、清洗过程中耗用水量的总和与其周期制水量的比。

57 体内再生混床如何再生？

答：体内再生混床采用一步法再生，使酸、碱再生液分别单独通过阴、阳树脂层，由中排装置排出再生废液，进完酸、碱液后同时进行清洗。

具体过程为：当混床失效停运后，先放水至高于树脂表面 200～250mm 处，然后通入压缩空气进行反擦洗，随后关闭压缩空气，开大反洗水，控制流量以反洗排水门不跑树脂为原则，逐步调节流量由大至小，观察底部窥视孔内树脂翻动的情况，直至阴、阳树脂分层清晰时，停止反洗。静止 5min 后放水至树脂层表面 200～250mm 处，开始同时进酸、碱再生液，控制流量、流速、浓度在要求范围内，由中排装置将废液同时排走，再生液进完经置换后，通入压缩空气，将树脂进行搅拌混合，待树脂混合均匀后，为使混合好的树脂不重新分层，所以要采用顶部进水，开大排水门迅速排水，以便使罐内树脂迅速降落。树脂混合好后要进行正洗，待出水水质合格后，方可投入运行。

58 凝结水混床体外再生有何优缺点？

答：体外再生的优点：

（1）失效的树脂移出运行混床后，再生好的树脂可移入混床，立即混合冲洗投运，可提高制水设备的效率和利用率。

（2）在专用再生塔内再生，有利于提高再生效率，一旦再生液泄漏，也不易漏到系统中去，可减少水质污染的机会。

体外再生的缺点：

（1）由于体外再生需将树脂移进、移出，因此树脂的磨损率较大。

（2）再生操作复杂。在树脂转移过程中，增加了水耗，如运输树脂的管路较长、有死角或操作不当会造成树脂层不平稳。

59 为什么混床的出水水质很高？

答：因为在混床中阴、阳离子交换树脂是相互均匀的，所以其阴、阳交换反应几乎是同时进行的。或者说，水的阴、阳离子交换是多次交错进行的。所以经 H 型交换所产生的 H^+ 和 OH 型交换所产生的 OH^- 都不能积累起来，基本上消除了反离子的影响，故交换反应进行得十分彻底，所以混床的出水水质很高。

60 混床树脂再生好后，怎样才能混合均匀？应注意哪些问题？

答：在电厂水处理中常用的方法是从底部通过空气搅拌混合。压缩空气的压力控制 $(9.8\sim14.7)\times10^4$Pa。为了获得更好的效果，混合前应把交换器中的水下降到树脂层表面上 100～150mm 处。树脂下降时，采用顶部进水，对其沉降也有一定的效果。此外，还需有足够大的排水速度，迫使树脂迅速降落，避免树脂重新分离。树脂混合时间主要视树脂是否已混合均匀为准，一般 5min 即可，时间过长易磨损树脂。

应注意的问题是：混合树脂时，压缩空气应经过净化处理，以防止压缩空气中有油类等杂质污染树脂。

61 混床再生中应注意哪些问题？

答：不论是再生还是运行，离子交换都是按照质量作用公式的规律进行的。同样，混床在冲洗过程中，其溶液中的离子平衡也适用于质量作用公式，如不加注意，也会造成混床出水不合格。如混床串洗这一步骤，进水经过阴树脂冲洗后，再经过阳树脂冲洗。如果阴树脂进碱后，冲洗时间较短，因其存有大量的 NaOH，就把冲洗水带入阳树脂，势必造成阳树脂中的 H 型树脂再生不完全，导致出水不合格。因此，极易发生混床冲洗数小时后导电率仍达不到标准。所以，适当延长对流冲洗时间可避免此现象的发生。一般对流冲洗至电导率小于 300μs/cm、SiO_2 含量在 8～12μg/L、Na^+ 含量在 5～8μg/L。

62 混床树脂反洗分层不明显的原因是什么？

答：混床树脂反洗分层不明显是因为：

(1) 反洗分层操作不当。

(2) 阴、阳树脂比重不合规定。

(3) 树脂未完全失效。

(4) 树脂污染。

63 混床与复床相比有哪些优、缺点?

答:混床与复床相比,混床的优点:

(1) 出水水质好,用强酸性H型树脂和强碱性OH型树脂组成的混床,制得的除盐水电导率很小,残留硅酸根含量很低。

(2) 出水水质稳定。

(3) 间断运行对出水水质影响较小,且恢复时间较短。

(4) 交换终点明显,混床在交换末期出水导电率上升很快,这不仅有利于监督,而且有利于实现自动控制。

(5) 混床设备比复床少,装置集中。

缺点:

(1) 树脂交换容量的利用率低。

(2) 树脂损耗率大。

(3) 再生操作复杂。

64 在什么情况下采用双层床?其强、弱型树脂的配比如何确定?

答:当水中强酸根阴离子含量较大时,应考虑采用阴双层床,以提高化学除盐的经济性。

其配比为:当进水中强酸根阴离子含量越高,则强碱性阴树脂所占比例就应越大。此外,当水中有机物含量较高时,也应增大弱碱树脂的高度。一般认为,弱碱树脂层高度至少应为两层树脂总高度的30%,也应根据实际水质情况确定。

65 采用双层床有哪些优点?应注意哪些问题?

答:采用双层床的优点:

(1) 酸、碱耗量低。

(2) 节省离子交换设备。

(3) 有利于防止有机物的污染。

(4) 废酸、碱液的浓度较小,而且易中和。

采用双层床时应注意:

(1) 强酸性与弱酸性树脂组成的双层床最好用盐酸再生。如用硫酸再生,在交换剂层中,容易析出硫酸钙沉淀。

(2) 强碱性与弱碱性树脂组成的双层床要注意防止胶体硅的沉积。

(3) 采用双层床时,所用水源的水质必须稳定,否则会使经济性及出水水质降低。

66 一般酸碱系统的输送方式有哪些?

答:酸碱的输送方式一般有:

（1）泵输送系统。将酸碱罐中的酸碱液送至布置于高位的酸碱罐中，然后，依靠重力自动流入计量箱，之后用喷射器将酸碱液送至离子交换器中。

（2）压缩空气输送系统。将压缩空气通入酸碱罐的上部空间，利用压缩空气的压力将酸碱输送至布置于高位的酸碱罐中。然后，依靠重力自动流入计量箱，再用喷射器送至离子交换器中。

（3）扬酸器输送系统。将槽车内的酸用抽真空的办法吸入储酸罐。具体方法是：将压缩空气通入空气喷射器，喷射器与酸罐相通。此时，由于喷射器的作用，将酸罐抽成真空，槽车内的酸依靠静压，将酸压入酸罐，继续将压缩空气通入酸罐，然后将酸罐中的酸压入计量箱，再用喷射器送入离子交换器中。

67 除盐系统降低酸、碱耗的措施主要有哪些？

答：降低酸、碱耗的主要措施：

（1）选用质量高的离子交换树脂和酸、碱再生剂。

（2）对设备进行必要的调整试验，求得最佳再生工艺条件。

（3）再生时对碱液进行加热。

（4）选用逆流离子交换设备。

（5）在原水条件适宜的情况下，采用弱酸弱碱性离子交换器。

（6）当原水含盐量大时，可采用电渗析及反渗透等水处理工艺，对原水进行预脱盐处理。

68 对凝结水除盐用树脂如何进行选择？为什么？

答：（1）必须选用颗粒度较大且均匀的树脂。因为凝结水的处理要求高流速运行。

（2）必须采用强酸强碱型树脂。因为弱酸性树脂有一定的水解度，不能保证出水的质量很高，而且弱碱性阴树脂又不能除去水中的硅酸；羧酸型弱酸树脂因交换速度慢，以致水的流速对出水水质影响较大，所以高速混床采用强酸强碱型树脂。

（3）必须选用机械强度高的树脂。因为在高参数、大容量电厂中，汽轮机凝结水通常都有量大和含盐量低的特点，所以宜采用高速运行的混床，其流速一般在 50～70m/h，更大的有 100～120m/h。另外，兼做过滤设备的混床要进行空气擦洗，因此要求树脂必须有很好的机械强度，否则就会被磨损得很严重。

69 树脂漏入热力系统有何危害？

答：树脂漏入热力系统后，在高温高压的作用下发生分解，转化成酸、盐和气态产物，使炉水 pH 值下降，蒸汽夹带低分子酸，给锅炉的酸性腐蚀和汽轮机腐蚀留下隐患。

70 高速混床出水不合格如何处理？

答：（1）保持规定的反洗流量。

（2）确保充足的反洗时间。

（3）输送前确认阴阳树脂彻底分层彻底，否则重新分层。

（4）调整再生剂用量或再生液浓度至合适范围。

71 高速混床压差高的原因是什么？

答：高速混床压差高的原因：

（1）运行流速太高。

（2）树脂污染。

（3）细碎树脂颗粒过多。

72 高速混床树脂损失、损坏，碱液温度过高导致树脂破碎的处理方法是什么？

答：（1）调整反洗强度。

（2）检查高速混床及再生器，如内部装置损坏应检修。

（3）检查细碎树脂是否过多，碎树脂多则应补充新树脂。

（4）降低碱液浓度。

（5）调整再生碱液温度。

73 高速混床再生后出水水质不合格的原因有哪些？

答：（1）树脂分层不彻底。

（2）树脂分离不彻底，阴阳树脂混杂。

（3）再生剂用量不足或再生液浓度低。

74 试述混床再生操作中应注意的事项。

答：在混床再生中，无论是体内再生还是体外再生，反洗分层是关键的一步。在不跑树脂的前提下，应将阴、阳树脂尽量擦洗、漂洗干净，将在运行时沉积在树脂表面上的污垢除去。

分层时阳、阴树脂分界面要分明。在分离输送阴、阳树脂时，操作要熟练，尽量减少阴、阳树脂相互混杂的程度，以减小阴、阳树脂在再生时交叉污染，提高阴、阳树脂的再生度。

另外，置换要充分，以保证树脂层中被再生出来的杂质离子排出体外；混合时要充分，使整个混床中阴、阳树脂能均匀地混合在一起，以提高混床的出水水质和利用率。

75 高速混床压差高由哪些原因造成？

答：（1）运行流速太高，降低运行流速。

（2）树脂污染。分析确定污染原因，清洗树脂，如污染树脂清洗不净要更换树脂。

（3）细碎树脂颗粒过多。提高反洗流速，冲洗掉细碎树脂，但同时要注意监督，防止树脂流失，并分析确定树脂破碎原因，进行正确处理。

（4）树脂层压实。确定原因后，进行正确处理。

76 简述高速混床（高混）停运的操作步骤。

答：（1）高混停运时必须在完成解列，关严进、出口手动门、气动门及其升压门后方可进行泄压操作。

（2）高混泄压应通过树脂捕捉器反冲洗水排水门缓慢进行，高速混床泄压后，若仍有余压或有压力回升现象，必须查出不严密的阀门，消除故障后方可进入下一步骤。

（3）高速混床每次停运后，应将树脂捕捉器进行反冲洗：开树脂捕捉器底部排污门，反冲洗水门，启动冲洗水泵。观察树脂捕捉器排水中无树脂和其他杂物后，停运冲洗水泵，关闭树脂捕捉器底部排污门和反冲洗水门。

77 叙述高速混床投运的操作步骤。

答：（1）充水。开启高速混床冲洗水阀、树脂捕捉器排气阀、高速混床排气阀，启动冲洗水泵充水，树脂捕捉器排气管出水后关闭树脂捕捉器排气阀，继续充水至高速混床排气门出水（5min），停运冲洗水泵，关闭高速混床冲洗水阀、排气阀。

（2）升压。开高速混床入口升压阀，缓开高速混床入口手动升压阀对系统加压。

（3）循环正洗。当高速混床压力升压至工作压力时，开启高速混床进水阀、高速混床再循环出口阀、高速混床再循环泵入口手动阀、再循环泵出口阀、高速混床进水手动阀，关闭高速混床入口手动升压阀、气动升压阀，启动再循环泵，进行系统再循环正洗，调节流量约600t/h。

（4）投入运行。循环正洗至高速混床出水电导率小于0.15μs/cm后，停再循环泵，同时关闭再循环泵入口阀、出口阀及高速混床再循环出口阀，并开启高速混床出水阀、高速混床出水手动阀，高速混床投入运行。

78 高混运行压差高的原因是什么？如何处理？

答：压差高的原因：

（1）流速太高。

（2）树脂污染。

（3）过多细碎树脂颗粒。

（4）填料少。

处理方法：

（1）降低运行流速。

（2）分析确定污染原因，清洗树脂，若无效则更换树脂。

（3）提高反洗流速，延长反洗时间，同时监督出口是否有树脂带出，分析确定树脂细碎原因。

（4）加装填料。

79 高混运行出现周期短的原因是什么？

答：（1）再生效果差。

（2）入口水水质恶化。

（3）运行流速高。

（4）树脂污染。

（5）树脂老化。

（6）树脂丢失。

80 为什么当再生的浓度太大时，不仅不能提高再生效果，反使再生效果降低？

答：树脂进行再生时，当再生液浓度过大，可以使扩散层压缩，从而使扩散层中部分反离子变成固定层中的反离子，以及扩散层的活动范围变小，使再生液置换树脂吸附的杂质离子的难度加大，所以再生效果要降低。

81 混床提前失效的原因是什么？

答：(1) 混床再生不彻底（操作或设备原因）。

(2) 再生剂不纯，杂质含量高。

(3) 阳、阴树脂混合不充分、不均匀。

(4) 混床进水水质恶化。

(5) 进水水温偏低。

(6) 阳、阴树脂比例严重失调。

(7) 树脂污染严重。

(8) 树脂逐渐老化。

(9) 混床运行的流速太慢或太快。

(10) 凝结水中氨浓度过高导致 H/OH 型混床提前失效。

(11) 监测仪表、仪器失灵。

82 氨化混床与 H/OH 型混床相比有什么特点？

答：(1) 氨化混床运行周期长（正常时可达 2～3 个月），再生次数少。

(2) 氨化混床的再生度要比氢型混床的再生度高得多，即氨化混床再生时对阳、阴树脂分离度的要求很高。

(3) 氨化混床对再生剂的纯度要求很高。

(4) 再生氨化混床时的操作和测定，要比再生氢型混床时复杂、繁琐。

(5) 在运行时，氨化混床中残留的钠离子及进水中的钠离子大多容易漏出混床，进入除盐凝结水中。

(6) 凝汽器的严密性要好，如有泄漏，则采用氢型混床运行。

(7) 氨化混床必须与氢型混床一起运行，以便协调系统中的氨含量。

(8) 由于氨化混床有转型阶段和失效阶段，因此运行人员需要有一定的运行经验。

(9) 由于氨化混床出水 pH 值比较高，而且阳树脂是氨型的，因此其除硅效果要比氢型混床差些。

83 混床体外再生装卸树脂时应注意什么？

答：(1) 在再生前应核对各设备，避免认错位置造成事故。

(2) 操作有关阀门时，必须检查阀门确已动作，随后进行下一步操作。

(3) 将本体内的树脂通过管道输送时，必须先用本体底部的反洗进水将底部的树脂松动后，再用正洗水卸树脂，以免输脂管被树脂压实堵塞。

(4) 卸脂必须卸干净（包括容器内和管道中）。

84 高速混床进、出水装置分别是什么？此出水装置的作用是什么？

答：进水配水装置为挡板加多孔板旋水帽。

出水装置为弧形多孔板加水帽。

出水装置的作用有二：第一，由于水帽在设备内均匀分布，使得水能均匀地流经树脂层，使每一部分的树脂都得到充分的利用，可以使制水量达到最大的限度；第二，光滑的弧形不锈钢多孔板可减少对树脂的附着力，使树脂输送非常彻底。

85 混床后树脂捕捉器和废水树脂捕捉器的作用分别是什么?

答：混床树脂捕捉器作用是：截留高速混床漏出的树脂，防止树脂漏入热力系统中，影响锅炉水质。

废水树脂捕捉器作用是：截留分离塔、阴塔或阳塔在树脂擦洗或水反洗由于流量控制不当而跑出的树脂，以防树脂进入废水管道而树脂遭受损失。

86 分离塔有什么特殊结构?对树脂再生有什么优点?

答：分离塔的特殊结构是：上大下小，下部是一个较长的筒体，上部为锥筒形。

其对树脂再生有以下优点：反洗时形成均匀的柱状流动，不使内部形成大的扰动；分离塔顶部锥筒形结构有足够的反洗空间，利于反洗；塔内没有会使产生搅动及影响树脂分离的中间集管装置，在反洗、沉降、输送树脂时，内部搅动减少到最小；分离塔截面小，树脂交叉污染区域小；分离塔有多个窥视孔，便于观察树脂分离；底部主进水门和辅助进水调节门可以提供不同的反洗强度水流，便于树脂的分离。

87 分离塔、阴塔和阳塔主要有哪些作用?

答：分离塔。空气擦洗树脂，擦掉悬浮杂质和腐蚀产物；水反洗使阴阳树脂分离以及去除悬浮杂质和腐蚀产物；暂时贮存少量未完全分离开的混脂层，以待下次分离。

阴塔。对阴树脂进行空气擦洗、反洗及再生。

阳塔。对阳树脂进行空气擦洗及再生；阴阳树脂混合；贮存已经混合好的备用树脂。

88 电加热水箱的工作原理是什么?

答：电加热水箱内部有四根电加热器，它是为了提高碱液温度，以提高阴树脂的再生效果。运行时必须充满水，水从底部进入，加热器根据热水箱的温度定时加热。加热器启动加热到高限设定值时自动停止，当水温低于低温设定值时，加热器自动重新启动。冷水从底部进入热水箱，热水从上部出来至碱喷射器。碱喷射器出口温度通过热水箱出口三通阀控制，大约为40℃。

89 精处理罗茨风机和压缩空气的用途分别是什么?

答：罗茨风机用于树脂的擦洗松动和树脂的混合。

压缩空气用于分离塔、阴塔和阳塔的顶压排水和阴塔、阳塔冲洗前的加压以及气力输送树脂，前置过滤器的擦洗。另外，还是精处理各仪表阀门的用气。

90 精处理树脂再生的步序是什么?

答：体外再生步序为：混床失效树脂送至分离塔→阳塔备用树脂送至混床→分离塔树脂擦洗、分离并送出→阴树脂再生→阳树脂再生→阴树脂送至阳塔→阴阳树脂混合漂洗备用。

91 失效树脂在分离塔中分离的步骤有哪些?

答：分离塔充水、分离塔压力排水、分离塔空气擦洗、分离塔反洗进水、分离塔压力排水、分离塔树脂第一次分离（5小步）、分离塔阴树脂送到阴塔、分离塔树脂第二次分离（4小步）、分离塔阳树脂送到阳塔、树脂输送管路冲洗。

92 阴树脂在阴塔中有哪些再生步骤?

答：阴塔顶压排水、阴塔空气擦洗、阴塔空气擦洗/水反洗、阴塔加压、阴塔气力冲洗、阴塔充水（以上步骤反复执行，直至出水清澈）、阴塔进碱、阴塔置换、阴塔快速漂洗、阴塔顶压排水、阴塔空气擦洗、阴塔空气擦洗/水反洗、阴塔加压、阴塔气力冲洗、阴塔充水（以上步骤反复执行，直至出水清澈）、最终漂洗。

93 阴、阳树脂分别再生完毕，阴树脂送到阳塔后还有哪些再生步骤?

答：阳塔重力排水、空气混合、空气混合并排水、阳塔充水、阳塔漂洗。

94 凝结水精处理系统（前置过滤器和高速混床系统）在线监测项目有哪些?

答：旁路阀的前后、前置过滤器前后、树脂捕捉器前后设有差压变送器。过滤器旁路阀前后的压力变送器，监测过滤器系统的压差。混床旁路阀前后的压力变送器，监测混床系统的压差。树脂捕捉器前后的差压变送器，监测树脂捕捉器压差。系统入口母管设有导电度表、温度变送器、压力开关。导电度表主要用来监测入口的凝结水水质；温度变送器用来监测系统入口母管凝结水的温度。压力开关用来监测混床入口母管的凝结水的压力。

每台过滤器、混床的入口设有流量计、升压旁路阀、压力变送器。流量计用来监测通过过滤器、混床的凝结水流量；升压旁路阀的作用是保证过滤器、混床在投运前，入口压力缓慢上升，防止压力升高过快对过滤器、混床内部结构产生冲击。压力的变化由压力变送器来监测。

每个混床的出口设有导电度表、硅表、钠表，主要用来监测混床出水水质。钠表和母管上的pH值表是混床NH_4^+/OH^-型运行时的主要监测仪表。

混床出水母管上设有导电度表、硅表、pH值表，主要监测精处理系统的出水水质。

95 锅炉的热态冲洗标准是什么?

答：锅炉点火后即进入机组启动阶段，需持续通过启动分离器进行排水，进一步改善炉水品质，锅炉过热蒸汽压力小于12.6MPa的汽包炉，至炉水Fe≤100μg/L，硬度≤5.0μmol/L，外状无色透明后，通知值长水质合格，可以进行下一阶段的工作。

96 凝结水混床再生好坏的关键是什么?

答：关键是阴、阳树脂分层要清，最好使阴、阳树脂在两个再生塔内单独再生，因为混床要求出水质量很高，应尽可能提高其再生度。如果互有混杂，则阴树脂中混有的阳树脂被还原为钠型，阳树脂中混有的阴树脂被还原为氯型，混合后总的阳树脂再生度就有所降低。虽然这种现象不可能完全避免，但应尽量减轻。

从两种树脂混杂的利害关系来看，阳树脂内混入阴树脂对凝结水处理来讲危害要大些，因为凝结水中主要为胺离子，钠离子含量很小，而阳树脂本身的工作交换容量很大，即使再生度低一些，也能够有效地除去凝结水中的阳离子，如果接近失效，有钠离子漏过，则电导率增大，可以从仪表上及时发现。凝结水中主要阴离子为硅酸，酸性最弱，树脂混杂会导致阴树脂再生度低，就不易使凝结水中本来含量较低的硅酸根进一步降低，且失效时不易及时监督出来。

97 凝结水电导率增大有哪些原因？

答：凝结水电导率增大的原因：

（1）凝汽器铜管泄漏。

（2）凝结水补入软化水。

（3）凝结水除盐设备树脂失效。

（4）电导率表失灵或出现其他故障。

（5）凝结水温度增高。

98 为何要监督凝结水的电导率？连续监督有何好处？

答：试验证明：监督凝结水的电导率比监督凝结水的硬度更为合理，因凝汽器泄漏，使凝结水含盐量增大。假如硬度不超标，但其他盐类已影响到蒸汽和给水指标，因电导率反应的是所有导电介质，因此监督凝结水电导率更为灵敏。

采用电导率表连续监督凝结水电导率可克服定时化验的迟缓性和再次取样化验的间隔时间内凝结水质量变化不能及时发现的缺陷，达到连续监督的目的。

99 凝结水硬度、电导率、二氧化硅不合格原因及处理方法是什么？

答：原因：

（1）凝汽器泄漏。

（2）补给水劣化。

（3）氢离子交换柱失效（电导率高）。

（4）机组启动时受腐蚀产物影响。

（5）生产回水及疏水质量不合格。

处理方法：

（1）查漏、堵漏，泄漏严重处理无效时，申请停机处理。

（2）查明补给水劣化原因并处理。

（3）联系仪表维护人员更换。

（4）严格控制凝结水回收标准，做好停机防腐工作。

（5）检查回水及疏水质量。

100 凝结水溶解氧不合格的原因是什么？如何处理？

答：凝结水溶解氧不合格的原因及处理为：

（1）凝汽器真空系统漏气。应通知专业人员进行查漏和堵漏。

（2）凝结水泵运行中有空气漏入。可以倒换备用泵，盘根处加水封。

（3）凝汽器的过冷度太大。可以调整凝汽器的过冷度。

（4）凝汽器的铜管泄漏。应采取堵漏措施，严重时将凝结水放掉。

101 凝结水含氧增大的原因是什么？

答：（1）凝汽器本体至凝结水泵入口的负压系统，如果由于阀门或法兰及凝结水泵的盘根等处不严密，又没有水封装置，便可使空气漏入，造成凝结水含氧量增大。

（2）低压加热器疏水系统，由于法兰、阀门等处不严密，使空气漏入凝结水系统。

（3）当凝汽器铜管泄漏，大量冷却水漏入凝结水中，除含盐量增大外，含氧量也明显增大。

（4）抽汽效率低或漏汽，达不到凝汽器真空度的要求。

（5）汽轮机运行异常，或无限制地过负荷运行，造成凝汽器真空下降，即使尽快恢复正常，也将影响凝结水含氧量。

（6）汽轮机排汽温度与凝结水温度之差称为过冷却度，若过冷却度大，凝汽器效率高，则凝结水含氧量会增大，因此过冷却度应有一定的范围。

（7）当凝汽器中大量补进除盐水，如果进水管安装位置及喷水装置不恰当，或不能保证凝汽器真空度的情况下，会使凝结水含氧量增大。

（8）取样门压兰不严密，门后形成负压而抽进空气，或取样冷却器蛇形管损坏漏入冷却水，可使分析结果偏大。因此在确定凝结水含氧量增大的确切原因时，必须首先保证分析结果的准确性。

第三节　循环水及内冷水处理

1 为什么要对循环冷却水进行化学处理？

答：电厂使用的冷却水，主要用于汽轮机的凝汽器的冷却。天然水中含有许多有机质和无机质的杂质，它们会在凝汽器铜管内产生水垢、污垢和腐蚀。由于水垢和污垢的传热性能很低，导致凝结水的温度上升以及凝汽器的真空度下降，从而影响汽轮机组的出力和运行的经济性。凝汽器铜管发生腐蚀会导致穿孔泄漏，使凝结水品质劣化，污染锅炉水，直接影响电厂的安全运行。因此，必须对循环冷却水进行处理，使其具有一定的水质。

2 为什么循环冷却水会产生浓缩现象？

答：由于循环水在工作过程中，受温度和大气压力的影响，要被蒸发掉一部分，而这部分水是纯水（一般约占循环水量的4%～6%），盐分却留在水中。为保证足够的循环水量，要对被蒸发的水进行补水，其补水又是含盐分的水，故而产生浓缩现象。

3 什么是循环水的浓缩倍率？

答：浓缩倍率指循环冷却水中的含盐量或某种离子的浓度与新鲜补充水中的含盐量或某种离子浓度的比值。

4 什么是极限碳酸盐硬度？

答：循环水在运行过程中，有一个不结垢的最大碳酸盐硬度值，称为极限碳酸盐硬度值。

5 什么是水质稳定剂？什么是阻垢剂的协同效应？

答：在循环冷却水中加入少量某些化学药剂，就可以起到防止结垢的作用。它们能使水质趋于稳定，所以称为水质稳定剂。

阻垢剂的协同效应是将两种以上的阻垢剂复合使用时，在总药剂量保持不变的情况下，复合药剂的阻垢能力高于任何单一药剂的阻垢能力，这就是阻垢剂的协同效应。

6 循环水中微生物有何危害？如何消除？

答：微生物附着在凝汽器铜管内壁上便形成了污垢，它的危害和水垢一样，能导致凝汽器端差升高，真空下降，影响汽轮机的出力和经济运行，同时也会引起铜管的腐蚀。

消除方法：

（1）加漂白粉。

（2）加氯处理。

7 循环水加硫酸处理的原理是什么？

答：循环水加硫酸处理的目的是中和水中的碳酸盐，这是一种改变水中碳酸化合物组成的防垢方法。反应式为

$$Ca(HCO_3)_2 + H_2SO_4 = CaSO_4 + 2CO_2 + 2H_2O \quad (3\text{-}1)$$

加酸的作用就是把碳酸氢根的碱性中和掉，防止碳酸钙在铜管内壁结垢。

8 循环水为什么加氯处理？其作用是什么？

答：因为循环水中有机附着物的形成和微生物的生长有密切的关系，微生物是有机物附着于冷却水通道中的媒介，当有机物附着在凝汽器铜管内壁上，便形成污垢，能导致凝汽器端差升高，真空下降，影响汽轮机出力和经济运行，同时会引起铜管的腐蚀，所以循环水中加氯来杀死微生物，使其丧失附着在管壁上的能力。其反应式为

$$Cl_2 + H_2O = HClO + HCl \quad (3\text{-}2)$$

$$HClO \longrightarrow HCl + \langle O \rangle \quad (3\text{-}3)$$

HClO 分解出的初生态氧，它有极强的氧化性，可将微生物杀死。

9 常用的有机磷阻垢剂有哪几种？说明其阻垢机理。

答：常用的有机磷阻垢剂有：ATMP（氨基三甲叉磷酸盐）、EDTMP（乙二胺四甲叉磷酸盐）和 HEDP（1-羟基乙叉-1，1 二磷酸盐）等。

其阻垢机理是：聚磷酸盐能与冷却水中的钙、镁离子等螯合，形成单环或双环螯合离子，分散于水中。其在水中生成的长链容易吸附在微小的碳酸钙晶粒上，并与晶粒上的 CO_3^{2-} 发生置换反应，妨碍碳酸钙晶粒进一步长大。同时它对碳酸钙晶体的生长有抑制和干

扰作用，使晶体在生长过程中被扭曲，把水垢变成疏松、分散的软垢，分散在水中。有机磷阻垢剂不仅能与水中的钙、镁等金属离子形成络合物，而且还能和已形成的$CaCO_3$晶体中的钙离子进行表面螯合。这不仅使已形成的碳酸钙失去作为晶核的作用，而且使碳酸钙的晶体结构发生畸变，产生一定的内应力，使碳酸钙的晶体不能继续生长。

10 循环冷却水的日常监测项目主要包括哪些？

答：主要监测项目包括氯离子、硬度、碱度、pH值、钙硬、总磷、正磷、有机磷、电导率等。

11 凝结器铜管的主要成分为铜，按不同的使用要求，可在其中加入锌、锡、铝、砷等成分，其作用是什么？

答：铜的导热性良好，加入锌而加工的铜锌合金，即黄铜，可增强铜的机械强度。但锌的含量必须加以适当控制。

黄铜中加入锡，主要是防止铜管脱锌。

黄铜中加入微量砷，其防止脱锌效果更佳。

黄铜中加入适量铝，是因为铝能形成氧化膜，从而提高铜管的耐蚀性，但不耐脱锌腐蚀。

铝黄铜管中加入微量砷，既保持铜管的耐蚀性，又有助于防止脱锌。

12 如何防止运行中凝汽器管结垢？

答：运行中防止凝结器管结垢常采用的方法：

（1）加酸处理。改变水中的盐类组成，将碳酸盐硬度转变为非碳酸盐硬度。

（2）除盐处理。降低水中结垢物质的浓度。

（3）石灰或弱酸处理。降低循环水的碳酸盐硬度。

（4）水质稳定剂处理。向循环水中加阻垢剂、分散剂、水质稳定剂等物质，抑制碳酸钙的形成与析出，或使碳酸钙晶体畸变，从而阻止了碳酸钙水垢的形成。

（5）投入胶球清洗，坚持每天清洗一次。

13 如何防止凝汽器管腐蚀？

答：（1）在铜管选材和质量验收时，做好氨熏试验和涡流探伤试验，保证在试验合格的情况下使用。

（2）在铜管的装卸、安装过程中，轻拿轻放，不允许摔、打、碰、撞；穿管时，要符合工艺要求，不应欠胀或过胀。

（3）在铜管投入运行前，做好保护工作，运行中做好镀膜工作。

（4）防止凝汽器的低流速运行，铜管内流速不应低于1m/s；做好冷却水的防腐、防垢处理和运行中的胶球清洗工作。

（5）加强冷却水的加氯或其他方式的杀菌灭藻处理，防止生物和藻类在管壁滋长。

（6）做好凝汽器停运时的保护工作，凝汽器短期停运时，其内应充满清洁的水；若长期停运，应将凝汽器内的水排尽并吹干。

14 如何防止冷却水系统污泥的形成？

答：污泥的组成主要是冷却水中的悬浮物与微生物繁殖过程中生成的黏泥。为了减少循环水中悬浮物的含量，除了应做好补充水的水处理工艺外，还可将一部分循环水通过滤池过滤，以去除这些杂物。所用设备可以是砂粒过滤器，必要时可添加混凝剂，以提高过滤效率。为了防止冷却水系统中的微生物滋长而形成污泥，必须在冷却水中加入一定量的除菌药剂，进行抑制微生物繁殖的处理。

15 有机附着物在铜管内形成的原因和特征各是什么？

答：在铜管内形成的原因：冷却水中含有的水藻和微生物常常附着在铜管管壁上，在适当的温度下，从冷却水中吸取营养，不断成长和繁殖，而冷却水温度大都在水藻和微生物的适宜生存温度范围内。所以，在凝汽器铜管内最容易生成这种附着物。

特征：有机附着物往往混杂一些黏泥、植物残骸等。另外，还有大量微生物和细菌的分解产物，所以铜管管壁上有机附着物的特征大都呈灰绿色或褐红色黏膜状态，而且往往有臭味。

16 凝汽器干洗是怎么回事？有什么作用？

答：汽轮机在运行中，负荷减半，关闭清洗半侧凝汽器冷却水进口门，排空气及放水，打开该侧凝汽器人孔，利用鼓风机风量和汽轮机本身排汽温度，将凝汽器铜管内部泥垢烘干，使铜管内部泥垢龟裂，与管壁表面分开，后用冷却水冲洗。然后切换另一侧，这种操作称为干洗。

干洗的作用是为了提高凝汽器传热效率，以提高真空，降低热耗。

17 凝汽器管板的选择标准是什么？

答：根据我国《火力发电厂凝汽器管选材导则》(DL/T 712—2000) 管板材料的选择基本原则：应从管板的耐蚀性、使用年限、价格及维护费用等方面进行全面的技术经济比较。同时更重要的还应考虑易于管子胀接或焊接，应尽量避免与管子发生电偶腐蚀，或采取有效的防腐措施，以确保凝汽器整体的严密性。

对于溶解固形物小于 2000mg/L 的冷却水，可选择碳钢板，必要时实施有效的防腐涂层和电化学保护。对于海水，可选用不锈钢管板、复合不锈钢管板或采用与凝汽器管材相同材质的管板。对于咸水，可根据管材材料和水质情况选用碳钢板、不锈钢管板或复合不锈钢管板。但选用碳钢板时，应实施有效的防腐涂层和电化学保护。

使用薄壁钛管时，管板应使用钛板或复合钛板。管与管板宜采用“胀接+焊接”方式连接。使用薄壁不锈钢管时，管板应使用不锈钢板或复合不锈钢板。管与管板宜采用“胀接+焊接”方式连接。

对于胀接的凝汽器，为防止胀口的渗漏，可采用有效的凝汽器防腐、防渗漏涂料。

18 常用铜管材料的主要组成是什么？

答：(1) H-68 黄铜管，含有 68%的铜。

(2) HSn70-1A 海军黄铜管，含铜 70%，加入 1%的锡。

(3) HAl77-2A 铝黄铜管，含 78%的铜、20%的铅和 2%的锌。

(4) B30铜镍合金管，含铜70%，含镍30%。

19 凝汽器铜管结垢的原因是什么?

答：凝汽器铜管结垢的原因是：

(1) 循环水的浓缩，使盐类离子浓度乘积超过其溶度积，以致发生沉积。

(2) 重碳酸钙的分解产生碳酸钙，这样就造成铜管结垢。

20 什么称为脱锌腐蚀? 原因是什么?

答：黄铜是铜锌合金，其中锌被单独溶解下来的现象称为脱锌腐蚀。

原因有两种解释：

(1) 铜锌合金中的锌被选择性地溶解下来。

(2) 腐蚀开始时铜和锌一起被溶解下来，然后水中的铜离子与黄铜中的锌发生置换反应，而铜被重新镀上去。

21 胶球清洗凝汽器的作用是什么?

答：胶球自动冲刷凝汽器铜管，对消除铜管结垢和防止有机附着物的产生、沉积都起到一定的作用，可防止微生物的生长，保证汽轮机凝汽器的正常运行。

22 如何防止凝汽器铜管水侧腐蚀及冲刷?

答：影响因素可分三大类：

(1) 内部因素。主要是指凝汽器铜管表面保持保护膜的性质及表面均匀性、铜管的合金成分、金相组织等。

(2) 机械因素。主要指铜管本身的应力、安装时的残留应力、运行中产生的应力以及铜管的振动等。

(3) 外部因素。主要指冷却介质的成分，如冷却水中的电解质的类型与浓度、溶解氧量、pH值、悬浮物含量、有机物及二氧化碳等，同时还包括冷却水的物理状态，如水的流速(指冷却水在铜管内的流速)、温度、空气的饱和含量以及涡流状态等。

防止凝汽器铜管水侧的腐蚀、结垢及冲刷的措施如下：

(1) 合理选用管材。由于冷却水的含盐量不同，所以发生腐蚀的种类也不同。因此在选用管材时，应针对所有冷却水的含盐量选择抗腐蚀性(指在该冷却水条件下所发生的某一种腐蚀)较强的铜管。

(2) 做好凝汽器铜管的安装和投运前的工作。凝汽器铜管若包装、运输及保管不善，即可发生投运前的严重的大气腐蚀。同样凝汽器铜管若不按技术要求安装，也会导致铜管在投运后发生大量破裂和腐蚀等严重问题。

(3) 对运行前和运行中的铜管表面进行处理。使用化学药品，在铜管投运前和运行中进行化学处理，使铜管表面生成一层防腐蚀、防冲刷效果良好的保护膜，例如：硫酸亚铁处理、铜试剂处理等。

(4) 严格控制冷却水流速。在运行中，控制冷却水在铜管内的流速不低于1m/s，又不高于该管材发生冲击腐蚀的临界流速。

(5) 冷却水过滤处理。在凝汽器循环水入口处加装一道或两道滤网，以除去冷却水中体积较大的异物。

（6）进行冷却水的化学处理，例如加氯法杀菌、添加 MBT 成膜以及炉烟处理等。

（7）采用阴极保护法，例如牺牲阳极法和外部电源法等。

（8）用化学清洗法清除铜管表面异物（沉积物）或用机械法清除铜管表面异物。例如利用盐酸等化学介质除去沉积物，以及利用胶球冲洗法清除铜管表面附着物等。

23 简述发电机冷却系统的重要性。

答：发电机运转时要产生能量损耗，这些损耗了的能量最后都转变成了热量，致使发电机的转子、定子等各部件的温度升高。为了保证发电机能在绕组绝缘材料允许的温度下长期运行，必须及时地把产生的热量导出，使发电机各主要部件的温度经常保持在允许范围内，否则，发电机的温度就会继续升高，使绕组绝缘老化，出力下降，甚至烧毁，影响发电机的正常运行。因此，必须连续不断地将发电机产生的热量导出，即对发电机必须加以冷却。

24 为什么要对发电机内冷水进行处理？如何处理？

答：随着运行时间的增加，由紫铜制成的发电机线棒，使内冷水含铜量增加，铜导线的腐蚀日益严重，其腐蚀产物还可能污堵线棒，限制通水量，甚至造成局部堵死。为了保证水内冷发电机的安全经济运行，所以要对发电机内冷水进行处理。

目前主要采用两种方法进行处理：

（1）缓蚀剂法。常用的是 MBT 处理法。

（2）提高发电机内冷水的 pH 值。由试验和计算证明，发电机冷却水 pH 值维持在 8.5 左右，可使发电机铜导线得到保护。具体方法是可以在除盐水中加氨，也可用含氨的凝结水进行补充。

25 为什么要对发电机内冷水进行监督？

答：在发电机内冷水中如果有固体、气体杂质，将对空心铜导线造成腐蚀和结垢，同时达不到电气绝缘的要求，所以要对发电机内冷水进行监督。

26 发电机常用的冷却方式有哪几种？

答：发电机的冷却是通过冷却介质将热量传导出去来实现的。常用的冷却方式有三种：空气冷却、水冷却和氢气冷却。

27 发电机内冷水水质差有哪些危害？

答：发电机的定子线棒由通水的空心铜导线和导电的实心扁铜线组成，其空心铜导线内通有冷却水，若冷却水水质差，则会引起空心铜导线结垢、腐蚀，使内冷水含铜量增加，垢和腐蚀产物可能污堵空心铜导线，限制通水量，甚至造成局部堵死。另外，若内冷水电导率超标将会造成线圈接地。为了保证内冷发电机安全经济运行，一定要严格监督、控制内冷水水质。

28 为什么要严格控制发电机内冷水的硬度？

答：当发电机内冷水硬度增高时，即钙、镁离子浓度超过它的溶度积时，就会从水中析出，附着在内冷水系统表面形成水垢。水垢的导热系数极差，很容易使发电机铜导线的线棒超温，特别是发电机铜导线每个空心铜管，通水面积很小，如果在壁内形成水垢，就会大大降低内冷水的流通面积，从而使发电机线棒冷却效率降低，威胁发电机的安全运行。

29 发电机内冷水对电导率有何要求?

答：发电机内冷水对电导率有严格的要求，因为不论定子线圈还是转子线圈，线圈导线将带有电压，而定子进出水环和转子水箱都是零电压，所以连接线圈的绝缘水管和其中的水都承受电压的作用，水在电压的作用下，将根据其电导率的大小，决定其电阻损耗值。此损耗与水中的电导率成正比地增加。定子线圈电压高，所以损耗值从定子考虑，当电阻率超出标准，大于发电机定子电阻损耗值时，定子对地绝缘电阻成为导体，造成发电机定子接地，将会导致重大事故。所以，发电机内冷水电导率要小于 5μs/cm。

30 内冷水 pH 值为什么要控制在 7～8 范围内?

答：影响内冷水 pH 值的气体主要是 CO_2、NH_3 等，这些气体溶解在水中除增加电导率外，当有氧存在时，CO_2 会使金属保护膜破坏。NH_3 含量更不易过高，因氨与钢作用会生成溶解性很高的铜氨络离子，对铜导线腐蚀性极大。中性的水对铜线的腐蚀速度极小，所以内冷水 pH 值在 7 左右时，对黄铜稳定性好。但 pH 值高于 8.5 时会引起黄铜腐蚀，因此对于纯铜来说，pH 值在 7～8 范围内较好。

31 水内冷发电机有哪几种形式？冷却的是什么?

答：水内冷发电机的两种形式及冷却对象：

（1）双水内冷式。冷却的是发电机的定子、转子及线圈。

（2）水—氢—氢式。水冷却的是定子的线圈，氢冷却定子和转子铁芯。

32 发电机内冷水的水质有何要求?

答：内冷水水质的要求：

（1）较低的电导率。

（2）对发电机的空心铜线和内冷水系统无侵蚀性。

（3）不允许发电机冷却水中的杂质在空心导线内结垢，以免降低冷却效果，避免使发电机线圈超温而导致绝缘老化。

33 为什么发电机铜导线会产生腐蚀？如何防止?

答：以化学除盐水作为发电机内冷水时，它的 pH 值一般在 6～7 之间，而一般除盐水是未经除氧的，因此发电机内冷水实质上成为含氧的微酸性水，对发电机的空心铜导线有强烈的腐蚀作用。

预防的方法：

（1）加缓蚀剂。

（2）提高发电机内冷水的 pH 值。

（3）用凝结水作补充水。

34 发电机内冷水不合格的原因有哪些？如何处理？

答：不合格的原因：
（1）除盐水或凝结水不合格。
（2）加药量不合适。
（3）系统缺陷，冷却水污染。
（4）系统投入运行前未进行冲洗。
处理方法：
（1）找出水质不合格的原因，联系有关部门予以消除，并更换冷却水。
（2）调整加药量。
（3）联系有关部门消除系统缺陷，消除泄漏，并及时更换冷却水。
（4）冲洗内冷水系统。

35 目前发电机内冷水处理方法有哪些？

答：发电机内冷水处理方法：
（1）单床离子交换微碱化法。
（2）离子交换—加碱碱化法。
（3）氢型混床—钠型混床处理法。
（4）凝结水与除盐水协调处理法。
（5）离子交换—充氮密封法。
（6）溢流换水法、缓蚀剂法、催化除氧法等。

第四节　汽水取样及水质监督

1 汽水取样时应注意什么？

答：汽水取样时应注意：
（1）取样冷却器应定期检修和清除水垢。
（2）对取样管道应定期冲洗。
（3）给水、锅炉水、蒸汽等样品应保持长流。
（4）盛水样的采样瓶必须是硬质玻璃瓶或塑料瓶。
（5）测定水中某些不稳定成分时，应在现场取样，采样方法应按各测定方法中的规定进行。
（6）采集水样的瓶子上应贴标签，并及时化验。

2 试述水、汽采样的重要性。

答：水、汽样品的采集是保证分析结果准确性的一个极为重要的步骤。取样要具有代表性，能够真实地反映热力设备和系统中水、汽质量的真实情况，为保证机组安全运行提供可靠的数据。因此要合理地选择取样地点，正确地设计、安装和使用取样装置，正确存放样品，防止样品的污染等。

3 汽、水取样器有哪几种形式?

答：汽、水取样器的形式：探针式取样器、乳头式取样器、带混合器的单乳头取样器以及缝隙式取样器。

4 如何判断水汽采样系统中的冷却水管是否发生了泄漏?

答：判断取样器是否泄漏，可用开大或关小取样冷却水的流量，观察样品水流量的变化情况来确认。

5 试述水质分析的重要性。

答：水质分析是有效地进行锅炉水处理的必要条件。如何选择锅炉水处理方式、保持一定的水化学工况、判断水处理设备的运行情况、判断热力系统金属腐蚀情况等，均要进行水质分析，否则无法进行判断，因此正确地进行水质分析，保证结果的准确性是非常重要的。

6 火力发电厂水处理的意义和内容各是什么?

答：水处理的意义：防止热力设备的结垢、腐蚀和汽轮机的积盐。

水处理的内容：净化原水、给水处理、炉水处理、凝结水处理、冷却水处理、水汽监督、机组的停运保护以及化学清洗。

7 火力发电厂用水是如何进行分类的?

答：火力发电厂用水共分九类，分别是原水、补给水、给水、锅炉水、排污水、凝结水、疏水、返回凝结水、冷却水。

(1) 原水。未经任何处理的天然水。

(2) 补给水。原水经过各种水处理工艺处理后，成为用来补充火力发电厂汽水损失的锅炉补给水，分软化水、除盐水等。

(3) 给水。经过各种水处理工艺处理后，送进锅炉的水称为给水。

(4) 锅炉水。在锅炉本体的蒸发系统中流动着的水称为锅炉水。

(5) 排污水。为了防止锅炉结垢和改善蒸汽品质，用排污的方法排出一部分含盐量高的锅炉水，这部分排出的锅炉水称为排污水。

(6) 凝结水。锅炉产生的蒸汽在汽轮机内做功后，经冷却水冷凝成的水称为凝结水。

(7) 疏水。在热力系统中，进入加热器的蒸汽将给水加热后，由这部分蒸汽冷凝下来的水，以及在停机过程中，蒸汽系统中的蒸汽冷凝下来的水都称为疏水。

(8) 返回凝结水。热力发电厂向用户供热后，回收的蒸汽凝结成水，称为返回凝结水。

(9) 冷却水。蒸汽在汽轮机中做完功以后，是靠水来冷却的；汽轮机的油系统也是靠水来冷却的，这两部分水称为冷却水。

8 造成火力发电厂汽水损失的主要原因是什么?

答：汽水损失的主要原因：

(1) 锅炉部分。锅炉排污放水，汽门的排汽，蒸汽吹灰等。

(2) 汽轮机组。分段抽汽时轴封的连续排汽，在抽汽器和除氧器排汽口也会随空气排出一些蒸汽。

（3）各种水箱的溢流和热水蒸发。

（4）管道及阀门不严，造成的跑、冒、滴、漏现象。

9 蒸汽含硅量、含盐量不合格的原因有哪些？

答：蒸汽不合格原因：

（1）炉水、给水质量不合格。

（2）锅炉负荷、汽压、水位变化急剧。

（3）减温水水质劣化。

（4）锅炉加药控制不合理。

（5）汽、水分离器分离元件缺陷。

10 如何降低蒸汽中的含盐量和含硅量？

答：（1）保证补给水质量。

（2）防止凝器汽泄漏，避免凝结水污染。

（3）化学除盐水、疏水、凝结水、给水系统做好防腐工作，减少腐蚀产物被带进锅炉。

（4）新安装锅炉要进行化学清洗后，再投入运行。

（5）停备用锅炉，做好防腐保护。

（6）保证混合式减温器内减温水的品质和防止表面式减温器泄漏，不使蒸汽污染。

（7）锅炉运行工况合理，运行参数稳定。

（8）组织锅炉工作人员进行热化学试验工作，研究出合理的运行方式和标准。

（9）对于汽包炉还要组织好锅炉的排污工作，加强炉内处理工作，保证汽包内部汽水分离装置的分离效果，使蒸汽携带的炉水有效地分离掉。汽包内装设的蒸汽清洗装置要正常投入运行，有效地减少蒸汽的溶解携带。

11 引起蒸汽质量恶化的原因有哪些？

答：蒸汽质量恶化的主要原因：

（1）设备有缺陷，如锅炉内部结构的缺陷，汽水分离器的分离效率不高等。

（2）水质控制不当，化学除盐水质量不稳，锅炉内部处理不当，凝汽器经常泄漏，炉水控制指标不合理。

（3）运行方式不合理，运行参数波动太大。

（4）混合式减温器减温水质量不高或表面式减温器泄漏造成蒸汽中盐量增加。

（5）给水处理调节不当。

（6）蒸汽水滴携带或蒸汽溶解携带。

（7）加药浓度不当或加药量过大。

12 当蒸汽品质恶化时，会造成哪些危害？

答：当蒸汽品质恶化时，在蒸汽的通流部分会沉积盐类附着物。过热器积盐会使过热器管道阻力增大，流速减小，影响传热，造成过热器爆管。蒸汽管道阀门积盐可能引起阀门失灵和漏汽。汽轮机调速机构积盐会因卡涩拒动而引起事故。汽轮机叶片积盐，会增加汽轮机阻力，使出力和效率降低等。

13 简述三级处理的含义及处理原则。

答：三级处理值的含义为：

一级处理值——有因杂质造成腐蚀的可能性，应在72h内恢复至标准值。

二级处理值——肯定有因杂质造成腐蚀的可能性，应在24h内恢复至标准值。

三级处理值——正在进行快速腐蚀，如水质不好转，应在4h内停炉。

在异常处理的每一级中，如果在规定的时间内尚不能恢复正常，则应采用更高一级的处理方法。对于汽包锅炉，恢复标准值的办法之一是降压运行。

14 为了获得清洁的蒸汽品质，应该从哪几方面采取措施？

答：(1) 选择合适的补给水处理设备，提高给水品质。

(2) 做好凝汽器铜管的防腐工作，严格防止凝汽器泄漏，并对凝结水进行100%的处理。

(3) 做好给水 NH_3—N_2H_4 碱性处理，防止铜、铁材料的腐蚀。

(4) 认真做好锅炉热化学试验，寻求最佳的运行工况。

15 为什么要进行系统查定？

答：系统查定是通过对全厂各种汽水的铜、铁含量以及与铜、铁有关的各项目的全面查定试验，找出汽水系统中腐蚀产物的分布情况，了解其产生的原因，从而针对问题，采取措施，以减缓和消除汽水系统的腐蚀。

16 运行人员发现水质异常，应首先查明哪些情况？

答：(1) 确定取样器不泄漏，所取样品正确无误。

(2) 化学分析所用仪器、药品、分析方法等完全正确。

(3) 有关表计指示正常，仪表运行无异常。

17 水汽系统杂质的来源主要有哪几方面？

答：(1) 补给水带进的杂质。

(2) 凝汽器泄漏带入的杂质。

(3) 水汽系统自身的腐蚀产物。

(4) 水处理装置带入的微量杂质。

(5) 锅内处理和给水处理药品带入的杂质。

18 如何在机组运行时保持较好的蒸汽品质？

答：(1) 提高补水质量。

(2) 调整锅炉的运行工况。

(3) 防止给水系统的腐蚀。

(4) 及时对锅炉进行化学清洗。

（5）加强饱和蒸汽各监测点含钠量的监督。
（6）加强凝结水精处理的再生工作。
（7）做好机组停炉保护工作。
（8）做好机组启动过程中的冷、热态冲洗工作。

19 水、汽品质劣化时的处理原则是什么？

答：水、汽品质劣时的处理原则：
（1）当水汽质量劣化时，应全面分析汽水系统品质劣化原因，迅速检查取样是否有代表性及化验结果是否正确。
（2）若经多方处理，仍不能改善并继续劣化，应向值长建议：降低设备运行负荷或停止设备运行，并及时汇报相关领导。
（3）值班人员应将劣化的程度、原因、处理经过和结果做好记录。

20 在机组调峰当负荷突升时，汽水品质会发生恶化，其原因是什么？

答：机组调峰负荷突变时，造成汽水品质恶化，其中原因是：给水水量突升，造成加药处理不及时和凝结水精处理出水水质发生变化，造成给水品质下降；另外，负荷突升，造成过热器蒸汽段后移，将原来沉积在过热器上的盐类重新进行溶解携带，造成蒸汽品质劣化。

21 直流炉给水含铁量超标，有哪些危害？

答：铁的氧化物在过热蒸汽中的溶解度很小。随着蒸汽的压力的增高，铁的氧化物在蒸汽中的溶解度降低，因为能被过热蒸汽带走的铁的氧化物量很小，所以必须严格控制给水中的铁含量。当给水含铁量高时，再热器热管段中容易发生氧化铁沉积出来，严重时也会引起管子过热爆管。氧化铁还容易集中在节流孔板上，给水调节门套筒内沉积，而且集结部位在死角汽水流入口处，使锅炉的总阻力增加。

22 水样温度高或取样器冒汽是什么原因？如何处理？

答：水样温度高或取样器冒汽的原因：
（1）冷却水量小。
（2）取样二次、三次门开度过大。
（3）冷却水管路堵塞或有冷却水观察孔冲开。
（4）冷却水泵跳闸或者空转造成冷却水源中断。
处理方法：
（1）开大冷却水进、出水门调整流量。
（2）调整好二次、三次门开度。
（3）联系检修处理，关闭冷却水进、出水门取样二次、三次门。
（4）联系锅炉补水或者启动冷却水泵。

23 定期冲洗水样取样器系统的目的是什么？

答：冲洗水样取样器系统的目的：
（1）冲走长管段运行中积存的沉积物、水垢、水渣等，防止污堵。

（2）清洁取样系统，阻止沉积物对水样产生的过滤作用而影响水样的真实性、代表性。

（3）活动系统设备，防止因长期的不操作而锈死失灵，影响正常的调整工作。

24 机组启动时应如何进行化学监督？

答：（1）启动前用加有氨和联氨的除盐水冲洗高、低压给水管路和锅炉本体，待全铁含量合格后再点火。

（2）及时投入除氧器，并使溶解氧合格。

（3）冲洗取样器，按规定调节人工取样时样口流量在500～700ml/min、温度小于或等于30℃。

（4）加强炉内处理及底部排污。

（5）严格执行停、备用机组启动时的水、汽质量标准，并网8h后应达到机组正常运行标准。

（6）当水汽质量达标稳定后，应尽快投入在线化学仪表。

（7）监督凝结水质量，达标后方可回收。

（8）监督发电机内冷水的质量。

25 如何评价机组的水化学工况？

答：（1）以水汽质量标准衡量化学监测数据。

（2）以水冷壁向火侧结垢速率标准衡量锅炉水冷壁内表面的清洁程度来评价。

（3）以汽轮机转子、隔板和叶片结盐标准衡量汽轮机通流部清洁程度进行有关评价。

（4）以电站热力设备金属腐蚀评价标准衡量水汽系统中不同部分金属材料的腐蚀进行有关评价。

（5）从凝结水净化设备的运行效果来评价。

（6）以凝结器铜管腐蚀、结垢标准衡量凝结器铜管腐蚀与清洁程度进行有关评价。

26 化学监督的内容有哪些？

答：化学监督的主要内容：

（1）用混凝、澄清、过滤、预脱盐（电渗析、反渗透、电去离子）及离子交换等方法制备质量合格、数量足够的补给水，并通过调整试验不断降低水处理的成本。

（2）挥发性处理时对给水进行加氨和除氧等处理。中性或联合水处理对给水进行加氧处理。

（3）对汽包锅炉，要进行锅炉水的加药和排污处理。

（4）对直流锅炉机组和亚临界压力的汽包锅炉机组，要进行凝结水的净化处理。

（5）在热电厂中，对生产返回凝结水，要进行除油、除铁等工作。

（6）对循环冷却水要进行防垢、防腐和防止出现有机附着物等处理。

（7）在热力设备停备用期间，做好设备防腐工作中的化学监督工作。

（8）在热力设备大修期间，检查并掌握热力设备的结垢、积盐和腐蚀等情况，做出热力设备的腐蚀结垢状况的评价，并组织进行热力设备的清洗。

（9）做好各种水处理设备的调整试验，配合汽机专业、锅炉专业做好除氧器的调整试验，热化学试验以及热力设备的化学清洗等工作。

（10）正确地进行汽水取样监督工作。

27 测定硬度时为什么要加缓冲溶液？

答：因为一般被测水样的 pH 值都达不到 10，在滴定过程中，如果碱性过高（pH>11），易析出氢氧化镁沉淀；如果碱性过低（pH<8），镁与指示剂络合不稳定，终点不明显，因此必须用缓冲溶液以保持一定的 pH 值。测定硬度时，加铵盐缓冲液是为了使被测水样的 pH 值调整到 10.0±0.1 的范围。

28 什么是指示剂的封闭现象？

答：当指示剂与金属离子生成极稳定的络合物，并且比金属离子与 EDTA 生成的络合物更稳定，以至到达理论终点时，微过量的 EDTA 不能夺取金属离子与指示剂所生成络合物中的金属离子，而使指示剂不能游离出来，故看不到溶液颜色发生变化，这种现象称为指示剂的封闭现象。某些有色络合物颜色变化的不可逆性，也可引起指示剂的封闭现象。

29 定量分析中产生误差的原因有哪些？

答：在定量分析中，产生误差的原因很多，误差一般分为两类：系统误差和偶然误差。系统误差产生的主要原因：

（1）方法误差。这是由于分析方法本身的误差。

（2）仪器误差。这是使用的仪器不符合要求所造成的误差。

（3）试剂误差。这是由于试剂不纯所造成的误差。

（4）操作误差。这是指在正常操作条件下，由于个人掌握操作规程与控制操作条件稍有出入而造成的误差。

偶然误差产生的主要原因是由某些难以控制、无法避免的偶然因素所造成的误差。

30 水质分析有哪些基本要求？

答：（1）正确地取样，并使水样具有代表性。

（2）确保水样不受污染，并在规定的可存放时间内做完分析项目。

（3）确认分析仪器准确、可靠并正确使用。

（4）掌握分析方法的基本原理和操作。

（5）正确地进行分析结果的计算和校正。

31 在用硅表测量微量硅时，习惯上按浓度由小到大的顺序进行，有何道理？

答：因要精确测定不同浓度二氧化硅显色液的准确含硅量时，需先用无硅水冲洗比色皿 2～3 次后再测定。如果按深度由小到大的顺序测定时，则可不冲洗比色皿而直接测定，这时引起的误差不会超过仪器的基本误差。但测定“倒加药”溶液时，则需增加冲洗次数，否则不易得到准确的数值。

32 质量分析法选择沉淀剂的原则是什么？

答：（1）溶解度要小，才能使被测组分沉淀完全。

（2）沉淀应是粗大的晶形沉淀。
（3）沉淀干燥和灼烧后组分恒定。
（4）沉淀的分子量要大。
（5）沉淀是纯净的。
（6）沉淀剂应为易挥发、易分解的物质，这样在燃烧时从沉淀中可将其除去。

33 测硬度时如果在滴定过程中滴不到终点的原因是什么？如何处理？

答：因为是水样中有铜、铁、锰等金属离子的干扰。
应先加掩蔽剂消除干扰，然后再加指示剂进行测定。

34 酸度对络合滴定有何影响？

答：因为EDTA在水溶液中共有七种存在形体，而只有四价离子能与金属离子直接络合，溶液的酸度越低，四价离子的分布比就越大，因此EDTA在碱性溶液中络合能力较强。此外，在酸度高时，EDTA和金属离子还可以形成酸式螯合物，在中性或碱性溶液中也会形成碱式螯合物，这些物质都不够稳定，一般可忽略不计。

35 测定炉水氯根时，若不先进行中和反应，在测定过程中会发生什么现象？

答：若不先进行中和，滴定过程中可能生成棕褐色沉淀，而不是理想的白色沉淀。因为强碱性溶液干扰氯化银沉淀的生成，此时滴入水中的银离子生成氧化银棕褐色沉淀。因此滴定前应对水样进行pH值的检查，并进行酸碱中和。

36 试述碱度和暂时硬度的关系。

答：碱度分酚酞碱度（P）和全碱度（M）：
（1）$P=0$ 时，说明水样中不含氢氧化物和碳酸盐，只有重碳酸盐。
（2）$P<1/2M$ 时，说明水样中不含氢氧化物，只含有碳酸盐和重碳酸盐。碳酸盐含量等于 $2P$，重碳酸盐含量等于 M-$2P$。
（3）$P=1/2M$ 时，说明水样中没有氢氧化物和重碳酸盐，只有碳酸盐，含量为 $2P$。
（4）$P>1/2M$ 时，说明水样中除碳酸盐以外，还有氢氧化物存在，但没有重碳酸盐。
（5）$P=M$ 时，说明水样中只有氢氧化物。

第五节 锅炉的腐蚀、结垢与保护

1 什么是结垢？

答：如果进入锅炉或其他热交换器的水质不良，经过一段时间的运行后，在和水接触的受热面上，会生成一些固体附着物，这些固体附着物称为水垢，这种现象称为结垢。

2 什么是积盐？

答：如果锅炉用水水质不良，就不能产生高纯度的蒸汽，随蒸汽带出的杂质就会沉积在蒸汽通流部分，这种现象称为积盐。

3 什么是机械携带?

答：水在汽化过程中，由于各种原因，蒸汽中常带有锅炉水水滴，使锅炉水中的各种成分以水溶液状态带到蒸汽中，这种现象称为蒸汽的机械携带。

4 什么是溶解携带?

答：饱和蒸汽因溶解而携带水中某些物质的现象称为蒸汽的溶解携带。

5 什么是化学腐蚀?

答：金属与干燥的气体或非电解质发生作用而引起的腐蚀，称为化学腐蚀。

6 什么是电化学腐蚀?

答：形成微电池而引起的腐蚀，称为电化学腐蚀。

7 什么是氧腐蚀?

答：溶解氧起阴极去极化作用，引起钢铁腐蚀，称为氧去极化腐蚀，也称为氧腐蚀。

8 什么是沉积物下腐蚀?

答：当锅炉内金属表面附着有水垢或水渣时，在其下面会发生严重的腐蚀，称为沉积物下腐蚀。

9 什么是应力腐蚀?

答：凝汽器铜管常受机械和重力的拉伸，以及蒸汽和水的振动而产生应力，在应力作用下的腐蚀称为应力腐蚀。

10 什么是碱性腐蚀?

答：在沉积物下因炉水浓缩而形成很高浓度的 OH^- 离子的腐蚀，称为碱性腐蚀。

11 什么是汽水腐蚀?

答：当过热蒸汽温度高达 450℃时，它就要和碳钢发生反应，引起管壁均匀变薄，腐蚀产物常常呈粉末状或鳞片状，多半是腐蚀产物四氧化三铁。

12 什么是苛性脆化?

答：水中的苛性钠使受腐蚀的金属发生脆化，称为苛性脆化。

13 什么是保护膜?

答：金属腐蚀产物有时覆盖在金属表面上，形成一层膜，这层膜对腐蚀过程的影响很大。因它能把金属与周围介质隔开，使金属腐蚀速度降低，有时甚至可以保护金属不再遭受进一步腐蚀，所以称它为保护膜。

14 什么是水垢？

答：在热力设备内，受热面水侧金属表面上生成的固态附着物称为水垢。

15 什么是一次水垢？

答：水中溶解性盐类杂质在受热面上直接结晶而形成的水垢，称为一次水垢。

16 什么是二次水垢？

答：黏附性水渣、腐蚀产物以及较复杂的铁、铝、硅酸盐等在受热面上再次生成的水垢，称为二次水垢。

17 什么是水渣？

答：呈悬浮状态和沉渣状态的物质称水渣。

18 什么是黏附性水渣？

答：易黏附在受热面上的水渣称黏附性水渣。

19 什么是非黏附性水渣？

答：不易黏附在受热面上的水渣，易随炉水的排污从锅内排掉，此水渣称非黏附性水渣。

20 什么是盐类沉积？

答：蒸汽所携带的杂质沉积在蒸汽的通流部分，这种现象称作积盐。沉积的物质称为盐类沉积。

21 什么是锅炉清洗剂？

答：指根据锅炉内部的脏污程度、沉积物的性状、锅炉的结构特点、锅炉使用的钢材等，选择适当的清洗液进行清洗，这些清洗液就称为锅炉清洗剂。常用的锅炉清洗剂分为无机酸和有机酸。

22 什么是缓蚀剂？

答：缓蚀剂是指能防止和显著降低酸液对金属的腐蚀，同时也不影响酸洗效果，不影响金属的机械性能和金相组织的一种化学药品。

23 什么是腐蚀？腐蚀可分哪几类？

答：由于金属受环境影响而引起金属的破坏或变质，或金属与环境之间的有害反应称为腐蚀。

金属腐蚀按作用性质分为化学腐蚀和电化学腐蚀；按发生腐蚀过程的环境和条件可分为高温腐蚀、大气腐蚀、海水腐蚀、土壤腐蚀等；按形态可分为均匀腐蚀和局部腐蚀。

24 什么是原电池和电解池？如何规定正极和负极，阴极和阳极？

答：电池内自发的产生化学反应，将化学能转变为电能的电池称为原电池。

由外部电池供给能量使电池中发生化学反应的电池称为电解池。

无论原电池还是电解池，发生氧化反应的电极称为阳极，发生还原反应的电极称为阴极。

从电流的方向来看，对于原电池，电流从阴极流向阳极，所以阴极为正极，阳极为负极；对于电解池，电流由阳极流向阴极，故阳极为正极，阴极为负极。

25 什么称为电极的极化？极化现象的产生和引起极化的原因有哪些？

答：由于电流通过电极而引起的电极电位变化称为极化。极化作用可以降低腐蚀速率。

极化现象的产生是由于当有反应电流存在时，电极反应的迟缓或传递过程中的阻碍引起的。

引起极化的原因：

（1）浓差极化。由于电极反应引起的电极表面参与电极反应的物质（离子、溶解气体等）的活度与它们在液体本体中的活度发生差异，使电极电位偏离初始电位。

（2）电化学极化。由于反应电流的存在，在电极反应过程中，某一步骤迟缓而使电位偏离初始电位。

（3）阻力极化。由于电极表面存在高电阻的膜，阻碍了电极反应的进行。

26 试述浓差极化产生的原因及影响因素。

答：电极上有电流通过时，在电极溶液界面上发生电化学反应，参与反应的可溶性粒子不断地从溶液内部输送到电极表面或从电极表面离开。如果这种传质过程的速度比电荷传递步骤的速度慢，则电极表面液层中参与反应的粒子和溶液内部的该粒子的浓度会出现差异，导致浓差极化，使反应速度变化。

影响因素：

（1）电极反应电流。当电极反应电流增大时，电极反应速度加快，生成物浓度增加和反应物浓度的降低也加剧，电极表面与溶液本体的浓度差也增加，引起的电极极化也越大。

（2）扩散层的厚度。在电极表面存在着一薄层静止的液体，称为扩散层。溶液本体中的反应物质微粒必须以扩散形式经此薄层才能到达电极表面。反之，电极表面的生成物也必须扩散，通过这一薄层才能到达溶液本体。

27 什么是金属的晶间腐蚀？

答：在金属晶界上或其邻近区域发生剧烈的腐蚀，而晶粒的腐蚀则相对很小，这种腐蚀称为晶间腐蚀。腐蚀的后果是晶粒脱落，合金碎裂，设备损坏。晶间腐蚀是由于晶界区某一合金元素的增多或减少而使晶界非常活泼而导致腐蚀。

晶间腐蚀的两种特殊形态：

（1）焊缝腐蚀。焊缝腐蚀是由焊接导致的一种晶间腐蚀，它发生在离焊缝稍有一些距离的母材上，腐蚀区呈带状。

（2）刀线腐蚀。稳定奥氏体不锈钢在某些特殊情况下，铌或钛没有与碳化合，仍然由铬与碳化合而沉淀引起的晶间腐蚀。这种腐蚀是由于稳定的奥氏体不锈钢在紧挨焊缝的两侧，发生一条仅几个晶粒宽的晶间腐蚀窄带，其余部分没有腐蚀，由于其外形如刀切的线，故称之为刀线腐蚀。

28 什么是电偶腐蚀？其影响因素有哪些？

答：这类腐蚀的原因是两种不同的金属在腐蚀介质中组成了腐蚀原电池，这种腐蚀原电池和普通原电池必须存在两个电极（或两个以上）并有导电的介质形成电子回路时才能形成原电池而导致腐蚀。电极电位低的作为阳极，电位高的作为阴极。

影响因素有以下方面：

(1) 环境。环境对电偶腐蚀有很大的影响，同样两种相接触的金属在不同的环境中，阴阳极会发生逆转。

(2) 距离。两个不同金属或合金相连接处，腐蚀速度最大。离连接处的距离越远，腐蚀速度越小。这是由于电路中存在电阻的原因。

(3) 面积。阴阳极的面积化，在电偶腐蚀中十分重要。大阴极、小阳极就会引起严重的腐蚀。由于阴极电流与阳极电流是相同的，阳极面积越小，腐蚀电流密度越大，腐蚀速度就越大。

29 缝隙腐蚀的机理是什么？其影响因素有哪些？

答：在金属介质中，有缝隙的地方或被他物覆盖的表面上发生较为严重的局部腐蚀，这种腐蚀称为缝隙腐蚀。缝隙腐蚀除了由于缝隙中金属离子浓度或溶氧浓度和缝隙周围的浓度存在差异而引起以外，其主要原因是这种腐蚀的自催化过程，缝隙间金属氯化物水解，使pH值降低很快而加速金属的溶解。

影响因素有以下3方面：

(1) 缝隙的宽度。缝隙必须宽到液体能进入其中，但又必须窄到能使液体停滞在其中。

(2) 介质。这类腐蚀在许多介质中都能发生，只是在含氯离子的介质中最为严重。

(3) 金属材质。这类腐蚀在具有钝化层或氧化膜的金属或合金上容易发生。

30 点蚀的机理是什么？其影响因素有哪些？

答：点蚀又称小孔腐蚀，是一种极端的局部腐蚀形态。蚀点从金属表面发生后，向纵深发展的速度大于或等于横向发展的速度，腐蚀的结果是在金属上形成蚀点或小孔，而大部分金属则未受到腐蚀或仅是轻微腐蚀。这种腐蚀形态称点蚀或小孔腐蚀。孔蚀（点蚀）的机理、缝隙腐蚀的机理实质上是相同的，但两者也是有区别的。孔蚀不需要客观存在的缝隙，它可以自发产生蚀孔。一般来说，在某些介质中，易发生孔蚀的金属，也同样容易发生缝隙腐蚀，但是发生缝隙腐蚀的体系（包括金属和介质）却并不一定产生孔蚀。

影响因素有以下3方面：

(1) 溶液的成分。大多数孔蚀是由氯离子引起的。

(2) 介质的流速。由于静滞的液体是孔蚀的必要条件，因此在有流速的介质中或提高介质的流速常使孔蚀减轻。

(3) 金属本身的因素。具有自钝化特性的金属合金对点蚀的敏感性较高。

31 什么是应力腐蚀？其影响因素是什么？如何防止应力腐蚀？

答：应力腐蚀是由拉应力和特定的腐蚀介质共同作用引起的金属破裂。

影响因素有以下3方面：

(1) 应力。应力是应力腐蚀的必要条件，必须是拉应力具有足够的大小。应力可以是外加的、残余的或是焊接应力。

(2) 破裂时间。早期裂纹很窄小，延伸率无大变化；末期裂纹变宽，断裂之前发生大量塑性变形，延伸率有很大变化。

(3) 环境因素。包括介质、氧化剂、温度、金属因素等。

防护措施有以下3方面：

(1) 降低应力。

(2) 除去危害性大的介质组分。

(3) 改用耐蚀材料。

32 试述阴极保护的原理。

答：受腐蚀的金属，外加阴极电流时，电极电位从其腐蚀电位向负向移动，使局部阳极电流减小，当电极电位负移到该金属阳极反应平衡电位时，局部阳极过程就完全被抑制。这种使阴极极化来防止腐蚀的方法称为阴极保护。

使受保护的金属阴极极化有两种方法：

(1) 连接一个电位更负的有效阳极。

(2) 对被保护金属施加阴极电流使之阴极极化。

33 试述阳极保护原理及主要控制参数。

答：阳极保护是将受保护的设备外接直流电源，由恒电位仪控制电位，使受保护材料的阳极电位维持在钝化区电位内，从而免受腐蚀。阳极保护特别适用于强氧化性介质中的金属防腐。

主要控制参数：

(1) 至钝电流密度。对阳极保护来说，至钝电流密度越小越好，减少设备投资及耗电量。

(2) 保护电位区域。钝化区电位范围越宽越好。

(3) 维钝电流密度。维钝电流密度越小，设备腐蚀速度越小，保护效果越显著，日常耗电量也越小。

34 为什么要对停、备用的锅炉做防腐工作？

答：停、备用锅炉的金属表面存在盐分、水垢、积渣等，如果接触空气中的 O_2 和 CO_2 就会发生腐蚀。这种腐蚀比运行中的腐蚀要严重得多。省煤器运行时，一般在入口部分易遭到腐蚀，若对停、备用锅炉不做防腐工作，则整个管路都会遭到腐蚀。过热器一般在运行中不发生腐蚀，但停、备用时则有可能发生腐蚀，尤其在弯头部分。锅炉水冷壁管及汽包在运行中很少遭到氧腐蚀，而在停、备用时则极易发生氧腐蚀。

停、备用时发生腐蚀，一方面增加了水中的腐蚀产物，同时这些腐蚀产物如 Fe_2O_3、CuO 等都是腐蚀促进剂。这是造成腐蚀结垢的一个重要原因。因此，对停、备用锅炉一定要注意防腐。

35 氧化铁垢的形成原因是什么？其特点是什么？

答：氧化铁垢是目前火力发电厂锅炉水冷壁管中最常见的一种水垢。它的形成原因主要是：锅炉受热面局部热负荷过高；锅炉水中含铁量较大；锅炉水循环不良；金属表面腐蚀产物较多等。

氧化铁垢一般呈贝壳状，有的呈鳞片状凸起物，垢层表面为褐色，内部和底部是黑色或灰色。垢层剥落后，金属表面有少量的白色物质，这些白色物质主要是硅、钙、镁和磷酸盐的化合物，有的垢中还含有少量的氢氧化钠。氧化铁垢的最大特点是垢层下的金属表面受到不同程度的腐蚀损坏，从而产生麻点、溃疡直到穿孔。

36 怎样预防锅炉产生氧化铁垢？

答：预防锅炉产生氧化铁垢，应从以下几个方面着手：

（1）对新安装的锅炉必须进行化学清洗。清除锅炉设备内的轧皮，焊渣及腐蚀产物等杂质。

（2）尽量减少给水的含氧量和含铁量。

（3）改进锅炉内的加药处理，加强锅炉排污。

（4）在机组启动时，严格监督锅炉水循环系统中的水质，如加强排水、换水等工作。

（5）做好设备停运或检修期间的防腐工作。

此外，在锅炉结构和运行方面，应避免受热面金属局部热负荷过高，以保持锅炉在运行中正常的燃烧和良好的水循环工况。

37 为什么设备在有氧的情况下易发生腐蚀？

答：因为热力设备大多是铁材料，若给水采用碱性水工况，在有氧的情况下，因为氧的电极电位高，易形成阴极。铁的电极电位比氧低，铁是阳极，所以遭到氧的腐蚀破坏。氧的含量越高，表示反应物的浓度越高，反应速度越快，金属的腐蚀就越严重，所以给水必须要除氧。

38 影响金属腐蚀的因素有哪些？

答：影响金属腐蚀的因素：

（1）溶解氧含量。氧含量越高，腐蚀速度越快。

（2）pH 值。pH 值越高，腐蚀速度越低。

（3）温度。温度越高，腐蚀速度越快。

（4）水中盐类的含量和成分。盐类含量越高，腐蚀速度越快。

（5）流速。水的流速越高，腐蚀速度越快。

39 高压锅炉过热器内主要沉积哪些杂质？如何清除？

答：高压锅炉过热器内主要沉积的盐类是硫酸钠。

硫酸钠可以用水洗的办法将这些沉积物清除去，较常用的方法是在锅炉投入运行之前，对过热器进行反冲洗。当需要清洗金属腐蚀产物和其他难溶沉积物时，应在锅炉进行化学清洗时，专门对过热器进行清洗。

40 如何防止金属的电化学腐蚀？

答：（1）金属材料的选用。金属材料本身的耐蚀性，主要与金属的化学成分、金相组织、内部应力及表面状态有关，还与金属设备的合理设计与制造有关，应该选用耐蚀性强的材料，但金属材料的耐蚀性能是与它所接触的介质有密切关系的。选用金属材料时，除了考虑它的耐蚀性外，还要考虑它的机械强度，加工特性等方面的因素。

（2）介质的处理。对金属材料的腐蚀性，在某种情况下是可以改变的。也就是说，通过改变介质的某些状况，可以减缓或消除介质对金属的腐蚀作用。

41 氧腐蚀的特征是什么？通常发生在什么部位？

答：氧腐蚀的特征是溃疡性腐蚀。金属遭受腐蚀后，在其表面生成许多大小不等的鼓包，鼓包表面为黄褐色和砖红色不等，主要成分为各种形态的氧化铁，次层为黑色粉末状态物四氧化三铁，清除腐蚀产物后，是腐蚀坑。

氧腐蚀通常发生在给水管道和省煤器，补给水的输送管道以及输水的储存设备和输送管道等都易发生氧腐蚀。

42 CO_2 腐蚀的原理是什么？腐蚀特征是什么？易发生在什么部位？

答：当水中有游离 CO_2 存在时，水呈微酸性，由于水中有 H 离子的存在，就会产生氢去极化腐蚀，使铁遭受酸性腐蚀。温度升高时，腐蚀速度更快。

CO_2 腐蚀的特征是：使金属均匀地变薄。

发生的部位是：凝结水系统、疏水系统、热网蒸汽凝结水系统。

43 为什么水中有 O_2 和 CO_2 存在时，腐蚀更为严重？

答：因为 O_2 的电极电位高，易形成阴极，侵蚀性强。CO_2 使水呈酸性，破坏了金属的保护膜，使得金属裸露部分与氧发生腐蚀，因此腐蚀更为严重。

44 什么是沉积物下腐蚀？其原理是什么？

答：当锅炉内表面附着有水垢或水渣时，在其下面会发生严重的腐蚀，称为沉积物下腐蚀。

原理：在正常的运行条件下，锅炉内金属表面常覆盖着一层 Fe_3O_4 保护膜，这是金属表面在高温的锅炉水中形成的，其反应为：$Fe_3O_4 + 4NaOH_2 \longrightarrow NaFeO_2 + Na_2FeO_2 + 2H_2O$ 和 $Fe + 2NaOH \longrightarrow Na_2FeO_2 + H_2$。

这样形成的保护膜是致密的，具有良好的保护性能，可使金属免遭腐蚀。但是如果此 Fe_3O_4 膜遭到破坏，金属表面就会暴露在高温的炉水中，非常容易遭受腐蚀。

45 热力设备停运保护从原理上分为哪三类？

答：为了防止停运腐蚀，热力设备停运期间必须采取保护措施，以免除或减轻热力腐蚀。防止热力设备系统停运腐蚀的方法很多，按原理基本可分为三类：

（1）防止空气进入热力设备水汽系统，一般用充氮法和保持压力法。

（2）降低热力设备水汽系统的湿度，保持停运锅炉水汽系统金属内表面干燥。一般用烘干法和干燥剂。

(3) 加缓蚀剂法，使金属表面生成保护膜，或者除去水中的溶解氧。所加缓蚀剂有联氨、乙醛亏、丙酮亏、液氨和气相缓蚀剂、十八胺等。

46 防止锅炉发生腐蚀的基本原则是什么？

答：(1) 不让空气进入停用锅炉的水汽系统内。

(2) 保持停用锅炉水汽系统内表面的干燥。

(3) 在金属表面形成具有防腐蚀作用的保护膜。

(4) 使金属表面浸泡在含有除氧剂或其他保护剂的水溶液中。

47 什么是苛性脆化？如何防止？

答：苛性脆化是锅炉金属的一种特殊的腐蚀形式，由于引起这种腐蚀的主要因素是水中的苛性钠，使受腐蚀的金属发生脆化，故称为苛性脆化。

为了防止这种腐蚀，应消除锅炉水的侵蚀性，如保持一定的相对碱度，实施炉水的协调磷酸盐处理，运行中的锅炉及时做好化学监督，防止水中 pH 值过低。

48 热力设备发生腐蚀有什么危害？

答：(1) 能与炉管上的其他沉积物发生化学反应，变成难溶的水垢。

(2) 因其传热不良，在某些情况下可能导致炉管超温，以致烧坏。

(3) 能引起沉积物下的金属腐蚀。

49 汽轮机容易产生酸性腐蚀的部位在哪里？其特征是什么？机理是什么？

答：容易产生酸性腐蚀的部位为：汽轮机运行时的整个湿蒸汽区，包括低压缸入口分流装置、隔板、隔板套、排汽室等静止部件以及加热器疏水管路等处。湿蒸汽区前部腐蚀较后部严重。

酸性腐蚀的特征：受腐蚀的部件表面保护膜脱落，金属表面呈银灰色，晶粒裸露完整、表面粗糙。隔板导叶的根部会因腐蚀而部分露出。隔板轮圆外侧也会因腐蚀而形成小沟。排汽室的拉筋腐蚀具有方向性，和蒸汽的流向一致，腐蚀后的钢材呈蜂窝状。低分子有机酸和无机酸随蒸汽进入汽轮机，当出现第一批水滴时，就溶于水滴中成为酸。此第一批水滴形成在湿蒸汽区，对于再热式汽轮机来说，即在低压缸部位；而对于不是再热式汽轮机来说，是在中压缸的最后部位和低压缸开始部位。

机理。出现汽轮机酸性腐蚀的，一般是采用加氨处理的电厂，原因是氨的分配系数远远大于这些酸的分配系数。当蒸汽出现第一批水滴时，水滴的数量并不大，这些酸因分配系数小，溶入水滴中的量相当大，形成较高浓度的酸蒸汽中虽也有氨，但由于氨的分配系数大，溶于水滴中的量很少，不足以中和这些酸，造成酸性腐蚀。

50 如何防止过热器及汽轮机积盐？

答：过热器积盐。从汽包送出的饱和蒸汽携带的盐类物质一般有两种状态：一种是呈蒸汽溶液状态，这主要是硅酸；另一种是呈液体溶液状态，即含有各类盐类物质的小水滴。由饱和蒸汽带出的各种盐类物质，在过热器中，当某种物质的携带量大于该物质在过热蒸汽中的溶解度时，该物质就会沉积在过热器中，因为沉积的大都是盐类，故称过热器积盐。

汽轮机积盐。过热蒸汽中的杂质形态一种是蒸汽溶液，另一种呈固体微粒状，主要是没有沉积下来的固态钠盐以及铁的氧化物。过热蒸汽的杂质大部分呈第一种形态。过热蒸汽进入汽轮机后，这些杂质会沉积在它的蒸汽通流部分，这种现象称为汽轮机积盐。防止在蒸汽流通部位积盐，必须保证从汽包引出的是清洁的饱和蒸汽，并防止它在减温器内污染。饱和蒸汽中的杂质来源于锅炉水，因此为了获得洁净的蒸汽，应减少锅炉水中杂质的含量，还应设法减少蒸汽的带水量和降低杂质在蒸汽中的溶解量。为此，应采取下列措施：

（1）减少进入锅炉水中的杂质，保证给水水质。应采取如下方法：减少热力系统的汽水损失，降低补给水量。采用优良的水处理工艺，降低补给水中杂质含量。防止凝汽器泄漏，以免汽轮机凝结水被冷却水污染。采取给水和凝结水系统的防腐措施，减少水中的金属腐蚀产物。

（2）为了使锅炉水含盐量和含硅量维持在极限容许值以下，在锅炉运行中，必须经常排污。

（3）应用锅内的汽水分离装置，尽量减少由蒸汽携带出的盐量。

（4）在高压和超高压锅炉中，高压蒸汽有明显的溶解盐类的特性，只采用汽水分离设备和分段蒸发的措施，不能防止高压蒸汽的选择性携带硅酸和钠盐等，因此必须采用清洁的给水清洗饱和蒸汽，使原来溶解在饱和蒸汽中的盐类转入给水中，从而获得清洁蒸汽。

51 锅炉为什么要进行停炉保护?

答：因为锅炉及热力设备停运期间，如果不采取有效的防护措施，则锅炉、汽轮机及其水汽系统各部分的金属内表面会发生严重腐蚀。锅炉在停运期间，外界空气必然大量进入水汽系统，此时锅炉要放水，但炉管金属的内表面往往会因受潮而附着一薄层水膜，空气中的氧便溶解在此水膜中，使水膜饱含溶解氧，所以很容易引起锅炉金属的腐蚀。

52 停运锅炉有哪几种保护方法?

答：停运锅炉的保护方法分为满水保护法和干燥保护法。满水保护法又分为联氨法、氨液法、保持给水压力法、保持蒸汽压力法、碱液法。干燥保护法又分为烘干法、充氮法、干燥剂法。

53 选用停炉保护方法的原则是什么?

答：（1）锅炉的结构是立式还是卧式。

（2）停运时间的长短。

（3）环境温度。

（4）现场的设备条件。

（5）水的来源和流量。

54 温度是如何影响腐蚀速度的?

答：温度对溶解氧引起的钢铁腐蚀过程有较大的影响。因为在密闭系统中温度升高时，各种物质在水溶液中的扩散速度加快，导致电解质水溶液的电阻降低，这些都会加速腐蚀电池阴、阳两极过程。在相同 pH 值条件下，温度越高，腐蚀速度越快。

55 水垢和盐垢有什么区别？

答：水垢中往往夹杂着腐蚀产物，并与其一起沉积在受热面上，其中最多见的是金属氧化物，较松软，呈红棕色。盐垢中往往夹杂着难溶的硅化物，不溶于水，质地坚硬，很难去除，常与水垢混杂在一起。

56 水垢分哪几种？水渣分哪几种？两者有何区别？

答：水垢按化学成分可分四种：钙镁水垢、硅酸盐水垢、氧化铁垢和铜垢。

水渣按其性质可分为以下两类：

（1）不会黏附在受热面上的水渣。

（2）易黏附在受热面上转化成水垢的水渣。

锅内水质不良，经过一段时间的运行后，在受热面与水接触的管壁上就会生成一些固态附着物，这些附着物称为水垢。锅炉水中析出的固体物质，有的还会呈悬浮态存在于锅炉水中，也有的沉积在下联箱底部等水流缓慢处，形成沉渣，这些呈悬浮状态和沉渣状态的物质称为水渣。水垢能牢固地黏附在受热面的金属表面，而水渣是以松散的细微颗粒悬浮于锅炉水中，能用排污方法排除。

57 常见的四种水垢其成分及特征是什么？在什么部位生成？

答：

（1）钙、镁水垢。成分为 Fe_2O_3、CaO、MgO、SiO_2、SO_3、CO_2，易生成在锅炉省煤器、加热器、给水管道以及凝汽器冷却水通道和冷水塔中，在热负荷较高的受热面上。它有的松软、有的坚硬。

（2）硅酸盐水垢。其化学成分绝大部分是铝、铁的硅酸化合物。这类水垢有的多孔，有的很坚硬、致密，常生成在热负荷很高或水循环不良的炉管处。

（3）氧化铁垢。主要成分是铁的氧化物，其含量可达 70%～90%，此外，往往还含有金属铜、铜的氧化物和少量钙、镁、硅和磷酸盐等物质。氧化铁垢表面为咖啡色，内层是黑色或灰色，垢的下部与金属接触处常有少量的白色盐类沉积物。主要生成在：热负荷很高的炉管管壁上；对敷设有燃烧带的锅炉，在燃烧带上下部的炉管内；燃烧带局部脱落或炉膛内结焦时的裸露炉管内。

（4）铜垢。铜垢的成分为 Cu、Fe_2O_3、SiO_2、CaO、MgO，它的水垢层表面有较多金属铜的颗粒。铜垢的生成部位主要在局部热负荷很高的炉管内。其特征为：在垢的上层含 Cu 量较高，在垢的下层含 Cu 量降低，并有少量白色沉积物。

58 汽轮机的高压级、中压级、低压级分别以哪些沉积物为主？

答：高压级中的沉积物主要是易溶于水的 Na_2SO_4、Na_3PO_4 和 Na_2SiO_3 等。

中压级中的沉积物主要是易溶于水的 Na_2CO_3、NaCl 和 NaOH 等。还有难溶于水的钠化合物，如 $NaO \cdot Fe_2O_3 \cdot 4SiO_2$（钠锥石）和 $NaFeO_2$（铁酸钠）。

低压级中的沉积物主要是不溶于水的 SiO_2。

59 热力设备结垢、结渣有哪些危害?

答：热力设备结垢后，往往因传热不良导致管壁温度升高，当其温度超过了金属所能承受的允许温度时，就会引起鼓包和爆管事故。锅炉水中水渣太多，会影响锅炉的蒸汽品质，而且还有可能堵塞炉管，威胁锅炉的安全运行。

60 水垢影响传热的原因是什么?

答：水垢的导热性一般都很差，水垢与钢材相比，热导率相差几十到几百倍，即结有1mm厚的水垢时，其传热效能相当于钢管管壁加厚了几十到几百毫米，所以金属管壁上形成水垢会严重地阻碍传热。

61 钙、镁垢的生成原因是什么?

答：水中钙、镁盐类的离子浓度乘积超过了其溶度积，这些盐类从溶液中结晶析出，并牢固地附着在受热面上。

62 氧化铁垢和铜垢的生成原因是什么?

答：氧化铁垢的生成原因：

(1) 锅炉水中铁的化合物沉积在管壁上，形成氧化铁垢。在锅炉水中，胶态氧化铁带正电，当炉管上局部地区的热负荷很高时，这部位的金属表面与其他各部分的金属表面之间会产生电位。热负荷很高的区域，金属表面因电子集中而带负电。这样，带正电的氧化铁微粒就向带负电的金属表面聚集，结果便形成氧化铁垢。

(2) 炉管上的金属腐蚀产物转化为氧化铁垢。在锅炉运行时，如果炉管内发生碱性腐蚀或汽水腐蚀，其腐蚀产物附着在管壁上就成为氧化铁垢。在锅炉制造、安装或停运时，若保护不当，由于大气腐蚀在炉管内会生成氧化铁等腐蚀产物，这些腐蚀产物附着在管壁上，锅炉运行后，也会转化成氧化铁垢。

铜垢的生成原因是：在热力系统中，铜合金制件遇到腐蚀后，铜的腐蚀产物随给水进入锅内，在沸腾着的碱性锅炉水中，这些铜的腐蚀产物主要以络合物形式存在。在热负荷高的部位，一方面，锅炉水中部分铜络合物会被破坏变成铜离子。另一方面，由于热负荷的作用，炉管中高热负荷部位的金属氧化保护膜被破坏，并且使高热负荷部位的金属表面与其他部分的金属表面之间产生电位差，结果铜离子就在带负电量多的局部热负荷高的地区获得电子而析出金属铜。与此同时，在面积很大的邻近区域上进行着铁释放电子的过程。所以，铜垢总是形成在局部热负荷高的管壁上。

63 简述硅酸盐垢的成分及特征。

答：硅酸盐水垢的化学成分绝大部分是铝、铁的硅酸化合物。这类水垢有的多孔，有的很坚硬致密。常常在热负荷很高或水循环不良的炉管管壁上生成。

64 水垢的危害是什么?

答：不论哪种水垢，当其附着在热力设备受热面上将会危及热力设备的安全经济运行。

因为水垢的导热性很差，妨碍传热。使炉管从火焰侧吸收的热量不能很好地传递给水，炉管冷却受到影响，这样壁温升高，造成炉管鼓包，引起爆管。

65 如何防止锅炉水产生“盐类暂时消失”现象？

答：(1) 改善锅炉燃烧工况，使炉管上的热负荷均匀；防止炉膛结焦、结渣，避免炉管上局部负荷过高。

(2) 改善锅炉炉管内锅炉水流动工况，以保证水循环的正常运行。

(3) 改善锅炉内的加药处理，限制锅炉水中的磷酸根含量，如采用低磷酸盐或平衡磷酸盐处理等。

66 如何防止热力设备结垢？

答：为了防止热力设备结垢，应从以下几方面入手：

(1) 尽量降低给水硬度。

(2) 尽量降低给水中硅化合物、铝和其他金属氧化物的含量。

(3) 减少锅炉水中的含铁量，增加除铁装置。

(4) 减少给水的含铜量，往锅炉水中加络合剂。

(5) 做好给水处理，防止设备腐蚀。

67 什么是锅炉的化学清洗？其工艺如何？

答：锅炉的化学清洗就是用某些化学药品的水溶液来清洗锅炉水汽系统中的各种沉积物，并使金属表面上形成良好的防腐蚀保护膜。锅炉的化学清洗一般包括碱洗、酸洗、漂洗和钝化等几个工艺过程。

68 新建锅炉为什么要进行化学清洗？否则有何危害？

答：新建锅炉通过化学清洗，可除掉设备在制造过程中形成的氧化皮和在储运、安装过程中生成的腐蚀产物、焊渣以及设备出厂时涂的防护剂（如油脂类物质）等各种附着物，同时还可除去在锅炉制造和安装过程中进入或残留在设备内部的杂质，如沙子、尘土、水泥和保温材料的碎渣等，它们大都含有二氧化硅。

新建锅炉若不进行化学清洗，水汽系统内的各种杂质和附着物在锅炉投入运行后会产生以下几种危害：

(1) 直接妨碍炉管管壁的传热或者导致水垢的产生，使炉管金属过热和损坏。

(2) 促使锅炉在运行中发生沉积物下腐蚀，以致使炉管管壁变薄、穿孔而引起爆管。

(3) 在锅内水中形成碎片或沉渣，从而引起炉管堵塞或者破坏正常的汽水流动工况。

(4) 使锅炉水的含硅量等水质指标长期不合格，使蒸汽品质不良，危害汽轮机的正常运行。

新建锅炉启动前进行的化学清洗，不仅有利于锅炉的安全运行，而且因它能改善锅炉启动时的水、汽质量，使之较快达到正常的标准，从而大大缩短新机组从启动到正常运行的时间。

69 超高压以上的机组，为何用 HF 酸洗而不用 HCl 酸洗？

答：因 HCl 不能用来清洗奥氏体钢制造的设备，因为氯离子能促使奥氏体钢发生应力腐蚀。此外，对于以硅酸盐为主要成分的水垢，用 HCl 清洗效果也较差，在清洗液中往往需要补加氟化物等添加剂。

70 HF 酸酸洗后的废液如何进行处理？

答：用 HF 酸洗后的废液经过处理可成为无毒无侵蚀性的液体而排放。具体办法通常为：先将清洗废液汇集起来，用石灰乳处理，然后排放。石灰乳处理可使废液中的三价铁离子和氟离子以氢氧化铁和莹石的形式沉淀出来，其反应如下：$Fe^{3+}+3OH^{-}\longrightarrow Fe(OH)_3\downarrow$ 和 $2F^{-}+Ca^{2+}\longrightarrow CaF_2\downarrow$。

这样既可减少氟离子的含量，又可减少污染，达到排放标准。

71 什么称为冷态清洗和热态清洗？

答：冷态清洗就是在锅炉点火前，用除盐水冲洗包括高压加热器、低压加热器、除氧器、省煤器、水冷壁、过热器、汽包等部件在内的水汽系统。

热态清洗就是在锅炉启动过程中，当水温（以炉本体水汽系统出口水温为准）升高到一定数值后，应暂时停止升温，并在一段时间维持锅内的水温，使水仍然沿着高压系统冷态清洗时的循环回路流动。在这段时间内，锅炉本体水汽系统中的杂质可以被流动着的热水清洗出来。洗出来的杂质在水通过覆盖过滤器和混合床除盐装置时不断地被除掉。这样进行的清洗过程称为热态清洗。

72 低压系统清洗流程和高压系统清洗流程分别是什么？

答：低压系统清洗流程是：凝汽器、凝结水泵、除盐装置、凝结水升压泵、低压加热器除氧器、凝汽器。

高压系统清洗流程是：凝汽器、凝结水泵、除盐装置、凝结水升压泵、低压加热器、除氧器、给水泵、高压加热器、锅炉本体水汽系统、汽包（或汽水分离器）、凝汽器。

73 什么是缓蚀剂？适宜于做缓蚀剂的药品应具备什么性能？

答：缓蚀剂是某些能减轻酸液对金属腐蚀的药品。

它具有以下性能：

（1）加入极少量就能大大地降低酸对金属的腐蚀速度，缓蚀效率很高。

（2）不会降低清洗液去除沉积物的能力。

（3）不会随着清洗时间的推移而降低其抑制腐蚀的能力，在使用的清洗剂浓度和温度范围内，能保持其抑制腐蚀的能力。

（4）对金属的机械性能和金相组织没有任何影响。

（5）无毒性，使用时安全方便。

（6）清洗后排放的废液不会造成环境污染和公害。

74 缓蚀剂起缓蚀作用的原因是什么？

答：（1）缓蚀剂的分子吸附在金属表面，形成一种很薄的保护膜，从而抑制了腐蚀过程。

（2）缓蚀剂与金属表面或溶液中的其他离子反应，其反应生成物覆盖在金属表面上，从而抑制腐蚀过程。

75 化学清洗方式主要有哪几种？通常采用哪种？为什么？

答：化学清洗有静置浸泡和流动清洗两种方式。

通常采用流动清洗方式。

因为它具有以下优点：

（1）易使各部分地区清洗液的温度、浓度和金属的温度都很均匀，不致因温差和浓度差而造成腐蚀。

（2）容易根据出口清洗液的分析结果，判断清洗的进度及终点。

（3）溶液的流动可以起搅动作用，有利于清洗。

76 化学清洗方案的制定以什么为标准？主要确定哪些工艺条件？

答：化学清洗方案要求清除沉积物等杂质的效果好，对设备的腐蚀性小并且应力求缩短清洗时间和减少药品等的费用。方案的主要内容是：拟定化学清洗的工艺条件和确定清洗系统。

主要确定的工艺条件：

（1）清洗的方式，是流动式还是浸泡式。

（2）药品的浓度。

（3）清洗液的温度。

（4）清洗流速。

（5）清洗时间。

77 在拟定化学清洗系统时，一般考虑什么问题？

答：（1）保证清洗液在清洗系统各部位有适当的流速，清洗后废液能排干净。应特别注意设备或管道的弯曲部分和不容易排干净的地方，要避免因这里流速太小而使洗下的不溶性杂质再次沉积起来。

（2）选择清洗用泵时，要考虑它的扬程和流量。保证清洗时有一定的清洗流速。

（3）清洗液的循环回路应包括有清洗箱，因为一般在清洗箱里装有用蒸汽加热的表面式和混合式加热器，可以随时加热，使清洗时能维持一定的清洗液温度；另外清洗箱还可以用来将清洗液中的沉渣分离。

（4）在清洗系统中，应安装附有沉积物的管样和主要材料的试片。

（5）在清洗系统中应装有足够的仪表及取样点，以便测定清洗液的流量、温度、压力及进行化学监督。

（6）除奥氏体及特殊钢材的清洗应慎重地选择合适的清洗介质和缓蚀剂外，凡是不能进行化学清洗或者不能和清洗液接触的部件和设备，应根据具体情况采取一定的措施，如考虑拆除、堵断及绕过的方法。

（7）清洗系统中应有引至室外的排氢管，以排除酸洗时产生的氢气，避免引起爆炸事故或者产生气塞而影响清洗。为了排氢畅通，排氢管应安装在最高点并尽量减少弯头。

78 为了观察清洗效果，在清洗时，通常应安装沉积物管样监视片，这些监视片常安装在什么部位？

答：管样监视片通常安装在监视管段内，省煤器联箱，水冷壁联箱。监视管段可安装在清洗用临时管道系统的旁路上，它可用来判断清洗始终点。

79 在锅炉化学清洗时，有一些设备和管道不引入清洗系统，应如何将其保护起来？

答：锅炉进行化学清洗时，凡是不能进行化学清洗的或者不能和清洗液接触的部件和零件（如用奥氏体钢、氮化钢、铜合金材料制成的零件和部件，应根据具体情况采取一定的措施将其保护起来，如考虑饶过或拆除。通常可采取下列措施：

(1) 在过热器和再热器中灌满已除氧的凝结水（或除盐水），或者充满 pH 值为 10 的氨—联氨保护溶液。

(2) 用木塞或特制塑料塞将过热蒸汽引出管堵死，此外，为防止酸液进入各种表计管、加药管，必须将它们都堵塞起来。

80 化学清洗分几步？各步的目的是什么？

答：化学清洗分以下五步：

(1) 水冲洗。对于新建锅炉，是为了除去锅炉安装后脱落的焊渣、铁锈、尘埃和氧化皮等。对于运行后的锅炉，是为了除去运行中产生的某些可被冲掉的沉积物。水冲洗还可检查清洗系统是否有泄露之处。

(2) 碱洗。为了清除锅炉在制造、安装过程中，制造厂涂敷在内部的防锈剂及安装时沾染的油污等附着物。碱煮的目的是松动和清除部分沉积物。

(3) 酸洗。清除水汽系统中的各种沉积附着物。

(4) 漂洗。清除酸洗液和水冲洗后留在清洗系统中的铁、铜离子以及水冲洗时在金属表面产生的铁锈，同时有利于钝化。

(5) 钝化。使金属表面产生黑色保护膜，防止金属腐蚀。

81 碱煮能除去部分 SiO_2，其原理是什么？

答：因为碱煮时，SiO_2 与 NaOH 作用生成易溶于水的 Na_2SiO_3，所以可以除去部分 SiO_2。

82 运行炉是否进行酸洗是根据什么决定的？

答：根据以下几条决定：

(1) 锅炉炉管内沉积物的附着量。

(2) 锅炉运行的年限。

(3) 锅炉的类型（汽包炉还是直流炉）。

(4) 锅炉的工作压力。

(5) 锅炉的燃烧方式。但主要是依据水冷壁向火侧的垢量。

83 锅炉化学清洗后的钝化经常采用哪几种方法？各有什么优缺点？

答：钝化经常采用以下三种方法：

（1）亚硝酸钠钝化法。能使酸洗后新鲜的金属表面上形成致密的呈铁灰色的保护膜，此保护膜相当致密，防腐性能好，但因亚硝酸钠有毒，所以不要经常采用此法。

（2）联氨钝化法。在溶液温度高些，循环时间长些，钝化的效果则好一些，金属表面生成棕红色或棕褐色的保护膜。此保护膜性能较好，因其毒性小，所以一般多采用此法。

（3）碱液钝化法。金属表面产生黑色保护膜，这种保护膜防腐性能不如以上两种，所以目前高压以上的锅炉一般不采用此法。

84 如何评价化学清洗效果？

答：评价化学清洗效果应仔细检查汽包、联箱等能打开的部分，并应清除沉积在其中的渣滓。必要时，可割取管样，以观察炉管是否洗净，管壁是否形成了良好的保护膜等情况。根据以上检查结果，同时参考清洗系统中所安装的腐蚀指示片的腐蚀速度，在启动期内水汽质量是否迅速合格，启动过程中和启动后有没有发生因沉积物引起爆管事故及化学清洗的费用等情况，进行全面评价。

85 汽包炉热化学试验的目的是什么？

答：按照预定的计划，使锅炉在各种不同工况下运行，以选取获得良好蒸汽品质的最佳运行条件。

86 在什么样的情况下锅炉需要做热化学试验？

答：（1）新安装锅炉运行一段时间后。

（2）锅炉改装后。

（3）锅炉运行方式有很大变化时。

（4）已经发现过热器和汽轮机积盐，需查明蒸汽品质不良原因时。

87 在锅炉热化学试验前应做哪些准备工作？

答：（1）熟悉设备和系统。

（2）掌握试验前汽水质量和运行工况。

（3）增设和安装必要的采样装置。

（4）检查和调整各取样器。

（5）检查校正有关的仪器仪表。

（6）拟定试验计划及安全措施。

（7）做好其他的准备工作。

88 汽包炉热化学试验的项目有哪些？

答：（1）炉水含盐量对蒸汽品质的影响。通过提高炉水含盐量，求取炉水临界含盐量和允许含盐量。

（2）炉水含硅量对蒸汽含硅量的影响。

（3）锅炉负荷对蒸汽品质的影响。
（4）锅炉负荷的变化速度对蒸汽品质的影响。
（5）测定锅炉的最高允许水位。
（6）测定锅炉水位的允许变化速度。

89 直流炉热化学试验的目的是什么？

答：（1）查明在不同的给水水质和直流炉各种运行工况下其产生的蒸汽品质。
（2）了解给水中各种杂质在炉管内沉积的部位和数量。

90 直流炉在什么样的情况下需作热化学试验？

答：（1）新安装的直流锅炉（投入正常运行已有一段时间）。
（2）直流炉工作条件有很大变化时，如改变水化学工况或改变了燃料品种时。

91 机炉大修前，化学人员应做哪些工作？

答：（1）准备好与该机组运行周期有关的资料，包括汽水分析、加药排污情况、停炉的次数与时间、采取的保护措施等。
（2）拟定检修的化学监督和需处理设备的计划。
（3）做好大修检查割管的联系工作。
（4）做好检查锅炉及热力设备时记录内容的准备工作。

92 机组大修化学检查包括哪些内容？

答：（1）包括检查锅炉各部位表面外貌颜色、水渣、铁垢、水垢的沉积情况。
（2）垢层的厚度，对水冷壁、省煤器、过热器的割管检查，腐蚀深度的测定和垢量的测定，水垢的成分测定。
（3）检查汽轮机叶片腐蚀积盐情况，对叶片积盐的成分进行分析。
（4）检查凝器汽泄漏堵管情况，循环水运行情况，铜管的结垢情况，管板的腐蚀情况。
（5）检查加热器、除氧器及各种联箱内腐蚀产物的沉积情况等。

93 什么是化学静态诊断？

答：化学静态诊断是结合其他专业对已运行了一个周期的机组进行全面、详细地检查，以了解各有关设备的运行状况和设备目前的健康水平。包括对该运行周期内的水汽质量、结垢、腐蚀和积盐情况做实际检查，根据检查的结果和存在的问题，向有关部门提出解决意见或改进措施，做到防患于未然，达到保证设备安全运行，延长设备使用寿命的目的。

94 静态诊断前需做哪些准备工作？

答：（1）汇总设备运行期间的有关水汽质量、炉管积盐及爆破情况等有关资料。
（2）拟定对需检修的和需处理的设备进行化学监督的计划，如采样器和加药装置、排污装置的检修计划，锅炉需要割管的部位及对转子叶片的检查要求等。
（3）做好停运机组的保护工作。
（4）做好大修期间的检查准备和联系工作。

95 静态诊断的部位有哪些？

答：(1) 锅炉部分。割管检查省煤器管、水冷壁管、过热器管和再热器管内的腐蚀和结垢情况；检查汽包和联箱内的积渣分布和表面结垢情况。

(2) 汽机部分。检查汽轮机本体如主汽门、调速汽门的积盐情况；检查转子、叶片积盐结垢情况及进行成分分析；检查凝结器水侧结垢、污染、微生物的附着情况及堵管情况；检查汽侧铜管的有关情况；检查除氧器内部装置及腐蚀情况等，检查高低压加热器的腐蚀及结垢情况，情况严重时，需抽管检查；检查油系统的锈蚀、损坏等情况，并根据化验情况提出处理方案。

96 试述垢样简化试验的重要性。

答：在实际工作中，对于每次大小修所收集的各种垢样，一般都不需做垢样全分析。相反对一些含量很小、有疑问的成分应做简易快速地分析，以便帮助分析它们的来源，查出热力系统存在的问题。通过某些元素或官能团的特征反应，定性或半定量地鉴别垢样中的一些成分，为选择定量分析方法、得出分析结果提供有价值的依据。

97 说明锅炉中发生有机酸腐蚀的原因及防止对策。

答：引起锅炉有机酸腐蚀的主要原因：

(1) 原水带入系统的有机物（腐殖酸）与其他物质发生作用，使其改变形态后随给水进入炉内。

(2) 常用的苯乙烯系离子交换树脂和水中有机物发生反应，形成的树脂粉末进入锅炉内。

防止有机物腐蚀的方法：是要除去有机物，保证炉水 pH 值大于 9，避免酸腐蚀，为此首先应加强炉外水处理，尽量减少补给水中的酸性有机物，其次是在凝结水精处理高速混床出口加装树脂捕捉器，防止树脂泄露。

98 锅炉检修时，化学监督检查包括哪些内容？

答：(1) 检查锅炉各部位表面，外貌颜色，水渣、铁垢、水垢的积结情况。

(2) 检查垢厚度。

(3) 水冷壁、省煤器、过热器的割管检查以及腐蚀深度，垢量和水垢成分的测定。

99 发电机铜导线为何会发生腐蚀？其防止的方法是什么？

答：以化学除盐水作为发电机内冷水时，它的 pH 值一般在 6～7 之间，而一般除盐水是未经除氧的，因此发电机内冷水实质上成为含氧微酸性水，对发电机的空心铜导线有强烈的腐蚀作用。

防止铜导线腐蚀的方法有加缓蚀剂法和提高发电机内冷水的 pH 值两种。

100 锅炉停备用保护的基本原则是什么？保护的基本方法有哪几种？

答：锅炉停备用保护的基本原则：

(1) 不使空气进入停用设备的水汽系统内部。

（2）使设备水汽侧的金属表面保持干燥，严格控制防止结露的温度。

（3）如果锅炉的内部充满水或金属表面有水膜，可使用缓蚀剂处理，使金属表面处于钝化状态，或者形成不透水的吸附膜。

保护的基本方法：

（1）干燥法：如烘干法、热风干燥法、干燥剂法等。

（2）加入缓蚀剂法：如联氨法、氨液法、磷酸三钠溶液法。

（3）防止氧气进入法：如充氮法、充氨法、保持水压法、保持蒸汽压力法。

101 为什么要进行停炉保护？

答：锅炉及热力设备停用期间，如不采取有效的防护措施，则锅炉及水汽系统各部分的金属内表面会发生严重腐蚀。所以，要进行停炉保护。

第四章

煤质分析与监督管理

第一节　基　础　知　识

1　简述煤的形成过程。

答：煤为不可再生的资源。煤是古代植物埋藏在地下经历了复杂的生物化学和物理化学变化逐渐形成的固体可燃性矿产，一种固体可燃有机岩，主要由植物遗体经生物化学作用，埋藏后再经地质作用转变而成。

2　煤的分类有哪几种？

答：煤有褐煤、烟煤、无烟煤三类。煤的种类不同，其成分组成与质量不同，发热量也不相同。单位质量燃料燃烧时放出的热量称为发热量，规定凡能产生29.27MJ低位发热量的能源可折算为1kg煤当量（标准煤），并以此标准折算耗煤量。泥炭中碳含量为50%～60%，褐煤为60%～70%，烟煤为74%～92%，无烟煤为90%～98%。

3　简述褐煤的特点。

答：褐煤的特点：多为块状，呈黑褐色，光泽暗，质地疏松；含挥发分40%左右，燃点低，容易着火，燃烧时上火快，火焰大，冒黑烟；含碳量与发热量较低（因产地煤级不同，发热量差异很大），燃烧时间短，需经常加煤。

4　简述烟煤的特点。

答：烟煤的特点：一般为粒状、小块状，也有粉状的，多呈黑色而有光泽，质地细致，含挥发分30%以上，燃点不太高，较易点燃；含碳量与发热量较高，燃烧时上火快，火焰长，有大量黑烟，燃烧时间较长；大多数烟煤有黏性，燃烧时易结渣。

5　简述无烟煤的特点。

答：无烟煤的特点：有粉状和小块状两种，呈黑色有金属光泽而发亮。杂质少，质地紧密，固定碳含量高，可达80%以上；挥发分含量低，在10%以下，燃点高，不易着火；但发热量高，刚燃烧时上火慢，火上来后比较大，火力强，火焰短，冒烟少，燃烧时间长，黏结性弱，燃烧时不易结渣。应掺入适量煤土烧用，以减轻火力强度。

6 简述泥煤的特点。

答：泥煤的特点：碳化程度最浅，含碳量少，水分多，Mar 可高达 90%，所以需要露天风干后使用；泥煤的灰分很容易熔化，发热量低，挥发分含量很多，因此极易着火燃烧。

7 简述煤的元素分析法。

答：煤中有机质是复杂的高分子有机化合物，主要由碳、氢、氧、氮、硫和磷等元素组成，而碳、氢、氧三者总和约占有机质的 95%以上；煤中的无机质也含有少量的碳、氢、氧、硫等元素。碳是煤中最重要的组分，其含量随煤化程度的加深而增高。

8 煤中硫元素的危害有哪些?

答：煤中硫是最有害的化学成分。煤燃烧时，其中硫生成 SO_2，腐蚀金属设备，污染环境。煤中硫的含量可分为五级：高硫煤，大于 4%；富硫煤，2.5%～4%；中硫煤，1.5%～2.5%；低硫煤，1.0%～1.5%；特低硫煤，小于或等于 1%。煤中硫又可分为有机硫和无机硫两大类。

9 煤的工业分析具体指标有哪些?

答：通过工业分析可大致了解煤的性质，又称技术分析，是指煤的水分、挥发分、灰分的测定以及固定碳的计算。

（1）水分可分为游离水与化合水，其中游离水又分为外在水分和内在水分；化合水是以化合形式与煤中矿物质结合的水，以及矿物质中所含的氢氧在热分解过程中以水分子形态析出的部分。

（2）外在水分为煤炭在开采、运输、储存及洗选过程中，附着在煤颗粒表面和大毛细孔中的水分。

（3）内在水分为吸附或凝聚在煤颗粒内部的毛细孔中的水分，温度超过 100℃时可将煤中内在水分完全蒸发出来。

（4）灰分是指煤完全燃烧后残留的残渣量。灰分来自煤的矿物质。

（5）挥发分是指煤中有机质可挥发的热分解产物。挥发分随煤化程度增高而降低，可用于初步估测煤种。

（6）固定碳是指煤中有机质经隔绝空气加热分解的残余物。固定碳随变质程度的加深而增高，可作为鉴定煤变质程度的指标。

10 燃用多灰分煤对锅炉受热面的影响有哪些?

答：燃用多灰分煤会增加锅炉受热面的污染，积灰增加了热阻，减少了热能的利用，同时还增加机械不完全燃烧的热损失和灰渣带走的物理热损失等。

11 若煤中灰分从 30%增加到 50%，每增加 1%，则炉膛理论燃烧温度将会怎样变化?

答：若煤中灰分从 30%增加到 50%，每增加 1%，则炉膛理论燃烧温度将会平均降低 5℃。

12 防范煤堆自燃的主要途径是什么？

答：防止煤堆自燃现象的主要途径是隔绝空气，阻止与煤炭的接触。防止温度或水分过度积聚，并采取测温、喷水等预防措施。

13 煤堆形状以屋脊式为佳，以减少阳光照射及雨水渗入。堆煤角度控制在多少度合适？

答：堆煤角度控制在40°～45°较合适。

14 煤完全燃烧须具备哪些条件？

答：(1) 足够的氧化剂，及时供给可燃物质进行燃烧。
(2) 维持燃烧中的温度高于燃料着火的温度，保证燃烧持续进行而不至于中断。
(3) 有充分的燃烧时间。
(4) 燃料与氧化剂混合得非常理想。

15 煤质、煤种的哪些变化对输煤系统有影响？

答：煤质、煤种的发热量、灰分、水分对输煤系统有影响。

16 燃烧应具备哪几个特征？

答：燃烧应具备的特征：化学反应、放热和吸热。

17 煤的着火特性主要取决于什么？

答：煤的着火特性主要取决于煤中挥发分的含量。

18 煤质中哪些成分变化对锅炉运行会造成影响？

答：煤的挥发分、水分、灰分和硫分的变化会对锅炉运行造成影响。

19 输煤程控系统的控制功能主要有哪些？

答：输煤程控系统的控制功能主要有重复配煤、紧急停止、程序启动或停止。

20 对动力用煤来说“灰分总是无益的成分”，煤的灰分越高对发热量有什么影响？

答：煤的灰分越高，煤的发热量也就越低。

21 煤中挥发分对锅炉的影响有哪些？

答：(1) 影响正常燃烧。
(2) 影响机组的经济性。
(3) 环境污染严重。
(4) 可能造成锅炉灭火。

22 烟煤可分为哪几种？

答：烟煤可分为长焰煤、气煤和肥煤。

23 煤的化学成分主要有什么?

答：煤的化学成分主要有碳、氢、氧和氮。

24 燃煤的燃烧性能指标主要有哪几项?

答：燃烧性能指标主要有发热量、挥发分、结焦性、灰分和水分。

25 影响煤自燃的因素主要有哪些?

答：影响煤自燃的因素主要有煤的性质、组堆的工艺过程以及气候条件等。

26 原煤仓爆炸控制措施有哪些?

答：原煤仓爆炸控制措施有清空原煤仓、监控温度和充惰性气体。

27 褐煤有什么样的特点?

答：褐煤的特点：多为块状、黑褐色、光泽暗、挥发分40%左右。

28 论述燃料经济技术指标管理的任务和内容。

答：(1) 搞好小指标的统计工作，积累原始数据，为分析工作创造条件。

(2) 搞好小指标分解工作，把市场需求经济指标层层分解，落实到运行岗位。

(3) 开展小指标竞赛活动。

(4) 加强对计量仪表（如电子皮带秤)、采样装置（如采煤样）的监督，使各项小指标的数据准确。

(5) 应从主观因素和客观因素进行小指标的分析工作，考核时应以主观因素为主。

29 煤的基础名词解释。

煤的分析基准：在工业生产或科学研究中，有时为某种目的，将煤中的某些成分除去后重新组合，并计算其组成的百分含量，这种组合体称为煤的分析基准，也就是以不同状态的煤来表示化验结果。

收到基：指收到状态供实际使用的煤。

空气干燥基：除去外在水分的煤就是空气干燥基状态的煤。

干燥基：除去全部水分的煤。

干燥无灰基：指煤中的可燃部分，它包括有机部分和部分可燃硫，其中氮、氧虽然不能燃烧，但它是有机组成部分，故也应作为干燥无灰基部分。

外在水分：指在一定条件下，煤样与周围空气湿度达到平衡时所失去的水分。

内在水分：在煤中以物理化学方式吸附或凝结在煤的小毛细管中的水分称为内在水分。

灰分：在一定温度（815±10)℃下，煤中的所有可燃物完全燃尽，其中的矿物质也发生了一系列的分解、化合等复杂的反应，最后遗留下一些残渣，这些残渣的含量称为灰分产率，常称灰分。

挥发分：把煤样与空气隔绝，在一定温度下加热一段时间，从煤中有机物分解出的液体（呈蒸汽状态）和气体总称为挥发分。

发热量：单位质量的燃料，在一定温度下完全燃烧时所释放出的最大反应热。

弹筒发热量：单位质量的燃料在充有2.5～2.8MPa过量氧的氧弹内完全燃烧，其终点温度为25℃，终点产物为二氧化碳、过量氧气、氮气、硫酸、硝酸和液态水及固态灰分时所释放出的热量，称为弹筒发热量。

高位发热量：从弹筒发热量中减掉硝酸生成热和硫酸与二氧化硫生成热之差后，所得出的就是高位发热量。

低位发热量：由高位发热量减去水的汽化热后所得出的热量即为低位发热量。

水当量：指量热系统内除水以外的其他物质升高1℃所需的相当于若干克水升高1℃所需的热量。

热容：量热计的主要参数之一，它是指量热系统升高1℃所需的热量，单位为J/℃。

热损失：燃料在锅炉中由于其不完全燃烧及热量的不完全利用，造成部分热量损失，这些损失的热量称为热损失。

锅炉的热平衡：单位质量的固体或液体燃料在锅炉中燃烧的热量的收支平衡关系。

发电煤耗：指发1kW·h的电所消耗的标准煤的克数。

供电煤耗：每供给用户1kW·h的电所消耗标准煤的克数。

标准煤：低位发热量为29.271MJ/kg的煤称为标准煤。

热效率：锅炉有效利用的热量和燃料输出的热量之比称为锅炉热效率。

全硫：煤中各种形态硫的总含量称为全硫。

有机硫：与有机物结合而存在的硫称为有机硫。

无机硫：与无机物结合而存在的硫称为无机硫。

可燃硫：能在空气中燃烧的硫称为可燃硫。包括有机硫、黄铁矿硫、单质硫。

不可燃硫：不能在空气中燃烧的硫称为不可燃硫。主要是硫酸盐硫。

可磨性指数：指在空气干燥的条件下，把试样与标准煤样磨制成规定的粒度，并破碎到相同细度时所消耗的能量比。

可磨性：反映煤在机械力作用下被磨碎的难易程度的一种物理性质。

煤粉细度：就是煤粉颗粒的大小，它表明煤粉中各种大小粒度的质量百分率。

标准筛：用过筛的办法测定煤粉细度，让煤粉通过一定网目的标准筛，来测定煤粉细度。

第二节 煤的采制样及工业分析

1 什么是煤的工业分析和元素分析？包括哪些分析项目？

答：工业分析是在人为条件下，将煤分成几个不同的组成成分，从而判断其中有机质的含量和性质，帮助人们粗略地认识煤的工艺性质的方法。

元素分析是用元素分析法得出煤中的化学元素组成，并给出某些可燃元素的含量。

工业分析的项目包括：测定煤的水分（M）、灰分（A）、挥发分（V）和计算固定碳（Fc）。

元素分析项目包括：测定煤中有机物的碳、氢、氧、氮、硫等元素的含量，这几种元素的含量与水分、灰分合计为100%。

2 煤分析项目右下角标的重要性是什么？

答：由于煤质存在的形态不同，试验的条件方法也不同，仅用简单的基准符号还不能完全说明其含义，因此必须在试验项目代表符号的右下角加角标以示区别。

3 燃煤制样应注意的事项是什么？

答：燃煤制样应注意的事项：

（1）对标样最大粒度超过25mm的煤样，无论其数量多少，都要全部先破碎到25mm以下才允许缩分（在线机械采制样对此无要求）。

（2）对制样机具的清洁程度应该严格要求，不能被油脂和其他可燃物质等污染。

（3）在制样过程中，应严格防止沙粒、灰尘混入煤样，以免造成灰分分析误差。制样过程中不能在水泥或砖地上进行，必须在干净的钢板上进行。

（4）在缩分煤样时，应严格遵守粒度所要求的最小保留样品量。

（5）在缩分中应采用经确认无系统偏差的二分器或机械缩分器。

4 燃油采样应注意哪些事项？

答：燃油采样应注意的事项：

（1）取样数量应足够供化验和留样之用。

（2）采样器的材料应不与燃油发生化学反应，以免影响燃油的质量。采样器要干净，以免污染试样，影响分析结果的准确性。

（3）采样要根据燃油种类、运输方式等不同情况而选择相应的采样方式。

（4）盛油样的容器应贴有标签，注明试样名称、采样地点、时间及采样人。

（5）试样应装至试样瓶容积的3/4处，不要装满。

5 为什么火电厂燃煤要进行采样？

答：因为煤炭是火电厂的主要生产原料，它不仅影响火电厂的安全生产，而且直接关系到电厂的经济效益。因此要进行燃煤采样，以便及时了解煤质。采样的主要目的是：

（1）检验入厂煤质，提供定价的依据。

（2）检验入炉煤质，及时调整锅炉燃烧工况，确保运行安全，同时为准确计算煤耗提供数据。

6 燃煤监督需采取哪些样品？各化验项目是什么？

答：（1）入厂原煤样。用于验收煤质。化验项目为全水分、空气干燥基水分、灰分、挥发分、发热量、全硫，有时还测定灰熔融性温度。

（2）入炉原煤样。用于准确计算煤耗和监控锅炉燃烧工况。化验项目为全水分、空气干燥基水分、灰分、挥发分和发热量。

（3）煤粉样。用于监控制粉系统运行工况。化验项目为煤粉细度、煤粉水分。

（4）飞灰样。用于监控锅炉燃烧，提高燃烧热效率。化验项目为可燃物含量。

7 燃煤采样应符合哪些基本要求?

答：(1) 要有足够的子样数目，且这些子样数目要依据待采燃煤特点，合理地分布在整批（堆）的燃煤中。

(2) 采样工具或采样器要根据粒度大小选择，且经确认无系统偏差。

(3) 子样的最小质量，对煤流采样应不少于5kg；对其他采样则要符合粒度与子样最小质量的规定。

8 什么是采样的精密度?

答：在采样中尽管采用了随机方法，但采得的样本仍存在着随机偏差，这主要是由燃料的不均匀性和一些随机因素引起的。煤不均匀性大，采样偏差就大。影响不均匀性的因素主要是粒级范围及粒灰比（灰分随粒度大小的变化率）；对液体燃料主要是水分、机械杂质及油沉淀物的含量。因此人们通常控制采样偏差，使其不超过一定的范围，这一定的范围就称为采样精密度。

9 怎样采取飞灰样? 采样时要注意哪些事项?

答：火电厂飞灰采样基本采用两种类型的采样器：一是抽气式飞灰采样器，适用于垂直烟道中采样；二是撞击式飞灰采样器，适用于水平烟道中采样。后者采取的飞灰样，颗粒一般偏粗，因此可燃物含量比实际偏大而需校正。

(1) 用抽气式飞灰采样器采样，采样时全套装置应处于气密状态。

(2) 用撞击式飞灰采样器采样，采样管头部斜口的中心要位于水平烟道的中心线上，采样管安装位置应有利于被撞击的飞灰受重力作用而落到集灰器中。

此两种采样方法都应注意：露在烟道外的连接管道要尽量短，并予以保温，以防止烟气中水蒸气凝结；采样系统要保持良好的气密性；采集的飞灰量不少于500g。

10 什么是制样? 制样的基本要求是什么?

答：制样是指对采集到的具有代表性的样本，按规定方法通过破碎和缩分以减小粒度和减少数量的过程。制备出的煤样不但符合试验要求，而且还要保持原样本的代表性。

制样的基本要求是：

(1) 对最大块度超过25mm的样本无论其数量多少，都要先破碎到25mm以下才允许缩分。

(2) 在缩分煤样时，需严格按照粒度与煤样最小质量的关系规定保留样品。

(3) 在缩分中要采用二分器或其他类型的机械缩分器。缩分器要预先确认无系统偏差。

11 发电用煤的基本要求是什么?

答：对发电用煤，为了使煤粉易于燃烧，保持炉膛热强度，提高锅炉热效率，要求燃煤挥发分不低于10%，灰分不大于35%。

12 测定水分为什么要进行检查性干燥试验?

答：用干燥法测定煤中水分时，尽管对各类别煤规定了干燥温度和时间，但由于煤炭性质十分复杂，即使同一类别煤也是千差万别的，所以煤样在规定的温度和时间内干燥后，还需进行检查性干燥试验，以确认煤样中水分是否完全逸出，直到恒重为止，它是试验终结的标志。

13 煤中水分对应用有何影响?

答：(1) 由于煤中水分含量高，增加了不必要的重量，造成了运输费用的提高，还容易造成煤仓出口及输煤管道的堵塞。

(2) 在破碎时，将增加能耗，降低磨煤机出力。煤在储存时，也会因水分含量而加速煤的氧化和自燃。

(3) 在燃烧过程中，煤中水分过多不仅会使着火困难，影响燃烧速度，降低炉膛温度，而且由于过多水分的蒸发、汽化，增加了烟气排放量和热量损失，降低了锅炉热效率；此外，还会使引风机电能消耗增加。

(4) 适量的水分汽化后，与炉中灼热的焦炭反应，可生成水煤气，这样会有利于燃烧。

14 灰分对煤的燃烧有何影响?

答：(1) 燃烧不正常。灰分增加，炉膛燃烧温度下降。灰分从30%增加到50%，每增加1%的灰分，理论燃烧温度平均降低5℃，因而使煤粉着火发生困难，引起燃烧不良，直至熄火。

(2) 事故率增高。燃用高灰分煤还会增加锅炉受热面的污染、积灰，增加热阻，降低热效率，同时还增加了机械不完全燃烧热损失和灰渣带走的物理热损失等。

(3) 污染环境。燃用高灰分煤，会使电厂排放的粉尘、灰渣急剧增加，严重污染了环境，破坏了生态平衡。

(4) 造成锅炉的结渣和腐蚀。煤灰中的碱金属氧化物在高温下与烟气中的SO_3结合，在冷的受热面上凝结，形成易熔的K_2SO_4、Na_2SO_4表层，此表层易粘附灰粒形成灰层，在高温下熔化形成渣层。当管壁温度大于600℃时，渣层和管壁的保护膜发生化学反应，使管壁上的氧化铁保护膜受到破坏。

15 测定灰分应注意什么?

答：测定灰分时应注意以下事项：

(1) 在高温炉上要安装烟囱，以使生成的硫的氧化物及时从烟囱排出，从而得到正确的测定结果。

(2) 热电偶位置要正确，应与炉底有一定的距离，恰好在灰皿架下方。热电偶要套有保护管，以防放热端受腐蚀，套管端部最好填充氧化铝粉，以减少热滞后性。

(3) 同时快速测定多个样品时，要将含硫高的煤样放在炉膛后部，含硫低地放在近火门处，这样可以减少由于溢出的硫的氧化物在炉内“交叉作用”而影响测定结果。

(4) 测定多个样品时，灰皿要放在恒温区域内，以保持温度的一致性。

(5) 要求煤样完全灰化。

(6) 冷却时间要一致。从炉中取出灰皿时，一般要求在空气中冷却1～2min，而后移到干燥器中继续冷却。因为热态灰分吸湿性很强，因此时间过长会使灰分中的水分质量增加，影响测定结果。

16 测定挥发分时，怎样操作才能得到准确的结果？

答：(1) 称样前坩埚要在 (900±10)℃下灼烧至恒重。

(2) 称取试样的质量要在 (1±0.01)g 范围内，并轻振坩埚使试样摊平。

(3) 根据炉子的恒温区域，确定一次要放入坩埚的数量，通常不超过 4～6 个为宜。

(4) 坩埚的几何形状和容积大小都要符合规定要求。

(5) 在测定过程中，当称好的煤样放入已升到 900℃高温的炉内时，炉温会在短时间内下降，要注意观察恢复到 (900±10)℃所需的时间，要求在 3min 内恢复炉温，否则试验作废。

(6) 热电偶安装位置要正确，并在有效检定期内使用。

(7) 在装有烟囱的高温炉内测定挥发分，应将烟囱出口挡板关闭或用耐火材料堵住。

17 测定挥发分加热时，为何要隔绝空气？为什么对加热温度和时间也要固定？

答：为保证分析结果的正确性，加热时要隔绝空气，防止空气中的尘埃影响结果的正确性。

加热温度和加热时间是影响挥发分测定结果的两个重要因素，加热时间或加热温度不同，其测定结果也不同，且偏差较大，因此加热温度和加热时间必须进行严格的控制。

18 发热量的测定原理是什么？

答：发热量的测定主要是依照能量守恒定律，在隔绝空气的条件下，将一定量的煤粉试样置于充有过量氧气的氧弹筒内完全燃烧，由燃烧前后弹筒内水温的差值来计算发热量。试样放出的热量应等于整个量热系统所吸收的热量之和。

19 使用电脑测量仪测定发热量，其操作要点有哪些？

答：(1) 测量内筒温度变化是通过搅拌，直到内外筒辐射平衡，此时作为开始点火的起点。

(2) 点火后即进入升温记录阶段，至末期完成为止。

(3) 人工测量氧弹酸的生成热并输入电脑。

(4) 最后计算结果并打印报表。

20 煤中水分的存在形式有哪几种？它们各有什么特征？

答：煤中水分的存在形式可分三类：内在水分、表面水分以及与矿物质结合的结晶水。

表面水分也称为外在水分，它存在于煤粒表面和煤粒缝隙及孔隙中，与外界条件有密切的关系。

内在水分存在于煤的毛细管中，在加热至 105～110℃的情况下可除去。

结晶水是与煤中矿物质相结合的水分，通常在 200℃以上才能分解析出。

21 挥发分对锅炉设备的运行有何影响？

答：挥发分的高低对煤的着火和燃烧有着较大的影响。挥发分高的煤易着火，火焰大，燃烧稳定，但火焰温度较低。相反，挥发分低的煤不易点燃，燃烧不稳定，严重的甚至还能引起熄火。

22 测定挥发分的原理是什么?

答：煤在（900±10)℃的温度下，隔绝空气加热 7min，其中有机物质和一部分矿物质热解成为气体，包括常温下生成的液体逸出，使质量减少。以失去的质量占煤量的百分率，减去煤样的水分后，即为挥发分。

23 计算挥发分测定结果时要注意些什么?

答：(1) 计算结果时要减去水分，才是挥发分产率。

(2) 当煤中碳酸盐二氧化碳含量大于 2%时，还应选用与二氧化碳含量相应的校正公式进行计算。

(3) 当煤中碳酸盐二氧化碳含量大于 12%时，要把焦渣中碳酸盐二氧化碳含量换算成占煤中的百分含量后减去，再计算挥发分结果。

24 什么是煤的固定碳? 怎样计算固定碳含量?

答：从测定煤的挥发分的焦砟中减去灰分之后，余下的残留物称为固定碳。它是相对于挥发分中的碳而言的。

固定碳含量是在测定水分、灰分、挥发分产率之后，用差减法求得的。它集中了水分、灰分、挥发分的测定误差，所以它是个近似值。各种基准的固定碳计算式如下：

(1) 空气干燥基固定碳：$F_{Cad}=100-M_{ad}-A_{ad}-V_{ad}$

(2) 干燥基固定碳：$F_{Cd}=100-A_{d}-V_{d}$

(3) 干燥无灰基固定碳：$F_{Cdaf}=100-V_{daf}$

25 什么是燃料? 它应具备哪些基本要求?

答：凡在空气中容易燃烧产生热量，且能广泛地应用于工农业生产和人民生活的物质称为燃料。

燃料应具备下列基本要求：

(1) 能释放出较多的热量并能产生较高的温度。

(2) 广泛地存在于自然界或从自然界物质中经加工可获得的大量物质。

(3) 容易供应、价格低廉。

(4) 便于储存和运输。

(5) 燃烧产物要尽可能不污染环境，不影响生态平衡。

26 为什么煤炭外表有不同的颜色?

答：因为煤炭是一种既含有有机质又含有矿物质的复杂的混合物。它的外表颜色取决于宏观各组分的含量及其分布状态，而宏观组分又与煤炭的变质程度紧密相关。一般时间短的褐煤为褐色，时间长的为黑褐色，到烟煤则变为黑色，无烟煤时则为钢灰色。同时它的颜色还受煤中矿物质含量的影响，同一种矿煤，矿物质含量多的就比矿物质含量少的颜色浅些。

27 煤的元素组成与煤的变质程度有何关系?

答：随着煤的变质程度不同，煤的元素组成相应地也发生变化。变质程度越高，煤中碳含量越高，氢含量则随煤的变质程度的加深而降低，氧含量随煤的变质程度的加深而显著降低。氮在煤中含量极少，而且随煤变质程度的加深和成煤地质环境的还原程度的降低而减少。硫与煤的变质程度无明显关系，而与成煤的环境条件密切相关，在不同品种的煤中，硫的含量差别很大。

28 煤中氢含量与挥发分之间有什么关系?

答：煤中干燥无灰基氢含量与挥发分的变化关系比较有规律性，即氢含量随着挥发分的增高而增加。挥发分小于12%时，其氢含量增加明显；挥发分为12%～45%时，氢含量增加缓慢；但挥发分大于45%时，氢含量又有所增加。

29 煤中碳含量与发热量相关的变化规律是什么?

答：煤的干燥无灰基发热量实质上是煤中碳、氢、氧、氮、硫等元素的综合反映，其中碳含量与发热量的关系甚为密切。当干燥无灰基含碳量小于或等于90%时，煤的高位发热量随碳含量的增加而增高；当煤的干燥无灰基含碳量大于90%时，其发热量随着碳含量的增加而降低。因为在这种情况下的煤大多数是无烟煤。而到无烟煤阶段，氢含量下降而碳含量却增加不多。由于氢的发热量是碳的3.5倍，故最终结果导致煤的发热量反而随着碳含量的增加而降低。

30 煤中碳与氢、氧的变化规律是什么?

答：碳、氢、氧是组成煤的主要元素，约占90%以上。它们都受到煤化程度的影响。碳与氢是煤中主要的发热元素，它们之间有较好的负相关性，即煤中的氢含量随着碳含量的增加而降低，特别在无烟煤阶段，这种降低趋势尤为明显。煤中碳与氧也呈负相关性，即煤中的氧含量随着碳含量的增加而降低，特别是褐煤阶段较为明显，而对无烟煤则相对缓慢些。

31 为什么表示燃煤组成时，必须表明基准?

答：表示燃煤分析结果必须表明基准才有实用意义，因为用不同基准表示同一组成的分析结果相差很大，导致各种煤的分析结果缺少可比性，给选用造成混乱。因此，表示燃煤的分析结果时必须标明基准。

32 如何正确书写燃煤基准符号?

答：(1) 试验项目代表符号要用大写英文字母，基准代表符号用小写英文字母。

(2) 先书写试验项目的代表符号，而后在符号右下角写明基准符号。

(3) 试验项目符号最后一个字母为小写，若与所采用的基准符号混淆时，则用逗号分开。

(4) 试验项目细划分时，则将基准符号写在项目细划分符号后，用逗号分开。

33 如何正确书写燃煤四种基准的组成百分含量的表达式？

答：（1）收到基。以收到状态的煤为基准来表示煤中各组成含量的百分比。

工业分析：$M_{ar}+A_{ar}+V_{ar}+F_{Car}=100$

元素分析：$C_{ar}+H_{ar}+Nar+S_{c,ar}+O_{ar}+A_{ar}+M_t=100$

（2）空气干燥基。以空气干燥状态的煤为基准来表示煤中各组成含量的百分比。

工业分析：$M_{ad}+A_{ad}+V_{ad}+F_{Cad}=100$

元素分析：$C_{ad}+H_{ad}+N_{ad}+O_{ad}+S_{c,ad}+A_{ad}+M_{ad}=100$

（3）干燥基。以无水状态的煤为基准来表示煤中各组成含量的百分比。

工业分析：$A_d+V_d+F_{Cd}=100$

元素分析：$C_d+H_d+N_d+S_{c,d}+O_d+A_d=100$

（4）干燥无灰基。以假想的无水无灰状态的煤为基准来表达煤中各组成含量的百分比。

工业分析：$V_{daf}+F_{Cdaf}=100$

元素分析：$C_{daf}+H_{daf}+N_{daf}+S_{c,daf}+O_{daf}=100$

34 为什么称灰分测定结果为灰分产率？

答：灰分含量和灰分产率是两个不同的概念，称灰分含量易被理解为灰分与其他元素一样是煤中固有组成之一。但实际上灰分不是煤中所固有的。当煤在高温下燃烧时，除其中可燃部分生成气态化合物逸出外，矿物质也发生复杂的化学变化，最后形成以硅、铝氧化物成分为主的物质。温度和燃烧条件不同，所生产灰分量和灰分的组成也各有差异，可见灰分是煤燃烧后的产物。因此称灰分测定结果为灰分产率。

35 什么是劣质煤？一般它指哪些品种煤？

答：劣质煤目前尚无确切的定义，但从火电厂锅炉燃烧安全经济运行出发，属于下列情况之一者可划分为劣质煤：

（1）多灰分（$A_{ar}>40\%$）、低热值（$Q_{net,ar}<16.73MJ/kg$）的烟煤。

（2）多灰分的洗中煤。

（3）低挥发分（$V_{daf}<10\%$）的无烟煤。

（4）水分多、热值低的褐煤。

（5）多灰分的油页岩。

（6）高硫（$S_{t,d}>2.0\%$）的煤。

36 煤的贮存应注意哪些问题？

答：时间不宜过久；煤的品种分开贮存；注意堆煤的环境；控制煤堆温度。

37 煤堆的存放时间应如何确定？

答：煤堆的存放时间应根据煤的碳化程度；空气中氧的作用；水分含量；煤中黄铁矿氧化作用等确定。

38 贮煤场一般以贮备锅炉多少天的用煤量为宜?

答：贮煤场一般以贮备锅炉 7～15d 的用煤量为宜。

39 煤的样品的要求有哪些?

答：(1) 入厂煤、入炉煤、煤粉、灰渣等，都应按各试验方法中有关规定采样和缩制。除另有说明外，它们最终都应制备成粒度小于 0.2mm 的分析样。

(2) 煤分析试样应存放在带磨口塞的广口瓶或其他能防锈蚀的密封容器中。

(3) 称取煤试样时，都应在充分混匀后从不同部位取样。除另有规定外，称取 10～20g 试样时，一般准确到 0.01g；称取 1～2g 试样时，一般准确到 0.0002g。

40 测定煤的样品时有什么要求?

答：(1) 温度计、热电偶、氧气压力表、分析天平、氧弹等各种压力器具均应定期进行校验，合格者方可使用。

(2) 初次使用的干燥箱、高温炉都必须进行温度标定，以确定恒温区域；更换电炉丝和控温元件后，应重新标定。

(3) 初次使用的瓷坩埚或灰皿，都必须予以编号并灼烧至质量恒定。

41 测定煤样对水的要求有哪些?

答：试验室用水有自来水、蒸馏水、去离子水等。自来水仅供清洗器皿及作冷却介质用；蒸馏水（一般电导率不大于 2μs/cm）用于一般分析项目试剂的配制、热值测定的吸热介质及洗涤气体等；去离子水用于特殊分析项目，它是将蒸馏水通过阴、阳离子交换树脂而获得的纯度较高的水。

42 简述快速试验方法与常规法的区别。

答：快速试验方法与常规法对比，其结果均不超过允许误差时，方可用于例行监督试验。对水分、灰分和灰渣可燃物含量等例行监督项目，若经连续 5 次以上检查性干燥或灼烧试验，证明其结果均不超过允许误差时，则可免去检查性干燥或灼烧试验。

43 解释试验方法中所列各项目测定精密度要求为什么均以重复性和再现性来表示。

答：重复性是指同一试验室中，由同一操作者，用同一台仪器对同一样品，于短期内所做的重复测定所得结果间的差值（在 95%置信概率下）的临界值。

再现性是指不同试验室中，对从同一样品缩制最后阶段分取出来的具有代表性部分所做的重复测量，所得结果平均值的差值（在 95%置信概率下）的临界值。

44 发热量如何计算?

答：首先计算弹筒发热量 $Q_{b,ad}$

(1) 恒温式热量计，计算式为

$$Q_{b,ad}=\frac{EH[(t_n+h_n)-(t_0+h_0)+C]-(q_1+q_2)}{m} \tag{4-1}$$

式中　$Q_{b,ad}$——分析试样的弹筒发热量，J/g；

E——热量计的热容量，J/K；

q_1——点火热，J；

q_2——添加物（如包纸等）产生的总热量，J；

m——试样质量，g；

H——贝克曼温度计的平均分度值。

（2）绝热式热量计，计算式为

$$Q_{b,ad}=\frac{EH[(t_n+h_n)-(t_0+h_0)]-(q_1+q_2)}{m} \tag{4-2}$$

然后按式（4-3）计算高位发热量 $Q_{gr,ad}$，即

$$Q_{gr,ad}=Q_{b,ad}-(94.1S_{b,ad}+\alpha Q_{b,ad}) \tag{4-3}$$

式中　$Q_{gr,ad}$——分析试样的高位发热量，J/g；

$Q_{b,ad}$——分析试样的弹筒发热量，J/g；

$S_{b,ad}$——由弹筒洗液测得的煤的含硫量%，当全硫含量低于4%时，或发热量大于14.6MJ/kg时，可用全硫或可燃硫代替 $S_{b,ad}$；

94.1——煤中每1%硫的校正值，J；

α——硝酸校正系数：当 $Q_b\leqslant16.70$MJ/kg，$\alpha=0.001$；当16.70MJ/kg$<Q_b\leqslant$25.10MJ/kg，$\alpha\leqslant0.0012$；当 $Q_b>25.10$MJ/kg，$\alpha=0.0016$。

加助燃剂后，应按总量释热量考虑。

在需要用弹筒洗液测定 $S_{b,ad}$ 的情况下，把洗液煮沸1～2min，取下稍冷后，以甲基红（或相应的混合指示剂）为指示剂，用氢氧化钠标准溶液滴定，以求出洗液中的总酸量，然后按式（4-4）计算出 $S_{b,ad}$（%），即

$$S_{b,ad}=(c\times V/m-\alpha Q_{b,ad}/60)\times1.6 \tag{4-4}$$

式中　c——氢氧化钠溶液的物质的量浓度，约为0.1mol/L；

V——滴定用去的氢氧化钠溶液体积，mL；

60——相当1mmol硝酸的生成热，J。

这里规定的对硫的校正方法中，略去了对煤样中硫酸盐的考虑。这对绝大多数煤来说影响不大，因煤的硫酸盐硫含量一般很低。但有些特殊煤样，含量可达0.5%以上。根据实际经验，煤样燃烧后，由于灰的飞溅，一部分硫酸盐硫也随之落入弹筒，因此无法利用弹筒洗液来分别测定硫酸盐硫和其他硫。遇此情况，为求高位发热量的准确，只有另行测定煤中的硫酸盐硫或可燃硫，然后做相应的校正。关于发热量大于14.60MJ/kg的规定，在用包纸或掺苯甲酸的情况下，应按包纸或添加物放出的总热量来掌握。

45 简述煤工业分析的意义。

答：煤的工业分析是指包括煤的水分（M）、灰分（A）、挥发分（V）和固定碳（Fc）四个分析项目指标的测定的总称。煤的工业分析是了解煤质特性的主要指标，也是评价煤质的基本依据。通常煤的水分、灰分、挥发分是直接测出的，而固定碳是用差减法计算出来的。广义上讲，煤的工业分析还包括煤的全硫分和发热量的测定，又称为煤的全工业分析。根据分析结果，可以大致了解煤中有机质的含量及发热量的高低，从而初步判断煤的种类、

加工利用效果及工业用途，根据工业分析数据还可计算煤的发热量和焦化产品的产率等。

46 煤中灰分的分析计算。

答：煤中灰分来源于矿物质。煤中矿物质燃烧后形成灰分。如黏土、石膏、碳酸盐、黄铁矿等矿物质在煤的燃烧中发生分解和化合，有一部分变成气体逸出，留下的残渣就是灰分。

灰分通常比原物质含量要少，因此根据灰分，用适当公式校正后可近似地算出矿物质含量。

47 煤中固定碳的计算公式是什么?

答：固定碳的计算式为

$$F_{cad}=100-(M_{ad}+A_{ad}+V_{ad}) \tag{4-5}$$

当分析煤样中碳酸盐 CO_2 含量为 2%～12%时，计算式为

$$F_{cad}=100-(M_{ad}-A_{ad}+V_{ad})-CO_{2,ad}(煤) \tag{4-6}$$

当分析煤样中碳酸盐 CO_2 含量大于 12%时，计算式为

$$F_{cad}=100-(M_{ad}+A_{ad}+V_{ad})-[CO_{2,ad}(煤)-CO_{2,ad}(焦砟)] \tag{4-7}$$

式中 F_{cad}——分析煤样的固定碳，%；

M_{ad}——分析煤样的水分，%；

A_{ad}——分析煤样的灰分，%；

V_{ad}——分析煤样的挥发分，%；

$CO_{2,ad}$（煤）——分析煤样中碳酸盐 CO_2 含量，%；

$CO_{2,ad}$（焦渣）——焦渣中 CO_2 占煤中的含量，%。

48 什么是煤的硫分分析?

答：煤中硫分，按其存在的形态分为有机硫和无机硫两种。有的煤中还有少量的单质硫。

煤中的有机硫，是以有机物的形态存在于煤中的硫，其结构复杂，至今了解得还不够充分，大体有以下官能团：

硫醇类，R-SH（-SH，为硫基）。

噻吩类，如噻吩、苯骈噻吩、硫醌类，如对硫醌、硫醚类，R—S—R′；硫蒽类等。

煤中无机硫，是以无机物形态存在于煤中的硫。无机硫又分为硫化物硫和硫酸盐硫。硫化物硫绝大部分是黄铁矿硫，少部分为白铁矿硫，两者是同质多晶体。还有少量的 ZnS、PbS 等。硫酸盐硫主要存在于 $CaSO_4$ 中。

煤中硫分，按其在空气中能否燃烧又分为可燃硫和不可燃硫。有机硫、硫铁矿硫和单质硫都能在空气中燃烧，都是可燃硫。硫酸盐硫不能在空气中燃烧，是不可燃硫。

煤燃烧后留在灰渣中的硫（以硫酸盐硫为主），或焦化后留在焦炭中的硫（以有机硫、硫化钙和硫化亚铁等为主），称为固体硫。煤燃烧逸出的硫，或煤焦化随煤气和焦油析出的硫，称为挥发硫，以硫化氢和硫氧化碳（COS）等为主。煤的固定硫和挥发硫不是不变的，而是随燃烧或焦化温度、升温速度和矿物质组分的性质和数量等而变化。

煤中各种形态的硫的总和称为煤的全硫（S_t）。煤的全硫通常包含煤的硫酸盐硫（S_s）、硫铁矿硫（S_p）和有机硫（S_o）。其表达式为

$$S_t = S_s + S_p + S_o \tag{4-8}$$

如果煤中有单质硫，全硫中还应包含单质硫。

49 什么是煤的发热量?

答：煤的发热量，又称为煤的热值，即单位质量的煤完全燃烧所发出的热量。煤的发热量是煤按热值计价的基础指标。煤作为动力燃料，主要是利用煤的发热量，发热量愈高，其经济价值愈大。同时发热量也是计算热平衡、热效率和煤耗的依据，以及锅炉设计的参数。

煤的发热量表征了煤的变质程度（煤化度），这里所说的煤的发热量，是指用1.4比重液分选后的浮煤的发热量（或灰分不超过10%的原煤的发热量）。成煤时代最晚、煤化程度最低的泥炭发热量最低，一般为20.9～25.1MJ/kg；成煤早于泥炭的褐煤发热量增高到25～31MJ/kg，烟煤发热量继续增高，到焦煤和瘦煤时，碳含量虽然增加了，但由于挥发分的减少，特别是其中氢含量比烟煤低得多，有的低于1%，相当于烟煤的1/6，所以发热量最高的煤还是烟煤中的某些煤种。

50 什么是煤的弹筒发热量（Q_b）?

答：煤的弹筒发热量，是单位质量的煤样在热量计的弹筒内，在过量高压氧（25～35个大气压左右）中燃烧后产生的热量（燃烧产物的最终温度规定为25℃）。

51 什么是煤的高位发热量（Q_{gr}）?

答：煤的高位发热量，即煤在空气中、大气压条件下燃烧后所产生的热量。实际上是由实验室中测得的煤的弹筒发热量减去硫酸和硝酸生成热后得到的热量。

52 什么是煤的低位发热量（Q_{net}）?

答：煤的低位发热量是指煤在空气中、大气压条件下燃烧后产生的热量，扣除煤中水分（煤有机质中的氢燃烧后生成的氧化水以及煤中的游离水和化合水）的汽化热（蒸发热），剩下的实际可以使用的热量。

53 什么是煤的恒湿无灰基高位发热量（Q_{maf}）?

答：恒湿是指温度30℃，相对湿度96%时，测得的煤样的水分（或称为最高内在水分）。煤的恒湿无灰基高位发热量，实际中是不存在的，是指煤在恒湿条件下测得的恒容高位发热量，除去灰分影响后算出来的发热量。

恒湿无灰基高位发热量是低煤化度煤分类的一个指标。

54 煤的高位发热量如何计算?

答：煤的高位发热量计算式为

$$Q_{gr,ad} = Q_{b,ad} - 95S_{b,ad} - \alpha Q_{b,ad} \tag{4-9}$$

式中　$Q_{gr,ad}$——分析煤样的高位发热量，J/g；

$Q_{b,ad}$——分析煤样的弹筒发热量，J/g；

$S_{b,ad}$——由弹筒洗液测得的煤的硫含量,%;

95——煤中每1%(0.01g)硫的校正值,J/g;

α——硝酸校正系数。

55 煤的低位发热量如何计算?

答:煤的低位发热量计算式为

$$Q_{net,ad}=Q_{gr,ad}-0.206H_{ad}-0.023M_{ad} \tag{4-10}$$

式中 $Q_{net,ad}$——分析煤样的低位发热量,J/g;

$Q_{gr,ad}$——分析煤样的高位发热量,J/g;

H_{ad}——分析煤样氢含量,%;

M_{ad}——分析煤样水分,%。

56 简述煤的各种基准发热量及其换算。

答:煤的各种基准发热量。煤的发热量有弹筒发热量、高位发热量和低位发热量,每一种发热量又有四种基准,所以煤的不同基准的各种发热量有十二种表示方法,即:

弹筒发热量的四种表示方式有:

$Q_{b,ad}$——分析基弹筒发热量;$Q_{b,d}$——干燥基弹筒发热量;$Q_{b,ar}$——收到基弹筒发热量;$Q_{b,daf}$——干燥无灰基弹筒发热量。

高位发热量的四种表示形式:

$Q_{gr,ad}$——分析基高位发热量;$Q_{gr,d}$——干燥基高位发热量;$Q_{gr,ar}$——收到基高位发热量;$Q_{gr,daf}$——干燥无灰基高位发热量。

低位发热量四种表示形式:

$Q_{net,ad}$——分析基低位发热量;$Q_{net,d}$——干燥基低位发热量;$Q_{net,ar}$——收到基低位发热量;$Q_{net,daf}$——干燥无灰基低位发热量。

煤的各种基准发热量间的换算。煤的各种基准的发热量间的换算公式和煤质分析中各基准的换算公式相似,即

$$Q_{gr,ad}=Q_{gr,ad}\times(100-M_{ar})/(100-M_{ad}) \tag{4-11}$$

$$Q_{gr,d}=Q_{gr,ad}\times100/(100-M_{ad}) \tag{4-12}$$

$$Q_{gr,daf}=Q_{gr,ad}\times100/(100-M_{ad}-A_{ad}-CO_{2,d}) \tag{4-13}$$

$$Q_{gr,maf}=Q_{gr,ad}\times(100-M)/(100-M_{ad}-A_{ad}-A_{ad}\times M/100) \tag{4-14}$$

式中 $CO_{2,d}$——分析煤样中碳酸盐矿物质中 CO_2 的含量(%),当 CO_2 含量不大于2%时,此项可略去不计;

$Q_{gr,maf}$——恒温无灰基高位发热量;

M——恒湿条件下测得的水分含量,%。

57 简述煤质分析化验项目名称的符号表示方式。

答:煤质分析化验项目名称的符号表示方式见表4-1。

表 4-1　　煤质分析化验项目名称符号表

名称	水分	灰分	挥发分	硫分	发热量	罗加指数	黏结指数	胶质指数	碳	氢	氧	氮	二氧化碳
符号	M	A	V	S	Q	R.I	G	Y	C	H	O	N	CO_2

58 简述不同变质程度煤的碳、氢、氧、氮、硫含量。

答：不同变质程度煤的碳、氢、氧、氮、硫含量见表 4-2。

表 4-2　　不同变质程度煤的碳、氢、氧、氮、硫含量表

序号	煤的类别	M_{ad}(%)	A_d(%)	V_{daf}(%)	C_{daf}(%)	H_{daf}(%)	N_{daf}(%)	S_{daf}(%)	O_{daf}(%)
1	褐煤	7.24	3.50	42.38	72.23	5.55	2.05	20.17	
2	长焰煤	5.54	1.94	41.89	79.23	5.42	0.93	0.35	14.17
3	气煤	3.28	1.63	40.49	81.57	5.78	1.96	0.66	10.03
4	肥煤	1.15	1.29	32.69	88.04	5.52	1.80	0.42	4.22
5	焦煤	0.95	0.92	21.91	89.26	4.92	1.33	1.51	2.98
6	瘦煤	1.33	1.06	17.88	90.73	4.82	1.69	0.38	2.38
7	贫煤	1.08	2.81	13.49	91.31	4.37	1.52	0.78	2.02
8	无烟煤	4.70	3.18	4.66	96.14	2.71			

59 简述煤质分析化验指标的符号表示。

答：煤质分析化验指标的符号表示见表 4-3。

表 4-3　　煤质分析化验指标的符号表示表

指标	内在水分	外在水分	全硫分	有机硫	硫铁盐硫	硫酸盐硫	弹筒发热量	高位发热量	低位发热量
符号	M_{inh}	M_f	S_t	S_o	S_p	S_s	Q_b	Q_{gr}	Q_{net}

60 简述煤质分析化验指标不同基准的符号表示。

答：煤质分析化验指标不同基准的符号表示见表 4-4。

表 4-4　　煤质分析化验指标不同基准的符号表示表

指标	分析基（空气干燥基）	干基（无水基）	收到基	干燥无灰基	有机基（无水无矿物质基）	干燥基全硫分	弹筒发热量	高位发热量	低位发热量
符号	ad	d	ar	daf	dmmf	$S_{t,d}$	Q_b	Q_{gr}	Q_{net}
指标	收到基高位发热量	收到基低位发热量	分析基高位发热量	分析基低位发热量					
符号	$Q_{gr,ar}$	$Q_{net,ar}$	$Q_{gr,ad}$	$Q_{net,ad}$					

61 煤质分析化验基准包括哪些?

答：(1) 分析基（ad）：进行煤质分析化验时，煤样所处的状态为空气干燥状态。

(2) 干燥基（d）：进行煤质分析化验时，煤样所处的状态为无水分状态。

(3) 收到基（ar）：进行煤质分析化验时，煤样所处的状态为收到该批煤所处的状态。

(4) 干燥无灰基（daf）：煤样的这种状态实际中是不存在的，是在煤质分析化验中，根据需要换算出的无水、无灰状态。

(5) 无水无矿物质基（dmmf）：煤样的这种状态实际中也是不存在的，也是换算出的无水、无矿质状态。

(6) 恒湿无灰基（maf）：煤样的这种状态也是换算出来的。恒湿的含义是指温度在30℃，相对湿度为96%时，测得煤样的水分（或称为最高内在水分）。

62 分析基各种基准间的换算关系是什么?

答：分析煤样分析基化验结果，是化验室中直接测到的，是最基础的化验结果，是换算其他基准的分析化验结果的基础。各种基准间的换算关系为：

(1) 干基的换算式为

$$X_d = 100X_{ad}/(100 - M_{ad})\% \tag{4-15}$$

式中 X_{ad}——分析基的化验结果；

M_{ad}——分析基水分；

X_d——换算干燥基的化验结果。

(2) 收到基的换算式为

$$X_{af} = (100 - M_{ar})/(100 - M_{ad})\% \tag{4-16}$$

式中 M_{ar}——收到基水分；

X_{ar}——换算为收到基的化验结果。

(3) 无水无灰基的换算式为

$$X_{daf} = 100X_{ad}/(100 - M_{ad} - A_{ad})\% \tag{4-17}$$

式中 A_{ad}——分析基灰分；

X_{daf}——换算为干燥无灰基的化验结果。当煤中碳酸盐含量大于2%时，上式的分母中还要减去碳酸盐中 CO_2 含量。

第三节　煤的元素分析及可磨性指数测定

1 煤在燃烧过程中发生哪些化学反应？写出反应式。

答：煤中可燃成分主要是碳和氢，其次是可燃硫，燃烧过程中发生的化学反应如下：

$C + O_2 = CO_2$；$2H_2 + O_2 = 2H_2O$；$S + O_2 = SO_2$（或 $2SO_2 + O_2 = 2SO_3$）；$4FeS_2 + 11O_2 = 2Fe_2O_3 + 8SO_2$

不完全燃烧时还有：$2C + O_2 = 2CO$。

2 煤在炉内燃烧中的热损失有哪几项？形成的原因是什么？

答：(1) 排烟热损失：由于排入大气的废烟气温度高于周围空气的温度造成的热损失。此为热损失最大的一项，为8%～13%。

(2) 化学不完全燃烧热损失：由于排出炉外的烟气中含有可燃气体热造成的热损失。一般约为1.5%。

(3) 机械不完全燃烧热损失：指炉烟排出的飞灰和炉底排出的炉渣中含有未燃尽的碳所造成的热损失，为1%～10%。

(4) 散热损失：运行中，由于汽包、联箱、汽水管道、炉墙等的温度均高于周围空气的温度，有一部分热量会散失到空气中去而形成的热损失。一般小于0.5%～1.8%。

(5) 灰渣物理热损失：指高温炉渣排出炉外所造成的热量损失。

3 为什么煤的灰分大、熔融性温度低对锅炉的正常运行是不利的？

答：因为煤中的灰分是不可燃部分，在燃烧过程中，不但不发生热量，反而由炉膛排出的高温炉渣损失大量的热量，造成机械不完全损失增大；灰熔融性是影响锅炉安全经济运行的重要特性指标，煤灰的熔融温度低，则锅炉容易结渣。

4 试述煤的黏结性和含硫量对大容量锅炉运行的影响。

答：煤的黏结性强弱会直接影响其燃烧性能，对于悬浮燃烧的煤粉炉，黏结性强的煤粉在炉膛内易聚集成多孔的轻质颗粒，增加了机械未完全燃烧热损失。同时易在炉管上结成大的块状物，阻止空气通入煤层，影响燃烧，降低锅炉效率。

当燃煤全硫含量小于1.5%时，尾部受热面一般不会产生明显的堵灰和腐蚀；当全硫在1.5%～3%时，则会有较明显的堵灰和腐蚀；当全硫大于3%时，即进入严重的腐蚀范围，常会因空气预热器严重堵灰而被迫降低锅炉负荷；也会因腐蚀泄漏而造成大量漏风，低温预热器使用寿命缩短，因此会严重影响锅炉运行的安全性和经济性。

5 试述测定煤中C、H元素的原理。

答：测定煤中C、H的方法是燃烧法。将盛有一定量煤样的瓷舟放于燃烧管中，通入氧气，在800℃的温度下使煤样充分燃烧，使煤中的碳元素定量地转化为二氧化碳，氢元素定量地转化为水，然后分别用二氧化碳吸收剂和吸水剂吸收。最后根据吸收剂的增重计算出煤中碳和氢两元素的百分含量。

6 试述用开氏法测定煤中N含量的原理。写出其化学反应式。

答：煤样在催化剂的存在下，用硫酸消化，其中N和硫酸作用生成硫酸氢铵。在碱性条件下，通蒸汽加热赶出氨气，氨气被硼酸吸收，最后用硫酸标准溶液滴定，根据消耗标准溶液的量计算出N的含量。

(1) 消化过程。

煤在浓H_2SO_4作催化剂下消化成$CO_2+H_2O+SO_2+SO_3+CO+Cl_2+(NH_4)HSO_4+H_3PO_4+N_2$(极少)+……

(2) 蒸馏过程。

$2NaOH + H_2SO_4 \longrightarrow Na_2SO_4 + 2H_2O$（中和）

$(NH_4)HSO_4 + 2NaOH$（过量）$\longrightarrow NH_3 + Na_2SO_4 + 2H_2O$

（3）吸收过程。

$H_3BO_3 + xNH_3 \longrightarrow H_3BO_3 \cdot xNH_3$

（4）滴定过程。

$2H_3BO_3 \cdot xNH_3 + xH_2SO_4 \longrightarrow x(NH_4)_2SO_4 + 2H_3BO_3$

7 试述在碳和氢的测定过程中，铜丝网和二氧化锰的吸收作用。

答：因为在煤中有些热解产物在氧气流中不能充分氧化、燃烧。所以在燃烧管中还要填充适当的氧化剂，以保证这部分热解产物也能完全燃烧转化为二氧化碳和水。传统而有效的氧化剂是加热后的铜丝网。另外，煤中的氮可能生成一部分氧化物，使测定结果偏高约1%。为此，需要装填二氧化锰以除去氮的氧化物。

8 用艾氏卡法测定煤中的含硫量应注意些什么?

答：（1）在测定全硫量时，至少要做三次空白试验，最高和最低相差不超过0.001g的三次算数平均值为空白值。

（2）生成硫酸钡的试验过程要求在热的微酸性溶液中进行，并不断搅拌，易获得较大颗粒的晶体。同时保持溶液总体积在200mL左右，以减小硫酸钡的溶解度。

（3）煤样要与足量的艾氏试剂混合，即1g煤样与3g艾氏试剂混合。在混合之前，先在坩埚底部铺0.5g艾氏试剂，再用1.5g与煤样混合，最后用1g艾氏试剂盖在混合试样的表面。

（4）装有煤样的坩埚要移入通风好的带烟囱的高温炉中，保持升温速度，在1～2h内将炉温从室温升到800～850℃，并在此温度下加热1～2h，使煤样完全氧化。

（5）在灼烧时，高温炉中不能放置其他灼烧物。

（6）沉淀时，溶液酸度不宜过高，因为硫酸钡的溶解度随着溶液酸度的增高而变大。

（7）要仔细地检查煤样与艾氏试剂是否完全反应。

9 用高温燃烧法测定煤的含硫量有什么不足之处?

答：不能成批测定，而且当测定高硫煤时，测定结果常偏低。对含氯量高于0.02%的煤或用氯化锌减灰的浮煤，应予以校正，否则会使测定结果偏高。

10 哈氏可磨性指数的测定原理是什么?

答：由于煤的碳化程度和所含矿物质的差异，各种不同的煤也就具有不同的可磨性。当煤受到机械力研磨时，为使煤分子彼此分离以产生新的表面积，就必须消耗能量来克服分子间的引力。所消耗的能量与新增加的表面积成正比，与煤的可磨性成反比。煤研磨得越细其表面积越大，能量消耗越多。

目前采用性质接近于顿巴斯无烟煤屑的最硬煤作为标准煤，在空气干燥状态下把标准煤和被测定煤由相同的粒度研磨到同样细度时所消耗的能量之比，作为试验室的相对可磨性系数。

11 为什么要测定煤粉细度？

答：因为煤粉颗粒的大小对磨煤过程中能量的消耗、燃烧过程中不完全燃烧的热损失，都具有很大的影响。因此，通过制粉系统实测并确定一个使能量消耗和燃烧热损失都较小的煤粉细度，是一项重要的工作。这对改善锅炉的燃烧性能，减少机械和化学未完全燃烧热损失，以及降低磨煤机的能耗都有积极的作用。

12 可磨性指数与煤粉细度有何关系？

答：可磨性指数与煤粉细度的关系为：可磨性指数越大，表示煤越容易磨碎；反之，则难以磨碎。

13 煤质监督的意义是什么？

答：煤质监督的意义：

（1）及时地供给运行人员煤质分析和煤耗计算的数据，引导锅炉燃烧。

（2）正确、及时地反映生产，对煤粉质量及燃烧情况进行监督。

（3）与煤场管理人员结合起来，共同对来厂煤和储存煤进行质量分析和管理，减少损失，提高锅炉的热效率，提高电厂的经济性，保证锅炉的安全运行。

14 测定可磨性指数的意义是什么？

答：煤的可磨性标志着磨煤的难易程度。在电力工业中，它用来计算磨煤机磨煤时的能量消耗或者煤种改变时磨煤机在同一功率下的煤粉产量。因此，它是设计和改造制粉系统，估计磨煤机的产量和电能消耗或者煤种改变时不可缺少的参数。

15 影响可磨性指数测定的因素有哪些？如何进行校正？

答：影响可磨性指数测定的因素：

（1）筛分用试验筛的孔径大小是否标准。

（2）研磨件的几何形状对可磨性指数大的煤影响较大。

（3）振筛机的筛分效能。

（4）破碎的受力方式。

（5）水分含量的影响。

（6）筛分操作是否正确。

校正方法：

用一组粒度小于6mm的标准样品进行校正试验，以消除其测定过程中的系统误差，然后绘制出HGI和筛分试验筛下粉量的关系校正图表。当实测煤的可磨性指数时，可根据筛分试验筛的下粉量查对校正图表，即可得出该煤的可磨性指数。

16 测定煤中全硫常用哪几种方法？

答：测定煤中全硫常用的方法：

（1）艾氏卡重量法。它是公认的最准确的测硫方法，但耗时较长。

（2）库仑滴定法。只能进行单样试样，测定结果往往偏低。

（3）高温燃烧中和法。测定结果也有偏低现象，只适用于一般煤质试验。

17 为什么说艾氏法测定全硫是最准确可靠的？

答：因艾氏卡试剂为碱性物质，在高温下易与燃料在燃烧时形成的酸性氧化物完全反应而生成易溶于水的可溶性硫酸盐，难以加热分解的硫酸钙等也能与艾氏卡试剂发生置换反应，转化为可溶性硫酸钠。可见艾氏卡试剂能有效地将煤中各种形态的硫全部转化为极易浸出的可溶性硫酸盐。因此，只要试验条件控制适当，用艾氏法测定全硫的数据无疑是最准确可靠的。

18 为什么艾氏法测定全硫时要进行空白试验？

答：艾氏卡试剂是由碳酸钠与氧化镁以1∶2混合配制而成的。它们都含有少量硫酸盐杂质，而且试验中用量多，同时所用的其他试剂（如沉淀剂）也含有硫酸盐杂质。为消除这些杂质对分析结果的影响，因此在测定全硫时要进行空白试验。

19 测定煤粉细度时应注意哪些事项？

答：测定煤粉细度时的注意事项：

（1）筛分必须完全。

（2）筛分结束后用软毛刷仔细轻刷筛网底外面，但不要损失煤粉，不要损坏筛底。

（3）试验用的筛要经计量部门检定校正。

（4）机械振筛机的技术规范要符合规定要求。

20 哪些煤质因素会增加磨的磨损性？

答：磨的磨损基本原理是当磨粒的硬度高于金属的硬度时，就会产生磨损。根据这一原理，煤中那些硬度较大的矿物质如黄铁矿、白铁矿和石英等，它们的硬度均大于6，因此，对金属表面会产生磨损作用。

21 什么是煤的黏结性？它对锅炉设备运行有何影响？

答：煤在加热过程中产生胶质体，使其本身黏结起来而形成各种不同程度的块状物，这种表征黏结其本身的性质称为黏结性。它受到煤化程度的强烈影响，多数烟煤都具有黏结性。

煤的黏结性强弱会直接影响其燃烧性能，对悬浮燃烧的煤粉锅炉，强黏结性的煤粉在炉膛内受热易聚集成多孔的轻质颗粒，这些颗粒未经完全燃烧就被烟气携带出炉膛外，增加了机械未完全燃烧损失；对层式燃烧锅炉，强黏结性煤受热后在炉排上易结成大块状物，阻止空气通入煤层，影响燃烧，降低锅炉效率。

22 焦砟特征对电力用煤有何意义？

答：挥发分逸出后遗留的焦砟特征是表示煤在骤热下的黏结结焦性能的，它对锅炉用煤的选择有积极的参考意义。对于煤粉炉，黏结性强的煤则在喷入炉膛吸热后立即黏结在一起，形成空心的粒子团，未燃尽就被烟气带出炉膛，增加飞灰可燃物，导致锅炉效率降低，增加一次能源消耗，降低火电厂经济效益。因此，焦砟特征类型对锅炉燃烧用煤的选择和指导都有着实际应用价值。

23 煤的工业分析与元素分析有什么关系？

答：工业分析包括水分、灰分、挥发分和固定碳四项。元素分析包括碳、氢、氧、氮、硫五项。如果它们都以质量百分含量计算则：

（1）工业分析中的可燃成分恰好等于碳、氢、氧、氮和硫五个元素含量的总和。

（2）从简单的工业分析中的 V_{ad} 和 F_{Cad}，大致可看出构成煤中有机质的主要成分含量大小，因而可估计煤炭的质量好坏。

（3）从元素的平衡来看，全碳 C_t 应等于固定碳 F_{Cad} 和挥发分中碳 C_v 之和。

24 为什么测定碳、氢元素时要净化氧气？净化系统所用的净化剂是什么？

答：实验室用的氧气通常是从空气中用降温加压分馏法制取的，其中含有极少量酸性物质、二氧化碳和水分等杂质，这些杂质需通过合适的净化剂给予净化。

通常用的净化剂有：40％的氢氧化钠溶液或 1～1.5mm 的粒状碱石棉，来去除氧气中的二氧化碳；无水氯化钙或无水高氯酸镁，以及去除其中的水分。净化剂的排列顺序按氧气流向，先经过二氧化碳吸收剂，再进入水的吸收剂，通过这样净化就可获得纯净的氧气。

25 为什么碳、氢元素测定中用的氯化钙要预先经过处理？怎样处理？

答：无水氯化钙一般含有碱性物质，如钾、钠、钙、镁的氧化物，在测定过程中这些物质会吸收燃烧气体中的二氧化碳，形成碳酸盐固定下来，使含碳量测定结果偏低。因此，无水氯化钙须先进行处理后再使用。

处理方法如下：

把无水氯化钙破碎到所需粒度，装入干燥塔或其他适当容器内，缓慢通过经净化过的二氧化碳气体 3～4h，然后关闭干燥塔，放置过夜，而后通入不含二氧化碳的干燥空气，去除氧化钙表面吸附的二氧化碳后，放入严密的容器中储存备用。

26 为什么碳、氢元素测定中不用硅胶做吸收剂？

答：因为硅胶不仅能吸收水，且还能吸收氮的氧化物而使氢的测定值偏高；同时它对二氧化碳有“滞留”作用，使之吸收速度减慢，延长测定周期，在快速测定中还会使二氧化碳吸收管的质量波动、测值不稳。故通常只采用氯化钙、过氯酸镁、浓硫酸作吸水剂，而不采用硅胶。

27 高温燃烧法测定碳、氢元素的原理是什么？

答：其原理是：将试样在 1250～1350℃的高温下和大流量氧气中（300mL/min）燃烧，其中碳和氢分别转化为二氧化碳和水并被相应的吸收剂吸收，二氧化硫和氯被加热至 800℃的银丝卷吸收，煤中氮以氮气形式析出，不干扰测定。根据水分吸收剂和二氧化碳吸收剂的增量，计算出煤中碳和氢的含量。

28 煤中氮元素以什么形态存在？

答：煤中氮绝大部分以有机形态存在，这些有机氮化物被认为是比较稳定和复杂的非环形结构的化合物，其原生物可能是植物或动物脂胶。植物中的植物碱、叶绿素的环状结构中都有氮，而且相当稳定，在煤化过程中不发生变化，成为煤中保留的氮化物。以蛋白质形态存在的氮仅在泥炭和褐煤中发现，在烟煤中很少且几乎没有。

29 蒸汽燃烧法测定氮的原理是什么？

答：用蒸汽燃烧法测定氮的原理是：在钠石灰作催化剂的条件下，向升温到900℃的燃烧管中通入水蒸气，当水蒸气通过高温的煤样时，煤发生变化，分解出大量的一氧化碳和氢，使整个系统呈还原状态。此时，煤中氮及其氧化物将全部还原成氨，可用硫酸吸收，然后加入苛性碱蒸馏，放出的氨再用硼酸吸收，最后用标准硫酸液滴定，根据消耗的标准溶液计算煤中的含氮量。

30 开氏法测定氮应注意哪些事项？

答：开氏法测定氮应注意的事项：

（1）煤样颗粒要研细，最好制成0.1mm以下，便于消化完全。

（2）消化时注意控制加热温度，开始时温度低些，待溶液消化到由黑色转变到棕色时，可提高温度到350℃。这样可防止试样飞溅，又可消除试样粘在瓶壁上而发生不易消化完全的现象。

（3）蒸馏时要采用通入蒸汽间接加热蒸馏。因直接加热蒸馏时若炉温控制不当，往往会造成碱液分离不完全，从而使测定结果偏高。

（4）每日试验前，冷凝管要用水蒸气进行冲洗，待蒸馏出的液体体积达100～200mL后，再开始测定煤样，以消除蒸馏系统杂质带来的影响。

31 怎样计算煤中有机硫和氧的含量？

答：根据煤中全硫等于其中各种形态硫的总和的平衡原则，就可间接求出有机硫含量（S_0）。因而，煤中有机硫计算式为

$$S_{0,ad}=S_{t,ad}-(S_{t,ad}+S_{p,ad}) \tag{4-18}$$

用这种差减法计算的有机硫准确度是不高的，因它累加了全硫、硫酸盐硫和黄铁矿硫的测定误差。

由于测定煤中氧的方法很复杂，和工业上对氧的要求不严格，因此多采用差减法获得氧含量。计算式为

$$O_{ad}=100-C_{ad}-H_{ad}-N_{ad}-S_{c,ad}-M_{ad}-A_{ad} \tag{4-19}$$

式中　$S_{c,ad}$——可燃硫含量，%。

32 什么是煤的磨损性？它对制粉系统有何影响？

答：磨损性是煤的物理性质之一。它是表征煤对其他物质（如金属）的磨损程度大小的性质，用磨损指数（AI）表示，其值越大，则越易磨损金属。它与煤中硅的含量及其存在形态、黄铁矿及灰分等因素有关，一般认为这些物质含量越多，特别是α石英和黄铁矿越多，其磨损指数越高，影响磨煤机的寿命也越大。磨损指数主要用来计算工业磨煤机在磨制各种煤时对其部件的磨损速度，以更好地选择磨煤机类型。

33 如何进行灰分缓慢灰化法？

答：(1) 灰分缓慢灰化的方法：称取一定量的空气干燥煤样，放入马弗炉中，以一定的速度加热到 (815±10)℃，灰化并灼烧到质量恒定。以残留物的质量占煤样质量的百分数作为灰分产率。

(2) 所需仪器及设备：

马弗炉：能保持温度为 (815±10)℃。炉膛具有足够的恒温区。炉后壁的上部带有直径为 25～30mm 的烟囱，下部离炉膛底 20～30mm 处有一个插热电偶的小孔，炉门有一个直径为 20mm 的通气孔。

瓷灰皿：长方形，底面长 45mm，宽 22mm，高 14mm。

干燥器：内装变色硅胶或无水氯化钙。

分析天平：感量 0.0001g。

耐热瓷板或石棉板：尺寸与炉膛相适应。

(3) 具体操作步骤：

1) 用预选灼烧至质量恒定的灰皿，称取粒度为 0.2mm 以下的空气干燥煤样 (1±0.1)g，精确至 0.0002g，均匀地摊平在灰皿中，使其每平方厘米的质量不超过 0.15g。

2) 将灰皿送入温度不超过 100℃的马弗炉中，关上炉门并使炉门留有 15mm 左右的缝隙。在不少于 30min 的时间内将炉温缓慢升至约 500℃，并在此温度下保持 30min。继续升到 (815±10)℃，并在此温度下灼烧 1h。

3) 从炉中取出灰皿，放在耐热瓷板或石棉板上，在空气中冷却 5min 左右，移入干燥器中冷却至室温（约 20min）后称量。

4) 进行检查性灼烧，每次 20min，直到连续两次灼烧的质量变化不超过 0.0010g 为止，以最后一次灼烧后的质量为计算依据。灰分低于 15%时，不必进行检查性灼烧。

34 如何进行灰分快速灰化法？

答：(1) 灰分快速灰化的方法：将装有煤样的灰皿由炉外逐渐送入预先加热至 (815±10)℃的马弗炉中灰化，并灼烧至质量恒定。以残留物的质量占煤样质量的百分数作为煤样的灰分。

(2) 所需仪器及设备：

马弗炉：炉膛具有足够的恒温区，能保持温度为 (815±10)℃。炉后壁的上部带有直径为 25～30mm 的烟囱，下部离炉膛底 25～30mm 处有一个插热电偶的小孔，炉门上有一个直径为 20mm 的通气孔。马弗炉的恒温区应在关闭炉门下测定，并至少每年测定一次。高温计（包括毫伏计和热电偶）至少每年校准一次。

灰皿：瓷质，长方形，底长 45mm，底宽 22mm，高 14mm。

干燥器：内状变色硅胶或颗粒状无水氯化钙。

分析天平：感量 0.1mg。

耐热瓷板或石棉板。

(3) 具体操作步骤：

1) 在预先灼烧至质量恒定的灰皿中，称取粒度小于 0.2mm 的空气干燥煤样 (1±0.1)g，精确至 0.0002g，均匀地摊平在灰皿中，使其每平方厘米的质量不超过 0.15g，将盛有煤样的灰皿预先分排放在耐热瓷板或石棉板上。

2）将马弗炉加热到850℃，打开炉门，将放有灰皿的耐热瓷板或石棉板缓慢地推入马弗炉中，先使第一排灰皿中的煤样灰化。待5～10min后煤样不再冒烟时，以每分钟不大于2cm的速度把其余各排灰皿顺序推入炉内炽热部分（若煤样着火发生爆燃，试验应作废）。

3）关闭炉门，在（815±10）℃温度下灼烧40min。

4）从炉中取出灰皿，放在空气中冷却5min左右，移入干燥器中冷却至室温（约20min）后，称量。

5）进行检查性灼烧，每次20min，直到连续两次灼烧后的质量变化不超过0.0010g为止。以最后一次灼烧后的质量为计算依据。如遇检查性灼烧时结果不稳定，应改用缓慢灰化法重新测定。灰分低于15.00%时，不必进行检查性灼烧。

35 如何进行挥发分的测定？

答：（1）挥发分测定的方法：称取一定量的空气干燥煤样，放在带盖的瓷坩埚中，在（900±10）℃下，隔绝空气加热7min。以减少质量占煤样质量的百分数，减去该煤样的水分含量作为煤样的挥发分。

（2）所需仪器及设备。

挥发分坩埚：带有配合严密盖的瓷坩埚，其总质量为15～20g。

马弗炉：带有高温计和调温装置，能保持温度在（900±5）℃，并有足够的恒温区。炉子的热容量为当起始温度为920℃时，放入室温下的坩埚架和若干坩埚，关闭炉门后，在3min内应恢复到（900±10）℃。炉后壁有一个排气孔和一个插热电偶的小孔。小孔位置应置热电偶插入炉内后，其热接点在坩埚底和炉底之间，距炉底20～30mm处。

马弗炉的恒温区应在关闭炉门下测定，并至少每年测定一次。高温计（包括毫伏计和热电偶）至少每年校准一次。

坩埚架：用镍珞丝或其他耐热金属丝制成。其规格尺寸能使所有的坩埚都在马弗炉恒温区内，并且坩埚底部紧邻热电偶热接点上方。

坩埚架夹。

干燥器：内装变色硅胶或颗粒状无水氯化钙。

分析天平：感量0.1mg。

压饼机：螺旋式或杠杆式压饼机，能压制直径约10mm的煤饼。

秒表。

（3）具体操作步骤：

1）在预先于900℃温度下灼烧至质量恒定的带盖瓷坩埚中，称取颗粒小于0.2mm的空气干燥煤样（1±0.01）g（称准至0.0002g），然后轻轻振动坩埚，使煤样摊平，盖上盖，放在坩埚架上。

褐煤和长焰煤应预先压饼，并切成约3mm的小块。

2）将马弗炉预先加热至920℃左右。打开炉门，迅速将放有坩埚的架子送入恒温区，立即关上炉门并计时，准确加热7min。坩埚及架子放入后，要求炉温在3min内恢复到（900±10）℃。此后保持在（900±10）℃，否则此次试验作废。加热时间包括温度恢复时间在内。

3）从炉中取坩埚，放在空气中冷却5min左右，移入干燥器中冷却至室温（约20min）后称量。

36 简述焦砟特征的分类。

答：测定挥发分所得焦砟的特征，按下列规定加以区分：

（1）粉状——全部是粉末，没有相互黏着的颗粒。

（2）黏着——用手指触碰即成粉末或基本上是粉末，其中较大的团块轻轻碰即成粉末。

（3）弱黏结——用手指轻压即成小块。

（4）不熔融黏结——以手指用力压才裂成小块，焦砟上表面无光泽，下表面稍有银白色光泽。

（5）不膨胀熔融黏结——焦砟形成扁平的块，煤粒的界线不易分清，焦砟上表面有明显银白色金属光泽，下表面银白色光泽更明显。

（6）微膨胀熔融黏结——用手指压不碎，焦砟的上、下表面均相银白色金属光泽，但焦砟表面具有较小的膨胀泡（或小气泡）。

（7）膨胀熔融黏结——焦砟上、下表面有银白色金属光泽，明显膨胀，但高度不超过15mm。

（8）强膨胀熔融黏结——焦砟上、下表面有银白色金属光泽，焦砟高度大超过15mm。

为了简便起见，通常用上列序号作为各种焦砟特征的代号。

37 如何计算煤粉细度？

答：煤粉细度计算式为

$$R_{200}=\frac{A_{200}}{G}\times 100 \tag{4-20}$$

$$R_{90}=\frac{(A_{200}+A_{90})}{G}\times 100 \tag{4-21}$$

式中　R_{200}——未通过200μm筛上的煤粉质量占试样质量的百分数，%；

R_{90}——未通过90μm筛上的煤粉质量占试样质量的百分数，%；

A_{200}——200μm筛上的煤粉质量，g；

A_{90}——90μm筛上的煤粉质量，g；

G——煤粉试样质量，g。

第四节　煤对锅炉热效率的影响

1 煤中矿物质对煤的应用有何影响？

答：煤中矿物质经燃烧而形成的灰分，会使火焰温度降低，锅炉燃烧不稳定，增加锅炉的热损失，玷污并磨损受热面。

2 为防止锅炉结焦，对煤质有何要求？

答：（1）煤中灰分含量及含硫量不易过大，煤粉不易过粗，否则都容易促使结焦情况发生或加剧结渣的严重程度。

(2) 煤灰应有较高的熔点，一般灰的软化温度应大于 1350℃，特别要避免燃用灰熔点低的短渣煤，因为燃用这种煤，最易导致严重的结渣。

(3) 一般宜选用气氛条件对煤灰熔融性影响较小的煤种，由于其灰渣特性受运行工况波动影响较小，因此有助于锅炉的稳定燃烧。

3 熔渣对锅炉的运行有哪些危害?

答：煤在锅炉内燃烧时，生成大量灰渣，灰渣在高温下可能熔化而黏附在锅炉受热面上，造成结焦。熔渣在水冷壁受热面以及没有水冷壁保护的燃烧室衬砖上沉积，并影响液态排渣。结焦不仅影响锅炉的受热，消耗热量，破坏水循环，而且能将烟道部分堵塞，阻碍通风，增加引风机的负荷，从而降低了锅炉的出力。在结焦严重的情况下，可能迫使锅炉停止运行。此外，熔化的灰渣对锅炉燃烧室的耐火衬砖具有很大的侵蚀作用，从而增加了检修费用。

4 测定煤灰熔融性的目的是什么?

答：测定煤灰熔融性的目的：

(1) 预测燃煤的结渣。

(2) 设计锅炉时，为选择炉膛出口烟温和保证锅炉安全运行提供依据。

(3) 根据不同的燃烧方式来选择燃煤。

(4) 根据软化区间温度的大小，可粗略判断煤灰的渣型是属于长渣还是短渣。

5 煤灰熔融性的测定方法有哪几种?

答：测定煤灰熔融性的方法有两种：角锥目测法和热显微照相法。前者设备简单，一次可同时进行多个样品的测定，使用较普遍，但测定精度差；后者需要较复杂的大仪器，测定精度高，但一次只能测定一个样品。

6 如何采集的灰样其代表性更强?

答：(1) 在取样截面之前，烟流最好经过充分搅动、混合，使所取样品能有更好的代表性。采样点愈远离炉膛愈好。

(2) 为使灰样粒度均匀，应尽量远离烟道转弯和挡板。在水平烟道上采样，必须考虑到沿烟道高度可能产生的粒度分层现象。

(3) 取样点的截面愈小愈好。

(4) 为便于利用引风机作为抽气动力，希望取样截面与引风机入口压差尽量大，而取样点与引风机的抽气管路尽量缩短。

7 煤灰的熔融性测定为何要在半还原气氛下进行?

答：因为在一般的工业锅炉内，结渣部位的气氛都呈半还原性气氛。煤灰中的 Fe_2O_3 在半还原气氛下还原成亚铁，因而和 SiO_2 形成一系列较低的硅酸溶质。此时，FeO 的熔点为 1420℃。而在氧化性气氛中，铁呈三价，Fe_2O_3 的熔点为 1565℃；在还原性气氛中，铁呈金属态，熔点是 1535℃。因此国家标准规定，煤灰的熔融性在半还原气氛中测定。

8 测定煤灰熔融性时，如何使炉内产生半还原气氛？

答：为了维持煤灰熔融性测定时的气氛，一般采用通气或封碳法。封碳法是选用一定量的木炭、石墨等含碳物质封入炉中；而通气法则是往炉中通入各为50%＋10%的氢气与二氧化碳混合气体。

9 煤灰成分分析的意义是什么？

答：提供可靠的煤灰成分数据，有助于判断和防止灰渣对锅炉耐火材料的侵蚀作用，预测冲灰管道结垢的可能性与结垢程度，大体上判别固态排渣锅炉排渣性能等。此外，还为选择和确定灰渣的综合利用途径提供重要依据。

10 什么是锅炉的排烟热损失？由哪几部分组成？

答：锅炉的排烟热损失就是从锅炉排出的烟气带走的热量占输入热量的百分率。

排烟热损失由三部分组成：

（1）干烟气带走的热量。

（2）烟气所含水蒸气的显热。

（3）雾化燃油所用蒸汽的汽化潜热。

11 测定煤灰熔融性的设备有何技术要求？

答：（1）卧式硅碳管高温炉。

1）有足够长的高温带，其各部温差小于5℃。

2）能按照规定的升温速度加热到1500℃。

3）能控制炉内气氛为弱还原性或氧化性。

4）能随时观察试样在受热过程中的变化情况。

5）电源要有足够大的容量，并可连续调压。

（2）铂铑—铂热电偶及高温计。精密度至少为1级，测温范围为0～1600℃，经校正后使用，热电偶用气密性刚玉套管保护，防止热端材质变异。

12 影响煤灰熔融性温度的因素有哪些？

答：（1）粒度大小。煤灰粒度小，比表面积大，颗粒之间接触的概率也高，同时还具有较高的表面活化能，因此同一煤灰，粒度小的比粒度大的熔融性温度低。

（2）升温速度。在软化温度前200℃左右，急剧升温比缓慢升温所测出的软化温度高。

（3）气氛性质。由于煤灰中的铁在不同性质的气氛中有不同的形态，并进一步产生低熔点的共熔体所致。

（4）角锥托板的材质。因耐火材质有酸性和碱性之分，它们在高温下，同一般酸碱一样也会发生化学反应，因此在测定煤灰熔融性温度时要注意托板的选择，否则会使测定结果偏低。

（5）主观因素。由于煤灰成分是由多种氧化物混合而成的一种复杂的物质，从固态转化为液态无固定的熔点，而只有一个熔融温度范围。在这一熔融过程中，灰锥的形态变化是多种多样的，很难给予准确的描述，再加上作为判断四个特征温度形态的规定都是非定量化的，这就容易造成由于个人的理解和实际经验不同而使判断有所差异，特别是变形温度点差别更为突出。

13 二氧化硅对灰的熔融性有什么影响?

答：煤灰中二氧化硅含量较多，一般占30%～70%，它在煤灰中起溶剂作用，能和其他氧化物进行共溶。二氧化硅含量在40%以上的煤灰熔融性温度，较二氧化硅含量在40%以下的普遍高100℃左右。二氧化硅含量在45%～60%范围内的煤灰，随二氧化硅含量增加，煤灰熔融性温度将降低。二氧化硅含量超过60%时，二氧化硅含量的增加对煤灰熔融性温度的影响无一定的规律，但灰渣熔化时容易起泡，形成多孔性残渣。而当二氧化硅含量超过70%时，其煤灰熔融性温度均较高。

14 测定煤灰黏度的意义是什么?

答：煤灰黏度是动力用煤高温特性的重要测定项目之一，要求在更高的温度下测定。它提供了在不同高温下的黏温特性，对液态排渣炉的设计与运行都有重要的意义。一般液态排渣炉要求煤灰在炉内完全熔化，并有很好的流动性，以保证液化熔渣很流畅地从排渣口流出。

15 煤灰成分对锅炉结渣和积灰的影响是什么?

答：锅炉受热面上的附着物大致可分为两大类：一类是在炉内水冷壁、过热器等高温部位生成并堆积起来的熔渣；另一类是在省煤器、空气预热器等部位生成的积灰。无论是结渣还是积灰都与煤灰化学成分密切相关。因此在实际工作中也可利用煤灰的化学成分来判断其结渣和积灰的程度。

第五章

电　力　用　油

第一节　基　础　知　识

1 什么是石油?

答：石油是由各种烃类和氧化合物、氮化合物、硫化合物等组成的混合物。

2 什么是烃？石油中常见的烃有哪些?

答：碳和氢的化合物简称烃。

石油中常见的烃有烷烃、环烷烃、不饱和烃、芳香族烃。

3 什么是原油的分馏?

答：由于原油中各种烃类化合物的沸点不同，所以加热原油时，低分子烃首先气化，随着温度的提高，较高分子的烃类再气化，经过加热、冷凝就可分离出不同沸点范围的蒸馏产物，这种方法称为原油的分馏。

4 什么是物质的密度?

答：物质的密度是指单位体积内所含物质的质量。

5 何谓液体的黏度？何谓运动黏度？何谓动力黏度？何谓恩氏黏度?

答：由于液体在受外力作用下，液体层间产生内摩擦力，液体内部这种相互作用的性质称为液体的黏度。

在某一恒定的温度下，测定一定体积的液体在重力下流过一个标定好的玻璃毛细管黏度计的时间。黏度计的毛细管常数与流动时间的乘积，即为该温度下测定液体的运动黏度。

动力黏度是由测得的运动黏度乘以液体的密度而得动力黏度。

试油样品在规定的条件下，从恩氏黏度计流出 200mL 所需的时间，与蒸馏水在 20℃流出 200mL 所需的时间之比，称为恩氏黏度。

6 什么是酸值?

答：酸值是指中和 1g 试样油品中的酸性组分所需要的氢氧化钾的毫克数。

7 什么是油的闪点？什么是油的燃点?

答：在规定条件下，将油品加热，随油温的升高，油蒸气在空气中（油液面上）的浓度也随之增加。当升到某一温度时，油蒸气的浓度达到了可燃浓度，如将火焰靠近这种混合物，它就会闪火，把产生这种现象的油品的最低温度称为闪点。

在一定条件下加热油品，当油品的温度达到闪点后，继续加热，使油品接触火焰点燃，并至少燃烧 5s 时的最低温度即为该油品的燃点。

8 什么是击穿电压?

答：将绝缘油装入安有一对电极的油杯中，如果将施加于绝缘油的电压逐渐升高，当电压达到一定数值时，两极间电流瞬间突增并产生火花或电弧，此时油被击穿。这时的电压称为击穿电压。

9 什么是绝缘强度？什么是耐压试验?

答：油品在击穿电压时的电场强度称为该绝缘油的绝缘强度。

测量绝缘油的击穿电压的试验称之为耐压试验。

10 什么是机械杂质?

答：机械杂质是指存在于油品中所有不溶于溶剂的沉淀状态或悬浮态的物质。

11 什么是油的凝固点?

答：油的凝固点是指在规定的试验条件下，将盛于试管内的石油冷却并倾斜 45°，经过 1min 后，油面不再移动的最高温度。

12 何谓油质的劣化现象?

答：油质劣化是指油品在运行中由于受到运行条件的影响，除了与空气中的氧接触而引起自身氧化外，还在温度、电场等的作用下，以及受到外界杂质的污染、催化等，发生分解、缩合、碳化等变化，引起油质变坏的现象。

13 什么是抗氧化安定性?

答：在一定的外界条件下，矿物油抵抗氧化作用的能力称为抗氧化安定性，并以油中生成沉淀物之多少和酸值大小来表示。

14 什么是界面张力?

答：反抗其本身的表面积增大的力称表面张力，严格地讲，应称界面张力。

15 何谓油的抗乳化度？何谓破乳化时间？何谓破乳化剂？

答：在规定的试验条件下，将100mL试验油和20mL蒸馏水置于250mL专用量桶中，通入水蒸气20min，使之形成乳化液，然后把量桶浸入（55±1)℃的水中。从停止供给蒸汽到油层和水层完全分离时所需的时间，以min表示，即称油的抗乳化度。

破乳化时间，也称破乳化度。在特定的仪器中，一定量的试油与水混合，在规定的温度下，搅拌和通入一定量的蒸汽，在规定的时间内，油水形成乳状液。从停止搅拌或供汽起，到油层和水层完全分离时止，所需的时间即称为汽轮机油的破乳化时间。

破乳化剂是指能提高油品的抗乳化性能，并能使油水乳化液迅速分离的物质。

16 什么是水溶性酸碱？

答：水溶性酸碱是指能溶于水的无机酸、无机碱、低分子有机酸和碱性氮化物等物质。

17 什么是油品的羰基含量？

答：油品的羰基含量是指在有机化合物醛和酮的结构中，有共同的官能团（C=O)，把碳和氧以双键连接的官能团称为羰基，即C=O。

18 何谓色谱法？何谓气相色谱？

答：利用两相分配原理而使混合物中各组分获得分离的技术，称为色谱法。

当用气体为流动相时，称为气相色谱。

19 什么是分子筛？

答：分子筛是一种合成的硅酸铝的钾、钠、钙盐，它具有均匀的孔结构和大的表面积。能对不同分子直径的物质起过筛作用，并有不同类型的吸附中心，以及优良的选择性吸附能力。

20 什么是固定相？什么是流动相？

答：色谱分析中，使混合物中各组分在两相间进行分配，其中一相是不动的，称为固定相。

推动混合物流过此固定相的流体，称为流动相。

21 何谓充油电气设备？

答：电气设备（主要是指变压器）利用油充当绝缘介质，称充油电气设备。

22 什么是热性故障？什么是电性故障？什么是潜伏性故障？

答：热性故障是指由于有效热应力造成绝缘油加速劣化，使分接开关接触不良而引起的故障。

电性故障是指在高电应力作用下所造成的绝缘油劣化而造成的故障。

早期故障被称为潜伏性故障。

23 什么是特征气体？

答：对电气设备内油中的溶解气体并不需要进行全部的分析测定，其中氢、甲烷、乙烷、乙烯、乙炔、一氧化碳、二氧化碳七种气体对判断设备故障具有实际意义，所以习惯上称这七种气体为特征气体。

24 什么是绝对产气速率？什么是相对产气速率？

答：产气速率：有绝对产气速率和相对产气速率两种表示方法。

绝对产气速率：每个运行小时产生某种气体的平均值。

相对产气速率：每个月某种气体含量增加原有值的百分数的平均值。

25 什么是三比值法？

答：用五种特征气体（氢、甲烷、乙烷、乙烯、乙炔）的三对比值来判断变压器的故障性质的方法，称为三比值法。

26 什么是废油再生？其吸附剂法是指什么？

答：废油再生就是利用化学与物理方法，清除油品内的溶解和不溶解的杂质，以重新恢复或接近油品原有的性能指标。

吸附剂法是指利用吸附剂对废油中的酸性组分、树脂、沥青质、不饱和烃和水分等有较强的吸附能力的特性，使吸附剂与废油充分接触，达到除去上述有害物质的目的。

27 何谓抗氧化剂？何谓防锈剂？

答：凡能减缓油品在运行中的老化速度，延长油品的使用寿命，在油中能起抗氧化作用的物质，统称为抗氧化剂。

凡是能提高油品的防锈性能，对金属表面起保护作用，防止设备锈蚀、腐蚀的物质，统称为防锈剂。

第二节　电力用油的分类及简化试验

1 常见的四种石油烃类化合物各有何性质？

答：(1) 烷烃。也称为石蜡族烃，此种烃类的化学性质很稳定，但含量多时会增加产品的凝固点。

(2) 环烷烃。它使石油产品富有良好的热稳定性和化学稳定性。另外，还有良好的黏度性质，它是润滑油的宝贵成分。

(3) 不饱和烃。这种烃容易和许多化合物化合，也容易被氧化物氧化，石油中这种烃的含量极少。

（4）芳香族烃。它的化学性质比环烷烃活泼，存在于所有的石油中，但含量极少。

2 简述油品分馏的主要过程。

答：经预处理后的原油压入加热炉，加热到360℃左右，使原油成为液体和气体混合物，进入分馏塔。在分馏塔中，按照各种烃类沸点的高低，在不同层的塔盘上分离出重油、柴油和煤油等产品，沸点最低的烃类以蒸气状态从分馏塔顶部出来后，再经冷却塔分离出汽油和石油气。从分离塔底部流出的重油可以再进行分馏，即进入减压分馏塔，利用沸点随压力变化的原理，将分馏塔的压力降至低于大气压，这样在较低的温度下，就能将重油中的烃类分馏出来。在减压分馏塔里，仍按照沸点范围的不同，在不同层大塔盘上分离出不同黏性规范的润滑油。沸点较低的重柴油，则从塔顶分离出来，剩下的渣油从塔底流出。

3 汽轮机油和绝缘油大体上是如何制取的？

答：汽轮机油一般是用石油的减压馏分即轻质润滑油馏分制取的，要经脱蜡、糠醛精制及白土接触处理等具体的步骤。

绝缘油是用石油的常压馏分即重油馏分制取的，要经酸、碱法精制和白土接触处理等步骤。

4 电力用油共有哪几类？各包括哪些品种？

答：电力用油共分五类。

（1）汽轮机油。按40℃时的运动黏度，分四个牌号：32号、46号、68号、100号。

（2）绝缘油。按其用途分变压器油、断路器油、电缆油。其中变压器油按低温性能分为10号、25号、45号。断路器油按我国石油行业标准仅一种牌号。高压充油电缆油仅企业标准一种牌号。

（3）机械油。按50℃时的运动黏度，国产机械油分七个牌号：10号、20号、30号、40号、50号、70号、90号。

（4）重油。按80℃时运动黏度分为三个牌号：20号、60号、100号。

（5）抗燃油。

5 汽轮机油的作用是什么？

答：（1）润滑作用。防止因固体摩擦使设备发热或磨损的危险发生，同时也提高了汽轮机的效率和安全可靠性。

（2）散热作用。减少因摩擦而产生的热量。

（3）用作调速系统的工作介质，使压力传导于油动机和蒸汽管上的油门装置，以控制蒸汽门的开度，使汽轮机在负荷变动时，仍能保持额定的转速，以保证发电质量和安全运行。

（4）密封作用。把发电机两侧的轴承密封好，不让氢气外漏，以保持正常氢压。

6 绝缘油的作用是什么？

答：（1）绝缘作用。因为两极间距离为1mm时，绝缘油可以耐120kV的电压，因此绝缘油在电气设备中起着很重要的作用，它能使各种高压电气设备具有可靠的绝缘性能。

(2) 散热作用。在变压器中，由于电流通过线圈时，不可避免地要损失一部分能量，即产生热效应，使线圈和铁芯都要发热。长期下去就会造成绝缘材料脆化击穿，因此在变压器四周布置了散热管，这样就可以把热量不断地排散掉，保证了变压器的正常运行。

(3) 灭弧作用。由于电弧的温度很高，油便受热分解，产生出许多气体，其中有大量氢气，这是一种具有很高绝缘性能的气体。这些气体能在高温作用下产生很高的压力，结果将电弧吹向一方。因而使电弧通过的途径冷却下来，同时消灭了附近的电离空间，促使电弧不能继续发生。

7 汽轮机油的控制标准是什么？

答：(1) 未加防锈剂的油品酸值小于或等于 0.2mgKOH/g，加防锈剂的油品酸值小于或等于 0.3mgKOH/g。

(2) 黏度与新油原始测值偏离小于 1±10%。

(3) 闪点与新油原始测值相比不低于 15℃。

8 运行中油质超标准会造成哪些危害？

答：(1) 入水的情况下，会引起生成油泥的倾向。更严重的是低分子酸的存在会使油系统发生腐蚀。

(2) 黏度超标。说明轻质透平油可能变成中质透平油，不适合设备对黏度的要求。黏度增加，表明油质劣化程度加深，而且由此引起的摩擦增加及轴承内温度的升高，更促使油质进一步劣化。

(3) 油的闪点降低。说明油内低分子烃类逐渐蒸发，这将促使油的黏度及密度的增加。

9 运行中应如何做好汽轮机油的日常维护？

答：做好油系统的清理工作，防止水分和机械杂质浸入油系统，及时排除油箱中的水分和污物，保持冷油器的正常工况，防止超温运行，防止空气进入油内产生泡沫，应补加抗氧化剂，添加 T746 防锈剂等。

10 影响油品颜色和透明度的因素是什么？

答：油品的颜色和透明度主要是根据肉眼观察来判定的，颜色决定于其中沥青质、树脂物质及其他染色化合物的含量。

透明度受两个方面的影响：一是油品受环境的污染而混入的水分、机械杂质、游离碳等外部因素的影响；二是由于油品内部有石蜡和渣滓等，特别是在较低温度条件下，它们会成为雾状分离出来，影响油的透明度，这是内部因素。

11 观察油品颜色和透明度的意义是什么？

答：油品在运行中受温度、空气、压力、电晕、电弧、电场等影响，逐渐被氧化，使油的颜色逐渐加深。这是由于油氧化后，除生成酸类物质外，还产生一定数量的胶质、沥青质等会使油颜色加深的物质。

绝缘油颜色的剧烈变化，一般是油内发生电弧时所产生的碳质造成的，所以油在运行中颜色的迅速变化是油质变坏或设备内部存在故障的表现。

12 测定油品密度在生产上有何实际意义？

答：(1) 测出密度后，再根据油品体积能计算出油品的质量。

(2) 对绝缘油，只要不影响油的其他性质，要求密度小一些为好，因这样油中水分及生成的沉淀物能迅速沉降到容器的底部。

(3) 密度与油品的化学组成有关，故在一定程度上根据密度可大致判断油品的成分和原油的类型。

13 测定高黏度油品密度时，为何必须用煤油稀释而不用汽油？

答：由于油品过于黏稠，易造成密度计不能自由沉浮。同时，在密度计读数标尺上粘有深色产品，影响读数，造成分析结果不准，所以要用煤油进行稀释。

因汽油馏分太轻，在常温下或在加入热重油时受热，其轻馏分就会蒸发，不但减少了稀释的体积，而且由于轻质组分蒸发，稀释溶剂本身的密度就会增大，使测定结果不准确。

14 影响黏度的因素是什么？

答：影响黏度的因素是：

(1) 黏度与油的组成部分的性质及其在油中的比例有直接关系。

(2) 黏度和温度有很大关系。温度升高，黏度降低；反之亦然。

(3) 黏度与作用于油品的压力及运行速度有关。

15 测定油品黏度在生产上有何实际意义？

答：黏度是润滑油的最重要的指标之一，正确选择一定黏度的润滑油，可保证发电机和汽轮机组处于稳定可靠的运行状态。随着汽轮机油黏度的增大，会降低发电机的功率，增大燃料消耗。黏度过大，还会造成启动困难，机组振动；黏度过小，会降低油膜的支撑能力，形不成良好的油膜，因此增加了机器的磨损。所以在压力大、转速慢的设备中，使用黏度较大的油品；在压力小、转速快的设备上使用黏度较小的油品。

黏度也是绝缘油的重要指标之一。因黏度愈低，变压器循环冷却效果愈好。此外，黏度对油的输送也有重要意义，黏度增加，输送压力就要增加。

16 测定油品酸值有何重要意义？

答：测定油品酸值的意义：

(1) 新油中酸性物质的数量，与原油的预处理和分馏精制的程度有关。

(2) 运行中油的酸值愈高，表明油的老化程度愈深。它是监督油老化程度最重要的指标。

(3) 绝缘油中含有酸性物质，会提高油品的导电性，降低油品的绝缘性能。

17 测定油品闪点、燃点有何实际意义？

答：(1) 从油品闪点可判断其馏分组成的轻重，因馏分组成愈轻，闪点愈低。
(2) 从闪点可鉴定油品发生火灾的危险程度。闪点愈低，油品愈易燃烧。
(3) 对于绝缘油，在不影响油的其他指标的情况下，闪点高一些为好。

18 影响油品闪点的因素有哪些？

答：(1) 与测定所用仪器的形式有关。
(2) 与加入试油量的多少有关。
(3) 与点火用的火焰大小、离液面的高低及停留时间有关。
(4) 与加热速度有关。
(5) 与压力有关。
(6) 与试样含水有关。

19 油品中机械杂质对机组运行有何危害？

答：(1) 可引起调速系统卡涩和机组的转动部分磨损等潜在的故障。
(2) 引起绝缘油的绝缘强度、介质损耗因数及体积电阻率等电气性能下降。
(3) 影响汽轮机油的乳化性能和分离空气的性能。
(4) 堵塞滤油器和滤网，影响油箱油位的显示，磨损油泵齿轮。
(5) 影响变压器散热，引起局部过热故障。

20 油品中的游离碳是如何产生的？它有何危害？

答：油在高温电弧的作用下，会分解而析出固体的游离态碳质物和少量的氢气、气体烃、油酸及微量的金属元素。也可由油的不完全燃烧和金属在高温电弧作用下，被蒸发后又冷却所造成。另外，汽轮机油管受到高热作用时，也会析出游离碳。

游离碳会使油的绝缘强度降低，其沉积在绝缘体和断路器的触头上，逐渐形成了一层连续的导电层，易发生高压放电或短路等故障。

21 什么是抗燃油？其特性如何？

答：抗燃油是一种合成性的磷酸酯液压油，它的某些特性与矿物油截然不同。

抗燃油必须具备难燃性，但也要有良好的润滑性和氧化安定性，低挥发性和好的添加剂感受性。其突出特点是比石油基液压油的蒸气压低，没有易燃和维持燃烧的分解产物，而且不沿油流传递火焰，甚至由分解产物构成的蒸气燃烧后也不会引起整个液体着火。

22 抗燃油有何独特的性能？

答：(1) 抗燃油一般密度大，因而有可能使管道中的污染物悬浮在液面上而在系统中循环，造成某些部件堵塞与磨损。如果系统进水，水会浮在抗燃油的液面上，使排除较为困难。

(2) 新抗燃油的酸值与含不完全酯化产物的量有关，它具有酸的作用，部分溶解于水，它能引起油系统金属表面的腐蚀。酸值高还能加速磷酸酯的水解，从而缩短油的寿命，故酸值越小越好。

（3）优良的抗燃性能。因抗燃油有较高的自燃点，所以其抗燃作用在于其火焰切断火源后，会自动熄灭，不再继续燃烧。

（4）具有较好的润滑性和抗磨性，具有很高的热氧化安定性，其本身对金属设备的腐蚀性也较小，其本身还有一种溶剂效应，即能除去新的或残存于系统中的污垢。

（5）水解安定性较差，对热辐射的安定性也较差。

23 对抗燃油如何进行监督？

答：（1）监督抗燃油的外观和颜色变化。

（2）记录油温、油箱的油位高度及补油量。

（3）记录旁路再生装置压差变化，及时更换吸附剂、滤芯。

（4）在机组正常运行情况下，试验室每年至少对油质进行一次全分析。

（5）如果发现油质有异常现象，如酸值迅速增高，颜色加深，水分含量增大，黏度变化增大时，应缩短试验周期，进行单项分析。认真分析查找原因，采取有效措施进行处理。

24 抗燃油劣化的原因是什么？

答：抗燃油劣化的原因较复杂，主要有以下原因：

（1）油系统的设计。如：油箱容量设计过小，则会使液体循环次数增加，油在油箱中停留时间过短，油箱起不到分离空气、去掉污染物的作用，以至加速油质的劣化；此外，回油速度过大、冲力大，容易生成泡沫，导致油中气体含量过高，加速老化速度。系统应安装精密的过滤装置，油箱顶部安装空气滤清器，油系统安装再生过滤装置。

（2）机组启动前应对调节系统各部件进行解体检查，去掉焊渣、污染物、油漆及一切不洁物；保持油系统清洁无锈蚀，并按要求清洗油系统，否则会造成油的酸值急剧上升。

（3）系统的运行温度。温度对抗燃油老化影响较大，特别是在系统中有过热点出现时，或油管路距蒸汽管道太近时，油受到热辐射，使抗燃油劣化加剧。

（4）系统的污染。如水分会使抗燃油水解产生酸性物质，并且酸性产物又有自催化作用，酸值升高会导致设备腐蚀。此外，油中固体颗粒可对系统造成磨蚀，同时在一些关键部位沉积，使其动作失灵。若抗燃油中混入矿物油，会影响其抗燃性能，同时抗燃油与矿物油中的添加剂作用可能产生沉淀，并导致系统中阀门卡涩。

（5）系统的检修质量对抗燃油的理化性能也有很大影响。

25 使用压力式滤油机应注意什么问题？

答：（1）滤纸在使用前应进行干燥，保证滤纸有良好的吸湿性能。

（2）若油中含有很多水分和机械杂质时，应将油先通过沉降法或离心式滤油机处理后，再用压力式滤油机过滤。

（3）防止滤纸的纤维带入油中，破坏油膜的形成。

（4）为降低油的黏度，提高过滤速度和效率，应将油温提高到40～45℃。

26 真空滤油机的过滤原理是什么？

答：真空净化法是利用液体的沸点随液面上压力的增减而升降，和气体在液体中的溶解度与气体的分压力成正比的规律来处理油品的。当用真空泵将密闭容器的油面上抽成真空时，油品内溶解的水分和气体被迅速地气化，解析并溢出油面而被去除。

27 离心式滤油机的过滤原理是什么？

答：利用油和水及杂质三者的密度不同，在离心分离机内转动时产生的离心力不同进行分离净化的。其中油最轻，聚集在旋转鼓的中心；水的密度稍大，被甩在油质的外层；而油中固体杂质最重，被甩在最外层，这样就达到了分离净化的目的。

28 使用离心式滤油机应该注意哪些事项？

答：要注意及时清洗，一般使用5～6h要清洗一次，每年应进行一次全面检查。特别需要注意的是在过滤不同质量、不同种类、不同牌号的油时，应彻底清洗设备内部，否则会污染被过滤的油品。

29 润滑油管理的“五定”是指什么？

答：润滑油管理的“五定”是指定人、定期、定点、定量和定质。

30 减速机内部油位的要求是什么？

答：减速机内部油位要符合要求，因为油位太高起不到润滑作用，油位太低起不到降温作用。

31 润滑的作用是什么？

答：润滑的作用是：控制摩擦、减少磨损、降温冷却、防止摩擦面锈蚀、传递动力和减小振动。

32 容积式液压传动有何特点？

答：容积式液压传动的特点：外部负载越大，工作压力（油泵压力）越高；外部负载越小，工作压力越低。

33 液压控制阀可分哪几大类？

答：液压控制阀可分压力控制阀、方向控制阀、流量控制阀三大类。

34 一个完整的液压系统由哪几部分组成？

答：一个完整的液压系统由动力部分、执行部分、控制部分、工作介质及辅助部分组成。

35 油系统法兰垫的使用有什么规定？

答：油系统法兰垫禁止使用塑料垫、橡皮垫以及石棉纸垫等。

36 选用齿轮润滑油的要求有哪些？

答：选用齿轮润滑油的要求：

（1）黏度要适当。

（2）有良好的油性。

（3）有良好的抗泡沫性和抗乳化性。

（4）残炭、酸性、灰分、水分等指标，也应符合标准。

37 什么是油雾润滑？

答：油雾润滑是用液压空气或蒸汽将油液雾化后送至润滑点的润滑。

第三节 油质分析及设备故障诊断

1 油中烃类的氧化有哪些特点？

答：油中烃类氧化的特点：

（1）氧化反应所需要的能量较少，在室温的条件下就能进行。

（2）氧化反应的产物较为复杂，有液体、气体和沉淀物，其中有机物居多。

（3）在恒温和相同的外界条件下，油品烃类的自动氧化趋势较为特殊，分开始阶段、发展阶段、迟滞阶段。

2 油质劣化后，为什么会影响汽轮机和变压器的散热效果？

答：因为油中生成的不溶或微溶的氧化产物油泥，如果沉积在汽轮机的油系统中，会降低冷油器的冷却效率，会堵塞润滑系统的油路，妨碍油循环，影响散热冷却，以致引起轴瓦磨损或烧毁事故发生。

对于变压器，油泥析出后附着在绕组表面或散热管壁上，会影响散热，堵塞油道，影响油的对流，造成局部过热烧坏和腐蚀固体纤维绝缘材料，引起设备故障或事故发生。

3 防止绝缘油劣化的措施有哪些？

答：防止绝缘油劣化的措施：

（1）添加抗氧化剂。

（2）使用充氮保护。

（3）安装油枕隔膜密封保护。

（4）安装热虹吸器。

4 防止汽轮机油劣化的措施有哪些？

答：防止汽轮机油劣化的措施：

（1）添加抗氧化剂。

（2）添加防锈剂。

（3）添加破乳化剂。

（4）安装连续再生装置。

5 汽轮机油劣化的原因是什么?

答：汽轮机油劣化的原因：

（1）受热和氧化变质。在高温下，碳氢化合物的热裂解会形成不稳定的化合物，进一步聚合成各种树脂和油泥。

（2）受杂质的影响。油中水分、金属和颗粒物质等杂质会促进油的氧化，并有助于泡沫、积垢和油泥的形成。

（3）油系统的结构和设计。如：油箱设计容量过小，起不到分离油中空气及水分的作用，加速了油的老化。此外，油的流速快、油压大，容易使油中形成泡沫，造成油中存留气体，而加速油品的变质。

（4）汽轮机油受到辐射。

（5）油本身的化学组成。

（6）油系统检修后，系统内存在的杂质或清洗液选用不当等，均会造成油系统的污染。

6 防止抗燃油劣化的措施有哪些?

答：防止抗燃油劣化的措施：

（1）防止抗燃油的污染。油箱和油管路全部用不锈钢材料，油箱应为全封闭式，通过空气滤清器与大气相通。油系统采用精密过滤器。

（2）使用旁路再生过滤装置。

（3）选用合适的添加剂。

（4）防止抗燃油系统中进入水分和空气。

（5）严格控制油中氯的含量。

（6）防止其他矿物油混入抗燃油中。

（7）注意防止颗粒污染物混入抗燃油中。

7 抗燃油污染物的来源主要有哪几方面?

答：（1）系统内原来残留的污染物。如金属切屑、焊渣、型砂、尘埃及清洗溶剂。

（2）系统运行中产生的污染物。如元件磨损产生的磨屑，管道内锈蚀物及油氧化、分解产生的沉淀物和胶状物质。

（3）系统运行中从外界进入的污染物。

8 若发现抗燃油泄漏应如何处理?

答：（1）清除泄漏点。

（2）采取包裹和涂敷措施，覆盖绝热层，消除多空性表面，以免抗燃油渗入保温层中。

（3）将泄漏的抗燃油通过导流沟收集。

（4）如果抗燃油渗入保温层并着了火，应使用二氧化碳及干粉灭火器灭火，尽量避免用水灭火，冷水会使热的钢部件变形或破裂。

（5）抗燃油燃烧会产生有刺激性的气体。因此，消防人员应戴防毒面具，防止吸入对身体有害的烟雾。

9 油品烃类的氧化产物按性质大体可分为哪几类？

答：油品烃类的氧化产物按性质可分为：

（1）酸性产物。如羧酸、羟基酸等。

（2）中性产物。如过氧化物、醇、醛、酮、酯等。

（3）水和挥发性产物。如一氧化碳、二氧化碳等。

10 简述微量水分测定的原理。

答：采用库仑法测定微量水分。它是一种电化学方法，是将库仑法与卡尔—费休滴定法结合起来的分析方法。当被测试的油中水分进入电解液后，水参与碘、二氧化硫的氧化还原反应。在有吡啶和甲醇存在的条件下，生成氢碘酸吡啶和甲基硫酸吡啶，消耗了的碘在阳极电解产生，从而使氧化还原反应不断地进行下去，直至水分全部耗尽为止。

11 试述测定油品腐蚀试验的目的。

答：油品腐蚀试验的目的：

（1）通过腐蚀试验可判断油品中是否含有能腐蚀金属的活性硫化物或游离硫。

（2）通过腐蚀试验可预知油品在使用时对金属腐蚀的可能性。

12 简述T501抗氧化剂含量的测定原理。

答：以石油醚、乙醇作为溶剂，基于T501在碱性溶液中与磷钼酸作用，生成钼蓝络合物，并利用该络合物溶于水的性质，根据钼蓝水溶液颜色的深浅，用分光光度法和目视比色法进行其含量的测定。

13 汽轮机油对其所添加的防锈剂有何要求？

答：（1）防锈剂对金属要有充分的吸附性能，使其在金属表面上形成致密的分子膜，且不能被酸和盐所溶解。

（2）对油的溶解性应良好，在使用中不易从油中析出。

（3）对油的物理、化学性能没有不良影响。

（4）防锈剂在汽轮机油的运行温度下不易裂解，能保持其防锈作用。

14 汽轮机油对其所添加的破乳化剂有何要求？

答：（1）在常温下直接溶于油中，不需要任何有机助溶剂。

（2）具有较好的化学稳定性，同时在空气中或高温下氧化安定性要好。

（3）几乎不溶于水。

15 固定相必须具备的条件是什么?

答：固定相必须具备的条件是：有较大的比表面；较好的选择性；良好的热稳定性；使用方便。

16 简述热导池鉴定器的工作原理。

答：因为不同的物质有不同的热导率，当载气同时流经热导池电桥四壁热丝，因为热导率相同，电桥处于平衡状态，不会产生电位差。当混入某组分气体通入测量池时，其热导率发生改变，热丝的电阻值也发生变化。另一对通入未混入组分气体的热丝的阻值未改变，因此电桥处于不平衡状态，在电桥两点间产生电位差并输入记录器，且显示出某组分的峰形。在一定浓度范围内，其峰面积的大小与输出的电信号呈线性关系，与样品中某一组分的浓度是函数关系，根据峰面积可求出组分含量。

17 气相色谱法的优点表现在哪几个方面?

答：气相色谱法的优点表现在：选择性好、分离效能高、化验速度快、样品用量少、灵敏度高以及适用范围广等方面。

18 什么是油中溶解气体分析诊断技术?

答：油中溶解气体分析包括从变压器中取出油样，再从油中取出溶解气体，用气相色谱法分析该气体的成分和含量，判定设备有无内部故障，诊断其故障类型，并推定故障点的温度、故障能量等，这一方法称为溶解气体分析诊断技术。

19 局部放电现象的特征是什么?

答：局部放电现象依放电能量密度的不同而不同，一般总烃量不高。其主要成分是氢气，其次是甲烷。通常氢气占氢和烃总量的90%以上，甲烷与烃总量之比大于90%。当放电能量密度增高时，也可以出现乙炔，但比例很小，不超过2%。

20 判断设备故障具有实际意义的特征气体有哪些? 在计算总烃时包括哪些气体?

答：判断设备故障具有实际意义的气体有氢、甲烷、乙烷、乙烯、乙炔、一氧化碳、二氧化碳等。

计算总烃时包括的气体有氢、甲烷、乙烷、乙烯、乙炔、一氧化碳、二氧化碳。

21 当变压器发生一般过热性故障及局部放电故障时，其特征气体各具有什么特点?

答：一般过热性故障所产生的特征气体主要是甲烷和乙烯，二者之和一般占总烃的80%以上。而且随着故障点温度的提高，乙烯所占比例将增加。

局部放电产生的特征气体，其主要成分是氢气，其次是甲烷。通常氢气占氢和烃总量的90%以上，甲烷与烃总量之比大于90%。

22 计算故障点的产气率有何实用意义？

答：计算绝对产气率能直接反映出故障性质和发展程度，包括故障源的功率、温度和面积等。不同性质故障的绝对产气率有其独特性。不同设备的绝对产气率也具有可比性。由相对产气率，能看出故障的发展趋势。

23 应用三比值法时，应注意什么？

答：应注意的事项：

（1）只有根据各组分的注意值或产气速率，有理由判断可能存在的故障时，才能进一步地应用三比值法判断其故障的性质。

（2）每一种故障对应着一种比值组合。对多种故障的联合作用，可能找不到相对应的比值组合。

（3）在实际中可能出现没有包括在三比值法编码规则中的比值组合，现正在研究。

24 导致变压器油劣化的基本因素是什么？

答：变压器油劣化的基本因素：

（1）氧。因变压器油对氧有较强的亲和作用，同时设备中的绝缘材料在热的作用下而发生的裂解反应过程中也有氧的供给源。

（2）催化剂。如水分、铜、铁材料。

（3）加速剂。如热、振动与冲击、电场。

（4）纤维素材料。其对油的老化过程会产生叠加效应。

25 T501抗氧化剂为什么能延缓油的老化？

答：T501抗氧化剂之所以能延缓油的氧化，主要是它能与油中在自动氧化过程中生成的活性自由基和过氧化物发生反应，而形成稳定的化合物，从而消耗了油中生成的自由基，而阻止了油分子自身的氧化进程。而且抗氧化剂自身的过氧化产物又可进一步相互联合和再氧化，最终形成稳定的芪醌产物。

26 T501抗氧化剂与其他种类的抗氧化剂相比，有何优点？

答：（1）由于T501的独特的化学结构，所以它具有高度的抗氧化性能，油中加入这种抗氧化剂后，能有效地改善油的氧化稳定性，降低油氧化形成的酸性产物、沉淀物的含量，并抑制低分子有机酸的生成。

（2）T501抗氧化剂有较广泛的适用范围，不仅适用于新油、再生油和轻度老化的油，而且对于许多类型的润滑油，添加后均有效果。

（3）T501抗氧化剂本身对油的溶解性能良好，不会使油产生沉淀物。

（4）T501本身及其氧化生成产物对绝缘油和设备中的固体绝缘材料的介电性能，均不会产生不良的影响。

（5）T501本身为中性、无腐蚀性、不溶于水、不吸潮、沸点高、挥发性低、不宜损失，而且无毒。

27 混油时应注意什么?

答：(1) 补充的油最好使用与原设备内同一牌号的油，以保证运行油的质量和原牌号油的技术特性。

(2) 要求被混合油双方都添加了同一种抗氧化剂或者一方不含任何抗氧化剂，或双方都不含抗氧化剂。

(3) 被混合油的双方，质量都应良好，性能指标起码能符合运行油质量标准的要求。

(4) 如果运行油有一项或多项指标接近运行油质量控制标准的极限值时，尤其是酸值、水溶性酸、界面张力等能反映油品老化的性能已接近运行油标准的极限值时，则如果要补充新油进行混合时，应慎重对待。对这种情况下的油应进行实验室混油试验，以确定混合后的性能是否满足需要。

(5) 如果运行油的质量有一项或者多项指标已不符合运行油质量控制标准时，则应进行净化或再生处理后，才能考虑混油的问题。决不允许利用补充新油的手段来提高运行油的质量水平。

(6) 进口油或来源不明的油与运行油混合时，应预先进行各参与混合的单个油样及其准备混合后的油样的老化试验。经老化试验后，其混合油的质量不低于原运行油时，方可进行混油。

28 运行中如何补加和混合抗燃油?

答：(1) 运行中抗燃油系统中需补油时，应补加相同牌号经化验合格的油。如果抗燃油老化比较严重，补油前应按照有关方法进行混油老化试验，无油泥析出，才能补加。因为新油和老化油对油泥的溶解度不同，可能会使油泥在抗燃油中析出而导致调节系统卡涩。

(2) 抗燃油混合使用时，混前其质量必须分别化验合格。不同牌号的抗燃油原则上不宜混用。因牌号不同，黏度范围也不同，质量标准也不同。在特殊情况下需要混用时，可以将高质量的抗燃油混入低质量的抗燃油中使用。同时，还必须先进行混油试验，当无油泥析出，并且混合后油的质量高于混合前低质量的抗燃油时，才能够混合使用。

(3) 进口抗燃油与国产抗燃油混合时，应分别进行油质分析，分析数据均在合格范围之内时，再进行混油试验。

(4) 抗燃油严禁与矿物油混合使用。

29 气相色谱法的分离原理是什么?

答：气相色谱法的分离原理就是色谱法的两相分配原理。具体说：它是利用样品中各组分在流动相和固定相中吸附力或溶解度的不同，也就是说分配系数不同。当两相做相对运动时，样品各组分在两相间也就不一样。分配系数小的组分会较快地流出色谱柱，分配系数愈大的组分就愈易滞留在固定相内，流过色谱柱的速度较慢。这样一来，当流经一定的柱长后，样品中各组分得到了分离。当分离后的各个组分流出色谱柱而进入检测器时，记录仪就记录出各个组分的色谱峰，从而将各组分分离开。

30 油中溶解气体组分分析的对象有哪些?

答：根据充油电气设备内部故障诊断的需要，绝缘油中溶解气体组分分析的对象一般包括永久性气体（H_2、O_2、N_2、CO、CO_2）以及气态烃（CH_4、C_2H_6、C_2H_4、C_2H_2）共九个组分。

31 色谱分析用油样的采集应注意哪些事项?

答：应根据GB 7597—1987《电力用油采样方法》，采用全密封方式进行。油中溶解气体的分析一般都需要两个步骤：一是将溶解气体从油中取出；二是用气相色谱仪分离和检测各气体组分。同时应注意：

（1）取样阀中的残存油应尽量排除，阀体周围污物应擦拭干净。

（2）取样连接方式可靠，连接系统无漏油或漏气缺陷。

（3）取样前应设法将取样容器和连接系统中的空气排尽。

（4）取样过程中，油样应平缓流入容器，不产生冲击、飞溅或起泡沫。

（5）对密封设备在负压状态下取油样时，应防止负压进气。

（6）注射器取样时，操作过程中应特别注意保持注射器芯干净，防止卡涩。

（7）注意取样时的人身安全，特别是带电设备和从高处取样。

32 油中溶解气体分析对色谱仪有何要求?

答：（1）检测灵敏度。对油中溶解气体的最小检测浓度$H_2<10\mu g/L$；CO、$CO_2<25\mu g/L$；O_2、$N_2<50\mu g/L$；$C_2H_2<1\mu g/L$。

（2）分离度。应满足定量分析的要求，即分辨率$R\geqslant1.5$。

（3）分析时间。在保证准确定性、定量分析的前提下，符合快速分析要求。

（4）检测器。一般应具备热导检测器、氢焰检测器、镍触媒甲烷化装置。

（5）色谱柱。可提供活性炭、碳分子筛、分子筛、硅胶、高分子多孔小球等多种固定相选择。

（6）流程。根据仪器情况选用一次进样或二次进样方式的柱系统，尽量满足快速分析需要。

33 油中溶解气体分析仪检测变压器内部故障时，主要利用哪些条件来达到目的的?

答：（1）故障下产气的累计性。充油电气设备的潜伏性故障所产生的可燃性气体大部分会溶解于油。随着故障的持续，这些气体在油中不断积累，直至饱和甚至析出气泡。

（2）故障下产气的速率。正常情况下充油电气设备在热和电场的作用下也会老化分解出少量的可燃性气体，但产气速率很缓慢。当设备内部存在故障时，就会加快这些气体的产气速率。

（3）故障下产气的特征性。变压器内部在不同故障下产生的气体有不同的特征。

因此，上述三种特征是诊断故障的存在和发展情况的重要依据。

34 油中溶解气体分析在诊断变压器内部故障时，一般应包括哪些诊断与工作内容？

答：（1）判定有无故障。

（2）判断故障的性质，包括故障类型、故障严重程度与故障发展趋势等。

（3）提出相应的安全防范措施。

35 变压器产生过热性故障的原因有哪些？

答：变压器产生过热性故障的原因有：

（1）接触不良。如引线连接不良，分接开关接触不紧，导体接头焊接不良。

（2）磁路故障。铁芯两点或多点接地，铁芯片间短路，铁芯与穿芯螺钉短路；漏磁引起的油箱、夹件、压环等局部过热等。

（3）导体故障。部分线圈短路或不同电压比并列运行引起的循环电流发热；导体超负荷过流发热；绝缘膨胀、油道堵塞而引起的散热不良等。

36 有无故障的判定常用的方法是什么？

答：常用的方法是“三查”，根据“三查”情况，进行综合分析，最后作出判定有无故障的结论。“一查”，查对特征气体含量分析数据是否超过注意值；“二查”，考查特征气体的产气速率；“三查”，调查设备的有关情况。

37 平衡判据在判断故障上有什么用处？

答：平衡判据对推断故障的持续时间与发展速度很有帮助。

（1）如果理论值与实测值相近，且油中气体浓度稍大于气相气体浓度，反映气相与液相气体浓度基本达到平衡状态，说明设备存在发展较缓慢的故障。再根据产气速率可进一步求出故障持续时间与发展趋势。

（2）如果理论值与实测值相差大，且气相气体浓度明显高于油中气体浓度，说明故障产气量多，设备存在较为严重的故障。再根据产气量与产气速率进一步估计故障的严重程度与危害性。

38 测定油品水溶性酸碱的实际意义是什么？

答：（1）油品中测出有水溶性酸碱，表明经酸碱精制处理后，酸没有完全中和或碱洗后用水冲洗得不完全。它能腐蚀与其接触的金属构件，因此油品中不允许有无机酸碱存在。

（2）运行油出现低分子有机酸，表明油已老化，不仅直接影响油的使用寿命，而且对油的继续劣化起催化作用。

（3）水溶性酸的活度较大，对金属有强烈的腐蚀作用，在有水存在的情况下，更为严重。

（4）油在氧化过程中，不仅产生酸性物质，也有水分生成，含有酸性物质的水滴将严重地降低油的绝缘性能。

（5）油中水溶性酸对变压器的固体绝缘材料老化影响较大，因而影响变压器的使用寿命。

39 影响油品抗氧化安定性测定的因素是什么？

答：（1）温度对油的氧化过程的速度影响很大，温度高的油氧化速度快；反之，油的氧化速度慢。

（2）氧气通入量的大小对结果有影响。加大氧气通入量，能加快其氧化速度。

（3）所加入的金属球、片的尺寸大小，材质情况以及是否事先按规定处理好，都会影响测定结果。

（4）所用仪器是否洗净及干燥。若有水存在时都会加速油的氧化。

（5）用以测定油泥沉淀物含量的溶剂不能含有芳香烃，否则芳香烃会溶解沉淀物，造成沉淀物含量偏低。

（6）测定酸值时要正确判断终点。

40 测定油品抗氧化安定性的意义是什么？

答：评定油品的质量好坏，了解油品的精制程度及可能使用的年限。抗氧化性好的油品使用时间长。

41 测定油品皂化值的意义是什么？

答：（1）因皂化值能全面地反映油的劣化程度，皂化值所测的组分，都是生成油泥的来源；根据皂化值和酸值之差可以比较可靠地预测油泥沉淀物的形成倾向。因此它也是表征油老化的重要指标。

（2）判断矿物油中是否混有动植物油。

（3）在油处理工作中，可根据皂化值的大小来确定其加碱量。

42 汽轮机油破乳化度测定的影响因素是什么？

答：（1）仪器是否洗净，若仪器洗得不净会使破乳化时间延长。

（2）水蒸气带有杂质也会影响测定结果，应采用纯水。

（3）在测定时间内，压力计与蒸汽发生器液面高度差应保持恒定。

（4）未通蒸汽前的油温及通完蒸汽后的油温都应达到试验条件所要求的允许范围。因为它会影响油的黏度，从而影响乳化程度及乳化分离的时间。

（5）结果判断正确与否对测定结果影响很大。

43 汽轮机油乳化严重对设备有什么危害？

答：（1）乳化液在轴承等处析出水分，可能破坏油膜。

（2）乳化液有腐蚀金属的作用。

（3）乳化液沉积于油循环系统中时，妨碍油的循环，造成供油不足，引起故障。

（4）乳化液能加速油的氧化，使酸值增高，产生较多的沉淀物，进一步延长了油的破乳化时间。

（5）油乳化后，使汽轮机油逐渐降低润滑作用，增大各部件间的摩擦，引起轴承过热，以至损坏机件。

44 测定羰基含量时，应注意的问题是什么？

答：（1）每次试验时均需做空白试验，否则会影响试验结果。如果空白试验的吸光度超过 0.2 时，则认为此批试剂不能应用，可用层析胶硅处理。

（2）KOH 无水乙醇溶液配好后应放置过夜，使用时应小心吸取上层清液，溶液浑浊或发黄会严重影响试验结果。

（3）比色时要提前 10～15min 开启分光光度计的所有开关，使仪器本身稳定后再行测定。采用磁饱和稳压器的 10V 输出电压。测定时要经常校对仪器的零点。

（4）本试验要求无水，因为有水存在会使反应不能进行完全。

（5）试验时静态吸取上层油样。

（6）当室温高于 30℃时，配成 4.3%的三氯乙酸石油醚溶液只能用 2～3d，一般不超过一周。

45 测定羰基含量的实际意义是什么？

答：（1）羰基含量是作为运行中变压器油（或透平油）油泥析出的特定指标。当油中羰基含量大于 0.28mg/L 时，将有油泥析出。

（2）无论是变压器油系统或透平油系统中形成油泥，其危害都是很大的，它不仅影响油的润滑和冷却等性能，还会导致设备中金属和绝缘材料的腐蚀。尤其是析出的油泥的危害性更大。

（3）羰基含量也是表示油老化的象征。运行油除作羰基含量测定外，也可采用油泥析出试验法作油泥析出试验，如无沉淀析出，则认为油合格。对混油也可采用此法测定，混合后油无沉淀析出，方能混合。

（4）当运行油的颜色较深，酸值较高，油的 pH 值较低的情况下，可通过羰基含量测定结果，判断油中是否有油泥析出。

46 测定油中沉淀物含量的实际意义是什么？

答：（1）测定沉淀物，根据沉淀物的性质及其含量多少，采取必要的处理措施，防止造成如下危害：

1）影响汽轮机的润滑性能和绝缘性能。

2）沉淀物太多，影响设备的散热。

3）能腐蚀设备中的金属部件和绝缘材料，缩短设备的寿命。

（2）根据油中油泥沉淀物之多少，可以判断油老化的程度。新油几乎没有油泥，随着油老化程度的加深，油泥逐渐增多。

47 简述油桶中的采样方法。

答：（1）试油应从污染最严重的油桶底部采取，必要时可以从油桶上部采样检查。

（2）开启整桶前，需用干净棉纱或布将整桶外部擦净，然后用清洁、干燥的采样管采样。

（3）在整批油桶内采样时，采样的桶数应足够代表该批油的质量，采样的具体规定如下：

1）只有 1 桶油时，即从该桶中采样。

2）在只有 2～5 桶的一批油桶中，从 2 桶中采样。

3）在有 6～20 桶的一批油桶中，从 3 桶中采样。

4）在有 21～50 桶的一批油桶中，从 4 桶中采样。

5）在有 51～100 桶的一批油桶中，从 7 桶中采样。

6）在有 101～200 桶的一批油桶中，从 10 桶中采样。

7）在有 201～400 桶的一批油桶中，从 15 桶中采样。

8）在有 400 桶以上一批油桶中，从 20 桶中采样。

（4）一般可采两种油样进行试验。

1）混合油样就是取有代表性的两个容器底部的油，混合均匀。

2）单一油样就是从一个容器底部取的样品。

48 简述油罐中的采样方法。

答：（1）样品应从污染最严重的罐底部取出，必要时，可抽查油罐上部油样。

（2）从油罐或槽车中采样前，应排去采样管内存油，然后采样。

49 简述在电气设备中采油样的方法。

答：（1）对于变压器，油开关或其他电气设备，应从下部阀门处采样，采样前需先用干净棉纱或布将油阀门擦净，再放油冲洗干净。

（2）对需要采样的套管，在停电检修时，从采样孔采样。

（3）没有放油管或采样阀门的电气设备，可在停电或检修时设法采样。

50 如何从汽轮机（或大型汽动给水泵）油系统中采油样？

答：（1）正常监督试验由冷油器中采样。

（2）检查油脏污及水分时，自油箱底部采样。

51 简述石油产品闪点的测定法（闭口杯法）。

答：本方法适用于石油产品用闭口杯，在规定条件下，加热到它的蒸气与空气的混合气，接触火焰发生闪火时的最低温度，称为闭口杯法闪点。

（1）方法概要。

试样在连续搅拌下用很慢的恒定的速率加热，在规定的温度间隔，同时中断搅拌的情况下，将一小火焰引入杯内。试验火焰引起试样上的蒸气闪火时的最低温度作为闪点。

（2）仪器。

闭口闪点测定器：符合 SH/T 0315《闭口闪点测定器技术条件》。

温度计：符合 GB/T 514《石油产品试验用液体温度计技术条件》。

防护屏：用镀锌铁皮制成，高度 550～650mm，宽度以适用为宜，屏身内壁涂成黑色。

（3）准备工作。

试样的水分超过 0.05%时，必须脱水。脱水处理是在试样中加入新煅烧并冷却的食盐、硫酸钠或无水氯化钙进行，试样闪点估计低于 100℃时不必加温，闪点估计高于 100℃时，可以加热到 50～80℃。

脱水后，取试样的上层澄清部分供试验使用。

油杯要用无铅汽油洗涤，再用空气吹干。

试样注入油杯时，试样和油杯的温度都不应高于试样脱水的温度。杯中试样要装满到环状标记处，然后盖上清洁、干燥的杯盖，插入温度计，并将油杯放在空气浴中。试验闪点低于 50℃的试样时，应预先将空气浴冷却到室温（20±5)℃。

将点火器的灯芯或煤气引火点燃，并将火焰调整到接近球形，其直径为 3～4mm。使用灯芯的点火器之前，应向器中加入轻质润滑油（如缝纫机油、变压器油等）作为燃料。

闪点测定器要放在避风和较暗的地点，才便利于观察闪火。为了更有效地避免气流和光线的影响，闪点测定器应围着防护屏。

用检定过的气压计，测出试验时的实际大气压力 p。

（4）试验步骤。

1）用煤气灯或带变压器的电热装置加热时，应注意下列事项：

试验闪点低于 50℃的试样时，从试验开始到结束要不断地进行搅拌，并使试样温度每分钟升高 1℃。

试验闪点高于 50℃的试样时，开始加热速度要均匀上升，并定期进行搅拌。到预计闪点前 40℃时，调整加热速度，使在预计闪点前 20℃时，升温速度能控制在每分钟升高 2～3℃，并还要不断进行搅拌。

试样温度到达预期闪点前 10℃时，对于闪点低于 104℃的试样，每经 1℃进行点火试验；对于闪点高于 104℃的试样，每经 2℃进行点火试验。

2）试样在试验期间都要转动搅拌器进行搅拌，只有在点火时才停止搅拌。点火时，使火焰在 0.5s 内降到杯上含蒸气的空间中，留在这一位置 1s，立即迅速回到原位。如果看不到闪火，就继续搅拌试样，并按本条的要求重复进行点火试验。

3）在试样液面上方最初出现蓝色火焰时，立即从温度计读出温度作为闪点的测定结果。得到最初闪火以后，继续按照上一步进行点火试验，应能继续闪火。在最初闪火之后，如果再进行点火却看不到闪火，应更换试样重新试验，只有重复试验的结果依然如此，才能认为测定有效。

52 简述石油产品闪点与燃点的测定法（开口杯法）。

答：（1）方法概要。

把试样装入内坩埚中到规定刻度线。首先迅速升高试样的温度，然后缓慢升温，当接近闪点时，恒速升温。在规定的温度间隔，用一个小的点火器火焰按规定通过试样液面，以点火器火焰使试样表面上的蒸气发生闪火的最低温度，作为开口杯法闪点。继续进行试验，直到用点火器火焰使试样发生点燃并至少燃烧 5s 时的最低温度，作为开口杯法燃点。

（2）仪器与材料。

仪器：

开口杯闪点测定器：符合 SH/T 0318 要求。

温度计：符合 GB/T 514 要求。

煤气灯、酒精喷灯或电炉（测定闪点高于 200℃试样时，必须使用电炉）。

材料：

溶剂油：符合 SH/T 0004 要求。

（3）准备工作。

试样的水分大于 0.1%时，必须脱水。脱水处理是在试样中加入新煅烧并冷却的食盐、硫酸钠或无水氯化钙进行。

闪点低于 100℃的试样脱水时不必加热；其他试样允许加热至 50～80℃时用脱水剂脱水。

脱水后，取试样的上层澄清部分供试验使用。

内坩埚用溶剂油洗涤后，放在点燃的煤气灯上加热，除去遗留的溶剂油。待内坩埚冷却至室温时，放入装有细砂（经过煅烧）的外坩埚中，使细砂表面距离内坩埚的口部边缘约 12mm，并使内坩埚底部与外坩埚底部之间保持厚度 5～8mm 的砂层。对闪点在 300℃以上的试样进行测定时，两只坩埚底部之间的砂层厚度允许酌量减薄，但在试验区时必须保持规定的升温速度。

试样注入内坩埚时，对于闪点在 210℃及以下的试样，液面距离内坩埚的口部边缘约 12mm（即内坩埚内的上刻线处），对于闪点在 210℃以上的试样，液面距离内坩埚的口部边缘约 18mm（即内坩埚内的下刻线处）。

试样向内坩埚注入时，不应溅出，而且液面以上的坩埚内壁不应沾有试样。

将装好试样的坩埚平稳地放置在支架上的铁环（或电炉）中，再将温度计垂直地固定在温度计夹上，并使温度计的水银球位于内坩埚中央，与坩埚底和试样液面的距离大致相等。

测定装置应放在避风和较暗的地方并用防护屏围着，使闪点现象能够看得清楚。

（4）试验步骤。

闪点测定：

1）加热坩埚，使试样逐渐升高温度，当试样温度达到预计闪点前 60℃时，调整加热速度，使试样温度达到闪点前 40℃时，能控制升温速度为每分钟升高（4±1）℃。

2）试样温度达到预计闪点前 10℃时，将点火器的火焰放到距离试样液面 10～14mm 处，并在该处水平面上沿着坩埚内径作直线移动，从坩埚的一边移至另一边所经过的时间为 2～3s。试样温度每升高 2℃应重复一次点火试验。

3）点火器的火焰长度，就预先调整为 3～4mm。

4）试样液面上方最先出现蓝色火焰时，立即从温度计上读出温度作为闪点的测定结果，同时记录大气压力。

5）试样蒸气的闪火同点火器火焰的闪光不应混淆。如果闪火现象不明显，必须在试样升高 2℃时继续点火证实。

燃点测定：

1）测得试样的闪点之后，如果还需要测定燃点，应继续对外坩埚进行加热，使试样的升温速度为每分钟升高（4±1)℃。然后，按上述用点火器的火焰进行点火试验。

2）试样接触火焰后立即着火，并能继续燃烧不少于5s，此时立即从温度计读出温度作为燃点的测定结果。

（5）大气压力对闪点和燃点影响的修正。

大气压力低于99.3kPa（745mmHg）时，试验所得的闪点或燃点 t_0(℃）按式（5-1）进行修正（精确到1℃），即

$$t_0 = t + \Delta t \tag{5-1}$$

式中 t_0——相当于101.3kPa（760mmHg）大气压力时的闪点或燃点，℃；

t——在试验条件下测得的闪点或燃点，℃；

Δt——修正数，℃。

大气压力在72.0～101.3kPa（540～760mmHg）范围内，修正数 Δt(℃）可按式（5-2）和式（5-3）计算，即

$$\Delta t = (0.00015t + 0.028) \times (101.3 - p) \times 7.5 \tag{5-2}$$

$$\Delta t = (0.00015t + 0.028) \times (760 - p_1) \tag{5-3}$$

式中 p——试验条件下的大气压力，kPa；

t——在试验条件下测得的闪点或燃点（300℃以上仍按300℃计），℃；

0.00015，0.028——试验常数；

7.5——大气压力单位换算系数；

p_1——试验条件下的大气压力，mmHg。

注：对64.0～71.9kPa(480～539mmHg）大气压力范围，测的闪点或燃点的修正值 Δt(℃）也可参照式（5-2）和式（5-3）进行计算。

此外，修正值 Δt(℃）还可以从表5-1查出。

表5-1 在大气压力下测定闪点或燃点的温度修正表

闪点或燃点(℃)	在下列大气压力［kPa(mmHg)］时修正值 Δt(℃)										
	72.0 (540)	74.6 (560)	77.3 (580)	80.0 (600)	82.6 (620)	85.3 (640)	88.0 (660)	90.6 (680)	93.3 (700)	96.0 (720)	98.6 (740)
100	9	9	8	7	6	5	4	3	2	2	1
125	10	9	8	8	7	6	5	4	3	2	1
150	11	10	9	8	7	6	5	4	3	2	1
175	12	11	10	9	8	6	5	4	3	2	1
200	13	12	10	9	8	7	6	5	4	2	1
225	14	12	11	10	9	7	6	5	4	2	1
250	14	13	12	11	9	8	7	5	4	3	1
275	15	14	12	11	10	8	7	6	4	3	1
300	16	15	13	12	10	9	7	6	4	3	1

53 简述石油产品运动黏度的测定法。

答：本方法适用于测定液体石油产品（指牛顿液体）的运动黏度，其单位为 m^2/s；通

常在实际中使用为 mm^2/s。

注：本方法所测之液体认为是剪切应力和剪切速率之比为一常数，也就是黏度与剪切应力和剪切速率无关，这种液体称为牛顿液体。

（1）方法概要。

本方法是在某一恒定的温度下，测定一定体积的液体，在重力下流过一个标定好的玻璃毛细管黏度计的时间，黏度计的毛细管常数与流动时间的乘积，即为该温度下测定液体的运动黏度。在温度 t 时运动黏度用符号 υ_t 表示。

该温度下运动黏度和同温度下液体的密度之积为该温度下液体的动力黏度。在温度 t 时的动力黏度用符号 η_t 表示。

（2）仪器与材料。

1）仪器。

黏度计：玻璃毛细管黏度计应符合 SH/T0173《玻璃毛细管黏度计技术条件》的要求。也允许采用具有同样精度的自动黏度计。

毛细管黏度计一组，毛细管内径为 0.4，0.6，0.8，1.0，1.2，1.5，2.0，2.5，3.0，3.5，4.0，5.0 和 6.0mm。

每只黏度计必须按 JJG155《工作毛细管黏度计检定规程》进行检定并确定常数。

测定试样的运动黏度时，应根据试验的温度选用适当的黏度计，务使试样的流动时间不少于 200s，内径 0.4mm 的黏度计流动时间不少于 350s。

恒温浴：带有透明壁或装有观察孔的恒温浴。其高度不小于 180mm，容积不小于 2L，并且附设着自动搅拌装置和一种能够准确地调节温度的电热装置。

在 0℃和低于 0℃测定运动黏度时，使用桶形并有看窗的透明保温瓶，其尺寸与前述的透明恒温浴相同，并设有搅拌装置。

玻璃水银温度计：符合 GB/T 514《石油产品试验用液体温度计技术条件》分格为 0.1℃。测定−30℃以下运动黏度时，可以使用同样分格值的玻璃合金温度计或其他玻璃液体温度计。

秒表：分格为 0.1s。

用于测定黏度的秒表、毛细管黏度计和温度计都必须定期检定。

2）材料。

溶剂油：符合 SH0004 橡胶工业用溶剂油要求，以及可溶的适当溶剂。

铬酸洗液。

（3）试剂。

石油醚：60～90℃，分析纯。

95％乙醇：化学纯。

（4）准备工作。

试样含有水或机械杂质时，在试验前必须经过脱水处理，用滤纸过滤除去机械杂质。

对于黏度大的润滑油，可以用瓷漏斗，利用水流泵或其他真空泵进行吸滤，也可以在加热至 50～100℃的温度下进行脱水过滤。

在测定试样的黏度之前，必须将黏度计用溶剂油或石油醚洗涤，如果黏度计沾有污垢，就用铬酸洗液、水、蒸馏水、95％乙醇依次洗涤。然后放入烘箱中烘干或用通过棉花滤过的热空气吹干。

测定运动黏度时，在内径符合要求且清洁、干燥的毛细管黏度计内装入试样，然后将管身插入装着试样的容器中；这时利用橡皮球、水流泵或其他真空泵将液体吸到标线，同时注意不要使管身，扩张部分中的液体发生气泡和裂隙。当液面达到标线时，就从容器里提起黏度计，并迅速恢复其正常状态，同时将管身的管端外壁所沾着的多余试样擦去，并从支管取下橡皮管套在管身上。

将装有试样黏度计浸入事先准备妥当的恒温浴中，并用夹子将黏度计固定在支架上，在固定位置时，必须把毛细管黏度计的扩张部分浸入一半。温度计要利用另一只夹子来固定，务使水银的位置接近毛细管中央点的水平面，并使温度计上要温的刻度位于恒温浴的液面上10mm 处。

使用全浸式温度计时，如果它的测温刻度露出恒温浴的液面，就依照式（5-4）计算温度计液柱露出部分的补正数 Δt，才能准确地量出液体的温度。

$$\Delta t = kh(t_1 - t_2) \tag{5-4}$$

式中 k——常数，水银温度计采用 $k=0.00016$，酒精温度计采用 $k=0.001$；

h——露出在浴面上的水银柱或酒精柱高度，用温度计的度数表示；

t_1——测定黏度时的规定温度，℃；

t_2——接近温度计液柱露出部分的空气温度（用另一支温度计测出），℃。

试验时取 t_1 减去 Δt 作为温度计上的温度读数。

（5）试验步骤。

1）将黏度计调整成为垂直状态，要利用铅垂线从两个相互垂直的方向去检查毛细管的垂直情况。

2）将恒温浴调整到规定的温度，把装好试样的黏度计浸在恒温浴内，经恒温如表 5-2 规定的时间。试验温度必须保持恒定到±1℃。

3）黏度计在恒温浴中的恒温时间见表 5-2。

表 5-2　试验温度下的恒温时间表

试验温度（℃）	恒温时间（min）	试验温度（℃）	恒温时间（min）
80，100	20	20	10
40，50	15	0～－50	15

4）利用毛细管黏度计管身口所套着的橡皮管将试样吸入扩张部分，使试样液面稍高于标线，并且注意不要让毛细管和扩张部分的液体产生气泡或裂隙。

5）此时观察试样在管身中的流动情况，液面正好到达标线时，开动秒表；液面正好流到下标线时，停止秒表。

6）试样的液面在扩张部分中流动时，注意恒温浴中正在搅拌的液体要保持恒定温度，而且扩张部分中不应出现气泡。

7）用秒表记录下来的流动时间，应重复测定至少四次，其中各次流动时间与其算术平均值的差数应符合如下的要求：在温度 100～15℃测定黏度时，这个差数不应超过算术平均值的±0.5%；在低于－30～15℃测定黏度时，这个差数不应超过算术平均值的±1.5%；在低于－30℃测定黏度时，这个差数不应超过算术平均值的±2.5%。然后，取不少于三次的流动时间所得的算术平均值，作为试样的平均流动时间。

（6）计算。

在温度 t 时，试样的运动黏度 υ_t(mm²/s) 计算式为

$$\upsilon_t = c\tau_t \tag{5-5}$$

式中 c——黏度计常数，mm²/s；

τ_t——试样的平均流动时间，s。

54 简述石油产品凝点的测定方法。

答：本方法适用于测定石油产品的凝点。

润滑油及深色石油产品在试验条件下冷却到液面不移动时的最高温度，称为凝点。

（1）方法概要。

测定方法是将试样装在规定的试管中，并冷却到预期的温度时，将试管倾斜 45°经过 1min，观察液面是否移动。

（2）仪器与材料。

1）仪器。

圆底试管：高度（160±10)mm，内径（20±1)mm，在距管底 30mm 的外壁处有一环形标线。

圆底的玻璃套管：高度（130±10)mm，内径（40±2)mm。

装冷却剂用的广口保温瓶或筒形容器：高度不少于 160mm，内径不少于 120mm，可以用陶瓷、玻璃、木材，或带有绝缘层的铁片制成。

水银温度计：符合 GB/T 514《石油产品试验用液体温度计技术条件》的规定，供测定凝点高于－35℃的石油产品使用。

液体温度计：符合 GB/T 514 的规定，供测定凝点低于－35℃的石油产品使用。

任何型式的温度计：供测量冷却剂温度用。

支架：有能固定套管、冷却剂容器和温度计的装置。

水浴。

2）材料。

冷却剂：试验温度在 0℃以上用水和冰；在－20～0℃用盐和碎冰或雪；在－20℃以下用工业乙醇（溶剂汽油、直馏的低凝点汽油或直馏的低凝点煤油）和干冰（固体二氧化碳)。

注：缺乏干冰时，可以使用液态氮气或其他适当的冷却剂，也可使用半导体制冷器（当用液态空气时应使它通入旋管金属冷却器并注意安全)。

（3）试剂。

无水乙醇：化学纯。

（4）准备工作。

制备含有干冰的冷却剂时，在一个装冷却剂用的容器中注入工业乙醇，注满到器内深度的 2/3 处。然后将细块的干冰放进搅拌着的工业乙醇中，再根据温度要求下降的程度，逐渐增加干冰用量。每次加入干冰时，应注意搅拌，不使工业乙醇外溅或溢出。冷却剂不再剧烈冒出气体之后，添加工业乙醇达到必要的高度。

注：使用溶剂汽油制备冷却剂时，最好在通风橱中进行。

无水的试样直接按本方法开始试验。含水的试样试验前需要脱水，但在产品质量验收试验及仲裁试验时，只要试样的水分在产品标准允许范围内，应同样直接按本方法开始试验。

试样的脱水按下述方法进行，但对于含水多的试样应先经静置，取其澄清部分来进行脱水。

对于容易流动的试样，脱水处理是在试样中加入新煅烧的粉状硫酸钠或小粒状氯化钙，并在 10～15min 内定期摇荡、静置，用干燥的滤纸滤取澄清部分。

对于黏度大的试样，脱水处理是将预热到不高于 50℃，经食盐层过滤。食盐层的制备是在漏斗中放入金属网或少许棉花，然后在漏斗上铺以新煅烧的粗食盐结晶。试样含水多时需要经过 2～3 个漏斗的食盐层过滤。

在干燥、清洁的试管中注入试样，使液面满到环形标线处。用软木塞将温度计固定在试管中央，使水银球距管底 8～10mm。

装有试样和温度计的试管，垂直地浸在（50±1)℃的水浴中，直至试样的温度达到(50±1)℃为止。

（5）试验步骤。

1）从水浴中取出装有试样和温度计的试管，擦干外壁，用软木塞将试管牢固地装在套管中，试管外壁与套管内壁要处处距离相等。

2）装好的仪器要垂直地固定在支架的夹子上，并放在室温中静置，直至试管中的试样冷却到（35±5)℃为止。然后将这套仪器浸在装好冷却剂的容器中。冷却剂的温度要比试样的预期凝点低 7～8℃。试管（外套管）浸入冷却剂的深度应不少于 70mm。

3）冷却试样时，冷却剂的温度必须准确到±1℃。当试样温度冷却到预期凝点时，将浸在冷却剂中的仪器倾斜成为 45°，并将这样的倾斜状态保持 1min，但仪器的试样部分仍要浸没在冷却剂内。

此后，从冷却剂中小心取出仪器，迅速地用工业乙醇擦拭套管外壁，垂直放置仪器并透过套管观察试管里面的液面是否有过移动的迹象。

注：测定低于 0℃的凝点时，试验前应在套管底部注入无水乙醇 1～2mL。

4）当液面位置有移动时，从套管中取出试管，并将试管重新预热至试样达（50±1)℃，然后用比上次试验温度低 4℃或其他更低的温度重新进行测定，直至某试验温度能使液面位置停止移动为止。

注：试验温度低于－20℃时，重新认识测定前应将装有试样和温度计的试管放在室温中，待试样温度升到－20℃，才将试管浸在水浴中加热。

5）当液面的位置没有移动时，从套管中取出试管，并将试管重新预热至试样达（50±1)℃，然后用比上次试验温度高 4℃或其他更高的温度重新进行测定，直至某试验温度能使液面位置有了移动为止。

6）找出凝点的温度范围（液面位置从移动到不移动或从不移动到移动的温度范围）之后，就采用比移动的温度低 2℃，或采取比不移动的温度高 2℃，重新进行试验。如此重复试验直至确定某试验温度能使试样的液面停留不动而提高 2℃又能使液面移动时，就取使液面不动的温度，作为试样的凝点。

7）试样的凝点必须进行重复测定。第二次测定时的开始试验温度，要比第一次所测出的凝点高 2℃。

55 简述石油和液体石油产品密度的测定法（密度计法）。

答：(1) 密度，在规定温度下，单位体积内含物质的质量数，用ρ_t表示。其单位为千克每立方米（kg/m^3）。常用的倍数单位为克每立方厘米（g/cm^3），千克每升（kg/L）。

标准密度，石油及石油产品在标准温度下（我国规定20℃）的密度，用ρ_{20}表示。其单位为千克每立方米（kg/m^3）。常用的倍数单位为克每立方厘米（g/cm^3）、千克每升（kg/L）。

视密度，用石油密度计测定密度时，在某一温度下所观察到的石油密度计读数，用ρ_t'表示。单位为千克每立方米（kg/m^3）。常用的倍数单位为克每立方厘米（g/cm^3）、千克每升（kg/L）。

(2) 方法概要。

将试样处理至合适的温度并转移到试样温度大致一样的密度计量筒中。再把合适的石油密度计垂直地放入试样中让其稳定，等其温度达到平衡状态后，读取石油密度计刻度的读数并记下试样的温度。如有必要，可将所盛试样的密度计量筒放入适当的恒温浴中，以避免实验过程中温度变化太大。在实验温度下测得的石油密度计读数，用GB/T 1885换算到20℃下的密度。

(3) 试验步骤。

1) 按GB/T 4756采取试样，并按要求调好试样的温度。将用于测定的密度计量筒和温度计的温度处于和被测试样大致相同的温度。

2) 将均匀的试样小心地沿量筒壁倾入清洁的密度计量筒中，防止溅泼和避免生成气泡，当试样表面有气泡聚集时，可用一片清洁的滤纸除去。在转移的过程中，尽可能使易挥发试样中低沸点组分的蒸发捷足损失减少到最低程度。

3) 当使用金属密度计量筒测定深色试样时，应确保试样液面装满量筒上边缘5mm以内，以保证能准确读取石油密度计读数。

4) 当使用恒温浴时，其液面应高于密度计量筒中试样的液面。

5) 将盛有试样的密度计量筒垂直地放在没有较大空气流动的地方，要确保试样温度在完成测定所需的时间，人没有明显变动，在这期间，环境温度的变化应不大于2℃。否则，应使用恒温浴，以避免过大的温度变化。

6) 将温度计插入试样中，小心地搅拌试样，注意温度计的水银线要保持全浸。再将选好的清洁、干燥的石油密度计轻轻地放在试样中。

7) 待石油密度计静止后，将石油密度计压入试样约两个刻度，再放开。在试样液面以上的石油密度计杆管部分应保持尽量少被试样黏附，因为杆管上多余的试样会影响所得的石油密度计读数。

对低黏度试样，放开石油密度计时要轻轻地转动一下，以帮助它在离开密度计量筒壁的地方静止下来自由地漂浮，应有充分的时间让石油密度计静止；对高黏度试样，让全部空气泡升到表面，除去气泡，并应等待足够的时间，使石油密度计静止，达到平衡。

8) 当石油密度计静止并离开密度计量筒壁自由地漂浮时，读取试样的弯月面上缘与石油密度计刻度相切的点即为石油密度计数值。读数时，视线要与试样的弯月面上缘成一水平面。当选用SY-Ⅰ型石油密度计时，其数值应读至0.0001g/cm^3；当选用SY-Ⅱ型石油密度计时，其数值应读至0.0005g/cm³。同时读取温度计数值，读至0.1℃。

9）观察深色试样时，眼睛要稍高于液面，读取试样的弯月面上缘与石油密度计刻度相切的点即为石油密度计数值。同时读取温度计数值，读至0.1℃。

10）将石油密度计稍稍提起，注意温度计水银线要保持全浸。然后按上述方法再测定一次。若这次试样温度与前次试样温度之差超过0.5℃，则重新读取温度计和石油密度计数值，直至温度变化稳定在0.5℃以内。记录连续两次测定温度和视密度的数值。

56 简述石油产品对水界面张力测定法的试验步骤。

答：(1) 测定试样在25℃的密度，准确至0.001g/mL。把50～75mL、(25±1)℃的蒸馏水倒入清洗过的试样杯中，将试样杯放到界面张力仪的试样座上，把清洗过的圆环悬挂在界面张力仪上。升高可调解的试样座，使圆环浸入试样杯中心处的水中，目测至水下深度不超过6mm为止。

(2) 慢慢降低试样座，增加圆环系统的扭矩，以保持扭力臂在零点位置。当附着在环上的水膜接近破裂点时，应慢慢地进行调节，以保证水膜破裂时扭力臂仍在零点位置。当圆环拉脱时读出刻度数值，使用水和空气密度差（$\rho_0-\rho_1$）=0.997g/mL这个值计算水的表面张力，计算结果应为71～72mN/m。如果低个计算值，可能是由于界面张力仪调节不当或容器不净所致，应重新调节界面张力仪，清洗圆环和用热的铬酸洗液浸洗试样杯，然后重新测定。若测得仍较低，就要进一步提纯蒸馏水（例如：用碱性高锰酸钾溶液将蒸馏水重新蒸馏）。

用蒸馏水测得准确结果后，将界面张力仪刻度盘指针调回零点，升高可调节的试样座，使圆环浸入蒸馏水中5mm深度，在蒸馏水上慢慢倒入已调至（25±1)℃过滤后试样至约10mm高度，注意不要使圆环触及油-水界面。

(3) 让油-水界面保持（30±1)s。然后慢慢降低试样座，增加圆环系统的扭矩，以保持扭力臂在零点。当附着在圆环上水膜接近破裂点时，扭力臂仍在零点上。上述这些操作，即圆环从界面提出来的时间应尽可能地接近30s。当接近破裂点时，应很缓慢地调节界面张力仪，因为液膜破裂通常是缓慢的，如果调节太快则可能产生滞后现象，使结果偏高。从试样倒入试样杯，至油膜破裂全部操作时间约60s。记下圆环从界面拉脱时的刻度盘读数。

57 简述变压器油、汽轮机油酸值的测定法（BTB法）。

答：本方法适用于测定运行中变压器油、汽轮机油的酸值。该法是采用沸腾乙醇抽出试油中的酸性组分，再用氢氧化钾乙醇溶液进行滴定，中和1g试油酸性组分所需的氢氧化钾毫克数称为酸值。

试验步骤为：

(1) 用锥形烧瓶称取试油8～10g（准确至0.01g)。量取无水乙醇50mL倒入有试油的锥形瓶中，装上回流冷凝器，于水浴上加热，在不断摇动下回流5min，取下锥形瓶加入0.2mL BTB指示剂，趁热以0.02～0.05mol/L氢氧化钾乙醇溶液滴定至溶液由黄色变成蓝绿色为止，记下消耗的氢氧化钾乙醇溶液的毫升数。

(2) BTB指示剂在碱性溶液中为蓝色，因试油带色的影响，其终点颜色为蓝绿色。在每次滴定时，从停止回流至滴定完毕所用时间不得超过3min。

（3）取无水乙醇50mL按上述步骤进行空白试验。

58 简述运行中汽轮机油破乳化度的测定法。

答：本标准适用于测定运行中汽轮机油的破乳化度（即油与水分离的能力）。

（1）试验步骤。

1）在室温下向洁净的量筒内依次注入40mL蒸馏水和40mL试油，并将其置于已恒温至（54±1）℃的水浴中。

2）把搅拌桨垂直放入量筒内，并使桨端恰在量筒的5mL刻度处。

3）量筒恒温20min，即启动搅拌电动机，同时开启秒表记时，搅拌5min，立即关停搅拌电动机，迅速提起搅拌桨，并用玻璃棒将附着在桨上的乳浊液刮回量筒中。

4）仔细观察油、水分离情况，当油、水分界面的乳浊液层体积减至等于或小于3mL时，即认为油、水分离，从停止搅拌到油、水分离所需的时间即为该油的破乳化时间。

注：乳浊层或量筒壁上存有个别乳化泡，可以不考虑。

（2）精密度。

两次平行测定结果的差值，不应超过表5-3中的对应数值。

表5-3　破乳化时间与重复性对应数值表

破乳化时间（min）	重复性 r(min)	破乳化时间（min）	重复性 r(min)
0～10	1.5	31～50	4.0
11～30	3.0	51～60	5.0

取两次平行测定结果的算术平均值作为试验结果。

59 简述绝缘油体积电阻率的测定法。

答：本标准适用于测定绝缘油、抗燃油等液体介质的体积电阻率（Ω·cm）。

（1）方法概要。

体积电阻是施加于试液接触的两电极之间的直流电压与通过该试液的电流比，计算式为

$$R=\frac{U}{I} \tag{5-6}$$

式中　R——液体介质的体积电阻，Ω；

U——电极间施加的电压，V；

I——通过试液的电流，A。

体积电阻率是液体介质在单位体积内的电阻的大小，用ρ表示，以下简称电阻率。

（2）试验步骤。

1）打开主机和恒温器电源，升温到90℃。

2）试样温度：绝缘油规定为（90±0.5）℃。

3）试样在升温中，应不断地轻轻拉出和摇动内电极，使样品受热均匀。当样品温度到90℃后，继续恒温30min，再进行测量。

4）把测量头插入内电极插口。

试验电压：Y-30 型电极杯为 1000V，Y-18 型电极杯为 500V；调整零位；测量；测 20s(ρ1) 和 60s(ρ2) 时的电阻率。

5）复位，电极杯进行放电。

6）复试时，应先经过放电 5min，然后再测量。若测试结果误差大，应重新更换样品试验，直至两次试验结果符合精密度要求。

注：测量过程中的倍率一般放在 1012Ω·cm 档。测试过程中应减少频繁地切换（因切换时可引起读数的波动，造成误差）。如果倍率不合适，需切换倍率开关引起读数偏差时，则作为预测数据。

7）每杯试样重复测定次数，不得多于 3 次。

8）按“测试”键后，电极杯上就自动加有电压，不得再触及电极杯和加热器，以防触电。

9）抗燃油和其他液体介质的测试温度，可按使用要求确定。

（3）计算。

使用自动型电阻率测试仪时，测量结果为直读数。若用其他的高阻计测量时，则可按式（5-7）和式（5-8）计算，即

$$\rho_{1、2}=KR \tag{5-7}$$

$$K=11.3C_0 \tag{5-8}$$

式中 $\rho_{1、2}$——为试样的电阻率，Ω·cm；

K——为电极杯的电极常数；

R——试样的电阻值，Ω；

C_0——电极杯的空杯电容，pF。

60 简述绝缘油介质损耗因数的试验方法（电阻率法）。

答：方法概要：绝缘油在交变电场作用下，可产生极化和电导损耗，即介质损耗。经大量的实验可知，绝缘油的偶极损耗是极微的，可忽略不计，即使油质已严重老化，电导损耗仍是主要的。

绝缘油在直流电场作用下作定向运动，产生热而造成电能损耗，其中一些极性分子，在外加电场的作用下，顺电场方向排列，产生极化电流，由于采用的电极杯，极化时间仅 15～20s，能区别电容充电时间，因此选择这段时间测试的电阻率，也就能反映绝缘油电导和极化损耗，可按以式（5-9）和式（5-10）计算，即

$$\tan\delta=\frac{1}{\omega CR} \tag{5-9}$$

$$\omega=2\pi f \tag{5-10}$$

式中 C——电极杯充油后的电容值，F；

R——绝缘油的电阻值，Ω；

f——频率，Hz。

使用 20s 所测的电阻率，换算成油介质损耗因数。因为是换算到工频 50Hz 时的油介质损耗因数，所以用式（5-11）表示，即

$$\tan\delta=\frac{3.6a\times10^{12}}{\varepsilon\rho_1} \tag{5-11}$$

式中　ρ_1——绝缘油的电阻率，Ω·cm；

ε——绝缘油的介电常数；

a——油杯的转换系数（Y-18、Y-30 型的 $a=1.1$）。

ρ_1 应为 20s 的测量值，复试时应重新更换油样。

61 简述运行油开口杯老化的测定法。

答：本方法适用于运行的绝缘油或汽轮机油的混合油老化试验，以酸值和深沉物的测定结果相互比较来判断。

（1）方法概要。

将装有试油的（试油中含有铜催化剂）容器放入温度为 115℃的老化试验箱内 72h，取出后测定酸值和深沉物。

（2）试验步骤。

在清洁干燥的烧杯中，称取试油 200g（准确至 0.1g），同时用镊子将螺旋形铜丝放入烧杯中，为了保证安全，要将试油烧杯放在搪瓷杯或搪瓷盘上，然后放入老化试验箱内，待温度升至（115±1）℃时，记录时间，恒温 72h。

老化试验结束后，取出试油烧杯，冷却至室温，搅拌均匀，立即用具塞量筒取老化后的试油 10mL，并用正庚烷或石油醚稀释至 100mL，摇匀，在暗处静置 24h 后，在光亮的地方仔细观察，并记录有无沉淀物。

测定酸值时，用锥形瓶称取老化后试油 5～10g（准确至 0.1g），加入乙醇-苯（1∶1）混合液 50mL 及 BTB 指示剂 0.2mL，用 0.05mol/L 的氢氧化钾乙醇溶液滴定至混合液颜色变成蓝绿色为止。

取 50mL 乙醇-苯（1∶1）混合液，按上述同样操作进行空白测定。

（3）计算。

酸值的计算同 GB 7599—87 运行中变压器油、汽轮机油酸值测定法。

62 试简述电厂用抗燃油自燃点测定方法。

答：（1）方法概述。

用注射器将 0.05mL 的待测试样快速注入加热到一定温度的 200mL 开口耐热锥形烧瓶内，当试样在烧瓶里燃烧产生火焰时，表明试样发生了自燃。若在 5min 内无火焰产生，则认为在该温度下试样没有发生自燃。发生上述自燃现象时的最低温度，确定为被测试样的自燃点。

（2）名词术语。

自燃现象：在特定试验容器中，可燃物质与空气的混合物在一定温度下及规定时间（5min）内，产生明显火焰的现象。

自燃点：可燃物质与空气的混合物按照特定的试验程序及条件进行试验，发生自燃现象时的最低温度（单位为℃）。

（3）操作步骤。

1）加热。将加热炉升温到预定温度（大多数磷酸酯抗燃油的自燃点在 500℃以上），且稳定 10min 左右。

2）样品注入。用注射器将0.05mL试样注入锥形瓶底部，应避免样品飞溅到四周瓶壁上，并迅速拿开注射器，开始计时。

3）确定自燃点。借助加热炉上方的反光镜观察样品在烧瓶内的燃烧情况，如果未在5min内观察到火焰，停止计时。

如果在5min内观察到火焰产生，则表明试样在该温度下发生了自燃现象，停止计时。

4）用电吹风将烧瓶内被污染的气体彻底吹出，如果瓶内留有残余样品，应彻底清洗或更换干净的烧瓶。

5）在以下每个试验温度下重复以上步骤。

每次将温度升高10℃进行试验，直到样品发生自燃为止，记录该温度（t_1）。

将t_1降低约5℃(t_2）进行试验，如果不发生自燃，则再降低2℃(t_3）试验，若自燃，则t_3确定为样品的自燃点，否则t_2确定为自燃点。

若在t_2下未发生自燃，将温度升高约2℃(t_4)，如果在t_4下发生自燃，则t_4确定为样品的自燃点；否则，t_1为自燃点。

6）最后一次确定自燃点的试验应重复进行两次，并记录当时的大气压。

63 简述润滑油空气释放值的测定法。

答：本方法是测定润滑油分离雾沫空气的能力，适用于汽轮机油、液压油或其他要求测定空气释放值的石油产品。

（1）方法概要。

将试样加热到25、50℃或75℃，通过对试样吹入过量的压缩空气，使试样剧烈搅动，使空气在试样中形成小气泡，即雾沫空气。停气后记录试样中雾沫空气体积减到0.2%的时间。

（2）定义。

空气释放值是在本方法规定条件下，试样中雾沫空气的体积减小到0.2%时所需的时间，此时间为气泡分离时间，以分表示。

（3）试验步骤。

1）将用铬酸洗液洗净，干燥的夹套玻璃试管装好。

2）倒180mL试样于夹套试管中，放入小密度计。

3）接通循环水浴，让试管达到试验温度，一般循环30min。

4）从小密度计上读数，读到0.001g/cm^3，用镊子动小密度计，使其上、下移动，静止后再读数一次，两次读数应当一致。若两次读数不重复，过5min再读一次，直到重复为止。记录此密度值，即为初始密度d_0。

5）从试管中取出小密度计，放入烘箱中，保持在试验温度下。在试管中放入进气管，接通气源，5min后通入压缩空气，在试验温度下使压力达到表压0.2g/cm^3，保持压力和温度，必要时同时打开空气加热器，使空气温度控制在试验温度的±5℃范围内。

6）(420±1)s（7min）后停止通入空气，立即开动秒表。迅速从试管中取出通气管，从烘箱取出小密度计再放回试管中。

7）当密度计的值变化到空气体积减少至0.2%处，即$d_1=d_0-0.0017$时，记录停气到此点的时间。当气泡分离在15min内，记录时间精确到0.1min；大于15min至30min，精确到1min，如停气30min后密度值还未达到d_1值，则停止试验。

注：对小密度计读数时，若有气泡附在杆上，可以轻微活动密度计，避开气泡然后读数。

（4）报告。

报告试样在某个温度下的气泡分离时间，以分表示，即为该温度下的空气释放值。

64 简述液相锈蚀的测定法。

答：本方法适用于鉴定汽轮机油与水混合时，防止金属部件锈蚀的能力，以及评定添加剂的防锈性能。

将一个用15号碳素钢加工的圆锥形的试棒，浸入300mL汽轮机油与30mL蒸馏水的混合液中，在温度为600℃的条件下，维持24h后取出试棒，目视检验棒的锈蚀程度。

（1）试验步骤。

1）将盛有试油300mL的无嘴烧杯置于水浴中，控制温度为（60±1)℃，盖上烧杯盖，将搅拌浆放入规定的孔中。

2）调整搅拌浆，使其距烧杯底不超过10mm。

3）将已准备好的试棒插入，使其底端距烧杯底13～15mm，开始搅拌30min，以保证完全浸湿试棒。然后由另一小孔加入30mL蒸馏水，从此时算起，继续搅拌24h。

4）试验结束后，停止搅拌，切断加热电源，小心取出试棒，用石油醚冲洗，晾干，并立即在正常光线下观察。

5）每个试油要作平行试验。

（2）结果判断。

无锈：试棒上无锈点，即合格。

轻锈：试棒上锈点不多于6个，每个锈点的直径等于或小于1mm，或生锈面积小于或等于试棒的1%。

中锈：生锈面积小于或等于试棒的5%。

重锈：生锈面积大于试棒的5%。

65 简述汽轮机油抗氧化安全性的测定法。

答：本方法适用于测定汽轮机油的抗氧化安全性，以试油在氧化条件下所生成的沉淀物含量和酸值来表示。

（1）试验步骤。

1）称取试油30g（准确至0.1g)，注入氧化管内，并放入套着螺旋形钢丝的铜片，然后用清洁的软木塞或棉花塞好氧化管的管口。

2）在加热至（125±0.5)℃油浴中浸入安装好的氧化管，使旋管部分完全浸在油浴中。用时调节氧气以每分钟200mL的速度通入试油中，在（125±0.5)℃的温度下，氧化连续进行8h。

3）氧化结束后，切断氧气，从油浴中取出氧化管，冷却至60℃后，用吹气法搅拌管中韵氧化油，使其均匀。用带磨口塞的100mL量筒量取氧化油25mL并称重（准确至0.1g)，并用汽油或石油醚稀至100mL，摇匀，在暗处静置12h。

4）测定沉淀物含量时，将静置12h后的氧化油和汽油（或石油醚）混合液经滤纸滤入

250mL 的量筒中，用汽油（或石油醚）洗涤滤纸，直至滤纸上无油痕迹为止。将滤液稀释至刻度，备测酸值。然后用温热乙醇—苯混合液溶解滤纸上的沉淀物，使滤液流入已恒重的 50mL 锥形烧瓶内。

5）在水浴上将锥形烧瓶中的乙醇—苯混合液蒸出，再将锥形烧瓶和沉淀物放入 105±3℃的烤箱中烘干后称重，直至两次连续称量的差值不大于 0.0004g。

6）测定酸值时，将氧化油和汽油（或石油醚）的混合液摇匀后，量取 25mL 注入 250mL 锥形烧瓶中，加乙醇—苯混合液 25mL 和 2%碱性蓝 6B 指示剂 0.5mL，用 0.05N 氢氧化钾乙醇溶液滴定，直至混合液蓝色退尽或呈浅红色，则为滴定终点。

7）取汽油或石油醚 22.5mL 和乙醇—苯混合液 25mL，按上述操作进行空白测定。

（2）计算。

氧化后沉淀物的含量，计算式为

$$X = G_1/G \times 100 \tag{5-12}$$

式中 X——沉淀物含量，%；

G_1——沉淀物的重量，g；

G——氧化油重量，g。

氧化后的酸值，计算式为

$$X = \frac{(V - V_1)m \times N \times 56.1}{G} \tag{5-13}$$

式中 X——酸值，mgKOH/g；

V——滴定混合液时，所消耗 0.05N 氢氧化钾乙醇溶液的体积，mL；

V_1——滴定空白溶液时，所消耗 0.05N 氢氧化钾乙醇溶液的体积，mL；

N——氢氧化钾乙醇溶液的当量浓度；

56.1——氢氧化钾的分子量；

m——全部汽油（或石油醚）溶液与滴定用溶液的容积比；

G——氧化油的重量，g。

66 简述变压器油抗氧化安全性的测定法。

答：本方法适用于测定变器油的抗氧化安定性，以试油在氧化后所生成的沉淀物含量和酸值来表示。

（1）试验步骤。

1）称取试油 25g（准确至 0.1g），注入氧化管内，并放螺旋形铜丝，立即插入氧气导管，然后将氧化管放入已加热至（110±0.50）℃的恒温浴中。用橡皮管将流量计与氧气导管连接，迅速调节流量至（17±0.1）mL/min，记下开始时间。试油在严格控制条件下连续氧化 164h。

2）氧化结束后，切断氧气，以恒温浴中取出氧化管，在暗处冷却 1h，然后将氧化油全部注入带塞锥形烧瓶中。用石油醚将氧化管、氧气导管及螺旋形铜丝洗涤至无油迹。石油醚洗涤液合并到盛氧化油的锥形烧瓶中，在暗处静置 24h。

3）沉淀物分管壁、铜丝上的和氧化油中的两种，测定其含量的操作如下所述：①用温热乙醇—苯混合液溶解氧化管、氧气导管及螺旋形钢丝上的沉淀物，将溶液放入已恒重的

100mL 锥形烧瓶中。在水溶中将锥形烧杯中的乙醇—苯蒸出来，然后放入 105±30℃烘箱中烘干称重，直至连续两次称量间的差值不超过 0.0004g。②静置 24h 后的氧化油和石油醚混合液，滤入 250m1 量筒中，并用石油醚洗涤锥形烧瓶及滤纸上沉淀物，直至滤纸无油迹为止，滤液并入 250mL 量筒中，并稀释至刻度线备测定酸值用。用温热乙醇—苯混合液溶解锥形烧瓶及滤纸上的沉淀物，将溶液注入已恒重的 100mL 锥形烧瓶中。在水浴上将锥形烧瓶中的乙醇—苯混合液蒸出，然后放入（105±3)℃烘箱中烘干称量，直至连续两次称量的差值不超过 0.0004g。

4）测定酸值时，将装在 250mL 量筒中混合液摇匀后，量取 25mL 注入 250mL 锥形烧瓶中，再加入乙醇—苯混合液 25mL 及碱性蓝 6B 指示剂 0.5mL，用 0.05N 氢氧化钾乙醇溶液滴定至混合液颜色呈浅红色为止。

5）取石油醚 22.5mL 和乙醇—苯混合液 25mL，按上述操作进行空白测定。

（2）计算。

氧化后沉淀物含量，计算式为：

$$X = X_1 + X_2 \tag{5-14}$$

式中 X_1——管壁及螺旋形铜丝上沉淀物的含量,%；

X_2——氧化油中沉淀物含量,%,

X——油氧化后沉淀物的含量,%。

管壁及螺旋形铜丝上的沉淀物和油中沉淀物，计算式为

$$X_1 = G_1/G \times 100 \tag{5-15}$$

$$X_2 = G_2/G \times 100 \tag{5-16}$$

式中 G_1——管壁及螺旋形铜丝上沉淀物的重量，g；

G_2——氧化油中沉淀物的重量，g；

G——试油的重量，g。

氧化后试油的酸值按式（5-17）计算，即

$$X = (V—V_1)N \cdot m \times 56.1/G \tag{5-17}$$

式中 X——酸值，mgKOH/g；

V——滴定试油时，所消耗的 0.05N 氢氧化钾乙醇溶液的体积，mL；

V_1——滴定空白溶液时，所消耗的 0.05N 氢氧化钾乙醇溶液的体积，mL；

N——氢氧化钾乙醇溶液的当量浓度；

56.1——氢氧化钾的分子量；

m——全部氧化油和石油醚混合液与滴定用溶液的体积比；

G——氧化油的重量，g。

67 简述润滑油泡沫特性的测定法。

答：（1）方法概要。

试样在 24℃时，用空气在一定流速下吹 5min，然后静止 10min。在这两个周期结束时，分别测定泡沫体积。取第二份试样在 93.5℃下重复试验。当泡沫消失后，再在 24℃下进行重复试验。

（2）试验步骤。

程序一

1）不经机械摇动或搅拌，将200mL试样倒入烧杯中。将其加热到（49±3）℃，并让其冷却到（24±3）℃。对贮存的样品见选择步骤A。

2）将试样倒入1000mL量筒中，使液面达到190mL刻线处。将量筒浸入已维持在（24±0.5）℃浴中，至少浸没至900mL刻线处。当试样的温度达到浴温时，插入未与空气源连接的气体扩散头进气管，浸泡5min。将出气管与空气体积测量仪相连。5min后连接空气源，调节空气流速为（94±5）mL/min，使清洁、干燥的空气通过气体扩散头。从气体扩散头中出现第一个气泡开始计时，通气5min±3s。此周期结束，从流量计上拆下软管，切断空气源，并立即记录泡沫的体积（即试样液面至泡沫顶部之间的体积）。通过系统的空气总体积应为（470±25）mL。让量筒静止10min±10s，再记录泡沫的体积，读至5mL。

注：程序Ⅱ和程序Ⅲ所述的步骤，均应在前一个步骤完成后的3h内进行完毕。在程序Ⅱ中，当达到规定温度时，应立即进行试验，而且量筒浸泡在93.5℃浴中不应超过3h。

程序二

将第二份试样倒入清洁的1000mL量筒中，使液面达到180mL处。将量筒浸入（93.5±0.5）℃浴中，至少浸没到900mL刻线处。当试样温度达到（93±1）℃时，插入清洁的气体扩散头及进气管，并按程序Ⅰ所述步骤进行试验，记录在吹气结束时及静止周期结束时的泡沫体积，读至5mL。

程序三

用搅动的方法除去93.5℃试验后留下的所有泡沫。将试验量筒置于室温，使试样冷却至低于43.5℃，然后，将量筒放入（24±0.5）℃浴中。当试样达到浴温后，将清洁的进气管及气体扩散头插入试样，按程序Ⅰ所述步骤进行试验，并记录在吹气结束时及静止周期结束时的泡沫体积，读至5mL。

某些加有新型添加剂的润滑油，调和时（加以小颗粒分散的抗泡剂）能通过其泡沫特性的要求。但在贮存两周或更长时间后，则不能满足相同的要求（这可能是极性分散添加剂具有吸引并黏着抗泡剂颗粒的能力，增大了抗泡剂颗粒，导致用本方法测定时明显地降低抗泡沫效果）。如果将这种贮存油立即倾出，并加入发动机、变压器或齿轮箱等设备中运转几分钟后，则该油能再次达到其泡沫指标。同样，将倾出的贮存油倒入一个混合器中，接着按选择步骤A进行。重新分散，使抗泡剂处于悬浮状，这样，用本方法测定时，会再次给出好的泡沫检验结果。对于这些油，可以使用选择步骤A。

另一方面，当调和油时，如果抗泡剂不是分散成足够小的颗粒，那么，油可能达不到泡沫指标的要求。如果，这种新调和的油，按选择步骤A，强烈地搅拌后（尽管，车间调和绝不是这样做的），则非常可能达到泡沫指标的要求，从而，使人对产品的泡沫特性的检验结果得到错误的结论，因此，选择步骤A，不适合用于新调和油的质量控制。

选择步骤A：清洗一个1L的高速搅拌容器。将18～32℃的500mL样品倒入此容器中，加盖，并以最大的速度搅拌1min。由于在搅拌过程中，通常会引入相当多的空气，因此应让其静止，直到引入的气泡已分散，而且使油温达到（24±3）℃时为止。在搅拌后的3h内，按程序Ⅰ进行试验。

注：假如是黏性油，那么，在搅拌的3h内或许不足以消除气泡。如需延长时间，则在结果中记录其时间，并加以注明。

（3）报告。

按下列形式报告结果：

泡沫倾向性	泡沫稳定性
吹气 5min 结束时的泡沫体积，mL	静止 10min 结束时的泡沫体积，mL
按来样进行试验	
程序Ⅰ（24℃）……	……
程序Ⅱ（93.5℃）……	……
程序Ⅲ（24℃）……	……
搅拌后进行试验（选择步骤 A）	
程序Ⅰ（24℃）……	……
程序Ⅱ（93.5℃）……	……
程序Ⅲ（24℃）……	……

报告结果时，当看到泡沫没有完全覆盖表面和呈碎片状（或如“眼睛状”的清晰液体）时，判断结果为“无泡沫”，报告为 0（mL）。

68 简述绝缘油中溶解气体组分含量的测定法（气相色谱法）。

答：本方法适用于测定矿物绝缘油中溶解气体（包括氢、甲烷、乙烷、乙烯、乙炔、一氧化碳、二氧化碳、丙烷、丙烯、氧及氮等）含量，其浓度以 pip（体积）表示。

首先将溶解气体从绝缘油中脱出，然后用气相色谱仪分离、检测。

本方法所用油样的采集，应按 GB 7597—87《电力用油（变压器油、汽轮机油）取样方法》的全密封方式取样有关规定进行。

（1）试验步骤。

脱气—溶解平衡法（机械振荡法）。

本方法是基于顶空色谱法原理（分配定律），即在一恒温的密闭系统内使油中溶解气体在气、液两相达到分配平衡。通过测定气相内气体浓度，并根据分配定律和物料平衡原理所导出的式（5-18）和式（5-19），求出样品中的溶解气体浓度。

$$K_1 = \frac{c_{\mathrm{il}}}{c_{\mathrm{ig}}}(\text{或 } c_{\mathrm{il}} = K_{\mathrm{i}} c_{\mathrm{ig}}) \tag{5-18}$$

$$x_{\mathrm{i}} = c_{\mathrm{ig}}\left(K_{\mathrm{i}} + \frac{v_{\mathrm{g}}}{c_1}\right) \tag{5-19}$$

式中　c_{il}——平衡条件下，气体组分在液相中的浓度；

x_{i}——样品油中气体组分的浓度；

K_{i}——试验温度下气、液相平衡后气体组分的分配系数（或称溶解度系数）；

c_{ig}——平衡条件下气体组分在气相中的浓度；

v_{g}——平衡条件下气相体积。

（2）操作步骤。

1）将 100mL 玻璃注射器 A 用试油冲洗 2～3 次。排尽注射器内残留空气，缓慢吸取试油 45mL。再准确调节注射器芯塞至 40.0mL 刻度（V_1），立即用橡胶封帽将注射器出口密封。

2）取一支 5mL 玻璃注射器 B，用氮气（或氩气）冲洗 1～2 次，再准确抽取 5.0mL 氮（或氩）气（总含气量低的油可适当增加抽取量）。然后将注射器 B 内气体缓慢注入有试油的注射器 A 内。

3）将注射器 A 放入恒温定时振荡器内，连续振荡 20min，然后静止 10min。

4）另取一支 5mL 玻璃注射器 C，用试油冲洗 1～2 次，吸入约 0.5mL 试油，戴上橡胶封帽，插入双头针头，使针头垂直向上。将注射器内的空气和试油慢慢排出，从而使试油充满注射器的缝隙而不致残存空气。

5）将注射器 A 从恒温定时振荡器内取出，立即将其中的平衡气体通过双头针头转移到注射器 C 内。室温下放置 2min，准确读其体积 V_g（准确至 0.1mL），以备分析用。

（3）样品分析。

1）仪器的标定。

用 1mL 玻璃注射器 D 准确抽取已知各组分浓度 cs 的标准混合气 0.5mL（或 1mL），在色谱仪已经稳定的情况下进样。从得到的色谱图上量取各组分的峰高 h_s（或峰面积 A_s）。

至少重复操作两次，并取其平均值 $\bar{h}_i$（或 $\bar{A}_i$）。

2）试样分析。

用注射器 D 从注射器 C 中准确抽取样品气 0.5mL（或 1mL），进样分析，从所得色谱图上量取各组分的峰高 h_i（或峰面积 A_i）。

重复操作两次，取其平均值 $\bar{h}_i$（或 $\bar{A}_i$）。

（4）计算。

1）样品气和油样体积的校正。

按式（5-20）将在室温、试验压力下平衡的气样体积 V_g 和试油体积 V_1 分别校正为规定状况（50℃、101.3kPa）下的体积。

$$V'_g = V_g \frac{p}{101.3} \times \frac{323}{273+t} \tag{5-20}$$

式中 V'_g——50℃、101.3kPa 状况下平衡气体积，mL；

V_g——室温为 t、压力为 p 时平衡气体积，mL；

p——试验时的大气压力，kPa；

t——试验时的室温，℃。

50℃油样的体积计算式为

$$V'_1 = V_1[1 + 0.0008 \times (50 - t)] \tag{5-21}$$

式中 V'_1——50℃油样体积，mL；

V_1——室温 t 时所取油样体积，mL；

t——试验时的室温，℃。

2）油中溶解气体各组分浓度的计算。

按式（5-22）计算油中溶解气体各组分的浓度，即

$$x_i = 0.929 c_s \frac{\bar{h}_i}{\bar{h}_s}\left(K_i + \frac{V'_g}{V'_1}\right) \tag{5-22}$$

式中　x_i——油中溶解气体 i 组分浓度，ppm；

c_s——标准气中 i 组分浓度，ppm；

$\bar{h}_i$——样品气中 i 组分的平均峰高，mm；

$\bar{h}_s$——标准气中 i 组分的平均峰高，mm；

K_i——组分 i 在 50℃时的分配系数；

V'_g——50℃、101.3kPa 时平衡气体积，mL；

V'_1——50℃ 油样体积，mL；

0.929——油样中溶解气体从 50℃校正到 20℃、101.3kPa 时的校正系数。

式中的 $\bar{h}_i$、$\bar{h}_s$ 也可用平均峰面积 $\bar{A}_i$、$\bar{A}_s$ 代替。50℃国产变压器油中溶解气体各组分分配系数（K_i）见表 5-4。

表 5-4　　溶解气体各组分分配系数（K_i）

气体	K_i	气体	K_i
氢（H_2）	0.06	二氧化碳（CO_2）	0.92
氧（O_2）	0.17	乙炔（C_2H_2）	1.02
氮（N_2）	0.09	乙烯（C_2H_4）	1.46
一氧化碳（CO）	0.12	乙烷（C_2H_6）	2.30
甲烷（CH_4）	0.39		

69 简述在线水中油 HK-8130 一般故障原因分析及处理办法。

答：一般故障原因分析及处理办法见表 5-5。

表 5-5　　HK-8130 一般故障原因分析及处理办法

现象	原因分析	排除方法
指示灯不亮	未接电源，电源头与插座接触不良	插好电源线，检查插头、插座
数字跳动	水箱中有气泡或水流速度太大	进水口水流关小，有充分排气时间。出水口有水流出
数字波动大	系统需要有 3min 预热，预热后将能稳定运行	

70 在线水中油 HK-8130 使用注意事项是什么？

答：(1) 系统第一次启动需要 3min 预热。

(2) 进线电压须在允许范围之内。

(3) 进线端子接线必须牢固可靠。

(4) 严禁在易爆易燃、破坏绝缘的、蒸汽的场所使用。

(5) 进水流速要适中，建议 60mL/s，水速过慢，容易在玻璃管内壁产生气泡，水速过快，容易产生白水效应。

(6) 尽量保持原厂进水、出水安装方式，内部测量为精密玻璃管，更改安装时勿用力过大，会导致玻璃管破裂。

第四节　废油的再生及管理

1　废油再生的意义是什么？

答：因为润滑油在使用过程中，会逐渐劣化变质，但油组成中变质的只是其中部分烃类，其余大部分烃类还是润滑油的组成部分，仍然具有良好的性能。如果采用简单的工艺将这些变质物和杂质除去，废油就可以得到再生，重新利用。这样一来既可以回收节约能源，又可以减少废弃物，防止环境污染。

2　废油再生的方法大致有哪几种？

答：废油再生的方法大致有以下几种：

（1）物理净化法。指净化油除去油中污染物，包括重力沉降法、离心法、过滤法。

（2）物理—化学法。指凝聚、吸附等单元操作，包括接触法、渗滤法。

（3）化学再生法。包括硫酸-白土法、硫酸-碱中和法和硫酸-碱-白土法。

（4）其他方法。

3　选择废油再生方法的原则是什么？

答：根据废油的劣化程度、含杂质情况和再生油的质量要求等，选用操作简便、材料耗用少、再生质量又高的方法。一般原则是：

（1）当油氧化不严重，仅出现酸性物质或极少的沉淀物，以及某一项指标变坏，如绝缘油的介质损耗因素，汽轮机油的破乳化度等超标时，可选用过滤和吸附剂处理的方法。

（2）当油氧化较严重，酸值较高（1.0mgKOH/g），可采用硫酸-白土再生法。

（3）当酸值很高（>1.0mgKOH/g），颜色较深，沉淀物多，应采用硫酸-碱-白土再生法。

4　废油再生时使用硫酸作再生剂的目的是什么？

答：硫酸的作用主要是：

（1）对油中的含氮、硫、氧的化合物，起磺化、氧化、酯化及溶解作用。

（2）对油中的胶质及沥青质主要起溶解作用，同时也发生氧化、磺化、缩合等复杂的化学反应。

（3）对油中的芳香烃起磺化反应。

（4）对油中悬浮的各种固体杂质起凝聚作用。

（5）烃类（包括烷烃、环烷烃和芳香烃）都能微溶于硫酸。

5　废油再生时使用白土的目的是什么？

答：白土是一种白色的含水硅铝化合物，其中也含有少量的铁、镁、铝等。它可以吸附劣化油中的胶质、沥青质、硫化合物和有机酸等，以及酸处理产物中的硫酸酯、碱处理产物中的盐类和皂化物。因此经白土处理后，可以提高油的透明度、减少油的气味、降低油的酸值。

6 废油再生前，为何一般要进行化验室的小型试验？

答：因为通过小型试验，可以研究出对一定劣化情况下的废油的最合适的处理方法，并合理地控制处理时的温度和时间。这样也就大体上确定了大量油再生工作的主要步骤和技术措施，并且可以避免没经过试验就直接进行大量油再生工作而导致的损失。因此这是一项特别重要的工作。

7 影响硫酸再生效果的主要因素有哪些？

答：影响硫酸再生效果的主要因素有温度、搅拌方式和搅拌时间、酸洗的次数、硫酸浓度、硫酸用量、助凝剂以及沉降分渣条件等。

8 简述多功能再生净油设备的基本原理。

答：多功能再生净油设备的基本原理是：

(1) 采用真空蒸汽技术，油在真空罐内被分散成雾状或薄层油膜，以利于水、汽更迅速彻底地脱除。

(2) 采用固定床式或适度浮动床式结构的吸附再生容器，便于再生过程的连续化。其中的关键技术在于吸附剂，它直接决定了再生效果的好坏。

(3) 过滤净化。根据对再生油清洁度的要求，选用不同精度的过滤器对油进行净化处理。

9 抗氧化剂应具备的基本性能是什么？

答：抗氧化剂应具备的基本性能：

(1) 抗氧化剂应具有极强的抗氧化性能，加入极少量的抗氧化剂后，油品的氧化安定性就能有显著的改善。

(2) 抗氧化剂应具有高度的灵敏性及广泛的应用范围，能适应于不同产地的油品，不同精制程度的新油、再生油及运行中的油。

(3) 抗氧化剂在油中应有良好的溶解度，但不溶于水，且无吸湿性。加入油中后，对油的理化、电气、润滑等性能，均无不良影响。

(4) 抗氧化剂应对金属无腐蚀性，在运行中不挥发、不发热、不沉淀、不分解等。

10 简述添加抗氧化剂 T501 的方法。

答：往再生油中添加 T501 时，通常采用热溶解法。

首先是将 T501 配成 5%的母液，即按 T501 的添加量，取部分再生油加热至 50～60℃，将所需 T501 加入油中，边加边搅拌，使之完全溶解后，放置冷却至室温，再加入或通过板式滤油机注入再生油箱中，并继续循环过滤，使药剂混合均匀。

应注意的是：对不明牌号的进口油，添加抗氧化剂前，应预先进行添加效果试验。若往运行油中添加抗氧化剂作为运行的防劣措施时，则要定期往运行油中添加或补加 T501 抗氧化剂，一般这项工作宜在设备停运或检修期间进行。

添加方法采用热溶法，即先将 T501 抗氧化剂配成 5%的母液，放至室温后，再用压力过滤机送入变压器设备内或汽轮机的油箱中，并继续循环过滤，使药剂混合均匀。

另外，在变压器运行中还可从热虹吸器内添加 T501 抗氧化剂，即将 T501 按所需的量，分散放在热虹吸器上部的硅胶层内。这样在变压器运行中通过热虹吸器的热油流将 T501 慢慢溶解，并随油流带入设备内混匀。

11 作为汽轮机油的破乳化剂需要哪些条件？

答：(1) 破乳化效果好，能加快油水分离速度。

(2) 油水分离后，要求油中含水量愈小愈好，油层必须是透明的；水层中含油量愈小愈好，水必须是清澈透明的，且不产生沉淀物。

(3) 破乳化剂在油中的溶解度大，且溶解后不再析出沉淀。

(4) 破乳化剂不溶于水或难溶于水。

(5) 破乳化剂对油质的其他理化指标无不良影响。

(6) 破乳化剂在运行中不因油质劣化而减弱破乳化性能，在运行温度下不挥发、不分解、不沉淀。

12 T501 抗氧化剂为什么能延缓油的老化？

答：主要是它能与油中在自动氧化过程中生成的活性自由基（R·）和过氧化物（ROO）发生反应，形成稳定的化合物，从而消耗了油中生成的自由基而阻止了油分子自身的氧化进程。

13 用 SF_6 气体作绝缘介质的电气设备有哪些优点？

答：(1) 由于 SF_6 气体良好的绝缘性能，使绝缘距离大为缩小，使 SF_6 电气设备的占地面积与空间体积大大缩小。一般 SF_6 电气设备的占地面积大约与绝缘距离缩小的倍数成平方关系缩减，空间体积则成立方比例缩减。且随电压等级的提高，缩小的倍数越来越大，这是在城网变电站迅速应用的主要原因之一。

(2) SF_6 全封闭组合电器运行安全可靠，维修方便。因其全部电气设备封闭于接地外壳内，减少了自然环境对设备的影响，对运行人员的人身安全也有保障。

(3) SF_6 断路器的开断性能好，触头烧伤轻微。加上 SF_6 气体绝缘性能稳定，又无氧化问题，因此使检修周期大大延长。

(4) 安装方便，节约基建投资。

14 为什么 SF_6 具有优良的绝缘特性？

答：因为 SF_6 具有很强的电负性，容易与电子结合形成负离子，削弱电子碰撞而电离的能力，从而阻碍电离的形成和发展。另一方面是 SF_6 分子直径较大，使得电子在 SF_6 气体中的平均自由行程缩短，不易在电场中积累能量，从而减少了电子的碰撞能力，使SF_6不易放电。其次，SF_6气体分子量大，是空气的五倍，形成SF_6离子的运动速度比空气中氮、氧离子的运动速度要小，离子间更容易发生复合作用，使SF_6气体中带电质点减少，阻碍了气体放电的形成和发展，不易被击穿。

15 影响SF_6击穿电压的主要因素是什么？

答：影响SF_6击穿电压的主要因素是：电场均匀性、SF_6的工作压力、SF_6气体中的不纯物和电极表面的光滑度。

16 为什么SF_6气体能及时熄灭电弧？

答：(1) 电负性强。即使在电弧作用下发生分解时，SF_6不会像绝缘油那样产生能导电的碳粒。一方面分解出极微量的电性能类似于SF_6的低氟化物和F，它们具有较强的电负性，在电弧中能吸收大量的电子，减小电子的密度，降低电导率，促使电弧熄灭。另一方面，由于SF_6离子迁移速度比电子慢得多，SF-6与SF+6易复合成SF_6，也有利于电弧的熄灭。

(2) 电弧时间常数极小。加上迅速地复合能力，SF_6断路器发挥了巨大的绝缘恢复特性，使它可以耐受大电流开断后诸如近区故障那样严酷的恢复电压。

(3) SF_6具有优越的热特性和散热能力。可有效地降低电弧温度，有利于散热和灭弧。

(4) SF_6在电弧作用下的热分解和热电离。在高温下电离，并形成由SF_6的离子、原子和电子组成的等离子体。在温度很高的弧芯区内，带正、负电荷的粒子密度大致相等，为良导体区。

17 为何要对充有SF_6气体的设备进行检漏？

答：(1) 由于充有SF_6气体的各气室有额定的充气压力，设备如有泄漏，则气压下降，影响其使用特性，使设备不能正常运行。

(2) 泄漏出的SF_6气体，尤其是电弧分解气，里面含有有害杂质，对人体有害。

(3) SF_6气体比较昂贵，若设备漏气，则无疑会造成很大的经济损失。

18 测定SF_6气体中水分的目的是什么？

答：测定SF_6气体中水分的目的是：降低击穿电压。

SF_6气体含水量超过一定限度时，气体的稳定性会遭到破坏，表现在气体中沿绝缘材料表面的闪络电压下降。当SF_6气体中的潮气足以使绝缘子表面结露时，则击穿电压显著下降，绝缘受到破坏，危害很大。

19 燃油的黏度通常使用哪三种方法表示？

答：燃油的黏度通常用三种方法表示：动力黏度、运动黏度和恩氏黏度。

20 油挡板安装的要求是什么？

答：油挡板安装的要求：

(1) 油挡板固定牢固。
(2) 中分面不允许有错口。
(3) 边缘一般厚度为0.10～0.20mm。

21 防止和消除油膜振荡的方法有哪些?

答：防止和消除油膜振荡的方法：
(1) 增大比压。
(2) 减小轴颈与轴瓦之间的接触度。
(3) 降低润滑油的黏度。
(4) 消除转子不平衡。

22 为防止机组发生油膜振荡，可采取的措施是什么?

答：可采取的措施：
(1) 增加轴承的比压。
(2) 控制好润滑油温，降低润滑油的黏度。
(3) 将轴瓦顶部间隙减小到等于或略小于两侧间隙之和。
(4) 各顶轴油支管上加装逆止门。

23 汽轮机润滑油压下降的原因有哪些?

答：润滑油压下降原因：
(1) 主油泵故障。
(2) 低压油过压阀松动。
(3) 润滑油管道泄漏。
(4) 主油泵出口逆止门内漏。

24 润滑油系统着火如何处理?

答：润滑油系统着火无法扑灭，可将交直流润滑油泵自启动开关连锁解除；打开事故排油门放油，放油速度应保持使转子停止前，润滑油不中断。

25 造成EH系统油压低的原因有哪些?

答：(1) 油管路断裂造成大量油外泄。
(2) 安全溢流阀失灵。
(3) 油泵的调压装置失灵。
(4) 油泵的泄漏量过大或油泵损坏。

26 EH系统油温过高的原因有哪些?

答：(1) 安全溢流阀失灵。
(2) 伺服阀泄漏严重。

（3）冷却水电磁阀故障。
（4）冷却水系统手动截止阀未开启。

27 汽轮机轴承断油的原因有哪些？

答：（1）启动或停机过程中润滑油泵工作失常。
（2）油箱油位过低，空气漏入射油器，使主油泵断油。
（3）供油管道破裂。
（4）轴瓦在运行中位移。

28 运行中发现汽轮机润滑油箱油位下降应检查什么？

答：（1）冷油器是否泄漏。
（2）发电机是否进油。
（3）油系统各管道是否漏油。
（4）油净化器油位是否上升。

29 主机润滑油箱油位升高的原因有哪些？

答：（1）均压箱压力过高或端部轴封汽量过大。
（2）冷油器铜管漏，并且水压大于油压。
（3）启动时高压油泵和润滑油泵的轴冷水漏入油中。

30 汽轮机透平油的作用是什么？

答：汽轮机透平油的作用：
（1）供给汽轮发电机组各轴承作润滑油。
（2）供给危急遮断滑阀和隔膜阀等保护装置用油。
（3）供给空、氢侧密封油系统用油。

31 汽轮机油质水分控制标准是什么？油中进水的主要原因是什么？

答：汽轮机油质控制标准是控制油中水分不大于100mg/L。
汽机油中进水的原因主要有：
（1）轴封疏齿片间隙大，轴封汽压高。
（2）冷油器运行不正常，冷却水压力高于油压，冷油器泄漏造成油中进水。
（3）油系统停运，冷油器泄漏，造成冷却水泄漏至油侧。
（4）油箱排烟风机故障未能将油箱中水蒸气抽走。

32 汽轮机主油箱为什么要装排油烟机？

答：主油箱装设排油烟机的作用是排除油箱中的气体和水蒸气。这样一方面使水蒸气不在油箱中凝结；另一方面使油箱中压力不高于大气压力，使轴承回油顺利地流入油箱。反之，如果油箱密闭，那么大量气体和水蒸气积在油箱中产生正压，会影响轴承的回油，同时易使油箱油中积水。排油烟机还有排除有害气体使油质不易劣化的作用。

33 油压和油箱油位同时下降应如何处理?

答：(1) 检查高压或低压油管是否破裂漏油，压力油管上的放油门是否误开，如误开应立即关闭，冷油器铜管是否大量漏油。

(2) 冷油器铜管大量漏油，应立即将漏油冷油器隔绝并通知检修人员堵漏检修。

(3) 压力油管破裂时，应立即将漏油（或喷油）与高温部件临时隔绝，严防发生火灾，并设法在运行中消除。

(4) 通知检修加油，恢复油箱正常油位。

(5) 压力油管破裂大量喷油，危及设备安全或无法在运行中消除时，应进行故障停机；有严重火灾危险时，应按油系统着火紧急停机的要求进行操作。

34 汽轮机油系统着火应如何处理?

答：(1) 立即破坏真空，按事故处理规定，紧急停机，特别注意拉掉手动消防脱扣器，解除高压电动油泵自动投入开关，切断高压电源，开启事故排油门。

(2) 当发生喷油起火时，要迅速堵住喷油处，改变油方向，使油流不向高温热体喷射，并即用“1211”、干粉灭火器灭火。

(3) 使用多支直流消防水枪进行扑救。但是尽量避免消防水直接喷射高温热体。

(4) 防止大火蔓延扩大到邻近机组，应组织消防力量用水或泡沫灭火器等将大火封住，控制火势，使大火无法蔓延。

35 炉前油系统为什么要装电磁速断阀?

答：电磁速断阀的功能是快速关闭，迅速切断燃油供应。炉前油系统装设电磁速断阀的目的是：当因某种缘故需要立即切断燃油供应时，通过电磁速断阀即可快速关闭。例如运行中需要紧急停炉时，控制手动电磁速断阀按钮，就能快速关闭，停止燃油供应。

36 在油系统上使用阀门有什么规定?

答：油系统严禁使用铸铁阀门，各阀门门芯应与地面水平安装。主要阀门应挂有“禁止操作”警示牌。主油箱事故放油阀应串联设置两个钢制截止阀，操作手轮设在距油箱 5m 以外的地方，且有两个以上通道，手轮应挂有“事故放油阀，禁止操作”标志牌，手轮不应加锁。润滑油管道中原则上不装设滤网，若装设滤网，必须采用激光打孔滤网，并有防止滤网堵塞和破损的措施。

37 锅炉助燃用油在卸油过程中的注意事项有哪些?

答：卸油过程中的注意事项：

(1) 卸油前记录好各油罐油位。

(2) 卸油时，严禁使用铁器。

(3) 在正常情况下，可将卸油至油罐与运行油罐分开。

（4）卸油过程中，泵入口进空气时（泵出口压力突降），及时停运卸油泵，排尽空气后方可启动。

（5）卸油期间，检查各卸油管路、阀门、法兰及各表计连接处无漏油现象，漏油严重时，立即停止卸油，并采取安全措施。

（6）卸油过程中，监视油罐油位的变化，油罐最高油位不得超过规定值。

（7）卸油过程中，如油区上空打雷或油罐区发生火灾，应立即停止卸油。

（8）遇到电气设备着火时，应立即切断电源后再灭火。

38 油罐的维护检查项目有哪些？

答：（1）油罐油温维持在30～40℃范围内。

（2）当油罐油温达到40℃时，及时投运油罐冷却水，如冷却效果较差，油温达到45℃时，投入油罐顶部喷淋装置，进行降温。

（3）油罐油温降低至5℃时，投运蒸汽伴热。

（4）发现油罐油位不正常下降或上涨时，及时汇报部门负责人，并及时查找原因。

（5）油罐的油温、油位、统计应正确。

39 进入油罐区的安全注意事项是什么？

答：（1）严格执行《油库进出入管理制度》，油库区动火作业时，必须办理动火工作票，并有可靠的安全措施。

（2）禁止在油管道上进行焊接工作，在油管道焊接时，必须将管道冲洗干净。

（3）进入油库区，严禁将手机、打火机等物品带入。

（4）进入油库区人员着装应符合安规要求，不能穿戴铁掌皮鞋。

（5）油泵房着火，及时切断电源，关闭油罐进出口门。

（6）油罐着火，及时启动泡沫消防灭火。

40 油系统着火的处理步骤是什么？

答：（1）发现油系统着火时，要迅速采取措施灭火，通知消防队并报告领导。

（2）在消防队未到之前，注意不使火势蔓延至回转部位及电缆处。

（3）火势蔓延无法扑灭，威胁机组安全运行时，应破坏真空紧急停机。

（4）根据情况（如主油箱着火），开启事故放油门，在转子未静止之前，维持最低油位，通知相关人员发电机进行排氢气。

（5）油系统着火紧急停机时，禁止启动高压油泵。

41 油压和油箱油位同时下降时如何处理？

答：（1）迅速向油箱补油，减慢油箱油位下降速度，并立即采取措施。

（2）冷油器泄漏时，倒备用冷油器运行。

（3）高、低压油管路泄漏时，迅速查明漏油管路，并采取措施，防止油漏到热体表面而引起着火，防止事故扩大。

(4) 当漏油无法处理时，油箱油位低于规定值时，应立即打闸，按照紧急停机处理。

(5) 不论哪种情况，若润滑油压降至 0.07MPa 以下时，应紧急停机，并立即启动交流或直流润滑油泵。

42 单个轴承温度升高的原因是什么?

答：(1) 若是轴承进油管堵、进油口堵或内部泄漏导致油量不足时，停机处理。

(2) 若出现轴承金属温度明显升高或轴承冒烟时等轴瓦损坏现象时，紧急停机。

43 汽轮机润滑油中水分含量大的原因是什么?

答：(1) 若冷油器泄漏，且冷却水压大于油压时，倒备用冷油器运行，并调整冷却水压小于油压，加强油箱底部放水，及油净化装置放水工作。

(2) 若汽封压力高，油中进水时，调整汽封压力或提高回汽腔室负压；但要注意真空变化。

44 简述油净化装置及移动式滤油机的工作原理。

答：聚结脱水专用滤油机包括：脱水系统、三级杂质过滤系统、全自动水位控制及排水系统、压力保护系统、油循环系统、故障报警系统、无渗漏密封系统等。

脱水系统由聚结脱水系统和分离脱水系统组成：聚结脱水系统通过聚结滤芯将油中的细小水滴和乳化油中的水聚结成为大水滴，一部分水滴将挣脱油流作用力沉降下来，另一部分再进入分离脱水系统；分离脱水系统通过分离滤芯的特殊涂层的作用，油中的水不能通过涂层而油能够顺利通过，从而将聚结后的油中水分离出来，达到脱水目的。杂质过滤系统分三级过滤：一级粗过滤、二级保护过滤、三级精密过滤。

45 简述油净化装置的工作流程。

答：(1) 聚结+分离（脱水、杂质）工作流程：待处理油箱→进油阀门→粗过滤器→进油泵→保护过滤→切换阀门→聚结过滤器→分离过滤器→切换阀门→精密过滤器→出油阀门→待处理油箱。

(2) 脱杂质工作流程：待处理油箱→进油阀门→粗过滤器→进油泵→保护过滤器→聚集分离罐旁路门→精密过滤器→出油阀门→待处理油箱。

(3) 故障排油流程：滤油机内贮油→进油阀门关，聚集分离罐来手动门开→粗过滤器→进油泵→保护过滤器→聚集分离罐旁路门→精密过滤器→出油阀门→待处理油箱。

46 润滑油品质不合格的原因是什么?

答：(1) 新机组或检修后，因油系统清理不彻底致使机械杂质或水带入。应加强滤油或换油。

(2) 运行中，冷却水压高于润滑油压而冷油器又泄漏时致使油中含水量增加。此时应切换冷油器运行，同时加强滤油。

(3) 轴封供汽压力高而使油中含水量增多。此时应在不影响排汽装置真空的前提下，适当调低轴封供汽压力和调高轴封加热器负压。

（4）油系统中有过热点，油质老化，应加强滤油或换油，消除过热点。

47 密封油泵启动前“充油排空”注意事项有哪些？

答：（1）发电机密封油泵投运之前必须向泵内充油，且原则上应将泵内气体排净，泵内气体没有排出，会引起输出油压波动、噪音大、振动大、机械密封磨损等故障。

（2）密封油泵的泵体上方或机械密封处上方或泵出油口靠近电机端的泵体侧面均有排气螺塞。

（3）禁止在真空油箱没有破坏真空（真空表有负压显示）的工况下向泵内充油。（电厂备用泵在线检修时往往容易出现这种工况）因为有实际事例已证明会引发油泵损坏（螺杆泵从动螺杆磨损泵盖止推块）。

（4）密封油系统投运后如遇有交流泵在线检修和更换油泵的工况，在检修、更换完毕，准备投运（或试运）之前，必须停真空泵，破坏掉真空油箱真空之后，再打开油泵进油阀门向泵内充油，同时拧松排气螺塞排气，直至油从排气处冒出。如没有油冒出，可拧下螺塞，用手指按压试验是否有气体被吸入泵内，（因为另一台泵还在运行，使泵进油管内形成负压），如有气体被吸入，则须启动直流泵投入运行，同时停止全部交流油泵，以便被检修过的油泵充油，直至排气口处冒油。

48 EH油压波动如何处理？

答：（1）EH油压波动时，应立即检查EH油溢流阀及备用油泵出口逆止阀工作情况，必要时联系检修处理，未处理好严禁启动机组。

（2）检查EH油箱油位是否正常，必要时联系补。

（3）打开有关放气阀，排尽空气后关闭。

（4）必要时切换至备用泵运行。

（5）若不能消除EH油压波动并难以维持机组的正常运行，应申请停机。

49 EH油系统泄漏如何处理？

答：（1）当确定为系统泄漏时，应及时检查泄漏点，并尽快隔离，同时联系补油。

（2）当泄漏点在冷油器内部时，应切至备用冷油器运行，隔离运行冷油器，并联系检修人员处理。

（3）当泄漏严重，无法维持EH油箱油位时，应故障停机。

（4）当油位低引起油压下降时，按油压下降进行事故处理。

50 EH油系统油质不合格如何处理？

答：（1）应联系检查系统各滤网，必要时更换。

（2）检查油再生装置工作情况，再生剂是否失效。

（3）将油再生装置投入连续运行。

（4）检查补充的新油是不是合格。

（5）必要时连接滤油机进行滤油。

第六章

电力生产环境保护

第一节 环 境 监 测

1 我国颁布实施的主要环境保护法律有哪些？

答：我国颁布实施的主要环境保护法律有：《中华人民共和国环境保护法》《中华人民共和国水污染防治法》《中华人民共和国大气污染防治法》《中华人民共和国环境噪声污染防治法》《中华人民共和国固体废物污染防治法》《中华人民共和国海洋污染防治法》《中华人民共和国放射性污染防治法》《中华人民共和国影响评价法》《中华人民共和国清洁生产促进法》。

2 根据《环境监测人员持证上岗考核制度》考核内容包括哪几个部分？简述各部分包含的知识点。

答：环境监测人员持证上岗考核内容共包括基本理论考核、基本技能考核和样品分析三部分。

(1) 基本理论考核。包括环境保护基本知识、环境监测基础理论知识、环境保护标准和监测规范、质量保证和质量控制知识、常用数据统计知识、采样方法、样品预处理方法、分析测试方法、数据处理和评价模式。

(2) 基本技能考核。布点、采样、试剂配制二常用分析仪器的规范化操作、仪器校准、质量保证和质量控制措施、数据记录和处理、校准曲线制作、样品测试以及数据审核程序。

(3) 样品分析。按照规定的操作程序对发放的考核样品进行分析测试，给出分析结果。

3 实验室内质量控制手段主要有哪些？

答：实验室内质量控制主要手段包括实验室的基础工作（方法选择、试剂和实验用水的纯化、容器和量器的校准、仪器设备和检定等），空白值试验，检出限的测量，校准曲线的绘制和检验，平行双样、加标回收率，绘制质量控制图等。

4 监测数据"五性"是指什么？简述其含义。

答：监测数据"五性"是指：代表性、准确性、精密性、可比性和完整性。

（1）代表性：指在具有代表性的时间、地点，并按规定的采样要求采集有效样品。使监测数据能真实代表污染物存在的状态和污染现状。

（2）准确性：指测定值与真实值的符合程度，一般以监测数据的准确度来表征。

（3）精密性：指测定值有无良好的重复性和再现性，一般以监测数据的精密度表征。

（4）可比性：指用不同的测定方法测量同一样品时，所得出结果的一致程度。

（5）完整性：强调工作总体规划的切实完成，即保证按预期计划取得有系统性和连续性的有效样品，而且无缺漏地获得监测结果及有关信息。

5 国家环境标准包括哪些标准？

答：国家环境标准包括国家环境质量标准、环境基础标准、污染物排放（或控制）标准、环境监测方法（或环境监测分析方法）标准和环境标准样品标准。

6 我国化学试剂可分为哪几级？

答：我国化学试剂可分为以下四级。

（1）优级纯试剂，用 GR 表示，标签颜色为绿色，主成分含量很高、纯度很高、适用于精确分析和研究工作，有的可作为基准物质。

（2）分析纯试剂，用 AR 表示，标签颜色为红色，主成分含量很高、纯度较高，干扰杂质很低，适用于工业分析及化学实验。

（3）化学纯试剂，用 CP 表示，标签颜色为蓝色，主成分含量高、纯度较高，存在干扰杂质，适用于化学实验和合成制备。

（4）实验纯试剂，用 LR 表示，标签颜色为黄色，主成分含量高，纯度较差，杂质含量不做选择，只适用于一般化学实验和合成制备。

7 水质自动监测常规五参数有哪些？

答：水质自动监测常规五参数有：pH、电导率、浊度、水温、溶解氧。

8 环境监测站对排污单位的总量控制监督监测每年应检测几次？

答：环境保护行政主管部门让所属的监测站对排污单位的总量控制监督监测，重点污染源（日排水量大于 100t 的企业）每年 4 次以上；一般污染源（日排水量 100t 以下的企业）每年 2～4 次。

9 水流量的测量包括哪三方面？

答：水流量的测量包括流向、流速和流量三方面。

10 简述地表水监测断面的布设原则。

答：地表水监测断面的布设原则为：

（1）监测断面必须有代表性，其点位和数量应能反映水体环境质量、污染物时空分布及变化规律，力求以较少的断面取得最好的代表性。

（2）监测断面应避免死水、回水区和排污口处，应尽量选择河（湖）床稳定、河段顺直、湖面宽阔、水流平稳之处。

（3）监测断面布设应考虑交通状况、经济条件、实施安全、水文资料是否容易获取，确保实际采样的可行性和方便性。

11 地表水采样前的采样计划应包括哪些内容？

答：确定采样垂线和采样点位、监测项目和样品数量，采样质量保证措施，采样时间和路线、采样人员和分工、采样器材和交通工具以及需要进行的现场测定项目和安全保证等。

12 采集水中挥发性有机物和汞样品时，采样容器应如何洗涤？

答：采集水中挥发性有机物样品的容器的洗涤方法：先用洗涤剂洗，再用自来水冲洗干净，最后用蒸馏水冲洗。

采集水中汞样品的容器的洗涤方法：先用洗涤剂法，再用自来水冲洗干净，然后用（1＋3）HNO_3 荡洗，最后依次用自来水和去离子水冲洗。

13 布设地下水监测点网时，哪些地区应布设监测点（井）？

答：（1）以地下水为主要供水水源的地区。

（2）饮水型地方病（如高氯病）高发地区。

（3）对区域地下水构成影响较大的地区，如污水灌溉区、垃圾堆积处理场地区、地下水回灌满区及大型矿山排水地区等。

14 确定地下水采样频次和采样时间的原则是什么？

答：地下水采样频次和采样时间的原则是：

（1）依据不同的水文地质条件和地下水监测井使用功能，结合当地污染源、污染物排放实际情况，力求以最低的采样频次，取得最有时间代表性的样品，达到全面反映区域地下水质状况、污染原因和规律的目的。

（2）为反映地表水与地下水的联系，地下水采样频次与时间尽可能与地表水相一致。

15 选择采集地下水的容器应遵循哪些原则？

答：（1）容器不能引起新的沾污。

（2）容器器壁不应吸收或吸附某些待测组分。

（3）容器不应与待测组分发生反应。

（4）能严密封口，且易于开启。

（5）深色玻璃能降低光敏作用。

（6）容易清洗，并可反复使用。

16 地下水现场监测项目有哪些？

答：地下水现场监测项目有：水位、水量、水温、pH 值、电导率、浑浊度、色、嗅和味、肉眼可见物等指标，同时还应测定气温、描述天气状况和近期降水情况。

17 为确保废水排放总量监测数据的可靠性，应如何做好现场采样工作？

答：(1) 保证采样器、样品容器清洁。

(2) 工业废水的采样，应注意样品的代表性：在输送、保存过程中保持待测组分不发生变化；必要时，采样人员应在现场加入保存剂进行固定，需要冷藏的样品应在低温下保存；为防止交叉污染，样品容器应定点定项使用；自动采样器采集且不能进行自动在线监测的水样，应贮存于约4℃的冰箱中。

(3) 了解采样期间排污单位的生产状况，包括原料种类及用量、用水量、生产周期、废水来源、废水治理设施处理能力和运行状况等。

(4) 采样时应认真填写采样记录，主要内容有：排污单位名称、采样目的、采样地点及时间、样品编号、监测项目和所加保存剂名称、废水表观特征描述、流速、采样渠道水流所占截面积或堰槽水深、堰板尺寸，工厂车间生产状况和采样人等。

(5) 水样送交实验室时，应及时做好样品交接工作，并由送交人和接收人签字。

(6) 采样人员应持证上岗。

(7) 采样时需采集不少于10%的现场平行样。

18 水样的保存措施有哪些？并举例说明。

答：(1) 将水样充满容器至溢流并密封。如测水中溶解性气体。

(2) 冷藏（2～5℃）。如测水中总固体（总残渣、干残渣）。

(3) 冷冻（－20℃）。如测水中浮游植物。

19 一般水样自采样后到分析测试前应如何处理？

答：水样采集后，按各监测项目的要求，在现场加入保存剂，做好采样记录，粘贴标签并密封水样容器，妥善运输，及时送交实验室，完成交接手续。

20 如何从管道中采集水样？

答：用适当大小的管子从管道中抽取样品，液体在管子中的线速度要大，保证液体呈湍流的特征，避免液体在管子内水平方向流动。

21 排污总量监测的采样点位设置应如何设置？

答：采样点位设置应根据排污单位的生产状况及排水管网设置情况，由地方环境保护行政主管部门所属环境监测站会同排污单位及其主管部门环保机构共同确定，并报同级环境保护行政主管部门确认。

22 如何清洗采样容器？

答：清洗采样容器的一般程序是，先用水和洗涤剂洗、再用铬酸一硫酸洗液，然后用自来水、蒸馏水冲洗干净。

23 测定水中重金属的采样容器应如何清洗？

答：测定水中重金属的采样容器常用盐酸或硝酸洗液洗净，并浸泡1～2d，然后用蒸馏水或去离子水冲洗。

24 文字描述法适用于哪些水中臭的检测？

答：文字描述法适用于天然水、饮用水、生活污水和工业废水中臭的检验。

25 水中的臭主要来源于哪里？

答：水中的臭主要来源于生活污水或工业废水污染、天然物质分解或微生物、生物活动等。

26 用文字描述法测定水中臭时，如果水样中存在余氯，应该如何处理？

答：水样中存在余氯时，可在脱氯前、后各检验一次。用新配的3.5g/L硫代硫酸钠（$Na_2S_2O_3 \cdot 5H_2O$）溶液脱氯，1mL此溶液可除去1mg余氯。

27 文字描述法检验水中臭时，臭强度分为哪几级？各级的强度是怎样定义的？

答：臭强度等级可分六级，见表6-1。

表6-1　臭强度等级划分表

等级	强度	说　明
0	无	无任何气味
1	微弱	一般饮用者难于观察，嗅觉敏感者可察觉
2	弱	一般饮用者刚能察觉
3	明显	已能明显察觉，不加处理不能饮用
4	强	有很明显的臭味
5	很强	有强烈的恶臭

28 简述臭阈值法检测水中臭时应注意的事项。

答：(1) 水样存在余氯时，可在脱氯前、后各检验一次。

(2) 臭阈值随温度而变，报告中必须注明检验时的水温，检验全过程试样保持（60±1)℃，有时也可用40℃作为检臭温度。

(3) 检验的全过程中，检验人员身体和手不能有异味。

(4) 于水浴中取出锥形瓶时，不要触及瓶颈。

(5) 均匀振荡2～3s后去塞闻臭气。

(6) 闻臭气时从最低浓度开始渐增。

29 **简述水体的哪些物理化学性质与水的温度有关。**

答：水中溶解性气体的溶解度，水中生物和微生物活动，非离子氨，盐度、pH 值以及碳酸钙饱和度等都受水温变化的影响。

30 **浊度是由哪些物质造成的?**

答：浊度是由于水中含有泥沙、黏土、有机物、无机物、浮游生物和微生物等悬浮物质所造成的，可使光被散射或吸收。

31 **什么情况下便携式浊度计读数将不准确?**

答：测定水的浊度时，水样中出现有漂浮物和沉淀物时，便携式浊度计读数将不准确。

32 **用铅字法测水的透明度有哪些注意事项?**

答：用铅字法测水的透明度的注意事项：

（1）用铅字法测水的透明度，透明度计应设在光线充足的实验室内，并离直射阳光窗户约 1m 的地点。

（2）铅字法测定水的透明度，不仅受检验人员的主观影响较大，还受照明条件的影响，检测结果最好取多次或数人测定结果的平均值。

（3）铅字法测定水的透明度时，使用的透明度计必须保持洁净，观察者应记录刚好能辨认出符号时水柱的高度。

33 **简述如何获得无浊度水。**

答：将蒸馏水通过 0.2μm 滤膜过滤，收集于用滤过水荡洗两次的烧瓶中。

34 **水流量测量方法的选择原则是什么?**

答：（1）具有足够的测量精度，测量流量时不受污水杂物的影响。

（2）所用设备经济实用，便于制造安装。

（3）尽量利用排水系统上原有的构筑物进行测量，如均匀流速的管道和溢流堰等。

（4）测量和计算方法简便，易于掌握。

（5）需要连续测量流量时，可修筑临时设施或安装量水设备，如计算槽和流量计等。

35 **《水污染物排放总量监测技术规范》（HJ/T 92—2002）中，污水流量测量的质量保证有哪些要求?**

答：（1）必须对废水排口进行规范化整治。

（2）污水流量计必须符合国家环境部门颁布的污水流量计技术要求，在国家正式颁布污水流量计系列化、标准化技术要求之前，污水流量计必须经清水测评和废水现场考评合格。

（3）流量测量装置应具有足够的测量精度，应选用测定范围内的测量装置进行测量。

（4）测流时段内测得流量与水量衡算结果误差不应大于 10%。

（5）应加强流量计量装置的维护和保养。

（6）流量计必须定期校正。

36 简述重量法测定水中硫酸盐的原理。

答：在盐酸溶液中，硫酸盐与加入的氯化钡形成硫酸钡沉淀，沉淀应在接近沸腾的温度下进行，并至少煮沸20min，沉淀陈化一段时间后过滤，并洗至无氯离子为止，烘干或者灼烧，冷却后称硫酸钡重量。

37 简述重量法测定水中悬浮物的步骤。

答：量取充分混合均匀的试样100mL抽吸过滤，使水分全部通过滤膜；再以每次10mL蒸馏水连续洗涤3次，继续吸滤以除去痕量水分。停止吸滤后，仔细取出载有悬浮物的浮膜放在原恒重的称量瓶里，移入烘箱中，于103～105℃下烘干1h后移入干燥器中，使之冷却到室温，称其重量。反复烘干、冷却、称量。直至两次称重的重量差不大于0.4mg为止。

38 简述测定水中悬浮物的意义。

答：水体中悬浮物含量过高时，可产生以下危害：

（1）使水体变浑浊，降低水的透明度，影响水体的外观。

（2）阻碍溶解氧向水体下部扩散，影响水生生物的呼吸和代谢，甚至造成鱼类窒息死亡。

（3）妨碍表层水和深层水的对流，悬浮物过多，还可造成河渠、水库淤塞。

（4）灌溉农田可引起土壤表面形成结壳，降低土壤透气性和透水性。

因此，测定水中悬浮物对了解水质、评价水体污染程度具有特定意义。

39 简述用重量法测定水矿化度的方法原理。

答：取一定量水样经过滤去除漂浮物及沉降性固体物，放在称至恒重的蒸发皿内蒸干，并用过氧化氢除去有机物，然后在105～110℃下烘干至恒重，将称的重量减去蒸发皿重量之差与取样体积之比即为矿化度。

40 重量法测定水中全盐量时，水中全盐量如何计算？试解释式中W、W_0和V的含义及单位。

答：水中全盐量按式（6-1）计算，即

$$C=(W-W_0)\times 10^6/V \tag{6-1}$$

式中 C——水中全盐量，mg/L；

W——蒸发皿及残渣的总重量，g；

W_0——蒸发皿的重量，g；

V——水样体积，mL。

41 用重量法测定矿化度时，如何消除干扰？

答：高矿化度水样，含有大量钙、镁的氯化物时易吸水，硫酸盐结晶水也不易除去，均使结果偏高。采用加入碳酸钠溶液，并提高烘干温度和快速称量的方法以消除其影响。

42 试写出分别应用不同电化学分析方法进行测定的水质监测项目名称以及电化学方法名称。

答：pH，玻璃电极法。

氟化物，离子选择电极法。

电导率，电导率仪法。

化学需氧量，库仑法。

酸碱度，电位滴定法。

铜铅锌镉，阳极溶出伏安法。

铜铅锌镉，极谱法。

43 用离子选择电极法测定水中氟化物时，加入总离子强度调节剂的作用是什么?

答：总离子强度调节剂的作用是：保持溶液中总离子强度，并络合干扰离子，保持溶液适当的 pH 值。

44 简述氟电极使用前及使用后存放的注意事项。

答：电极使用前应充分冲洗，并去掉水分。电极使用后应用水冲洗干净，并用滤纸吸去水分，放在空气中，或者放在稀的氟化物标准溶液中，如果短时间内不再使用，应洗净，吸去水分，套上保护电极敏感部位的保护帽。

45 电极法测定水中氨氮的主要干扰物是什么?

答：电极法测定水中氨氮的主要干扰物是：挥发性胺、汞和银以及高浓度溶解离子。

46 电极法测定水中氨氮的优缺点是什么?

答：电极法测氨氮具有通常不需要对水样进行预处理和测量范围宽等优点，但电极的寿命和再现性尚存在一些问题。

47 简述水样电导率测定中的干扰及其消除方法。

答：水样中含有粗大悬浮物质、油和脂将干扰测定。可先测定水样，再测定校准溶液，以了解干扰情况。

消除方法是：若有干扰，应过滤或萃取除去。

48 库仑法测定水中 COD 时，水样消解加入硫酸汞的作用是什么？为什么?

答：加入硫酸汞是为了消除水样中氯离子的干扰。

因为氯离子能被重铬酸钾氧化，并且能与催化剂硫酸银作用产生沉淀，影响测定结果。

49 简述用离子选择电极一流动注射法测定水中氯化物时，水样的保存方法。

答：用离子选择电极一流动注射法测定水中氯化物时，水样盛放于塑料容器中，在 2～

5℃冷藏，最长可保存28d。

50 简述容量分析法的误差来源。

答：(1) 滴定终点与理论终点不完全符合所致的滴定误差。

(2) 滴定条件掌握不当所致的滴定误差。

(3) 滴定管误差。

(4) 操作者的习惯误差。

51 可以直接配制标准溶液的基准物质，应满足什么要求?

答：(1) 纯度高，杂物含量可忽略。

(2) 组成（包括结晶水）与化学式相符。

(3) 性质稳定，反应时不发生副反应。

(4) 使用时易溶解。

(5) 所选用的基准试剂中，目标元素的质量比应较小，使称样量大，可以减少称量误差。

52 影响沉淀物溶解度的因素有哪些?

答：影响沉淀溶解度的因素主要有同离子效应、盐效应、酸效应及络合效应等。此外，温度、介质、晶体结构和颗粒大小也对溶解度有影响。

53 简述滴定管读数时的注意事项。

答：滴定管读数时的注意事项为：

(1) 读数前要等1～2min。

(2) 保持滴定管垂直向下。

(3) 读数至小数点后两位。

(4) 初读、终读方式应一致，以减少视差。

(5) 眼睛与滴定管中的弯月液面齐平。

54 适合容量分析的化学反应应具备哪些条件?

答：(1) 反应必须定量进行而且进行完全。

(2) 反应速度要快。

(3) 有比较简便可靠的方法确定理论终点（或滴定终点）。

(4) 共存物质不干扰滴定反应，或采用掩蔽剂等方法能予以消除。

55 常量滴定管、半微量滴定管的最小分度值各是多少?

答：最小分度值：常量滴定管为0.1mL；半微量滴定管和微量滴定管为0.05mL或0.02mL；微量滴定管为0.01mL。

56 **配制氢氧化钠标准溶液时应注意什么？**

答：(1) 应选用无二氧化碳水配制，溶解后立即转入聚乙烯瓶中。
(2) 冷却后须用装有碱石灰管的橡皮塞子塞紧。
(3) 静置 24h 后，吸取一定量上清液用无二氧化碳水稀释定容。
(4) 必须移入聚乙烯瓶内保存。

57 **酸碱指示剂滴定法测定酸度的主要干扰物质有哪些？**

答：(1) 溶解气体，如 CO_2、H_2S、NH_3 等。
(2) 含有三价铁和二价铁，锰、铝等可氧化或易水解的离子。
(3) 水样中游离的氯。
(4) 水样中的色度、浑浊度。

58 **当水样中总碱度浓度较低时，应如何操作以提高测定的精度？**

答：可改用 0.01mol/L 盐酸标准溶液滴定，或改用微量滴定管，都可提高测定精度。

59 **酚酞指示剂滴定法测定水中游离二氧化碳中量取水样时，如何操作才能获取准确的结果？**

答：(1) 采用虹吸法吸取。
(2) 使水样溢出吸管以弃去最初部分。
(3) 水样注入锥形瓶时，吸管尖端始终低于水位。

60 **酚酞指示剂滴定法测定水中游离二氧化碳中，样品采集与保存时应注意哪些事项？**

答：(1) 采样时应尽量避免水样与空气接触。
(2) 水样装满瓶，并在低于取样时的温度下密封保存。

61 **写出用甲基橙指示剂滴定法测定水中侵蚀性二氧化碳浓度的计算公式，并指出公式中各符号的意义。**

答：侵蚀性二氧化碳浓度按式 (6-2) 计算，即

$$C = C_1(V_2 - V_1) \times 22 \times 1000/V \tag{6-2}$$

式中　C_1——盐酸标准滴定溶液浓度，mol/L；
V_1——当天（未加碳酸钙粉末时）滴定时所消耗的盐酸标准滴定液体积，mL；
V_2——5 天后（加过碳酸钙粉末）滴定时所消耗的盐酸标准滴定液体积，mL；
V——试样体积，mL；
22——侵蚀性二氧化碳摩尔质量，g/mol。

62 **用甲基橙指示剂滴定法测定水中侵蚀性二氧化碳中，在过滤存放了 5d 的水样时，除正确选择滤纸外，在操作上还应注意什么？**

答：(1) 弃去最初的滤液。

（2）勿使碳酸钙粉末漏入滤液中。

63 如何制备不含氯和还原性物质的水?

答：去离子水或蒸馏水经氯化至约0.14mmol/L（10mg/L）的水平，储存在密闭的玻璃瓶中，约16h再暴露于紫外线或阳光下数小时，或用活性炭处理使之脱氯。

64 DPD滴定法测定水中游离氯时，为何要严格控制pH?

答：N，N—二乙基—1.4—苯二胺硫酸盐（以下简称DPD）滴定法测定游离氯时，pH值在6.2～6.5范围内，反应产生的红色可准确地表现游离氯的浓度。若PH太低，往往使用总氯中一氯胺在游离氯测定时出现颜色；若pH太高，会解氧产生颜色。

65 测定水中高锰酸盐指数时，水样采集后为什么要用 H_2SO_4 酸化至 pH＜2，而不能用 HNO_3 或 HCI 酸化?

答：因为 HNO_3 为氧化性酸，能使水中被测物氧化，而盐酸中的 CI^- 具有还原性，也能与 $KMnO_4$ 反应，故通常用 H_2SO_4 酸化，稀 H_2SO_4 一般不具有氧化还原性。

66 简述碘化钾碱性高锰酸钾法测定高氯废水中化学需氧量的适用范围。

答：碘化钾碱性高锰酸钾法适用于油气田和炼化企业氯离子含量高达每升几万至十几万毫克高氯废水中化学需氧量的测定。该方法的最低检出限为0.20mg/L，测定上限为62.5mg/L。

67 简述在高氯废水的化学需氧量测定中滴定时淀粉指示剂的加入时机。

答：以淀粉作指示剂时，淀粉指示剂不得过早加入，应先用硫代硫酸钠滴定到溶液呈浅黄色后再加入淀粉溶液。

68 化学需氧量作为一个条件性指标，有哪些因素会影响其测定值?

答：影响因素包括氧化剂的种类及浓度，反应溶液的酸度、反应温度和时间以及催化剂的有无等。

69 用络合滴定法测定水的硬度时，应将pH控制在什么范围? 为什么? 被滴定溶液的酒红色是什么物质的颜色? 亮蓝色又是什么物质的颜色?

答：应将pH值控制在10.0±0.1的范围。

主要是因为 Ca^{2+}、Mg^{2+} 与乙二胺四乙酸（EDTA）络合物的稳定性与终点的敏锐性。

被滴定溶液的酒红色是络黑T与 Ca^{2+}、Mg^{2+} 络合物的颜色。

由酒红色敏锐地变为亮蓝色，是游离指示剂的颜色。

70 硝酸银滴定法测定水中氯化物时，为何不能在酸性介质或强碱介质中进行?

答：（1）在酸性介质中，铬酸根离子易生成次铬酸根离子，再分解成重铬酸根和水，从而使其浓度大大降低，影响滴定时铬酸银沉淀的生成。

$$2CrO_4^{2-} + 2H^+ \longrightarrow 2HCrO_4 \longrightarrow Cr_2O_7^{2-} + 2H_2O \qquad (6-3)$$

（2）在强碱性介质中，银离子将形成氧化银（Ag_2O）沉淀。

71　稀释与接种法测定水中 BOD5 时，某水样呈酸性，其中含活性氯，COD 值在正常污水范围内，应如何处理？

答：（1）调整 pH 在 6.5～7.5。

（2）准确加入亚硫酸钠溶液消除活性氯。

（3）进行接种。

72　稀释与接种法测定水中 BOD5 中，样品放在培养箱中培养时，一般应注意哪些问题？

答：（1）温度严格控制在（20±1)℃。

（2）注意添加封口水，防止空气中氧进入溶解液瓶内。

（3）避光防止试样中藻类产生 DO。

（4）从样品放入培养箱起计时，培养 5d 后测定。

73　采用碘量法测定水中溶解氧，配制和使用硫代硫酸钠溶液时要注意什么？为什么？

答：配制硫代硫酸钠标准溶液时应注意：

（1）使用新煮沸并冷却的蒸馏水，以除去蒸馏水中 CO_2 和 O_2，杀死细菌。

（2）加入适量氢氧化钠（或碳酸钠），保持溶液呈弱碱性，以抑制细菌生长。

（3）避光保存，并储于棕色瓶中，因为在光线照射和细菌作用下，硫代硫酸钠会发生分解反应。

（4）由于固体硫代硫酸钠容易风化，并含有少量杂质，所以不能直接用称量法配制标准溶液。

（5）硫代硫酸钠水溶液不稳定，与溶解在水中 CO_2 和 O_2 反应，因此需定期标定。

74　碘量法测定水中硫化物，采用酸化一吹气法对水样进行预处理时，应注意哪些问题？

答：（1）保证预处理装置各部位的气密性。

（2）导气管保持在吸收液下。

（3）加酸前须通氮气驱除装置内空气。

（4）加酸后，迅速关闭活塞。

（5）水浴温度应控制在 60～70℃。

（6）控制适宜的吹气速度，保证加标的加收率。

75　采用碘量法测定水中硫化物时，水样应如何采集和保存？

答：（1）先加入适量的乙酸锌溶液，再加水样，然后滴加适量的氢氧化钠溶液，使 PH

值在10～12之间。

(2) 遇碱性水样时，先小心滴加乙酸溶液调至中性，再开始操作。

(3) 硫化物含量高时，可酌情多加固定剂，直至沉淀完全。

(4) 水样充满后立即密塞，不留气泡，混匀。

(5) 样品应在4℃避光保存，尽快分析。

76 氰化钾溶液有剧毒，应如何处理方可排放?

答：可在碱性条件下，加入高锰酸钾或次氯酸使氰化物氧化分解。

77 分光光度法是环境监测中常用的方法，简述分光光度法的主要特点。

答：分光光度法的主要特点是：

(1) 灵敏度高。

(2) 准确度高。

(3) 适用范围广。

(4) 操作简便、快速。

(5) 价格低廉。

78 简述校正分光光度计波长的方法。

答：校正波长一般使用分光光度计光源中的稳定线光谱或稳定亮线的外部光源，把光束导入光路进行校正，或者测定已知光谱样品的光谱，与标准光谱对照进行校正。

79 简述分光光度法测定样品时，选用比色皿应该考虑的主要因素。

答：(1) 测定波长。比色液吸收波长在370nm以上时，可选用玻璃或石英比色皿；在370nm以下时，必须使用石英比色皿。

(2) 光程。比色皿有不同光程长度，通常用10.0mm的比色皿，选择比色皿的光程长度应视所测溶液的吸光度而定，以使其吸光度在1.0～0.7之间为宜。

80 如何检查分光光度计的灵敏度?

答：灵敏度是反映仪器测量性能的重要指示，检查方法为：配制0.001%重铬酸钾溶液，用1cm比色皿装入蒸馏水作参比，于440nm处测得的吸光度应大于0.010。若示值<0.010，可适当增加灵敏度的挡数，如仍不能达到该值，应检查或更换光电管。

81 在光度分析中，如何消除共存离子的干扰?

答：(1) 尽可能采用选择性高、灵敏度也高的特效试剂。

(2) 控制酸度，使干扰离子不产生显色反应。

(3) 加入掩蔽剂，使干扰离子被络合而不发生干扰，而待测离子不与掩蔽剂反应。

(4) 加入氧化剂或还原剂，改变干扰离子的价态以消除干扰。

(5) 选择适当的波长以消除干扰。

（6）萃取法消除干扰。
（7）其他能将被测组分与杂质分离的方法，如离子交换、蒸馏等。
（8）利用参比溶液消除显色剂和某些有色共存离子干扰。
（9）利用校正系数从测定结果中扣除干扰离子影响。

82　用分光光度法测定样品时，什么情况下可用溶剂作空白溶液？

答：当溶液中的有色物质仅为待测成分与显色剂反应生成，可以用溶剂作空白溶液，简称溶剂空白。

83　一台分光光度计的校正应包括哪几个部分？

答：一台分光光度计的校正应包括四个部分：波长校正、吸光度校正、杂散光校正和比色皿校正。

84　用光度分析中酸度对显色反应主要有哪些影响？

答：（1）对显色剂本身的影响。
（2）对溶液中各元素存在状态的影响。
（3）对显色反应的影响。

85　在光度分析中如何选择显色剂？

答：在光度分析中选择显色剂的原则是：
（1）显色剂的灵敏度要高。
（2）显色剂的选择性要好。
（3）所形成的有色化合物应足够稳定，而且组成恒定，有确定的组成比。
（4）所形成的有色化合物与显色剂之间的差别要大。
（5）其他因素，如显色剂的溶解度、稳定性、价格等。

86　在光度分析中共存离子的干扰主要有哪几种情况？

答：（1）共存离子本身有颜色影响测定。
（2）共存离子与显色剂生成有色化合物，同待测组分的有色化合物的颜色混在一起。
（3）共存离子与待测组分生成络合物，降低待测组分的浓度而干扰测定。
（4）强氧化剂和强还原剂存在时，因破坏显色剂而影响测定。

87　试述铬酸钡分光光度法测定水中硫酸盐的原理。

答：在酸性溶液中，铬酸钡与硫酸盐生成硫酸钡沉淀，并释放出铬酸根离子，溶液中和后，过量的铬酸钡及生成的硫酸钡仍是沉淀状态，经过滤除去沉淀。在碱性条件下，反应释放出的铬酸根离子呈黄色，其颜色深浅与铬酸根的含量成正比，测定吸光度后计算出硫酸根的含量。

88 **什么是水的“表观颜色”和“真实颜色”？色度测定时二者如何选择？对色度测定过程中存在的干扰如何消除？**

答：“表观颜色”是指没有去除悬浮物的水所具有的颜色，包括了溶解性物质及不溶解的悬浮物所产生的颜色。

“真实颜色”是指去除浊度后水的颜色。

一般色度测定时，均需测定样品的“真实颜色”。但是，对于清洁的或者浑度很低的水，“表观颜色”和“真实颜色”相近。对着色很深的工业废水，其颜色主要由于胶体和悬浮物所造成，故可根据需要测定：“真实颜色”或“表观颜色”。

如果样品中有泥土或其他分散很细的悬浮物，虽经预处理而得不到透明水样时，则只测“表观颜色”。如测定水样的“真实颜色”，应放置澄清取上清液，或用离心法去除悬浮物后测定：如测定水样的“表观颜色”，待水样中的大颗粒悬浮物沉降后，取上清液测定。

89 **简述浊度为400度的浊度标准贮备液的配制方法。**

答：吸取5.00mL硫酸肼溶液与5.00mL六次甲基四胺溶液于100mL容量瓶中，混匀。在25±3℃下静置反应24h，冷却后用无浊度水稀释至标线，混匀。

90 **怎样制备无氨水？**

答：(1) 在水中加入H_2SO_4至$pH<2$，重新蒸馏，收集馏出液时应注意避免产生新污染。

(2) 将蒸馏水通过强酸型阳离子交换树脂（氢型），每升流出液中加入10g树脂保存。

91 **水杨酸分光光度法测定水中铵时，如何测定次氯酸钠溶液中游离碱（以NaOH计）？**

答：用吸管吸取次氯酸钠溶液1.00mL于150mL锥形瓶中，加入20mL蒸馏水，以酚酞作指示剂，用0.1mol/L标准盐酸溶液滴定至红色完全消失为止。

92 **碱性过硫酸钾消解紫外分光光度法测定水中总氮时，主要干扰物有哪些？如何消除？**

答：(1) 水样中含有六价铬离子及三价铁离子时干扰测定，可加入5%盐酸羟胺溶液1～2mL，以消除其对测定的影响。

(2) 碘离子及溴离子对测定有干扰，测定20μg硝酸盐氮时，碘离子含量相对于总氮含量0.2倍时无干扰；溴离子含量相对于总氮含量的3.4倍时无干扰。

(3) 碳酸盐及碳酸氢盐对测定的影响，在加入一定量的盐酸后可消除。

93 **碱性过硫酸钾消解紫外分光光度法测定水中总氮时，为什么存在两个内长测点吸光度？**

答：过硫酸钾将水样中的氨氧、亚硝酸盐氮及大部分有机氮化合物氧化为硝酸盐。硝酸根离子在 220nm 波长处有吸收，而溶解的有机物在此波长也有吸收，干扰测定。在 275nm 波长处，有机物有吸收，而硝酸根离在 275nm 处没有吸收，所以在 220nm 和 275nm 两处测定吸光度，用来校正硝酸盐氮值。

94　水中有机氮化合物主要有什么物质?

答：主要是蛋白质、肽、氨基酸、核酸、尿素以及化合的氮，主要为负三价态的有机氮化合物。

95　简述 N-(1-苯基)一乙二胺光度法测定亚硝酸盐氮的原理。

答：在磷酸介质中，pH 值为 1.8±0.3 时，亚硝酸根离子与 4一氨基苯磺酰胺反应，生成重氮盐，再与 N-(1-萘基)一乙二胺盐酸盐偶联生成红色染料，在 540nm 波长处测定吸光度。

96　简述酚二磺酸分光光度法测定硝酸盐氮的原理。

答：硝酸盐在无水情况下与酚二磺酸反应，生成硝基二磺酸酚，在碱性溶液中为黄色化合物，于 410nm 波长处测量吸光度。

97　酚二磺酸光度法测定水中硝酸盐氮时，水样若有颜色应如何处理?

答：每 100mL 水样中加入 2mL 氢氧化铝悬浮液，密塞充分振摇，静置数分钟澄清后，过滤，弃去最初的 20mL 滤液。

98　酚二磺酸光度法测定水中硝酸盐氮，制备硝酸盐氮标准使用液时，应同时制备两份，为什么?

答：用以检查硝化是否完全。如出现两份溶液浓度有差异时，应重新吸取标准贮备液进行制备。

99　简述紫外分光光度法测定水中硝酸盐氮的原理。

答：利用硝酸根离子在 220nm 波长处的吸收而定量测定硝酸盐氮。溶解的有机物在 220nm 处也会有吸收，而硝酸根离子在 275nm 处没有吸收。因此。在 275nm 处作另一次测量，以校正硝酸盐氮值。

100　测定水中游离氯和总氯有几种方法? 每种方法适用于测定什么浓度范围的水样?

答：测定水中游离氯和总氯的方法主要有三种：碘量法、N，N-二乙基-1.4 苯二胺（DPD）滴定法和 DPD 分光光度法。

碘量法适用于测定总氯含量大于 1mg/L 的水样。

DPD 滴定法适用于测定游离氯浓度范围在 0.03～5mg/L 的水样。

DPD 光度法适用于测定游离氯浓度范围在 0.05～1.5mg/L 的水样。

101 蒸馏操作是实验室的常规操作之一，为了防止蒸馏过程中发生暴沸，应该如何操作？

答：在开始蒸馏前加入洗净干燥的促沸剂，如沸石、碎瓷片、玻璃珠等。

102 简述氟试剂分光光度法测定水中氟化物的方法原理。

答：氟离子pH值4.1的乙酸盐缓冲介质中，与氟试剂和硝酸镧反应，生成蓝色三元络合物，颜色的强度与氟离子浓度成正比。在620nm波长处测定吸光度，从而计算出氟化物（F^-）含量。

103 氟试剂分光光度法测定水中氟化物时，影响显色的主要因素是什么？

答：影响显色的主要因素是：

（1）显色液的pH值控制，水样在加入混合显色剂前，应调至中性。

（2）显色与稳定时间。

（3）混合显色剂中各种试剂的比例是否合适，是否临用时现配。

104 何谓水中总氰化物？都包括哪些氰化合物？

答：水中总氰化物是指磷酸和EDTA存放在pH<2的介质中加热蒸馏，能形成氰化氢的氰化物。

包括全部简单氰化物（多为碱金属、碱土金属和铵的氰化物）和绝大部分络合氰化物（有锌氰铬、铁氰铬合物、镍氰络合物、铜氰络合物等），但不包括钴氰化物。

105 氰化物为剧毒物质，测定后的残液应如何处理？

答：氰化物的稀释溶液可加入NaOH调至pH>10，再加入$KMnO_4$（以3%计）使氰化物氧化分解，分解后的溶液可用水稀释后排放。

106 何谓易释放氰化物？其包括哪些氰化合物？

答：易释放氰化物是指在pH=4的介质中，在硝酸锌存在下加热蒸馏，能形成氰化氢的氰化物。

包括全部简单氰化物（碱金属的氰化物和碱土金属的氰化物）和锌氰络合物，不包括铁氰化物、亚铁氰化物、铜氰络合物、镍络合物和钴氰络合物。

107 测定含氰化物的水样时，如何检验和判断干扰物质硫化物是否存在？

答：取1滴水样或样品放在乙酸铅试纸上，若变黑色，说明水样中有硫化物（硫化铅）存在。

108 简述各种测定水中氰化物方法的最低检出浓度、检测上限及适用范围。

答：（1）硝酸银滴定法最低检出浓度为0.24mg/L，检测上限为100mg/L。

（2）异烟酸—吡唑啉酮比色法最低检出浓度为0.004mg/L，检测上限为0.025mg/L。

（3）吡啶—巴比妥酸比色法最低检出浓度为0.02mg/L，检测上限为0.45mg/L。

（4）异烟酸—巴比妥酸光度法最低检出浓度为0.001mg/L，检测上限为0.45mg/L。

（5）催化快速法最低检出浓度为0.02mg/L，检测上限为0.05mg/L。

适用范围：

方法（1）适用于受污染的地表水、生活污水和工业废水；方法（2）～（4）均适用于饮用水、地表水、生活污水和工业废水中氰化物的测定；方法（5）适用于突发性氰化钾（钠）污染事故现场的快速定性和定量测定。

109 蒸馏易释放氰化物时，常见的干扰性物质有哪些？怎样排除干扰？

答：常见的干扰物质有：活性氯、硫化物、亚硝酸根、脂肪酸及可蒸馏出的有机物或无机还原性物质、碳酸盐和大量的油类。

排除干扰的方法：

（1）活性氯等氯化物干扰，使结果偏低，可在蒸馏前加亚硫酸钠溶液排除。

（2）若样品中含有大量硫化物，需调节水样pH>11，加入碳酸镉或碳酸铅固体粉末形成硫化物沉淀，过滤，沉淀物用0.1mol/L的NaOH洗涤，合并滤液和洗涤液待蒸馏测定。

（3）若样品中含有大量亚硝酸根离子，可加入适量的氨基磺酸分解，一般每毫克亚硝酸根离子需加2.5mg氨基磺酸。

（4）中性油或酸性油大于40mg/L时干扰测定，可加入水样体积的20%量的正乙烷，在中性条件上下短时间萃取去除。

（5）若水样中存在亚硫酸钠和碳酸钠，蒸馏时可用4%的NaOH溶液作吸收液。

110 简述钼酸铵分光光度法测定水中总磷的原理。

答：在中性条件下用过硫酸钾（或用硝酸—高氯酸）使用试样消解，将各种形式的磷全部氧化为正磷酸盐，在酸性介质中，正磷酸盐与钼酸铵反应，在锑盐存在下生成磷钼杂多酸后，立即被抗坏血酸还原，生成蓝色的络合物。

111 钼酸铵分光光度法测定水中磷时，主要有哪些干扰？怎样去除？

答：（1）砷含量大于2mg/L有干扰，用硫代硫酸钠去除。

（2）硫化物含量大于2mg/L有干扰，在酸性条件上下通氮气可以去除。

（3）六价铬含量大于50mg/L有干扰，用亚硫酸钠去除。

（4）亚硝酸盐含量大于1mg/L有干扰，用氧化消解或加氨磺酸去除。

（5）铁浓度为20mg/L，使结果偏低5%。

112 测定水中可溶性二氧化硅的硅钼黄光度法与硅钼蓝光度法的原理有何不同？

答：硅钼黄光度法原理：在pH约为1.2时，钼酸铵与硅酸反应生成黄色可溶的硅钼杂多酸络合物，在一定浓度范围内，其黄色深浅与二氧化硅的浓度成正比，于波长410nm处测定其吸光度：而硅钼蓝光度法则在前者生成黄色硅多酸后，再加入1，2，4—氨基苯酚磺酸，将其还原成硅钼蓝，在660nm处测定其吸光度，还原法可提高测定的灵敏度。

113 硅钼黄光度法测定水中可溶性二氧化硅时，如果水样稍带颜色，应如何处理？

答：如果水样稍带颜色，则取水样两份，其中一份供测定，另一份除不加钼酸铵试剂外，其余操作相同。由前者测得的吸光度，减去不加钼酸铵的水样的吸光度后，计算二氧化硅含量，以消除色度的影响。

114 在催化比色法测定碘化物过程中，为何要严格控制时间至“秒”、温度控制在±0.5℃？

答：碘离子对亚砷酸与硫酸铈的氧化还原反应具有催化作用，而此催化反应的程度与温度、时间有关，只有严格控制反应的温度和时间（以秒为单位控制加入氧化剂和终止氧化还原反应试剂的时间），才能保证碘离子的存在量与反应剩余的高铈离子呈非线性比例关系。

115 简述催化比色法测定水中碘化物的方法原理。

答：在酸性条件下，碘离子对亚砷酸与硫酸铈的氧化还原反应具有催化能力，具此作用与碘离子存在量呈非线性比例。在间隔一定时间后，加入硫酸亚铁铵以终止反应。残存在高铈离子与亚铁反应，成正比例地生成高铁离子，后者与硫氰酸钾生成稳定的红色络合物。

116 简述亚甲基蓝分光光度法测定水中硫化物的原理。

答：样品经酸化，硫化物转化成硫化氢，用氮气将硫化氢吹出，在含高铁离子的酸性溶液中，硫离子对氨基二甲基苯胺作用，生成亚甲蓝，颜色深度与水中硫离子浓度成正比。

117 若水样颜色深、浑浊且悬浮物多，用亚甲基蓝分光光度法测定硫化物时，应选用何种预处理方法？

答：酸化一吹气法。可将现场采集固定后的水样加入一定量的磷酸，使水样中的硫化锌转变为硫化氢气体，用氮气将氢吹出，用乙酸锌一乙酸钠溶液或2%氢氧化钠溶液吸收，再行测定。

118 亚甲基蓝分光光度法测定水中的硫化物，用酸化一吹气法进行预处理，主要影响因素有哪些？

答：主要影响因素有：磷酸质量、载气流速和吹气时间、吹气—吸收装置的密闭性、导气管壁对硫化物的吸附，特别是浸入吸收液的部分。

119 测定二硫化碳的水样应使用何种容器采集？如何采样？

答：水样应用250mL具磨口玻璃塞的小口玻璃瓶采集。

采样应浸入水下20～30cm，使水从底部上升溢出瓶口，加塞，不使瓶内有气泡，尽量防止曝气。

120 简述二乙胺乙酸铜分光光度测定水中二硫化碳的原理。

答：在铜盐存在下，二硫化碳与二乙胺作用，生成黄棕色的二乙氨基二硫代甲酸铜，于430nm波长处测量吸光度。

121 简述二乙基二硫代氨基甲酸银分光光度法测定水中砷的基本原理。

答：锌与酸作用，产生新生态氢；在碘化钾和氯化亚锡存在下，使五价砷还原为三价；三价砷与新生态氢生成气态胂，用二乙基二硫代氨基甲酸银，三乙醇胺的三氯甲烷溶液吸收胂，生成红色胶态银，在波长530nm（或510nm）处测量吸光度。

122 用二乙基二硫代氨基甲酸银分光光度法测定含砷水样时，有哪些主要干扰物？如何排除？

答：主要干扰物为锑、铋及硫化物等。

加入2mL的$SnCi_2$及5mL的KI可抑制锑盐和铋盐的干扰；硫化物可用乙酸铅棉去除。

123 二乙基二硫代氨基甲酸银分光光度法测定砷时，锌粒的规格对测定有何影响，如何选择？

答：锌粒的规格（粒度）对砷化氢的发生有影响，粒度大表面光滑者，虽可适当增加用量或延长反应时间，但测定的重现性较差。表面粗糙的锌粒还原效率高。

锌粒的规格以10～20目为宜。

124 简述硼氢化钾—硝酸银分光光度法测定痕量砷的原理。

答：硼氢化钾（硼氢化钠）在酸性溶液中产生新生态的氢，将试料中砷转变为砷化氢，用硝酸—硝酸银—聚乙烯醇—乙醇溶液为吸收液，将其中银离子原还原成单质银，使溶液呈黄色，其颜色强度与生成氢化物的量成正比，在400nm处有最大吸收，测量吸光度即可知砷含量。

125 采集含硒的工业废水样品为何不加酸？

答：因为工业废水成分复杂，含有各种价态的硒，有的以负二价态存在，若加酸保存可能生成硒化氢气体逸散，使总硒含量损失很大。

126 简述邻菲罗啉分光光度法测定水中铁时，样品采集过程中的注意事项。

答：采集时将2mL盐酸加入100mL具塞的水样瓶内，注满水样后，塞好瓶塞以防氧化，保持到测量，最好现场测定或显色。含CN^-或S^{2-}离子的水样酸化时必须小心进行，因为会产生有毒气体。

127 如何消除邻菲罗啉分光光度法测定水中铁时金属离子的干扰？

答：邻菲罗啉能与某些金属离子形成有色络合物。当水样中铜、锌、钴及铬的浓度大于铁浓度的10倍，镍含量大于2ml/L时干扰测定。加入过量的显色剂可消除干扰。汞、镉及银浓度高时可与邻菲罗啉生成沉淀，将沉淀过滤除去即可。

128 高碘酸钾分光光度法测定水中锰时，为什么要选择在中性或弱碱性条件下显色测定?

答：因为溶液的 pH 值是显色完全与否的关键条件，若 pH<6.5，则显色速度减慢，影响测定结果。在中性或弱碱性溶液中，在焦磷酸钾-乙酸钠存在下，高碘酸钾可于室温下瞬间将低价锰氧化成高锰酸盐，且色泽可稳定 16h 以上。

129 测定总锰的水样采集后，为什么要用硝酸酸化至 pH<2?

答：因为水样中的二价锰在中性或碱性条件下能被空气氧化为更高的价态而产生沉淀，并被容器壁吸附。因此，测定总锰的水样应在采样时加硝酸酸化至 pH<2。

130 高锰酸钾氧化—二苯碳酰二肼分光光度法测定水中总铬的原理是什么?

答：在酸性溶液中，水样中的三价铬被高锰酸钾氧化成六价铬。六价铬与二苯碳酰二肼反应，生成紫红色化合物，于波长 540nm 处进行测定。

131 用二苯碳酰二肼分光光度法测定水中总铬时，水样经硝酸—硫酸消解后，为什么还要加高锰酸钾氧化后才能测定?

答：因为只有将水样中的各种价态的铬都转化为六价铬后，才能用二苯碳酰二肼法测定总铬，但在强酸性条件下，铬以 $Cr_2O_7^{2-}$ 形式存在，$Cr_2O_7^{2-}$ 具有比 HNO_3 还强的氧化性，它可先氧化还原性物质（如有机物），而本身被还原为 Cr^{3+}。只有加入高锰酸钾，进一步氧化，才能保证把 Cr^{3+} 完全氧化成 Cr^{6+}，从而测定的结果才可靠。

132 用二苯碳酰二肼分光光度法测定水中六价铬时，加入磷酸的主要作用是什么?

答：磷酸与 Fe^{3+} 形成稳定的无色络合物，从而消除 Fe^{3+} 的干扰，同时磷酸也和其他金属离子络合，避免一些盐类析出而产生浑浊。

133 测定六价铬或总铬的器皿能否用重铬酸钾洗液洗涤? 为什么? 应使用何种洗涤剂洗涤?

答：不能用重铬酸钾洗液洗涤。

因为重铬酸钾洗液中的铬呈六价，容易沾污器壁，使六价铬或总铬的测定结果偏高。

应使用硝酸、硫酸混合液合成洗涤剂洗涤，洗涤后要冲洗干净，所有玻璃器皿内壁须光滑，以免吸附铬离子。

134 简述微生物传感器快速测定水中生化需氧量的方法原理。

答：当含有饱和溶解氧的水样进行流通池中与微生物传感器接触，水样中溶解性可生化降解的有机物受到微生物菌膜中菌种的作用，而消耗一定量的氧，使扩散到氧电极表面上氧的质量减少，当生化降解的有机物向菌膜扩散速度达到恒定时，扩散到氧电极表面上氧的质量也达到恒定，产生一个恒定电流，该电流与氧的减少量存在定量关系，可以此换算出水样中生化需氧量。

135　什么是生化需氧量?

答：在一定条件下，微生物分解存在水中的某些可氧化物质，特别是有机物所进行的生物化学过程消耗溶解氧的量称为生化需氧量。

136　测定水中生化需氧量的方法有哪些?

答：(1) 如果水样 pH 超出 5.5～9.0，应用酸或碱调至 pH 为 7 左右。

(2) 水样浑浊时，静置 30min，取上清液进行测定。

(3) 水样的水温过高或过低时，应迅速调节至 20℃左右。

(4) 如果水样中的游离氯存在，应加入亚硫酸钠除去游离氯。

137　《水泥工业大气污染物排放标准》(GB 4915—2013) 中，“标准状态干排气”，指什么?

答：指在温度为 273K、压力为 101325Pa 时的不含水分的排气。

138　简述无组织排放监测中，当平均风速大于等于 1m/s 时，参照点应如何设置?为什么?

答：当平均风速大于等于 1m/s 时，因被测排放源排出的污染物一般只能影响其下风向，故参照点可在避开近处污染源影响的前提下，尽可能靠近被测无组织排放源设置，以使参照点可以较好地代表监控点的本底浓度值。

139　无组织排放监测中，当平均风速小于 1m/s (包括静风) 时，参照点应如何设置?

答：当平均风速小于 1m/s 时，被测无组织排放源排出的污染物随风迁移作用减小，污染物自然扩散作用增强，此时污染物可能以不同程度出现在被测排放源上风向。此时设置参照点，既要注意避开近处其他源的影响，又要在规定的扇形范围内，在远离被测无组织排放源处设置。

140　《大气污染物无组织排放监测技术导则》(HJ/T 55—2000) 中对气象因子无组织排放监测的适宜程度做了分类，试对这四种适宜程度分别进行描述。

答：a 类：不利于污染物的扩散和稀释，适宜于进行无组织排放监测。

b 类：较不利于污染物的扩散和稀释，较适宜于进行无组织排放监测。

c 类：有利于污染物的扩散和稀释，较不适宜于进行无组织排放监测。

d 类：很有利于污染物的扩散和稀释，不适宜于进行无组织排放监测。

141 在单位周界设置无组织排放监控点时，如果围墙的通透性很好或不好时，如何设定监控点？

答：当单位周界围墙的通透性很好时，可以紧靠围墙外侧设监控点。当单位周界围墙的通透性不好时，亦可紧靠围墙设监控点，但把采气口抬高至高出围墙 20～30cm；如果不便于把采气口抬高时，为避开围墙造成的涡流区，宜将监控点设于距离围墙 1.5～2.0m，距地面 1.5m 处。

142 无组织排放中有显著本底值的监测项目有哪些？简述监测这些项目的无组织排放时设置参照点的原则。

答：无组织排放监测的污染物项目有：二氧化硫、氮氧化物、颗粒物和氟化物。

设置参照点的原则要求是：

（1）参照点应不受或尽可能少受被测无组织排放源的影响，力求避开其近处的其他无组织排放源和有组织排放源的影响，尤其要注意避开那些尽可能对参照点造成明显影响而同时对监控点无明显影响的排放源。

（2）参照点的设置，要以能够代表监控点的污染物本底浓度为原则。

143 林格曼黑度图法测定烟气黑度的原理是什么？

答：林格曼黑度图法测定烟气黑度的原理是：把林格曼黑度图放在适当的位置上，使图上的黑度与烟气的黑度相比较，凭视觉对烟气的黑度进行评价。

144 测烟望远镜法测定烟气黑度中，现场记录应包括哪些内容？

答：测烟望远镜法测定烟气黑度中，现场记录应包括工厂名称、排放地点、设备名称、观测者姓名、观测者与排放源的相对位置、观测日期、风向和天气状况等。

145 林格曼黑度图法测定烟气黑度时，应注意哪些事项？

答：（1）林格曼黑度图法测定烟气黑度时，观察烟气的仰视角不应太大，一般情况下不宜大于 45°，应尽量避免在过于陡峭的角度下观测。

（2）林格曼黑度图法测定烟气黑度时，如果在太阳光下观察，应尽可能使照射光线与视线成直角。

146 测烟望远镜法测定烟气黑度时，应注意哪些事项？

答：（1）测烟望远镜法测定烟气黑度时，连续观测时间应不少于 30min。

（2）测烟望远镜法测定烟气黑度时，应在白天进行观测，观测烟气部位应选择在烟气黑度最大的地方，且该部分应没有水蒸气存在。

147 重量法测定大气中总悬浮颗粒物时，如何获得“标准滤膜”？

答：取清洁滤膜若干张，在恒温恒湿箱（室）内按平衡条件平衡 24h 后称重，每张滤膜非连续称量10次以上，求出每张滤膜的平均值为该张滤膜的原始质量，即为“标准滤膜”。

148 如何用“标准滤膜”来判断所称中流量“样品滤膜”是否合格？

答：每次称“样品滤膜”的同时，称量两张“标准滤膜”。若称出“标准滤膜”的重量在原始重量±0.5mg范围内，则认为对该批“样品滤膜”的称量合格，数据可用。

149 简述重量法测定大气飘尘的原理。

答：一定时间、一定体积的空气进入颗粒物采样器的切割器，使10μm以上微粒得到分离，小于这粒径的微粒随着气流经分离器的出口被阻留在已恒重滤膜上。根据采样前、后滤膜重量之差及采样标准体积，计算出飘尘浓度。

150 简述重量法测定大气降尘的原理。

答：空气中可沉降的颗粒物，沉降在装有乙二醇水溶液做收集液的集尘缸内，经蒸发、干燥、称重后，计算降尘量。

151 简述大气降尘采样点的设置要求和应放置的高度要求。

答：选择采样点时，应先考虑集尘缸不易损坏的地方，还要考虑操作者易于更换集尘缸。普通的采样点一般设在矮建筑物的屋顶，必要时可以设在电线杆上，集尘缸应距离电线杆0.5m为宜；采样点附近不应有高大建筑物，并避开局部污染源；集尘缸放置高度应距离地面5～12m。在某一地区，各采样点集尘缸的放置高度尽力保持在大致相同的高度。如放置屋顶平台上，采样口应距平台1～1.5m，以避免平台扬尘的影响。

152 简述高效液相色谱法测定空气和废气中酞酸酯类化合物的方法原理。

答：空气和废气中酞酸酯类，经XAD-2树脂吸附后，用乙腈—甲醇混合溶剂洗脱，以正己烷（含3%异丙醇）为流动相，醇基柱液相色谱分离，紫外检测器在225nm波长处测定。

153 吸附酞酸酯类化合物的XAD-2树脂应如何准备？

答：用丙酮浸泡过夜，然后依次用甲醇、正己烷和二氯甲烷在索氏提取器上回流提取8h以上，烘干密封保存。

154 用离子色谱法测定废气中硫酸雾时，当样品中含有钙、锶、镁、铜、铁等金属阳离子时，如何消除其干扰？

答：可以通过阳离子树脂柱交换处理的方法，除去干扰。

155 离子色谱法测定废气中硫酸雾时，采样后如何制备样品溶液？

答：将采样后的滤筒撕碎放入250mL的锥形瓶中，加100mL水，加热近沸，约30min

后取下，冷却后用中速定量滤纸过滤，用 20～30mL 水洗涤锥形瓶及残渣 3～4 次，用 0.1mol/L 的氢氧化钠溶液调至 pH7～9，用水稀释至 250mL。

156 简述离子色谱法测定环境空气中甲醛的原理。

答：空气中的甲醛经活性炭富集后，在碱性介质中用过氧化氢氧化成甲酸。用具有电导检测器的离子色谱仪进行测定，以保留时间定性，峰高定量，间接测定甲醛浓度。

157 离子色谱法测定环境空气中甲醛时，样品应如何采集?

答：打开活性炭采样管两端封口，将一端连接在空气采样器入口处，以 0.2L/min 的流量采样 4h。采样后用胶帽将采样管两端密封，带回实验室分析。

158 火焰原子吸收分光光度法测定污染源中铅时，若玻璃纤维滤筒铅含量较高，该如何处理?

答：使用前可先用（1＋1）热硝酸溶液浸泡约 3h（不能煮沸，以免破坏滤筒）。从酸中取出后，在水中浸泡 10min，取出用水淋洗至近中性，烘干后即可使用。

159 火焰原子吸收分光光度法测定烟道气中镍时，如用过氯乙烯滤膜采集样品，在用高氯酸消解样品时，如果有机物含量过高，应如何处置?

答：将滤膜剪碎，置于 100mL 锥形瓶中，加 10mL 硝酸浸泡过夜，使滤膜和样品中有机物与硝酸充分反应后再加入高氯酸，以免有机物过多，直接加入高氯酸后会反应剧烈而出现爆炸现象。

160 原子荧光分光光度法测定废气中汞含量时，若与砷同时测定，是否可以在砷介质中进行？砷介质中主要含哪些试剂？它们会干扰汞的测定吗?

答：可以在砷介质中进行。

砷介质中含硫脲、抗坏血酸和盐酸。

不会干扰汞的测定。

161 原子荧光分光光度法测定废气中汞含量时，采集有组织排放样品和无组织排放样品时所用的滤料（或吸附材料）分别是什么?

答：有组织排放样品用玻璃纤维滤筒采集。

无组织排放样品用过氯乙烯滤膜采集。

162 巯基棉富集冷原子荧光分光光度法测定环境空气中汞含量时，如何检测巯基棉采样管对无机汞的吸附效率?

答：于反应瓶中定量加入氯化汞标准溶液，加入氯化亚锡盐酸溶液后，通入氮气将产生的汞吹出，用巯基棉采样管富集，然后用盐酸—氯化钠饱和溶液解吸，用冷原子荧光分光光度法测定，计算汞的回收率，即为巯基棉采样管对无机汞的吸附效率。

163　巯基棉富集—冷原子荧光分光光度法测定环境空气中汞含量时，制备巯基棉主要用哪些化学试剂？

答：制备巯基棉主要用：硫代乙醇酸、乙酸酐、乙酸和硫酸。

164　用非分散红外法测定环境空气和固定污染源排气中一氧化碳时，水和二氧化碳为什么会干扰其测定？

答：非分散红外法测一氧化碳时，一氧化碳的吸收峰在4.5μm附近，二氧化碳的吸收峰在4.3μm附近，水的吸收峰在3μm及6μm附近，当空气中的水和二氧化碳浓度比较大时就会对其产生干扰，从而影响一氧化碳的测定。

165　简述用非分散红外法测定环境空气和固定污染源排气中一氧化碳的工作原理。

答：一氧化碳对以4.5μm为中心波段的红外辐射具有选择性吸收，在一定浓度范围内，吸收程度与一氧化碳浓度呈线性关系，根据吸收值确定样品中一氧化碳浓度。

166　用非分散红外法测定环境空气和固定污染源排气中一氧化碳气体时，为了保证测量数据的准确，应主要注意哪几个方面？

答：(1) 仪器必须充分预热，在确认稳定后再进行样品的分析，否则会影响分析精度。

(2) 为确保仪器的分析精度，在空气样品进入分析室前，应对样品进行干燥处理，防止水蒸气对测定的影响。

(3) 仪器用高纯氮气调零，如果高纯氮气达不到要求时，可以用经霍加拉特管（加热至90～100℃）净化后的空气调零。

167　简述非分散红外法测定废气中一氧化氮时，气体滤波相关的工作原理。

答：仪器对同一待测气体使用两个完全相同的光学滤光片，其中一个滤光片上附有一个充满了高浓度待测气体的密闭气室参比室。测定过程中，使滤光片＋参比室与滤光分别连续进入光路。当滤光片＋参比室进入光路时，待测气体的吸收光谱被参比室中的气体完全吸收，检测器测量的光能是被待测气体和干扰气体吸收后剩余的光能（参比信号）。

当滤光片进入光路时，待测气体的吸收光谱的一部分被气样中的待测气体和干扰气体吸收，剩余的光能（测量信号）被检测，显然该光能大于滤光片＋参比室进入光路时测得的光能，该光能的大小与待测气体的浓度成正比。

由于干扰气体对测量信号和参考信号中具有同样的吸收，通过测量谱线和参考谱线相减，可以消除干扰。

168　石灰滤纸氟离子选择电极法测定空气中氟化物时，为何要将样品在超声波清洗器中提取30min？

答：为确保吸附在石灰滤纸上的氟化物全部浸出，提取时间不够，容易造成高浓度的氟化物不能完全浸出，影响测定结果。

169 石灰滤纸氟离子选择电极法测定环境空气中氟化物，为什么尽可能采用空白值含氟量低的石灰滤纸进行监测？

答：如果石灰滤纸的空白含氟量过高，对环境中微量氟化物的测定容易造成较大误差。

170 氨气敏电极法测定环境空气中氨时，“O”浓度点不参与标准曲线方程的回归，为什么？那么其空白值怎样计算？

答：因为“O”值没有对数，所以空白点不参与回归。

利用标准曲线的回归方程，将测定的，“O”浓度点的电压值代入方程，可计算出空白含量的对数值，再求其反对数即为空白值。

171 氨气敏电极法测试氨溶液的测量范围一般为多少？最好是多少？

答：气敏电极法测试氨溶液的测量范围一般为 0.1～1700ug/mL 溶液。最好是 0.5～1700ug/mL 溶液。

172 简述用 ICP 法测定空气滤膜样品时的主要分析操作步骤。

答：(1) 先设定仪器最佳工作参数，再进行仪器校正，即进行相应的光路准直和标准化。

(2) 分析样品空白溶液，检查样品制备过程中的污染情况，然后分析样品，每分析 10 个样品加测 1 个质控样品，检查校准曲线的准确度和仪器的稳定性。

173 简述以铬酸钾作指示剂，采用硝酸银滴定法测定废气中氯化氢的优缺点。

答：适用于高浓度氯化氢的测定，优点是方法简单易行。

缺点是受硫化物、氰化物及其他卤化物的干扰。

174 采用硝酸银滴定法测定废气中氯化氢时，若用铬酸钾作指示剂的滴定操作中，为什么要以蒸馏水作空白对照来观察终点？

答：由于微量的银离子与铬酸钾指示剂生成砖红色铬酸银沉淀的终点较难判断，所以要以蒸馏水作空白对照来观察终点，使终点色调一致。

175 简述碘量法测定废气中硫化氢的原理。

答：用乙酸锌溶液采集硫化氢，生成硫化锌沉淀，在酸性溶液中，加过量碘溶液氧化硫化锌，剩余的碘用硫代硫酸钠标准溶液滴定。

176 采用碘量法测定废气中硫化氢时，如何配制 0.5%的淀粉溶液？

答：称取 0.5g 可溶性淀粉于小烧杯中，用少量水调成糊状，慢慢倒入沸水 100mL，继续煮沸至溶液澄清。

177　碘量法测定废气中氯气，用硫代硫酸钠标准溶液滴定碘时，应在何时加入淀粉指示剂？为什么？

答：大部分碘被还原，溶液显浅黄色时才能加入淀粉指示剂。

这是为了防止淀粉吸附较多的碘，而使终点蓝色褪去缓慢，使滴定结果产生误差。

178　碘量法测定废气中氯气含量，用碘酸钾标定硫代硫酸钠溶液时，加入 KI 的目的是什么？

答：其目的是定量将碘酸钾还原为碘，以标定硫代硫酸钠溶液。

$$KIO_3 + 5KI + 6HCl = 6KCl + 3I_2 + 3H_2O \tag{6-4}$$

179　简述碘量法测定废气中光气的原理。

答：光气被吸收在碘化钾-丙酮溶液中，与碘化钾反应生成氯化钾、一氧化碳和碘（I_2），用硫代硫酸钠标准溶液滴定碘含量。

180　采用碘量法测定烟气中光气时，配制好的碘化钾丙酮吸收液为什么要密封于棕色瓶中而且还要避光保存？

答：（1）防止吸收空气中水分，水能分解光气。

（2）光照能促使碘离子氧化成碘（I_2），使吸收液变黄，降低测定的准确度。

181　气相色谱法测定总烃和非甲烷烃中，以氮气为载气测定总烃时，如何消除氧的干扰？

答：（1）用净化空气求出空白值，从总烃峰中扣除，以消除氧的干扰。

（2）使用除烃后的净化空气为载气，在稀释以氮气为底气的甲烷标准气时，加入一定体积的纯氧，使配制的标准系列气体中的氧含量与样品中氧含量相近（即与空气中氧含量相近），于是标准气和样品气的峰高包括相同的氧峰，可以消除氧峰的干扰。

182　气相色谱法测定总烃和非甲烷烃时，如何保证测定的准确度？

答：（1）实验过程中，应严格控制载气、助燃气及氢气流量，以保证测定的准确度。

（2）尽量保证载气、标准气体及样品气中的氧含量一致。

（3）样品采集后，尽快检测。

183　简述按照《空气和废气监测分析方法》（第四版）“气相色谱法测定非甲烷烃”中的方法，非甲烷烃样品的采集方法。

答：将吸附采样管 TDX-01 端与空气采样器相连，以 0.1～0.5L/min 的流量采集气样，采样的时间根据空气中烃类的浓度而定。采样后用乳胶管密封吸附采样管两端，带回到实验室。样品放置时间，应不超过 10d。

184 简述根据《固定污染源排气中甲醇的测定气相色谱法》（HJ/T 33—1999）进行甲醇测定时，有组织排放气体样品的采样步骤。

答：(1) 在采样头部塞适量玻璃棉，并将其伸入排气筒采样点。

(2) 启动采样泵，首先将采样系统管路用排气筒内的气体充分清洗，然后抽动注射器，反复抽洗5～6次后，取满样品气体。

(3) 迅速用内衬聚四氟乙烯薄膜橡皮帽密封注射器后，带回实验室进行色谱分析。

185 四氯汞钾—盐酸副玫瑰苯胺比色法测定环境空气中二氧化硫时，因四氯汞钾溶液为剧毒试剂，所以使用过的废液需要集中回收处理，试简述含四氯汞钾废液的处理方法。

答：在每升废液中加约10g碳酸钠至中性，再加10g锌粒。在黑布罩下搅拌24h后，将清液倒入玻璃缸，滴加饱和硫化钠溶液，至不再产生沉淀为止。弃去溶液，将沉淀物转入一适当容器里。

186 简述环境空气质量监测中，用碱片—铬酸钡分光光度法测定硫酸盐化速率时，用碳酸钾溶液采集大气含硫污染物的原理。

答：因碳酸钾溶液呈碱性，经碳酸钾溶液浸渍过的玻璃纤维滤膜暴露于空气中，易与空气中的二氧化硫、硫酸雾和硫化氢等反应，生成硫酸盐，测定生成的硫酸盐含量，计算硫酸盐化速率。

187 简述环境空气质量监测中，用碱片—铬酸钡分光光度法测定硫酸盐化速率时，在绘制标准曲线时，加入氯化钾溶液的原因。

答：在处理用碳酸钾浸渍的碱片时，需加入盐酸溶液，样品溶液中含氯化钾，所以在绘制标准曲线的溶液，要加入氯化钾溶液，使之与样品溶液组成接近。

188 简述碱片—铬酸钡分光光度法测定硫酸盐化速率的方法原理。

答：在弱酸性溶液中，碱片样品溶液中的硫酸根离子与铬酸钡悬浊液发生交换反应，生成硫酸钡沉淀。在氨—乙醇溶液中，分离除去硫酸钡及过量的铬酸钡，反应释放出的黄色铬酸根离子与硫酸根浓度成正比，根据颜色深浅比色测定。

189 氟试剂分光光度法测定烟气中氟化物，校准曲线绘制和样品测定时加入缓冲溶液的目的是什么？操作时应注意什么？

答：加入缓冲溶液的目的是使pH值保持在4.3～4.8，显色稳定。

操作时应注意：要准确加入0.5mL缓冲溶液，使pH值保持在4.3～4.8，若加得过多，不利于显色，使吸光度偏低。

190 纳氏试剂分光光度法测定环境空气中氨时，有机物会干扰测定结果，简述去除有机物干扰的方法。

答：采用低pH条件下煮沸的方法，即当有些有机物质（如甲醛）生成沉淀干扰测定时，可在比色前用 0.1mol 的盐酸溶液将吸收液酸化到 pH 不大于 2 后，煮沸除之。

191　异烟酸一吡唑啉酮分光光度法测定环境空气或废气中氰化氢时，判断试样中是否存在硫化物有何方法？若存在，应如何消除？

答：取 1 滴试样滴在乙酸铅试纸上，若变黑，说明有硫化物存在。

若试样中含有少量的硫化物，可用预蒸馏的方法予以去除，蒸馏前加入 2mL0.02mol/L 硝酸银溶液。

192　亚甲基蓝分光光度法测定环境空气或废气中硫化氢时，以氢氧化镉—聚乙烯醇磷酸铵溶液为吸收，试问聚乙烯醇磷酸铵的作用是什么？

答：聚乙烯醇磷酸铵能保护生成的硫化镉胶体，使其隔绝空气和阳光，以减少硫化物的氧化和光分解作用。

193　简述铬酸钡分光光度法测定硫酸雾的方法原理。

答：用玻璃纤维氯筒进行等速采样，用水浸取，除去阳离子后，在弱酸性溶液中，硫酸根离子与铬酸钡悬浮液发生交换反应，在氨—乙醇溶液中，分离除去硫酸钡及过量的铬酸钡，反应释放出的黄色铬酸根离子与硫酸根浓度成正比，根据颜色深浅，用分光光度法测定。

194　铬酸钡分光光度法测定硫酸雾时，阳离子树脂的制备及样品处理方法是什么？

答：（1）二乙胺经洗净处理好的阳离子交换树脂，高度 150～200mm。水面应高于树脂，防止气泡进入而降低柱效。

（2）先用去离子水洗涤一下，在上口端放一小漏斗，下端放 1 个 50mL 小烧杯，即可自上端加入样品溶液进行交换处理。

（3）最初流出的 30mL 溶液弃去不用，然后将滤液收集在容量瓶中待测。

195　甲基橙分光光度法测定环境空气或废气中的氯气时，如何检验甲基橙吸收使用液配制是否准确？

答：吸取 20.00mL 甲基橙吸收使用液，加水稀释至 100mL，混匀后，用 1cm 比色皿在波长 507nm 处，以水为参比，吸光度一般为 0.63 左右，如相差较大应检查原因。

196　硫氰酸汞分光光度法测定环境空气或废气中的氯化氢时，用过的吸收瓶和具塞比色管等应如何清洗？在操作过程中需注意什么？

答：将溶液倒出后，直接用去离子水洗涤，不要用自来水洗涤。

在操作过程中应注意防尘，手指不要触摸吸收管口和比色管磨口处，以防氯化物污染。

197　《煤中全硫的测定方法》（GB/T 214—2007）中，规定了哪几种测定全硫的方法？

答：标准中规定了艾士卡法、库仑滴定法和高温燃烧中和法三种测定全硫的方法。

198 简述库仑滴定法测定煤中全硫的原理。

答：煤样在催化剂作用下，于空气流中燃烧分解，煤中的硫生成二氧化硫并被碘化钾溶液吸收，以电解碘化钾溶液所产生的碘进行滴定，根据电解所消耗的电量计算煤中全硫的含量。

199 简述煤中发热量（含高位发热量和低位发热量）的测定原理。

答：(1) 煤的发热量在氧弹热量计中进行测定。根据试样点燃前、后量热系统产生的温升，并对点火等附加热进行校正后，即可求得试样的弹筒发热量。

(2) 从弹筒热量中扣除硝酸形成热和硫酸校正热（硫酸和二氧化硫形成热之差）后，即得高位发热量。

(3) 对煤中水分（煤中原有的水和氢燃烧生成的水）的汽化热进行校正后，求得煤的低位发热量。

200 对伴有电磁辐射的设备进行操作和管理的人员，应实行电磁辐射防护训练。简述训练内容有哪几方面。

答：(1) 电磁辐射的性质及其危害性。

(2) 常用防护措施、用具以及使用方法。

(3) 个人防护用具及使用方法。

(4) 电磁辐射防护规定等。

201 电磁辐射监测的质量保证包括哪些内容?

答：(1) 监测前必须制订监测方案及实施计划。

(2) 监测仪器和装置（包括天线或探头）必须进行定期校准。

(3) 监测中异常数据的取舍以及监测结果的数据处理，应按统计学原则办理。

(4) 监测应建立完整的文件资料：仪器和天线的校准证明书，监测方案，监测布点图，测量原始数据，统计处理程序等，且必须全部保存，以备复查。

(5) 任何存档或上报的监测结果必须经过复审，复审者应是不直接参与此项工作，但又熟悉本内容的专业人员。

202 简述电磁辐射测量仪表的基本组成及其测量原理。

答：电磁辐射测量仪表是由天线及电压表两部分组成。

空间的辐射电磁场经天线接收，将电磁场转换为交变电压信号，并将此电压输入到电压测量仪表进行电压测量。天线或其他类型的传感器的基本作用是将电磁场置换为电压，只要知道其转换系数，就可以从测到的电压得知电磁场强度的数值。

203 如何进行 500kV 超高压送变电工程模拟类比测量?

答：(1) 利用类似本项目建设规模、电压等级、容量、架线形式及使用条件的其他已运行送电线路、变电所进行电磁辐射强度和分布的实际测量，用于对本项目建成后电磁环境定量影响的预测。

（2）送电线路的测量是以档距中央导线驰垂最大处线路中心的地面投影点为测试原点，沿垂直于线路方向进行，测点间距为5m，顺序测至边相导线地面投影点外50m处止。分别测量离地1.5m处的电场强度垂直分量、磁场强度垂直分量和水平分量。

（3）变电所的测量应选择在高压进线处一侧，以围墙为起点，测点间距为5m，依次测至500m处为止。分别测量地表面处和离地1.5m处的电场强度垂直分量、磁场强度垂直分量和水平分量。

（4）无线电干扰电平的测量应分别在送电线路、变电所测试路径上以2^nm处测量。其中$n=0$，1，2，…，11正整数。

204　简述高压架空输变电线产生无线电干扰信号的原因。

答：高压架空输变电线产生无线电干扰信号的原因主要有以下两个方面：

（1）导线表面或线路部件表面的电晕放电。

（2）绝缘子高电位梯度部分的放电和火花放电以及松动或接触不良处的火花放电。

205　高压输变线影响工频电场强度的主要因素有哪些？

答：影响工频电场强度的主要因素：

（1）导线对地高度。

（2）相间距离。

（3）分裂导线结构尺寸。

（4）导线布置方式。

（5）双回路相序布置。

第二节　烟　气　脱　硫

1　二氧化硫对人体、生物和物品的危害是什么？

答：二氧化硫对人体、生物和物品的危害：

（1）排入大气中的二氧化硫，往往和飘尘黏合在一起，被吸入人体内部，引起各种呼吸道疾病。

（2）直接伤害农作物，造成减产，甚至植株完全枯死，颗粒无收。

（3）在湿度较大的空气中，它可以由锰（Mn）或三氧化二铁（Fe_2O_3）等催化而变成硫酸烟雾，随雨降到地面，导致土壤酸化。

2　大气中SO_2沉降途径及危害是什么？

答：大气中的SO_2沉降途径有干式沉降和湿式沉降两种。

（1）SO_2干式沉降是SO_2借助重力的作用直接回到地面的，对人类的健康、动植物生长以及工业生产造成很大危害。

(2) SO_2 湿式沉降就是通常说的酸雨，它对生态系统、建筑物和人类的健康有很大的危害。

3 SO_2 污染的控制途径是什么？

答：控制 SO_2 的方法分为燃烧前脱硫、燃烧中脱硫和燃烧后脱硫三类。

(1) 燃烧前脱硫。燃料（主要是原煤）在使用前，脱除燃料中硫分和其他杂质，是实现燃料高效、洁净利用的有效途径和首选方案。燃烧前脱硫也称为燃煤脱硫或煤炭的清洁转换。主要包括煤炭的洗选、煤炭转化（煤气化、液化）及水煤浆技术。

(2) 燃烧中脱硫。燃烧过程中脱硫主要是指当煤在炉内燃烧的同时，向炉内喷入脱硫剂（常用的有石灰石、白云石等），脱硫剂一般利用炉内较高温度进行自身煅烧，煅烧产物（主要有氧化钙 CaO、氧化镁 MgO 等）与煤燃烧过程中产生的 SO_2、SO_3 反应，生成硫酸盐或亚硫酸盐，以灰的形式随炉渣排出炉外，减少 SO_2、SO_3 向大气的排放，达到脱硫的目的。

(3) 燃烧后脱硫。燃烧后脱硫也称烟气脱硫（flue gas desul-furization，FGD），FGD 是将烟气中的 SO_2 进行处理，达到脱硫的目的。烟气脱硫技术是当前应用最广、效率最高的脱硫技术，是控制 SO_2 排放、防止大气污染、保护环境的一个重要手段。

4 烟气脱硫技术的分类有哪些？

答：烟气脱硫技术的分类：

(1) 按脱硫剂的种类可分为以 $CaCO_3$ 为基础的钙法、以 MgO 为基础的镁法、以 Na_2SO_3 为基础的钠法、以 NH_3 为基础氨法以及有机碱为基础的有机碱法。

(2) 按吸收剂及脱硫产物在脱硫过程中的干湿状态可分为湿法、干法和半干（半湿）法。

(3) 按脱硫产物的用途可分为抛弃法和回收法。

5 脱硫工艺的基础理论是利用二氧化硫的什么特性？

答：脱硫工艺的基础理论是利用二氧化硫的以下特性：

(1) 二氧化硫的酸性。

(2) 与钙等碱性元素能生成难溶物质。

(3) 在水中有中等的溶解度。

(4) 还原性。

(5) 氧化性。

6 石灰石—石膏湿法脱硫技术原理是什么？

答：石灰石—石膏湿法脱硫技术以含石灰石粉的浆液为吸收剂，吸收烟气中 SO_2、HF 和 HCI 等酸性气体。脱硫系统主要包括吸收系统、烟气系统、吸收剂制备系统、石膏脱水及贮存系统、废水处理系统、自动控制和在线监测系统。

7 石灰石—石膏湿法脱硫技术的特点及适用性是什么？

答：石灰石—石膏湿法脱硫技术的特点及适用性：

（1）技术特点。石灰石—石膏湿法脱硫技术成熟度高，可根据入口烟气条件和排放要求，通过改变物理传质系数或化学吸收效率等调节脱硫效率，可长期稳定运行并实现达标排放。

（2）适用性。石灰石—石膏湿法脱硫技术对煤种、负荷变化具有较强的适应性，对 SO_2 入口浓度低于 1200mg/m^3 的燃煤烟气均可实现 SO_2 达标排放。

8 石灰石—石膏湿法脱硫技术存在的主要问题是什么？

答：吸收剂石灰石的开采，会对周边生态环境造成一定程度的影响。烟气脱硫所产生的脱硫石膏如无法实现资源循环利用也会对环境产生不利影响；脱硫后的净烟气还会挟带少量脱硫过程中产生的次生颗粒物。此外，还会产生脱硫废水、风机噪声、浆液循环泵噪声等环境问题。

9 脱硫吸收塔烟气流场均匀分布技术有哪些？其作用是什么？

答：目前吸收塔烟气流场均匀分布技术主要有：托盘、旋汇耦合器、双相整流以及 FGD Plus 层等。

在吸收塔内加装多孔结构的托盘、扰流层、旋汇耦合装置等整流装置，通过该装置的设置，一方面烟气通过时被充分整流，使得烟气流场更加均布，同时烟气通道的突然缩小，加剧了烟气和吸收浆液的湍流传质过程，提高了除尘和脱硫效率；另一方面大量自上而下的喷淋浆液在装置的空隙中形成持液膜，烟气在穿过持液膜时，其中的微细粉尘可以被有效脱除，使用这类烟气流场均匀分布技术，通常其均气效果可比空塔喷淋提高 30%，脱硫除尘效率比空塔喷淋有显著提高。

10 脱硫系统的协同除尘作用主要体现在哪些方面？

答：脱硫系统出口粉尘主要由烟气中的烟尘和脱硫塔带出的石膏颗粒两部分组成。

脱硫系统的协同除尘作用主要体现在三个方面：

（1）脱硫塔自身对烟气中微细粉尘的捕集作用。

（2）除雾器对含石膏液滴的截留，以防止石膏颗粒的二次夹带。

（3）在吸收塔出口烟道加装湿式电除尘器。

11 托盘/双托盘塔技术的原理是什么？

答：托盘/双托盘塔技术是一种通过在吸收塔内喷淋层下方布置一层或两层多孔合金托盘，以加强传质效果的脱硫技术。托盘/双托盘塔技术可以显著改善吸收塔内气流均布效果，同时形成持液层，提高脱硫效率，降低液气比，在目前提倡脱硫高效协同除尘作用的理念下，托盘的持液层可以提高粉尘与浆液的接触面积，提高洗尘效率。

12 托盘提高脱硫效率的原理是什么？

答：托盘提高脱硫效率的原理是由于均流增效板上可保持一层浆液，可沿小孔均匀流下，形成一定高度的液膜，使浆液均匀分布。液膜使烟气在吸收塔内与浆液的接触时间增加，当烟气通过托盘时，气液充分接触，托盘上方湍流激烈，强化了 SO_2 向浆液的传质，形成的浆液泡沫层扩大了气液接触面，提高吸收剂利用率，可有效降低液气比，降低循环浆液喷淋量。但安装托盘的吸收塔相对于空塔的缺点是吸收塔阻力相对较高，增压风机电耗较高。

13 双托盘的气流均质作用是什么？

答：双托盘的气流均质作用是烟气进入吸收塔后，首先通过塔内托盘，并与托盘上的液膜进行气、液相的均质调整，在吸收区域的整个高度以上，可以实现气体与浆液的最佳接触。双托盘相比单托盘多了一层液膜，气、液相交换更为充分，气相均布更好，脱硫增效更明显。

14 旋汇耦合塔技术原理是什么？

答：旋汇耦合塔技术是基于多相紊流掺混强传质机理和气体动力学原理，它是在现有喷淋空塔技术上增加了旋汇耦合器，旋汇耦合器安装在吸收塔内喷淋层的下方，吸收塔烟气入口的上方。在旋汇耦合器上方的湍流空间内气液固三相充分接触，增强气液膜传质，提高传质速率，进而提高脱硫接触反应效率。同时，通过优化喷淋层结构，改变喷嘴布置方式，提高单层浆液覆盖率达到300％以上，增大化学反应所需表面积，完成第二步的洗涤。

旋汇耦合吸收塔上部设置有管束式除尘装置，由导流环、管筒体、整流环、增速器和分离器组成。旋汇耦合塔技术的除尘除雾原理是通过加速器加速后气流高速旋转向上运动，气流中细小雾滴、尘颗粒在离心力作用下与气体分离，向筒体表面运动实现液滴脱除。

15 旋汇耦合喷淋塔技术是指什么？

答：旋汇耦合喷淋塔技术基于多相紊流掺混的强传质机理，利用气体动力学原理，通过特制的旋汇耦合装置产生气液旋转翻覆湍流空间，使气液固三相充分接触，迅速完成传质过程，从而达到气体净化的目的，脱硫效率可达98％以上。该技术的关键部件是塔内的旋汇耦合器。

16 高效湍流器技术的工作原理是什么？

答：高效湍流器技术的工作原理是基于多相紊流掺混的强传质机理，利用气体动力学原理，通过特制的旋汇耦合装置产生气液旋转翻覆湍流空间，加强气液固接触，完成高效传质过程，从而达到气体净化的目的。

17 旋汇耦合脱硫技术的关键部件是什么？

答：旋汇耦合脱硫技术的关键部件为旋汇耦合器。旋汇耦合器安装在吸收塔内，喷淋层的下方、吸收塔烟气入口的上方，通过旋汇耦合器安装位置湍流空间内气、液、固三相充分接触，增强气液膜传质，提高传质速率，进而提高脱硫接触反应效率。

18 管式除尘装置使用环境是什么？主要特点是什么？

答：管束式除尘装置的使用环境是含有大量液滴的约50℃的饱和净烟气，特点是雾滴量大，雾滴粒径分布范围广，由浆液液滴、凝结液滴和尘颗粒组成；除尘主要是脱除浆液液滴和尘颗粒。

管束式除尘装置的主要特点：

（1）细小液滴与颗粒的凝聚。大量的细小液滴与颗粒在高速运动条件下碰撞概率大幅增加，易于凝聚集成为大颗粒，从而实现从气相的分离。

（2）大液滴和液膜的捕悉。除尘器筒壁面的液膜会捕悉接触到其表面的细小液滴，尤其是在增速器和分离器叶片的表面的过厚液膜，会在高速气流的作用下发生“散水”现象，大量的大液滴从叶片表面被抛洒出来，在叶片上部形成了大液滴组成的液滴层，穿过液滴层的细小液滴被捕悉，大液滴变大后跌落回叶片表面，重新变成大液滴，实现对细小雾滴的捕悉。

（3）离心分离下的液滴脱除。经过加速器加速后的气流高速旋转向上运动，气流中的细小雾滴、尘颗粒在离心力作用下与气体分离，向筒体表面方向运动；而高速旋转运动的气流迫使被截留的液滴在筒体壁面形成一个旋转运动的液膜层。从气体分离的细小雾滴、微尘颗粒在与液膜层接触后被捕悉，实现细小雾滴与微尘颗粒从烟气中的脱除。

（4）多级分离器实现对不同粒径液滴的捕悉。气体旋转流速越大，离心分离效果越佳，捕悉液滴量越大，形成的液膜厚度越大，运行阻力越大，越容易发生次雾滴的生成。因此，采用多级分离器，分别在不同流速下对雾滴进行脱除，保证较低运行阻力下的高效除尘效果。

19　单塔双循环脱硫技术是什么？

答：单塔双循环塔的结构和单回路喷淋塔相似，不同在于吸收塔中循环回路分为下循环和上循环两个回路，采用双循环回路运行，两个回路中的反应在不同的 pH 值环境下进行。

下循环脱硫区：下循环由中和氧化池及下循环泵共同形成下循环脱硫系统，pH 控制在 4.0～5.0 较低范围，有利于亚硫酸钙氧化、石灰石溶解，防止结垢和提高吸收剂利用率。上循环脱硫区：上循环由中和氧化池及上循环泵共同形成上循环脱硫系统，pH 控制在 6.0 左右，可以高效地吸收 SO_2，提高脱硫效率。

在一个脱硫塔内形成相对独立的双循环脱硫系统，烟气脱硫由双循环脱硫系统共同完成。双循环脱硫系统相对独立运行，但又布置在一个脱硫塔内，保证了较高的脱硫效率，特别适合燃烧高硫煤和执行超低排放标准地区，脱硫效率可达到 99%以上。

单塔双循环脱硫系统各配备 1 套 FGD 和 AFT 浆液塔，AFT 浆液塔为上部循环提供浆液，上部循环喷淋浆液最终由设置在上、下循环之间的合金积液盘收集返回 AFT 塔。

单塔双循环脱硫系统最显著特点是可以实现上、下循环不同 pH 值。

20　单塔双循环脱硫技术特点有哪些？

答：单塔双循环脱硫技术特点如下：

（1）两个循环过程的控制相互独立，避免参数之间的相互制约，可以使反应过程更加优化，以便快速适应煤种变化和负荷变化。

（2）高 pH 值的二级循环在较低的液气比和电耗条件下，可以保证很高的脱硫效率；低 pH 值的一级循环可以保证吸收剂的完全溶解以及很高的石膏品质，并大大提高氧化效率，降低氧化风机电耗。

（3）两级循环工艺延长了石灰石的停留时间，特别是在一级循环中 pH 值很低，实现石灰石颗粒的快速溶解，可以实现使用品质较差的石灰石并较大幅度地提高石灰石颗粒度，降低磨制系统电耗。

（4）由于吸收塔中间区域设置有烟气流场均流装置，较好地满足烟气流场，能够达到较高的脱硫效率和更好的除雾效果，减少粉尘的排放，从而减轻“石膏雨”的产生。

（5）克服单塔单循环技术液气比较高、浆池容积大，氧化风机压头高的特点，也克服双塔串联工艺设备占地面积大、系统阻力大和投资高的缺点。

21 双塔双循环脱硫技术原理是什么?

答：双塔双循环脱硫技术是在现有吸收塔前面或后面串联一座吸收塔，可以利旧原吸收塔为一级塔，新建二级串联塔；或原吸收塔作为二级塔，新建一级塔。双塔双循环脱硫技术中两座吸收塔内脱硫过程均为独立的化学反应，假使一、二级塔运行脱硫效率分别为 90%、90%，则总脱硫效率即可达到 99%，可以实现极高的脱硫效率。同时，双塔双循环脱硫技术的效果并不局限于单纯的两座吸收塔的叠加，由于其可以实现彻底的 pH 值分级，一级吸收塔侧重氧化，控制 pH 值在 4.5～5.2 之间，便于石膏氧化结晶；二级吸收塔侧重吸收，控制 pH 值在 5.5～6.2 之间，便于 SO_2 的深度处理，可以分别强化吸收和氧化结晶过程，从而取得更高的脱硫效率和石膏品质。

为防止一级塔烟气携带大量石膏沉积在一级塔和二级塔之间的烟道内，应在一级塔上部设置一级或二级除雾器。

22 双塔双循环脱硫技术的特点有哪些?

答：双塔双循环脱硫技术的特点有：

（1）脱硫效率。双塔双循环脱硫技术的运行机组脱硫效率达 99.47%，实际运行效率要优于设计效率，大部分烟气脱硫装置运行效率甚至在 99.5%以上。

（2）系统阻力。双塔双循环系统新增吸收塔及烟道系统阻力一般增加 1200～1800Pa，实际运行阻力平均值为 2571Pa，最大值为 3400Pa，低于设计值，相应风机电耗也大大降低。

（3）氧化空气系统，一、二级塔均设置单独的氧化风机，但从实际运行来看，由于二级塔脱硫量较少，氧化风量需求量不大，大部分机组二级塔氧化风机间断性运行，主要靠一级塔完成氧化过程。

按照 pH 值分级的理念，二级塔运行时应以吸收过程为主，运行时维持高 pH 值，氧化风需求量不大，在后续设计优化时二级塔可以不单设氧化风机，仅设置氧化空气分配管，氧化空气从一级塔氧化风机引接，中间设置调节阀门，从而降低亚硫酸钙生成并发生结垢的可能性。

（4）协同除尘。双塔双循环脱硫技术的协同除尘效果要明显好于单塔系统，但仍有优化空间，对于改造项目，考虑到新增吸收塔可以按照高效协同除尘一体化吸收塔设计，应优先考虑将新增吸收塔作为二级塔，吸收塔设计时开展数模与物模，确保吸收塔内流场合理，同时通过控制吸收塔内烟气流速（一般不超过 3.5m/s）、选用高性能喷嘴，确保喷淋层有足够的覆盖率（一般在 300%以上）、选用高性能除雾器等手段，确保脱硫后直接实现烟尘超低排放。

23 双塔串联技术的特点是什么？

答：双塔串联技术是在双循环技术上的发展和延伸，该工艺采用两个吸收塔串联运行，烟气先经过一个预洗塔，与浆液逆流反应脱除部分 SO_2 后，进入第二个吸收塔，两个塔之间形成烟气流程的串联结构，共同脱硫。

该工艺优点在于一、二级吸收塔脱硫效率分别为 90%时，总的脱硫效率就可以达到 99%；具有较低的液气比，较高的 SO_2 脱除率，而且非常适用于高含硫煤和高脱硫效率的改造工程，能有效地利用原有脱硫装置，避免了重复建设和资源浪费，改造工作量少，改造期间不影响脱硫系统的正常运行。缺点是对场地的要求较高，不适用于原布置已紧凑的场地。

24 双回路循环工艺将吸收塔循环浆液分为两个独立循环回路的目的是什么？

答：双回路循环工艺将吸收塔循环浆液分为两个独立循环回路，每个循环回路在不同 pH 值下运行。上段循环浆液的 pH 值较高，有利于二氧化硫的吸收，提高脱硫效率；下段循环浆液的 pH 值较低，有利于石灰石在浆液中的溶解以及亚硫酸钙的溶解。

两个循环回路保持各自独立的化学反应条件，既保证较高的脱硫效率，又保证石灰石的最大利用率以及石膏的质量。

25 影响湿法烟气脱硫性能的主要因素有哪些？

答：影响湿法烟气脱硫性能的主要因素有：吸收剂品质、入口烟气参数、吸收浆液 pH 值、液气比、停留时间、钙硫比、塔内气流分布等。

26 脱硫效率的主要影响因素包括哪些？

答：脱硫效率的主要的影响因素包括：

（1）石灰石粉的品质、消溶特性、纯度和粒度分布。

（2）吸收塔入口烟气参数，如烟气温度、SO_2 浓度、流量。

（3）运行因素，如浆液浓度、浆液的 pH 值、吸收液的过饱和度、液气比（L/G）等。

27 吸收剂利用率是如何计算的？

答：吸收剂利用率是反应消耗的吸收剂量与吸收剂加入总量的比值，等于单位时间内从烟气中吸收的 SO_2 摩尔数除以同时间内加入系统的吸收剂中钙的总摩尔数。

28 烟气接触时间是什么？

答：烟气接触时间是指烟气进入吸收塔后，自下而上与喷淋而下的浆液接触反应的时间，一般宜控制在 2～3s。

29 固体物停留时间是什么？

答：固体物停留时间是指吸收塔浆池内固体物总量除以每小时生成的石膏量。

30 浆液循环停留时间是什么？

答：浆液循环停留时间是指吸收塔内浆池的浆液量与再循环浆液总流量之比，即用浆液循环泵将吸收塔内浆池的浆液循环一次所用的时间。

31 吸收塔内 pH 值高低对 SO_2 的吸收有何影响？一般 pH 值的控制范围是多少？如何控制 pH 值？

答：pH 值高有利于 SO_2 的吸收，但不利于石灰石的溶解；反之，pH 值低有利于石灰石的溶解，但不利于 SO_2 的吸收。

一般将 pH 值控制在 5～5.8 范围内。

通过调节加入吸收塔的新鲜石灰石浆液流量来控制 pH 值。

32 含尘量对脱硫效率的影响是什么？

答：吸收塔入口烟气含尘量对脱硫效率影响较大，主要是：

（1）烟尘在一定程度上阻着 SO_2 与吸收剂的接触，降低了石灰石溶解速度。

（2）烟尘中的重金属离子溶于溶液后，会抑制 Ca^{2+} 与 HSO_4^- 离子的反应。

（3）烟尘中的 $A1^{3+}$ 会与液相中的 F^- 反应，生成氟化铝络合物，其对石灰石颗粒有包裹作用，影响石灰石的溶解，使脱硫效率降低。特别是燃用低硫煤的烟气脱硫系统，因为需要脱除 SO_2 较少，则需加入的石灰石量较少，烟尘在循环浆液中的积累会达到一个相对较高的浓度，此时如入口烟气含尘量越高，则对脱硫效率影响越大。

此外，由于尘为细颗粒杂质，在浆液循环系统中积累过高的话，还会造成如下后果：一是会影响石膏颗粒的结晶及长大，石膏浆液的过滤性较差，对真空皮带脱水系统影响较大，会造成石膏产品水分指标偏高；二是对设备造成磨损；三是飞灰还会降低副产品石膏的白度和纯度，增加脱水系统管路堵塞、结垢的可能性。

33 石灰石中 $CaCO_3$ 纯度对脱硫系统的影响是什么？

答：石灰石中 $CaCO_3$ 纯度越高，其消溶性越好，浆液吸收 SO_2 等相关反应速度越快，有利于提高系统脱硫效率，有利于石灰石的利用率，降低运营成本。反之，石灰石中 $CaCO_3$ 纯度越低，其杂质含量越高，阻碍了石灰石颗粒的消溶性，抑制了脱硫效率，降低石灰石的利用率，因而增加了运营成本。

石灰石中 $CaCO_3$ 纯度低于设计值要求时，则势必增加吸收塔石灰石的供浆量，造成物料不平衡，有两个负面影响：一是要求参与反应的石灰石供浆量大于最大供浆量，由于设备限制，则必须牺牲脱硫效率来维持脱硫系统的运行；二是供浆量增加必然带来供水量的增加，因此破坏脱硫系统的水平衡，导致脱硫系统不能正常运行。

34 石灰石中 MgO 对脱硫系统的影响是什么？

答：石灰石中 MgO 在进入脱硫吸收塔参与反应后生成可溶于水的镁盐，因此随着 Mg^{2+} 浓度的增加，吸收塔浆液密度与石膏含固量的对应关系将打破。在正常情况下，吸收塔浆液浓度为 1140kg/m^3 时，对应石膏含固量为 20%。也就是说，在脱硫系统运行中，吸收塔浆液浓度达到1140kg/m^3 时，其对应的含固量未达到20%。如果按照常规运行控制方式，当吸收塔浆液浓度达到1140kg/m^3 时，启动脱硫系统进行石膏浆液脱水干燥，此时脱水石膏附着水超标，严重时会出现真空皮带脱水机拉稀现象。为了保证脱水石膏设备工作正常，势必提高吸收塔浆液密度运行，此时带来的后果是，浆液循环泵及与浆液接触的运行设备工作电耗增加，浆液循环泵由于管线压损增大，将影响到喷淋层的喷淋量和喷淋效果使脱硫效率降低。

35　石灰石中有机物对脱硫系统的影响是什么？

答：石灰石中有机物矿物成分进入吸收塔在塔内富集，当吸收塔浆液中有机物达到一定浓度时，破坏了吸收塔浆液的表面张力从而产生泡沫，出现虚假液位，吸收塔出现溢流现象。石灰石中有机物的含量，可通过化验石灰石的烧失量定性反映出有机物的情况。

36　石灰石抑制是指什么？

答：石灰石必须在吸收塔内溶解以提供反应碱度，一定的溶解化学物质附着（或包裹）于石灰石浆液颗粒表面，会大大减缓或阻止石灰石的溶解。当溶解变慢时称为抑制，当溶解明显很慢甚至停止称为闭塞。

37　在不设脱硫系统旁路情况下后，脱硫运行值班员将怎样在确保主机系统安全运行的前提下，保证脱硫系统稳定运行？

答：在不设脱硫系统旁路情况下后，脱硫运行值班员在主机系统安全运行的前提下，保证脱硫系统稳定运行的方法和措施为：

（1）加强对脱硫系统重要设备检查和监视，特别对脱硫烟气设备如脱硫增压风机和附属油站、脱硫烟气换热器、原烟气挡板、净烟气挡板等设备作为检查重点。

（2）熟悉各设备的测点定值、设备报警和跳闸值，各设备的联锁保护。

（3）认真学习和执行相关应急预案和风险预控措施，出现异常情况能沉着冷静进行处理。

（4）定期举行事故演习，提高人员事故处理能力。

（5）加强与主机的联系沟通。在机组升降负荷或出现其他异常的情况下，能及时告知脱硫运行值班员，加强对进口压力监视。

（6）加强设备缺陷管理，特别针对重要设备缺陷要及时处理，保证设备安全稳定运行。

（7）认真做好设备的定期切换和试验，保证设备能正常备用。

（8）加强对脱硫系统进口各测点的监视。特别是进口压力、进口烟温、进口二氧化硫浓度、进口烟气流量等，出现异常时及时分析和处理。

（9）出现异常可能危及脱硫系统运行。应第一时间汇报值长，并联系检修人员紧急处理。

38　简述浆液循环系统组成。

答：浆液循环系统由塔外浆液循环泵、塔内喷淋层、喷嘴及相应的管阀组成。

（1）浆液在浆液池内停留时间应使吸收剂颗粒充分溶解，并与硫氧化物有足够的反应时间，形成优质脱硫石膏，同时也应考虑浆液池的占地及氧化风机和搅拌器的设备费用。

（2）浆液循环停留时间不应少于4min。

39 简述浆液搅拌与石膏排出系统的组成。

答：浆液搅拌与石膏排出系统由浆液搅拌装置、石膏排出泵和管阀组成。

（1）浆液搅拌装置可采用侧进式机械器或射流搅拌两种方式之一，射流泵应考虑备用。

（2）正常运行的脱硫系统浆液池中，石膏过饱和度应控制在110%～130%。

（3）固体物停留时间（石膏结晶时间）不应少于12h。

40 无旁路湿法烟气脱硫装置是指什么？

答：无旁路湿法烟气脱硫装置是指锅炉排放的烟气全部直接通过湿法脱硫装置处理后排放，烟气无其他旁路通道的湿法脱硫装置。

脱硫装置的容量采用锅炉最大蒸发量（BMCR）负荷工况下，燃用设计/校核煤种烟气条件为设计依据，进行计算确定 n 台循环泵，作为脱硫装置的设计工况。吸收系统宜选择 $n+1$ 台循环泵。脱硫装置的吸收塔及所有配套系统，宜按 $n+1$ 台循环泵全部运行配置，且该脱硫装置在 $n+1$ 台循环泵运行时，应能满足在可预见的时段内，锅炉会经常燃用的，除设计煤种、校核煤种以外允许范围内的较差煤质条件。

41 二氧化硫吸收系统主要作用是什么？

答：二氧化硫吸收系统主要用于脱除烟气中 SO_2，同时也会脱除烟气中的 SO_3、HCl、HF等污染物及烟气中的飞灰等物质。

42 FGD的核心装置是什么？它主要由哪些设备组成？

答：吸收塔是FGD的核心装置。

它主要由浆液循环泵、喷淋层、石膏排出泵、氧化风机、搅拌器、除雾器等组成。

43 脱硫吸收塔的作用是什么？

答：脱硫吸收塔的作用主要是通过循环泵和喷淋层管组，将混有石灰石和石膏的浆液进行循环喷淋，吸收进入吸收塔烟气中的二氧化硫。被浆液吸收的二氧化硫与石灰石和鼓入吸收塔中的氧气发生反应，生成二水硫酸钙（石膏），然后通过石膏排出泵，将生成的石膏排到石膏脱水系统进行脱水。

44 吸收塔自上而下可以分为哪几个功能区？各个区的功能分别是什么？

答：吸收塔自上而下可以分为氧化结晶区、吸收区和除雾区三个功能区。

各个区的功能分别是：

（1）氧化结晶区。该区即为吸收塔浆液池区，主要功能是用于石灰石的溶解和亚硫酸钙的氧化。

（2）吸收区。该区包括吸收塔入口、托盘及若干层喷淋层，每层喷淋装置上布置有许多空心锥喷嘴；吸收塔的主要功能是用于吸收烟气中的酸性污染物及飞灰等物质。

（3）除雾区。该区位于喷淋层以上，包括两级除雾器，主要功能是分离烟气中携带的雾滴，降低对下游设备的影响，减少吸收剂的损耗。

45 吸收塔的吸收区域是指哪些区域？

答：吸收塔的吸收区域是指吸收塔入口烟道中心线以上至最高一层喷淋层中心线中间的区域。喷淋的浆液在该区域对含硫烟气进行洗涤。充分的吸收区域高度，可以保证较高的脱硫率，在满足同样脱硫率的要求下，这个高度越高，所需要的循环泵流量就越低。

46 吸收塔喷淋区域是如何划定的？

答：吸收塔喷淋区域划定为：

（1）喷淋塔。最低层喷嘴下 1.5m 至最高层喷嘴出口区域。

（2）液柱塔。最低层喷嘴出口至所有浆液循环泵运行时，最高液柱上方 0.5m。

47 事故喷雾降温系统的要求是什么？

答：吸收塔入口前烟道应设置事故喷雾降温系统（含高位水箱），在全厂停电状况下或吸收塔所有浆液循环泵全部停运时，应能立即自动启动并运行。供水流量应保证烟气进入吸收塔时，温度不高于 80℃；供水时间不应低于 10min。

48 脱硫塔区地坑系统的作用是什么？

答：脱硫塔区地坑系统的作用是用于收集、输送或贮存脱硫塔区域设备运行、运行故障、检验、取样、冲洗、清洗过程或渗漏而产生的液体。通过脱硫塔地坑泵输送至脱硫塔或事故储罐中，脱硫塔区地坑中装有搅拌器，防止固体物在坑底沉积。

49 事故储罐系统的作用是什么？

答：事故储罐系统用来临时贮存脱硫塔因大修或故障原因必须排空的浆液。脱硫塔内浆液通过脱硫塔石膏浆液排出泵送至事故储罐，脱硫塔底部浆液通过排空阀排至脱硫塔区地坑，然后由地坑泵送到事故储罐内。与此相同，清洗脱硫塔底部所需的冲洗水，也通过地坑最后送至事故储罐。

再次向排空后的脱硫塔添加石膏浆液是通过事故储罐输送泵来实现，在当事故储罐液位较低，事故储罐输送泵达到保护条件不能启动，事故储罐中剩余的石膏浆液可通过底部排放阀排至脱硫塔地坑中，通过吸收塔地坑泵送至吸收塔。

50 喷淋层由哪几部分组成？其作用是什么？

答：喷淋层是吸收塔浆液循环系统的一部分，由管道系统、喷淋组件及喷嘴组成。

其作用是用于湿法脱硫吸收塔内将循环喷淋浆液均匀分配到各个喷嘴的设备，将吸收塔浆液提升并雾化后与原烟气进行充分地接触和反应。

51 浆液循环泵的作用是什么？

答：浆液循环泵的作用是把吸收塔反应罐内浆液连续地升压向塔内喷淋层提供喷淋浆

液，提供喷嘴雾化能效，把浆液喷淋区内形成较强的雾滴环境，液滴与逆流而上升的烟气充分接触，吸收 SO_2 气体，从而保证适当的液/气比（L/G），以可靠地脱除烟气中的 SO_2。

52 浆液循环泵前置滤网的主要作用是什么？

答：浆液循环泵前置滤网的主要作用是防止塔内沉淀物质吸入泵体，造成泵的堵塞或损坏，以及吸收塔喷嘴的堵塞和损坏。

53 湿法脱硫系统喷嘴的作用是什么？

答：吸收塔喷淋喷嘴将循环浆液雾化成细小的液滴，提高气液之间的传质面积；吸收塔入口烟道干湿界面通常装有冲洗喷嘴，用来清除该处出现的沉积物；除雾器冲洗喷嘴用来冲洗除雾器板片上黏附的固体物；石膏冲洗喷嘴用来冲洗石膏滤饼中可溶性物质（主要是氯化物）；有时也在吸收塔入口烟道安装喷嘴用来冷却进吸收塔的烟气。

54 氧化空气系统的作用是什么？

答：烟气中本身含氧量不足以将亚硫酸钙氧化反应生成硫酸钙，需要为吸收塔浆液提供强制氧化空气，把脱硫反应中生成的半水亚硫酸钙（$CaSO_3 \cdot 1/2H_2O$）氧化为二水硫酸钙（$CaSO_4 \cdot 2H_2O$），即石膏。

55 氧化空气进入吸收塔之前，为什么要进行增湿？

答：主要目的是防止氧化空气管结垢。当压缩的热氧化空气从喷嘴喷入浆液时，溅出的浆液黏附在喷嘴嘴沿内表面上。由于喷出的是未饱和的热空气，黏附浆液的水分很快蒸发而形成固体沉积物，不断积累的固体最后可能堵塞喷嘴。为了减缓这种固体沉积物的形成，通常向氧化空气中喷入工艺水，增加热空气湿度，湿润的管内壁也使浆液不易黏附。

56 吸收塔浆池氧化空气分布装置可采用哪种方式？

答：吸收塔浆池氧化空气分布装置宜采用矛式喷枪与搅拌注入方式。喷枪应设置冲洗管路，吸收塔浆池氧化空气分布装置可采用管网式，其管网壁厚不应小于 2mm，氧化空气应降温后进入浆池。

围绕吸收塔水平布置的氧化空气母管应高出吸收塔浆池最高运行液位 1.5m 以上。

57 吸收塔的氧化空气矛式喷射管为什么要接近搅拌器？

答：氧化空气通过矛式喷射管送入浆池的下部，每根矛状管的出口都非常靠近搅拌器，这样空气被送至高度湍流的浆液区，搅拌器产生的高剪切力，使空气分裂成细小的气泡并均匀地分散在浆液中，从而使得空气和浆液得以充分混合，增大了气液接触面积，进而实现了高的氧化率。

58 吸收塔出口装设除雾器目的是什么？

答：湿法吸收塔在运行过程中，易产生粒径为 10～60μm 的“雾”。“雾”不仅含有水分，还溶有硫酸、硫酸盐、SO_2 等，如不妥善解决，任何进烟囱的“雾”，实际上就是把 SO_2 排放到大气中，同时也会引起出口烟道的严重腐蚀。因此，在工艺上对吸收设备提出了除雾的要求。

59 吸收塔除雾器进行冲洗的目的是什么？

答：吸收塔除雾器进行冲洗的目的有两个：一个是防止除雾器的堵塞；另一个是保持吸收塔内的水位。

60 除雾器的冲洗时间是如何确定的？

答：除雾器的冲洗时间主要依据两个原则来确定。一个是除雾器两侧的压差，或者说除雾器板片的清洁程度；另一个是吸收塔水位，或者说系统水平衡。如果吸收塔为高水位，则冲洗频率就按较长时间间隔进行。如果吸收塔水位低于所需水位，则冲洗频率按较短时间间隔进行。最短的间隔时间取决于吸收塔的水位，最长的间隔时间取决于除雾器两侧的压差，但不大于 8h。

61 控制石灰石中除碳酸钙外其他组分的含量的原因是什么？

答：石灰石中有效组分碳酸钙的含量应尽可能高，而其他组分如：碳酸镁、白云石、二氧化硅等的含量，应尽可能低。虽然纯碳酸镁可溶，可提高二氧化硫的吸收率，但过高的含量将影响石膏的沉淀和脱水。白云石基本不溶解，一方面会增加石灰石的消耗、阻碍活性石灰石的溶解，另一方面还会降低石膏的纯度。二氧化硅的硬度高于碳酸钙，不仅造成对设备、管道的磨损，而且还会增加运行成本。因此，为了保证脱硫装置经济、稳定运行，确保石膏质量，减少废水排放量，应控制石灰石中除碳酸钙外其他组分的含量。

62 简述石灰石湿式球磨机的工艺原理。

答：石灰石湿式球磨机指喂料时加入适量的水，产品为石灰石料浆的磨机。磨机由传动装置带动筒体旋转，筒体内装有研磨钢球，石灰石及浆液在离心力和摩擦力的作用下，被提升到一定高度，呈抛物状落下，预磨制的石灰石和水由磨机给料管连续喂入筒体内，被运动着的钢球粉碎和研磨，通过溢流和连续给料的力量将产品排出，并通过不锈钢圆筒筛初步筛分，进入下一工序。石灰石湿式球磨机的作用是将石灰石和滤液水磨制成石灰石浆液。

63 影响湿式球磨机指标的因素有哪些？

答：影响湿式球磨机指标的因素：

（1）入磨物料的粒度。如果入磨物料的粒度大，喂料不均，磨粉困难，磨机的产量、质量低，动力消耗也大。为更好地发挥磨机的最大效能，在电厂脱硫系统中，一般对石灰石物料入磨粒度控制在下列范围：入料石灰石小于 20mm，其中小于或等于 7～10mm 的占 80%。

（2）入磨物料的水分。如果入磨物料的水分过大，容易使细粒的物料黏附在物料输送管路上，另外对系统的物料平衡也将产生影响。在电厂脱硫系统中，一般对石灰石物料入磨的水分控制在下列范围内：入料石灰石的含水率小于3%。

（3）出磨产品细度。出磨产品细度对于电厂脱硫系统将产生一定的影响，因此一般出磨产品的细度小，不仅增加了物料的表面积，同时也促进其化学反应更充分，有利于提高脱硫效率。但不能只强调细度，不考虑经济效益，过细就要降低湿磨机产量，增加动力消耗，提高生产成本。因此，要根据情况合理地选择出料粒度。在电厂脱硫系统中，一般对石灰石出料粒度，控制在下列范围内：90%通过325目或250目（成品浆液）。

64 脱硫副产物是什么？

答：脱硫副产物指脱硫工艺中吸收剂与烟气中 SO_2 等反应后生成的物质，燃煤烟气湿法脱硫副产物为石膏，化学名称为双水硫酸钙（$CaSO_4 \cdot 2H_2O$）。

65 评价石膏性能最主要的指标是什么？

答：评价石膏性能最主要的指标：

（1）强度。影响强度的主要因素是结晶结构体致密程度和晶体颗粒特征。

（2）化学成分。石膏性能是指石膏颗粒形状及特征，化学成分是影响石膏性能的重要因素。

（3）石膏颜色。脱硫装置正常运行时产生的脱硫石膏近乎白色。

66 脱硫石膏品质主要指标包括哪些？

答：脱硫石膏品质主要指标包括石膏含湿量、石膏纯度、碳酸钙含量、亚硫酸钙含量、氯离子含量。

67 FGD石膏品质差主要表现在哪几方面？

答：FGD石膏品质差主要表现在以下几方面：

（1）石膏含水率高（大于10%）。

（2）石膏纯度即 $CaSO_4 \cdot 2H_2O$ 含量低，也就意味着 $CaCO_3$、$CaSO_3$ 及各种杂质如灰分含量高。

（3）石膏颜色差。

（4）石膏中的 Cl^-、可溶性盐（如镁盐等）含量高等。

68 石膏脱水系统的作用是什么？

答：石膏脱水系统的作用：

（1）将吸收塔排出的合格的石膏浆液脱去水分。

（2）不合格的石膏浆液返回吸收塔。

（3）分离出部分化学污水。由初级旋流器浓缩脱水和真空皮带脱水两级组成，初级旋流器浓缩脱水40%～60%，真空皮带脱水10%。

69 一级石膏浆液脱水系统的作用是什么?

答：一级石膏浆液脱水系统的作用：

(1) 提高浆液固体物浓度，减少二级脱水设备处理浆液的体积。进入二级脱水设备的浆液含固量高，将有助于提高石膏饼的产出率。

(2) 用分离出来的部分浓浆和稀浆来调整吸收塔反应罐浆液浓度，使之保持稳定。

(3) 分离浆液中飞灰和未反应的细颗粒石灰石，降低底流浆液中飞灰和石灰石含量，有助于提高石灰石利用率和石膏的品位，有助于降低吸收塔循环浆液中惰性细颗粒物浓度。

(4) 向系统外（经废水处理系统）排放一定量的废水，以控制吸收塔循环浆液中 Cl^- 浓度。

(5) 一级脱水后的稀浆经溢流澄清槽或二级旋液分离器获得含固量较低的回收水，用来制备石灰石浆液和返回吸收塔调节反应罐液位。

70 二级石膏浆液脱水系统的作用是什么?

答：二级石膏浆液脱水系统的作用是降低副产物的含水量，使之可用作回填，或在生产商业等级石膏时，便于运送和石膏再利用。

71 FGD 装置为什么要有一定量的废水外排?

答：因为浆液中含有大量的 Cl^-、F^-、SO_3^{2-}、SO_4^{2-} 等离子以及一些固体颗粒物，同时由于脱硫系统水的循环使用，尤其是 Cl^- 在浆液中的逐渐富集，会造成金属的严重腐蚀和磨损，大大加快了脱硫设备的腐蚀。

72 湿式脱硫系统排放的废水一般来自何处?

答：湿式脱硫系统排放的废水一般来自：石膏脱水和清洗水、水力旋流器的溢流水、皮带过滤机的滤液。

73 在脱硫废水处理系统出口，应监测控制的项目有哪些?

答：在脱硫废水处理系统出口，应监测控制的项目有：总汞、总铬、总锡、总铅、总镍、总锌、总砷、悬浮物、化学需氧量、硫化物和 pH 值。

74 湿法脱硫废水的主要特征是什么?

答：湿法脱硫废水的主要特征是：

(1) 呈现弱酸性，pH 值一般为 4～6；悬浮物高，可高达 15 000mg/L，但颗粒细小，主要成分为粉尘和脱硫产物 $CaSO_4$ 和 $CaSO_3$。

(2) 含有可溶性的氯化物和氟化物、硝酸盐等；还有 Hg、Pb、Ni、As、Cd、Cr 等重金属离子，且主要以溶解形式存在。

(3) 废水中氯离子含量可高达 20 000mg/L。

75 石灰石—湿法脱硫废水处理工艺流程中，加入混凝剂和助剂的目的是什么?

答：石灰石—湿法脱硫废水处理工艺流程中，加入混凝剂和助凝剂的目的是：消除可能生成的胶体，改善生成物的沉降性能。

76 石灰石—湿法脱硫废水处理工艺流程中，加入混凝剂的作用是什么？

答：石灰石—湿法脱硫废水处理工艺流程中加混凝剂的作用是：

(1) 混凝剂水解产物压缩胶体颗粒的双电层，达到胶体脱稳而相互聚集。

(2) 通过混凝剂的水解和缩聚反应而形成的高聚物的吸附和架桥作用，使胶粒被吸附黏结。

77 混凝过程包含哪两个阶段？

答：混凝过程包含凝聚和絮凝两个阶段。凝聚阶段形成较小微粒，通过絮凝以形成较大的絮粒，絮粒可在一定条件下从水中分离并沉淀出来。

78 助凝剂指的是什么？

答：助凝剂是指在混凝过程中，为了提高混凝效果，加快凝絮过程中所需添加的辅助药剂。

79 助凝剂按照在助凝中的作用，可分为哪四类？

答：助凝剂按照在助凝中的作用，可分为四类：

(1) pH 值调整剂。pH 值调整剂主要是指一些酸、碱。每种混凝剂都有其最佳使用的pH 值范围，如果原水 pH 值不能满足要求，可通过加入酸、碱来调整。

(2) 氧化剂。氧化剂用于破坏原水中的有机物，提高混凝效果。如氯气、次氯酸钠等。

(3) 絮凝体加固剂。加固絮凝体强度，增大其密度。如水玻璃。

(4) 高分子吸附剂。利用高分子聚合物的吸附、架桥作用，提高混凝效果。

80 FGD 装置的水损耗主要存在于哪些方面？

答：FGD 装置的水损耗主要存在于饱和烟气带出水、副产品石膏带出水和排放的废水。

81 吸收塔内水的消耗和补充途径有哪些？

答：吸收塔内水的消耗途径主要有：

(1) 热的原烟气从吸收塔穿行所蒸发和带走的水分。

(2) 石膏产品所含水分。

(3) 吸收塔排放的废水。

因此需要不断给吸收塔补水，补水的主要途径有：

(1) 工艺水对吸收塔的补水。

(2) 除雾器冲洗水。

(3) 水力旋流器和石膏脱水装置所溢流出的再循环水。

82 脱硫岛内对水质要求较高的用户主要有哪些？

答：脱硫岛内对水质要求较高的用户主要有：

（1）浆液循环泵减速机、氧化风机和其他设备的冷却水及密封水。
（2）真空皮带脱水机石膏冲洗水。
（3）水环式真空泵用水。

83 脱硫岛对水质要求一般的用户主要有哪些？

答：脱硫岛内对水质要求一般的用户主要有：
（1）石灰石浆液制备用水。
（2）烟气换热器冲洗水。
（3）吸收塔补给水。
（4）除雾器冲洗用水。
（5）所有浆液输送设备冲洗水、输送管道、贮存箱的冲洗水。
（6）吸收塔干湿结合面冲洗水、氧化空气管道冲洗水。

84 脱硫系统运行与调整的主要任务有哪些？

答：（1）在机组正常运行情况下，满足机组全烟气、全负荷下脱硫的需要，实现脱硫系统的环保功能。

（2）保证机组和脱硫装置的安全、环保、稳定、经济运行。

（3）保证各参数在最佳工况下运行，降低电耗、脱硫剂耗、水耗、废水药品耗量，增效剂、消泡剂、钢球等各种物耗。

（4）保证脱硫系统的各项技术经济指标在设计范围内，SO_2 脱除率、石膏品质、废水品质等满足环保要求。

85 脱硫系统运行控制的主要参数有哪些？

答：（1）吸收塔浆液的 pH 值、密度。
（2）吸收塔出口烟气的 SO_2 浓度、烟气温度、烟尘浓度。
（3）浆液循环量。
（4）钙硫比。
（5）石膏排出量。
（6）氧化风量。
（7）石灰石浆液密度、供浆量。
（8）除雾器压差、冲洗频次、冲洗水量。
（9）废水排放量、吸收塔内浆液的 Cl^- 浓度。
（10）吸收塔、箱、罐、坑液位。

86 电动机的振动和温度标准是什么？

答：（1）振动标准。
转速为 3000r/min 的双振幅振动值不大于 0.05mm。
转速为 1500r/min 的双振幅振动值不大于 0.085mm。

转速为 1000r/min 的双振幅振动值不大于 0.10mm。

转速在 750r/min 及以下的双振幅振动值不大于 0.12mm。

(2) 电动机带负荷运行温升稳定后，应不超过电动机绝缘极限温度允许值，其标准见表 6-2。

表 6-2　　电动机绝缘等级极限温度允许值表

绝缘等级	Y	A	E	B	F	H	C
允许温度（℃）	90	105	120	130	155	180	180 以上

87 为什么离心泵启动前要关闭出口门?

答：离心泵在启动时，为防止启动电流过大而使电动机过载，应在最小功率下启动。从离心泵的基本性能曲线可以看出，离心泵在出口阀门全关时的轴功率为最小，故应在门全关下启动。

88 什么是吸收塔“晶种”?

答：在吸收塔首次启动时，向吸收塔浆液池中注入一定浓度的石膏浆液或者干石膏，这些石膏浆液或者干石膏被称为吸收塔“晶种”。

89 在吸收塔首次启动前，为什么要加入“晶种”?

答：加入一定量的石膏“晶种”，能够使吸收塔内的浆液在较低的过饱和度条件下形成晶核，使石膏结晶的过程尽可能在初始过饱和度不大、过饱和度与温度都比较稳定的条件下进行，从而使系统正常运行过程中得到颗粒粗大而整齐的石膏晶体，可以防止吸收塔内结垢现象。

90 正常运行情况下，吸收塔系统的调整参数主要有哪些?

答：(1) 吸收塔液位。吸收塔液位过高，容易造成吸收塔溢流，严重时会造成原烟道进浆，造成引风机跳，引起机组非停。液位过低，会降低氧化反应空间，影响石膏品质。

(2) 吸收塔浆液密度。吸收塔浆液密度一般控制在 1080～1140kg/m^3 之间。调整不当会造成管道及泵的磨损、堵塞，甚至造成 SO_2 脱除率下降、脱水困难等。

(3) 吸收塔浆液 pH 值。pH 值过高时，石灰石溶解减慢，亚硫酸根的氧化受到抑制，浆液中半水亚硫酸钙增加，管道容易结垢，石膏中碳酸钙含量增加，石灰石利用率降低；pH 值过低时，二氧化硫的吸收将受到抑制。一般吸收塔 pH 值应控制在 5.2～5.8 之间。

(4) 除雾器差压。定期冲洗除雾器，防止除雾器结垢、堵塞。

(5) 氧化空气量。氧化空气量过少，影响亚硫酸钙的氧化和石膏品质，间接地影响脱硫效果。氧化空气量过大，造成能耗增加。

(6) 浆液循环量。通过调整浆液循环量保持合理液气比，满足 SO_2 达标排放。

91 如何调整旋流器底流的浓度?

答：旋流器正常工作状态下，底流排料应呈伞状。如底流浓度过大，则底流呈柱状或呈断续块状排出。

调整处理的方法是：底流浓度大可能是由给料浆液浓度过大或底流过小造成的，此时可以先在进料处补加适量的水，若底流浓度仍大，则需更换较大的底流口。若底流呈伞状排出，但底流浓度小于生产要求浓度，则可能是进料浓度低造成的，此时应提高进料浓度。“底流夹细”的原因可能是底流口径过大、溢流管直径过小、压力过高或过低，可以先调整好压力，再更换一个较小规格的底流口，逐步调试，达到正常生产状态。

92 调整石灰石浆液细度的途径有哪些？

答：(1) 保持合理的钢球装载量和钢球配比。运行中可通过监视球磨机主电动机电流来监视钢球装载量，若发现电流下降，则需及时补充钢球。

(2) 控制进入球磨机石灰石粒径大小，一般湿式球磨机进料粒径小于20mm。

(3) 调节球磨机入口进料量。一般为降低电耗，球磨机应在额定工况下运行。

(4) 调节进入球磨机入口研磨水量。球磨机入口研磨水的作用之一是在筒体中流动带动石灰石流动，若研磨水量大则流动快，碾磨时间相对较短，浆液细度相对变大。

(5) 调节旋流器入口压力。旋流器入口压力越大，旋流强度越强，底流流量相对变小，但石灰石浆液细度变大，反之细度变小。

(6) 适当开启旋流器稀浆液收集箱至浓浆的细度调节阀，让部分稀浆液再次进入球磨机碾磨。

(7) 加强化学监督，定期化验浆液细度，为细度调节提供依据。

93 石膏脱水系统的运行调整有哪些？

答：(1) 石膏品质的调整。主要调整石膏浆液浓度、石膏浆液 PH 值、真空皮带脱水机（圆盘式脱水机）转速、真空度、滤饼冲洗、废水排放量等控制石膏品质达到设计要求。

(2) 滤饼厚度调整。通过调整真空皮带脱水机（圆盘式脱水机）转速或石膏浆液给浆量，维持石膏滤饼厚度的稳定。

94 脱硫运行管理中，对石灰石品质有哪些监督项目？

答：(1) $CaCO_3$ 的质量分数。石灰石中 $CaCO_3$ 的质量分数高则品质好，能增加浆液吸收 SO_2 的反应速率；有利于提高脱硫效率和石灰石的利用率。脱硫装置使用的石灰石中 $CaCO_3$ 的质量分数应高于 90%。

(2) $MgCO_3$ 及杂质的质量分数。$MgCO_3$ 质量分数高，会降低石灰石的活性，一般应控制在3%以下。石灰石中 SiO_2 的含量过高，将导致设备磨损、能耗增大，一般应低于2%。石灰石中杂质对石灰石颗粒的溶解起阻碍作用，杂质质量分数越高，这种阻碍作用越强，最终还将造成石膏品质的下降。

(3) 石灰石浆液粒径。石灰石的反应速率与石灰石粉颗粒比表面积成正比，颗粒的粒度越小，质量比表面积越大，溶解性能好，脱硫效果和石灰石的利用率高，同时降低石膏中石灰石的质量分数，有利于提高石膏品质。通常要求石灰石粉 90%可以通过 325 目（44μm）。

(4) 石灰石的活性。石灰石的活性即溶解速率是影响脱硫效率的主要因素。在石灰石颗粒粒度和溶解条件相同的情况下，溶解速率大则石灰石活性高。

95 脱硫运行管理中，对吸收塔浆液成分有哪些监督项目？

答：(1) 吸收塔浆液 pH 值。SO_2 脱除效果和石膏的品质取决于吸收塔浆液 pH 值的控制，通常吸收塔浆液 pH 值控制在 5.2～5.8 之间。

(2) 吸收塔浆液密度。运行中一般吸收塔浆液密度应控制在 1080～1140kg/m^3，才能使石膏中的 $CaCO_3$ 质量分数保持在较低的水平、SO_2 脱除效果维持在较高水平。

(3) 吸收塔浆液含固量。当 $CaSO_3$ 和 $CaSO_4$ 在溶液中超过某一相对饱和度后，石膏晶体会形成晶核，同时在其他物质表面生长，导致吸收塔浆液池内结垢；此外，晶体还会覆盖在那些未及时反应的石灰石颗粒表面产生沉淀，造成石灰石利用率下降及浆液泵的磨损。

(4) 浆液中的 $CaCO_3$ 含量。吸收塔浆液中 $CaCO_3$ 含量过高，表明石灰石供浆量过大，钙硫比增加，运行成本上升，影响石膏的品质，$CaCO_3$ 过饱和凝聚，会使反应的比表面积减小，从而影响脱硫效果。一般控制在 1.0%～2.0%。

(5) 浆液中的 Cl^- 和 F^- 浓度。吸收塔浆液中的 Cl^- 主要来自烟气中的 HCl，Cl^- 在浆液中逐渐富集，Cl^- 浓度过高，将加剧设备腐蚀，使石膏脱水难、吸收剂溶解困难。运行中 Cl^- 质量浓度不宜高于 10 000mg/L。吸收塔中的 F^- 主要来自烟气中的 HF，影响石灰石的化学活性，一般控制在 100mg/L 以下。

(6) 浆液中酸不溶物含量。吸收塔浆液中的酸不溶物主要来自石灰石中的杂质和烟尘中的飞灰。酸不溶物含量高，将加剧设备磨损，影响吸收反应和石膏品质。

96 脱硫运行管理中，对石膏品质有哪些监督项目？

答：(1) 石膏含水率。一般要求石膏的含水率小于 10%，影响石膏含水率的因素有石膏在浆液中的过饱和度、吸收塔浆液的 pH 值、氧化空气量、石膏晶体的颗粒形状和大小、石膏脱水设备的运行状态等。

(2) 石膏纯度和 $CaCO_3$ 质量分数。一般要求石膏的纯度大于 90%，若石膏颜色较深，则其含尘量过大；应注意监视入口烟尘含量，降低石灰石杂质含量。$CaCO_3$ 是脱硫石膏的主要杂质，一般要求石膏中 $CaCO_3$ 的质量分数小于 3%，当石膏中 $CaCO_3$ 质量分数偏高时，应及时检查系统运行方式，分析石灰石供浆量情况，化验分析石灰石浆液品质、石灰石原料及石灰石浆液细度。

(3) $CaSO_3 \cdot 1/2H_2O$ 质量分数。未氧化的 $CaSO_3$ 很容易在石膏晶体上结晶，使石膏粒径分布变宽，降低了石膏的强度。一般要求 $CaSO_3 \cdot 1/2H_2O$ 质量分数小于 0.5%。如果其质量分数过高，则表明吸收塔内的氧化反应异常，应检查氧化风机运行是否正常。

(4) Cl^- 质量浓度。一般要求石膏中 Cl^- 质量浓度小于 100mg/kg，含量偏高应使用冲洗水冲洗滤饼。当石膏中质量浓度偏高时，可通过增加滤饼冲洗水量、增加脱硫废水排放量来调整。

97 脱硫运行管理中，对脱硫废水品质有哪些监督项目？

答：根据 DL/T 99－2006《火电厂石灰石石膏湿法脱硫废水水质控制指标》，脱硫废水品质的监督项目主要包括以下几项。

（1）总汞。控制标准为0.05mg/L。

（2）总镉。控制标准为0.1mg/L。

（3）总铬。控制标准为1.5mg/L。

（4）总砷。控制标准为0.5mg/L。

（5）总铅。控制标准为1.0mg/L。

（6）总镍。控制标准为1.0mg/L。

（7）总锌。控制标准为2.0mg/L。

（8）悬浮物。控制标准为70mg/L。

（9）化学需氧量。控制标准为150mg/L。

（10）氟化物。控制标准为30mg/L。

（11）硫化物。控制标准为1.0mg/L。

（12）pH值。控制标准为6～9。

98 浆液循环泵运行中电流大幅度波动的原因是什么？

答：（1）浆液循环泵入口与相邻浆液循环泵发生抢流，吸入浆液量不稳定。

（2）浆液循环泵入口管道或阀门密封不严或泄漏，空气进入浆液循环泵，导致电流大幅波动，同时管道和泵体发生振动。

99 哪些原因可以导致吸收塔浆液品质恶化？

答：（1）锅炉投油，造成大量油污进入吸收塔内部。

（2）除尘效果不佳，大量烟尘进入吸收塔内部。

（3）大量油脂或者其他有机物进入吸收塔，导致吸收塔浆液的氧化效果变差，浆液中某些抑制氧化反应的物质浓度过大。

（4）石灰石品质差，大量杂质进入吸收塔内部。

（5）工艺水品质差，大量有机物、COD等进入脱硫系统内部。

（6）吸收塔浆液pH值控制偏高，不利于氧化效果。

（7）氧化空气的分布装置故障或设计不合理，氧化风量偏低，氧化过程受阻。

（8）废水排放量偏小，塔内惰性物质、重金属元素、可溶性离子等大量积累，影响浆液品质。

（9）石膏脱水系统不正常运行，吸收塔浆液长期高密度运行。

100 从哪些方面可以预防吸收塔浆液品质恶化？

答：（1）发现吸收塔浆液发黑，及时进行浆液置换，将不合格浆液尽快排出吸收塔外。

（2）严格控制吸收塔入口烟气成分在设计范围，脱硫原烟气含量超出设计值时，联系除尘运行人员检查调整，减少进入脱硫系统的烟尘含量。

（3）定期化验浆液中各金属离子含量，及时进行调整，增加废水处理量。

（4）合理控制吸收塔浆液的pH值和密度值在规定范围内，加大石灰石的溶解。

(5) 根据氧化风流量及压力，检查氧化风管是否堵塞，确保氧化风量充足。

(6) 严格监控石灰石品质达标，制浆细度达到要求。

(7) 化验工艺水品质，如果工艺水品质恶化，尽快调整工艺水来水。

101 吸收塔浆液起泡的原因有哪些?

答：(1) 锅炉在运行过程中投油，燃烧不充分，未燃尽碳粒进入吸收塔，造成吸收塔浆液有机物含量增加。

(2) 除尘器运行状况不佳，烟气粉尘浓度超标，含有大量惰性物质的杂质进入吸收塔后，致使吸收塔浆液重金属含量增高，引起浆液表面张力增加，使浆液起泡。

(3) 石灰石中含过量 MgO，与硫酸根离子反应产生大量泡沫。

(4) 工艺水水质达不到设计要求，COD、BOD 超标。

(5) 脱水系统或废水处理系统不能正常投入，致使吸收塔浆液品质逐渐恶化。

(6) 部分脱硫添加剂造成浆液起泡。

(7) 废水排放量不足。

102 如何预防吸收塔浆液起泡?

答：(1) 严密监视吸收塔浆液运行情况，及时添加专用消泡剂。在吸收塔最初出现起泡溢流时，消泡剂加入量较大，在连续加一段时间后，泡沫层逐渐变薄，减少加入量，直至稳定在一定加药量上。

(2) 合理调整浆液循环泵运行，在满足排放的前提下，停运一台浆液循环泵以减小吸收塔内部浆液的扰动。

(3) 适当降低吸收塔工作液位，减小浆液溢流量，防止浆液进入吸收塔入口烟道。

(4) 降低吸收塔浆液密度，加大石膏排出量，保证新鲜浆液的不断补入。

(5) 加大脱硫废水的排放，从而降低吸收塔浆液重金属离子 Cl^-、有机物、悬浮物及各种杂质的含量，改善吸收塔内浆液的品质。

(6) 严格控制脱硫用工艺水的水质，加强过滤和预处理工作，降低 COD、BOD。

(7) 严格控制石灰石原料，保证其中各项组分（如 MgO、SiO_2 等）含量符合要求。

(8) 加强吸收塔浆液、废水、石灰石浆液、石灰石粉和石膏的化学分析工作，有效监控脱硫系统运行状况，发现浆液品质恶化趋势，及时采取处理手段。

(9) 起泡加剧时，可暂将吸收塔浆液导入事故浆液箱，补充新鲜浆液进行置换。

(10) 根据运行工况，适当降低氧化风量。

103 吸收塔浆液中导致石灰石发生闭塞的原因有哪些?

答：(1) 吸收塔浆液中含有高浓度的氯离子及镁离子。

(2) 吸收塔浆液中含有高浓度的氟化铝络合物或溶解亚硫酸盐，氟化铝络合物一般来自烟气中，亚硫酸盐则是由于不完全氧化引起的。

(3) 除尘效率低，大量的粉尘进入吸收塔，粉尘包裹在石灰石颗粒表面，造成石灰石封闭。

(4) 高负荷、高硫分的运行工况下，吸收塔长期大流量供浆，导致塔内石灰石富集，造成碳酸钙溶解时间短，发生闭塞现象。

104 如何预防石灰石闭塞现象发生？

答：(1) 提高氧化风机出力，增加氧化风量，降低塔内亚硫酸含量。

(2) 严密监视进入吸收塔烟尘量，较高时及时调整电除尘效率。

(3) 选择低铝离子的石灰石和煤种。

(4) 杜绝长时间大流量供浆。

(5) 维持吸收塔浆液密度在低密度运行。

(6) 吸收塔 pH 值出现大量供浆无变化或下降时，添加氢氧化钠、乙二酸等增强化学性能的添加剂。

(7) 若出现石灰石抑制和闭塞的现象严重时，可采取置换浆液的方式，尽快消除异常现象。

105 吸收塔浆液“中毒”有哪些现象？

答：(1) 石灰石浆液满流量持续供浆的情况下，吸收塔浆液 pH 值呈下降趋势或无明显上升趋势。

(2) 吸收塔出口二氧化硫浓度呈上升趋势；吸收塔浆液密度居高不下。

(3) 浆液中亚硫酸钙、碳酸钙、酸不溶物含量升高。

(4) 石膏脱水效果变差等现象。

106 引起吸收塔浆液“中毒”的原因有哪些？

答：(1) 烟气中 HF 浓度偏高。烟气中 HF 浓度较高形成 F^-，与石灰石中及烟气飞灰中的 Al^{3+}形成氟铝络合物，这种络合物会包裹在石灰石表面，阻止石灰石的溶解，形成反应封闭，导致浆液“中毒”。

(2) 浆液中飞灰富集。煤中飞灰含量高，超过除尘器除尘能力，除尘效率下降，引起进入烟气脱硫系统中烟尘偏高，烟气中飞灰的 Al^{3+} 与 HF 形成络合物，封闭吸收剂，造成浆液“中毒”。

(3) 锅炉频繁燃油导致油污进入吸收塔。燃油中的油烟、碳核、沥青等物质在吸收塔内富集，超过一定程度后使石灰石闭塞和石膏结晶受阻，导致吸收剂失效，浆液“中毒”。

(4) 吸收塔内离子浓度富集。正常情况下吸收塔内离子应控制在一定浓度，如 Ca^{2+} 及 $SO_4{}^{2-}$ 浓度过高会导致大量的晶核形成，同时会附着在其他物质或设备表面，造成设备结垢，在石灰石表面析出，会影响石灰石的反应速度；同时离子浓度富集会形成“共离子效应”，抑制石灰石颗粒的溶解及其他化学反应过程，影响各种反应物质的传质过程，导致浆液“中毒”。

107 吸收塔浆液“中毒”后应采取哪些处理措施？

答：(1) 浆液置换。将吸收塔浆液倒至事故浆液箱，加入工艺水和新鲜石灰石浆液，降低塔内飞灰及离子浓度，改善塔内化学反应过程。

（2）加入强碱。当氟铝络合物闭塞吸收剂时，加入强碱调整 pH 值到 8，氟铝络合物会溶解，闭塞的石灰石会重新恢复活性，一般使用石灰作为添加碱，如果使用其他强碱，会生成可溶性物质，导致塔内离子富集，影响系统内化学反应过程。

（3）降低 pH 值，减少烟气量。当吸收塔内 SO_3^{2-} 浓度过高，会形成 $CaSO_3$ 絮状沉淀闭塞石灰石，引起除雾器的堵塞，恶化系统，由于 $CaSO_3$ 溶解度随着 pH 值的下降而快速升高，降低 pH 值，可以加速 $CaSO_3$ 的溶解，促进 SO_3^{2-} 的氧化，在降低 pH 值的过程中，减少进入系统的总硫量。

（4）加强废水排放。降低吸收塔内富集的离子浓度。